塔里木盆地新元古界—下古生界超深层白云岩油气地质理论与勘探前景

陈永权 张 科 倪新锋 等著

石 油 工 业 出 版 社

内 容 提 要

本书基于塔里木克拉通南华系—寒武系大量露头、钻孔与地震等一手资料，系统阐述了对新元古界—下古生界沉积、地层、烃源岩、储层、盖层与油气成藏规律的认识，总结了新元古界—下古生界超深层白云岩领域勘探的得失与前景。

本书可供从事油气勘探与资源评价的科研人员、管理人员及相关院校师生参考阅读。

图书在版编目（CIP）数据

塔里木盆地新元古界—下古生界超深层白云岩油气地质理论与勘探前景／陈永权等著. — 北京：石油工业出版社，2023.6

ISBN 978-7-5183-5651-5

Ⅰ. ①塔… Ⅱ. ①陈… Ⅲ. ①塔里木盆地-白云岩-石油天然气地质-研究②塔里木盆地-白云岩-油气勘探-研究Ⅳ. ①P618.13

中国版本图书馆 CIP 数据核字（2022）第 184690 号

出版发行：石油工业出版社
（北京安定门外安华里 2 区 1 号　100011）
网　　址：www.petropub.com
编辑部：（010）64253017
图书营销中心：（010）64523633
经　　销：全国新华书店
印　　刷：北京中石油彩色印刷有限责任公司

2023 年 6 月第 1 版　2023 年 6 月第 1 次印刷
787×1092 毫米　开本：1/16　印张：22.75
字数：580 千字

定价：200.00 元

《塔里木盆地新元古界—下古生界超深层白云岩油气地质理论与勘探前景》
撰写人员

陈永权	张　科	倪新锋	王晓雪	杨鹏飞
韩长伟	朱永进	王新新	冉启贵	石开波
易　艳	杨　果	严　威	熊益学	罗新生
李保华	郑剑锋	李洪辉	闫　磊	胡方杰
康婷婷	黄理力	张天付	马德波	陶小晚
何　皓	亢　茜	马　源	张　敏	田浩男
程旺明	石明辉	张　良	安海亭	徐　博
林　潼	齐可心			

序

  塔里木盆地是以超深层勘探为主导的含油气盆地，根据四次资源评价结果，盆地深层—超深层资源量占盆地总资源量的 90% 以上，占中国陆上超深油气资源量的 50% 以上。迄今为止，塔里木盆地已发现库车 $2×10^{12}m^3$ 大气区和塔北—塔中 $40×10^8t$ 级大油区，建成了我国最大的超深油气生产基地。塔里木盆地台盆区主力烃源岩发育在新元古界—下古生界。新元古界—下古生界白云岩作为邻近主力烃源岩的第一套规模性储层，是塔里木盆地最为重要的超深勘探领域之一。

  塔里木盆地台盆区新元古界—下古生界白云岩领域石油地质研究与区带评价面临着两个主要难点，一是超深钻井主要分布在隆起区，坳陷区内钻井稀少，二是超深地震资料信噪比低，地震资料的解释难度大，导致盆地整体认识程度低。本书作者团队长期从事塔里木盆地新元古界—下古生界白云岩勘探研究，通过地质地震高度结合，系统开展了新元古界—下古生界成盆、成烃、成储和成藏研究工作；阐明了新元古代—早古生代构造沉积演化历史，厘定了主要烃源岩、规模白云岩储层和区域盖层分布，建立了源储盖断耦合、脉冲式输导、立体复式成藏模式；提出"烃源岩富、构造稳定、近源滩相储层规模性发育、烃源岩现今仍在规模生烃"是形成新元古界—下古生界白云岩规模岩性油气藏的重要因素，优选轮南—古城寒武系—奥陶系台缘带、塔北隆起中西部震旦系、中央隆起南北缘下寒武统三个重点勘探区带，推动了中深 1、轮探 1 两个战略性油气发现。

  《塔里木盆地新元古界—下古生界超深层白云岩油气地质理论与勘探前景》一书基于塔里木盆地南华系—寒武系大量露头、钻井和地震资料，系统阐述了新元古界—下古生界地层、沉积、烃源岩、储层、盖层和油气成藏规律，代表了塔里木盆地新元古界—下古生界最新的研究认识。本书章节按照构造背景、地层层序、沉积演化、烃源岩、储层、盖层、油气成藏、勘探实践组织，既有理论成果，也有实例剖析，内容丰富、行文流畅、图件美观。本书将对塔里木盆地新元古界—下古生界白云岩勘探具有重要的指导意义，将在我国海相盆地深层—超深层油气勘探领域中发挥重要的指导和推动作用，也将进一步丰富和发展中国海相油气地质理论体系，对致力于海相油气领域研究的科技工作者具有重要的参考价值。

中国科学院院士：贾承造

2023 年 5 月

前　言

塔里木盆地新元古界—寒武系盐下白云岩勘探自1995年和4井起至今已有近30年的历史，经历了"三次兴奋、三次困惑"的勘探历程。当前处于勘探的低谷期，地质认识多有争议、勘探方向不明、勘探信心不足，目前盐下勘探异常艰难。笔者自2006年起从事塔里木盆地新元古界—下古生界白云岩相关的基础研究与油气勘探，经历了后两轮的兴奋与低谷；撰写本书旨在通过整理近十五年来的基础认识，为从事该领域的研究者与勘探家提供资料基础与思路参考。

本书撰写过程中主要突出三个导向。一是突出勘探专业系统性导向。勘探选区与选靶需要"生、储、盖、圈、运、保"综合论述，而这些论述又必须建立在地层层序与沉积演化基础上，因此本书按照构造背景、地层层序、沉积演化、烃源岩、储层、盖层、油气成藏、勘探实践组织。二是突出客观证据链条性、完整性导向。本书使用了大量笔者团队的地震资料与分析化验资料证据，也引用了其他团队的证据，尽量形成完整性的证据链条，突出证据的论述而非结论的陈述。三是突出理论认识的生产可转化导向。本书突出已发现油气藏的解剖、油气成藏模式、源储盖断耦合综合选区、失利井分析等内容，落脚到勘探有利区。

本书由笔者撰写，笔者团队支撑，历时2年。第一、二、三、五、八章由笔者撰写；第四章由笔者与张科合作撰写；第六章由笔者与倪新锋合作撰写；第七章由笔者整理了中国石油勘探开发研究院廊坊分院关于盖层的实验研究成果，并由冉启贵校稿；第九章的勘探历程由王晓雪撰写，勘探启示、教训与展望由笔者撰写。书稿中的图件由笔者团队成员编绘。

在本书撰写过程中，得到了塔里木油田、中国石油勘探开发研究院、中国石油集团东方地球物理勘探有限责任公司等单位的支持，在此表示诚挚的谢意。我的导师杨海军教授、潘文庆教授和杨文静教授在过去16年间对我本人及团队精心指导与厚爱，在此表示由衷感谢。中国石油勘探开发研究院沈安江教授、朱光有教授，西南石油大学邬光辉教授，中国科学院地质与地球物理研究所吴亚生研究员，在本书的文图校对中给予了重要意见与建议，在此深表感谢。

由于水平有限，书中难免有疏漏和不妥之处，敬请读者批评指正。

陈永权

2023年6月

目　　录

第一章 构造区划与构造层序

第一节 塔里木盆地构造区划

塔里木盆地位于我国新疆维吾尔自治区南部，夹持于天山、昆仑山和阿尔金山之间，为一面积 $56 \times 10^4 \mathrm{km}^2$ 的大型陆内盆地。盆地中心为塔克拉玛干沙漠（面积为 $33 \times 10^4 \mathrm{km}^2$），周缘为一系列大型山前冲（洪）积扇和洪积平原（图 1-1-1）。

塔里木盆地是前南华纪古克拉通背景下的叠合复合盆地，叠合特征表现为多期构造运动形成多个构造层，以及多个沉积盆地的垂向叠合；复合特点表现为每期构造运动，盆地由不同性质原型盆地空间组合而成。塔里木板块是我国前寒武纪主要克拉通之一，盆地发育统一的前寒武纪基底；与澳大利亚、扬子板块在新元古代可能同属于罗迪尼亚超大陆，新元古代晚期超大陆裂解后，这些块体开始表现出不同的构造演化特点和活动规律（贾承造，1997）。

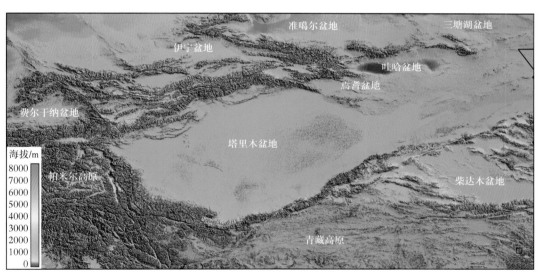

图 1-1-1　塔里木盆地及其周缘构造单元位置图

一、构造单元认识史

柴桂林（1989）首次提出了塔里木盆地"三隆四坳"的构造格局。三隆为塔北隆起、中央隆起和塔南隆起，四坳为库车坳陷、北部坳陷、西南坳陷和东南坳陷。这种划分方案长期使用，为塔里木盆地的油气勘探做出了很大的贡献（贾承造，1997）。

2006 年，原"三隆四坳"划分方案做过一次调整。调整后的"三隆四坳"与原

"三隆四坳"相比，基本构造格局没有改变，主要变化有以下三点：（1）把原库车坳陷的温宿凸起划入塔北隆起；（2）把原中央隆起巴楚凸起的玛东构造带归入到西南坳陷塘古孜巴斯凹陷，并修改了该凹陷的北侧和西南侧边界；（3）把塔西南山前带的乌泊尔构造带、齐姆根凸起、柯克亚构造带以及克里阳构造带合并，统一称为西昆仑山前冲断带。

2007 年，胡云扬等在原"十五"课题的基础上提出了"五隆五坳"样式。五隆即塔北隆起、塔中隆起、巴楚隆起、东南隆起和塔南隆起。五坳即库车坳陷、北部坳陷、西南坳陷、东南坳陷和塘古坳陷。与原"三隆四坳"相比，"五隆五坳"划分方案的变化在于：把原中央隆起拆分为巴楚隆起、塔中隆起和东南隆起 3 个一级构造单元；把原塘古孜巴斯凹陷从西南坳陷中独立出来，升级为一级构造单元，称为塘古坳陷。

2008—2009 年，李曰俊教授对塔里木盆地断裂系统开展了系统的分期、分级研究，提出了断裂的级次划分标准（表 1-1-1）。断裂构造的级别反映断裂构造在盆地构造格局形成演化过程中所起的作用。作用越大的断裂，归属的级次越高。在此基础上编制了塔里木盆地断裂分级平面图（图 1-1-2）。2009 年 8 月，塔里木油田王招明总地质师组织有关专家对塔里木盆地构造单元再厘定开展了一轮研讨，将塔里木盆地构造格局定为"四隆五坳"。四隆为塔北隆起、巴楚隆起、塔中隆起和东南隆起。五坳为库车坳陷、北部坳陷、西南坳陷、塘古坳陷和东南坳陷。在此基础上划分出 15 个凸起（低凸起）、11 个凹陷、6 个冲断带、4 个斜坡等 36 个二级构造单元。

表 1-1-1　断裂构造级别划分标准

级别	定义	实例
Ⅰ	规模较大，一般控制一级构造单元的形成演化，多为基底卷入型断裂	车尔臣断裂、吐木休克断裂、色力布亚断裂、玛扎塔格断裂、阿恰断裂、塔中Ⅰ号断裂、古木别孜断裂、沙井子断裂、孔雀河断裂
Ⅱ	控制二级构造单元的形成演化，具有相当的规模，经常作为二级构造单元的边界	轮台—沙雅断裂、牙哈断裂、塔中Ⅱ号断裂（中央主垒带）、英买 1—英买 8 断裂、克拉苏断裂、皮羌断裂、印干断裂
Ⅲ	控制区带（构造带）的形成演化，具有一定的规模	卡拉沙依断裂、轮南断裂或断垒、桑塔木断裂或断垒、轮西断裂、哈得—羊屋断裂、英买 7 断裂

2018 年，笔者团队在柯探 1 风险目标研究中，提出柯坪断隆南华纪—震旦纪裂坳体系是塔里木克拉通内裂坳体系的一部分。寒武纪—中奥陶世，柯坪隆起是塔西台地的一部分；晚奥陶世（良里塔格组沉积前）构造运动，柯坪—巴楚—阿瓦提变化特点一致；前志留纪构造运动，柯坪断隆是塔西南古隆起的一部分；志留纪—石炭纪，柯坪断隆沉积属于北部坳陷体系；晚石炭世—早二叠世康克林组沉积前，柯坪强烈隆升，形成柯坪古隆起；持续发育至喜马拉雅晚期（吴根耀等，2013）。基于这些认识，将柯坪断隆作为塔里木的一个一级构造单元。基于重力线性异常特点，细化了柯坪断隆断裂（图 1-1-2），建议构造格局由原"四隆五坳"变化为"五隆五坳"（图 1-1-3）。

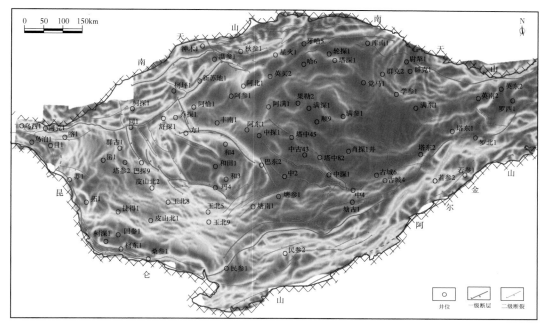

图 1-1-2　塔里木盆地一级、二级断裂分级平面图

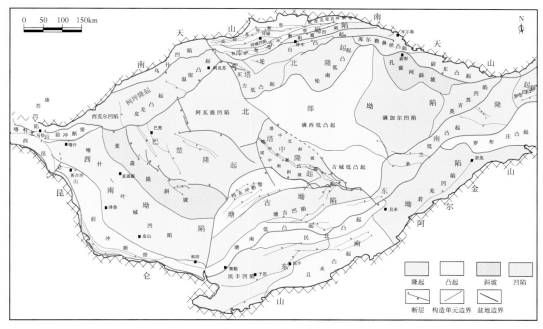

图 1-1-3　塔里木盆地构造单元划分纲要图

二、构造单元描述

五隆为塔北隆起、巴楚隆起、塔中隆起、东南隆起和柯坪隆起。五坳为库车坳陷、北部坳陷、西南坳陷、塘古坳陷和东南坳陷。在此基础上划分出 15 个凸起（低凸起）、12 个凹陷、7 个冲断带、4 个斜坡等 38 个二级构造单元（表 1-1-2）。

3

表 1-1-2　构造单元划分方案表

一级构造单元	二级构造单元				
塔北隆起	轮台凸起	英买力低凸起	轮南低凸起	库尔勒鼻状凸起	尉东凸起
巴楚隆起	未划分二级构造单元				
塔中隆起	塔中北斜坡		塔中中部凸起		塔中南斜坡
东南隆起	米兰低凸起			罗布泊凸起	
柯坪隆起	西克尔凹陷		皮羌凸起		温宿凸起
库车坳陷	乌什凹陷	拜城凹陷	阳霞凹陷	克拉苏冲断带	依奇克里冲断带	秋里塔格冲断带
北部坳陷	阿瓦提凹陷	满西低凸起	古城低凸起	英吉苏凹陷	满加尔凹陷	孔雀河斜坡
西南坳陷	西昆仑山前冲断带		喀什北山前冲断带	喀什—叶城凹陷	康苏凹陷	麦盖提斜坡
塘古坳陷	玛东冲断带	塘古凹陷		塘南低凸起	
东南坳陷	民丰凹陷	且末凸起	民北凸起	若羌凹陷	罗布庄凸起

1. 塔北隆起

包括英买力低凸起、轮台凸起、轮南低凸起、库尔勒鼻状凸起和尉东凸起等 5 个二级构造单元，总面积为 44200km²。北界是秋里塔格山南，至轮台凸起北边界断裂，西界为前中生代喀拉玉尔衮断裂，南界为碳酸盐岩顶面海拔-6500m 等值线和孔雀河断裂。塔北隆起形成于古生代，中生代被强烈改造形成残余古隆起。

2. 巴楚隆起

巴楚隆起没有划分二级构造单元，即平面上为呈北西—南东走向的平行四边形，总面积 39191km²。西北界为柯坪塔格断裂，西南边界为色力布亚—玛扎塔格断裂，东南边界为玛东构造带的最靠西北一排断裂，东北界为吐木休克断裂和巴东断裂。巴楚隆起是前南华纪古隆起，受喜马拉雅期南天山与西昆仑前陆体系控制形成的大型隆起。

3. 塔中隆起

塔中隆起划分为 3 个二级构造单元，即塔中南斜坡、塔中北斜坡和塔中中部凸起，总面积为 18100km²。西界为碳酸盐岩顶面海拔-6500m 等值线，西南界为巴东断裂及其趋势线、良里塔格组坡折带、塘北断裂及其趋势线，东北界为塔中Ⅰ号断裂。塔中隆起形成于前寒武纪，加里东期经历多期构造活动，海西期定型，表现为继承、稳定的古隆起特征。

4. 东南隆起

东南隆起包括米兰低凸起与罗布泊凸起 2 个二级构造单元，总面积 31150km²。西北边界为碳酸盐岩顶面海拔-6500m 等值线、英东构造带构造包络线，东北界为现今的盆地边界，东南界为车尔臣断裂和民北断裂。东南隆起形成于燕山期，表现为车尔臣断裂下盘逆掩隆起特点。

5. 柯坪隆起

柯坪隆起被两条北西走向的逆冲走滑断裂印干断裂与皮羌断裂划分为 3 个二级构造单元，东部为温宿凸起，中部为皮羌凸起，西部为西克尔凹陷，面积约为 25300km²。构造边界北以阿合奇断裂—古木别孜断裂为界，南以西克尔—柯坪塔格—沙井子断裂为界，西以盖孜断裂为界，东以喀拉玉尔衮断裂为界。柯坪隆起海西晚期开始发育，是柯坪—塔北古隆起的一部分，喜马拉雅期受南天山与西昆仑前陆体系共同影响奠定南北分带、东西分段的构造格局。

6. 库车坳陷

库车坳陷包括乌什凹陷、拜城凹陷、阳霞凹陷、克拉苏冲断带、依奇克里克冲断带和秋里塔格冲断带等 6 个二级构造单元，总面积为 25690km²。北界线呈弧形，为南天山中段、东段中—新生界出露边界，西起阿合奇县哈拉布拉克乡附近，东至野云 2 井附近，沿北东东向、近东西向和北西西向绵延 800km；南界由西至东分别为古木别孜断裂、西秋里塔格构造带南侧构造包络线和三叠系尖灭线等。库车坳陷是受古生代隆起、中生代坳陷与新生代前陆体系前缘冲断带叠加控制形成的构造单元。

7. 北部坳陷

北部坳陷包括阿瓦提凹陷、满西低凸起、古城低凸起、满加尔凹陷、英吉苏凹陷和孔雀河斜坡等 6 个二级构造单元，总面积为 128300km²。北界为塔北隆起南侧界线，南界由西至东分别为吐木休克断裂、碳酸盐岩顶面海拔 -6500m 等值线、塔中Ⅰ号断裂、碳酸盐岩顶面海拔 -6500m 等值线和英东构造带的构造包络线。北部坳陷是塔里木克拉通最稳定的构造单元，表现为长期继承性坳陷特点。

8. 西南坳陷

包括喀什北山前冲断带、西昆仑山前冲断带、喀什—叶城凹陷、康苏凹陷和麦盖提斜坡等 5 个二级构造单元，总面积为 112442km²。西北界基本上为国界线（东部西克尔附近为柯坪断隆南侧中—新生界覆盖边界），西南界为西昆仑山东北侧中—新生界覆盖边界，东北界为色力布亚—玛扎塔格断裂，东南界为构造体系包络线。西南坳陷是古生代隆起、中生代前陆盆地与新生代再生前陆盆地叠合作用形成的构造单元。

9. 塘古坳陷

包括玛东冲断带、塘南低凸起和塘古凹陷等 3 个二级构造单元，总面积为 50510km²。西北界为玛东构造带的最靠西北一排断裂、奥陶系良里塔格组坡折带以及塘北断裂，西南界为构造体系包络线，东南界为车尔臣深部断裂。塘古坳陷表现为早古生代冲断带上发育的陆内坳陷特点。

10. 东南坳陷

包括民丰凹陷、民北凸起、且末凸起、若羌凹陷和罗布庄凸起等 5 个二级构造单元，总面积为 94637km²。西北界为车尔臣断裂、民北断裂，东北界为中生界尖灭线，东南界由西至东分别为西昆仑山和阿尔金山北侧中—新生界覆盖边界。东南坳陷是印支末期的古隆起，喜马拉雅期受阿尔金前陆体系控制形成的前渊坳陷。

第二节　台盆区主要不整合与构造层序

一、台盆区主要不整合

塔里木盆地经历多旋回构造演化、每个旋回又经历多期次构造运动，形成区域性、局部性不整合多达数十个（表 1-2-1；何登发等，1995）。不整合是构造运动和海平面升降作用的综合结果，前者可形成大型的区域性不整合，后者形成假整合或局部不整合，本节主要描述区域性角度不整合。

表 1-2-1　塔里木盆地地层序列与不整合简表

界	系	统	组	地震层位代号
新生界	第四系	全新统		
		更新统	西域组（Q_1x）	TQ
	新近系	上新统	库车组（N_2k）/阿图什组（N_2a）	TN_2k/TN_2a
		中新统	康村组（N_1k）	TN_1k
			吉迪克组（N_1j）	TN_1j
	古近系	渐新统	苏维依组（$E_{2-3}s$）	$TE_{2-3}s$
		始新统	库姆格列木群（$E_{1-2}km$）	$TE_{1-2}km$
		古新统		
中生界	白垩系	上统		
		下统	巴什基奇克组（K_1b）	TK_1b
			巴西改组（K_1bx）	TK_1bx
			舒善河组（K_1s）	TK_1s
			亚格列木组（K_1y）	TK_1y
	侏罗系	上统	喀拉扎组（J_3k）	TJ_3k
			齐古组（J_3q）	TJ_3q
		中统	恰克马克组（J_2q）	TJ_2q
			克孜勒努尔组（J_2k）	TJ_2k
		下统	阳霞组（J_1y）	TJ_1y
			阿合组（J_1a）	TJ_1a
	三叠系	上统	塔里奇克组（T_3t）	TT_3t
			黄山街组（T_3h）	TT_3h
		中统	克拉玛依组（$T_{2-3}k$）	$TT_{2-3}k$
		下统	俄霍布拉克组（T_1e）	TT_1e
古生界	二叠系	乐平统	阿恰群上碎屑岩段（$P_{1-3}a_1$）	$TP_{1-3}a_1$
		阳新统	阿恰群火山岩段（$P_{1-3}a_2$）	$TP_{1-3}a_2$
			阿恰群下碎屑岩段（$P_{1-3}a_3$）	$TP_{1-3}a_3$
		船山统	南闸组（P_1n）	TP_1n
	石炭系	上统	小海子组（C_2x）	TC_2x
			卡拉沙依组（C_1k）	TC_1k
		下统	巴楚组（D_3b）	TD_3b
	泥盆系	上统	东河塘组（D_3d）	TD_3d
		中统		
		下统	克兹尔塔格组（S_3k）	TS_3k
	志留系	上统		
		中统	依木干他乌组（S_2y）	TS_2y
		下统	塔塔埃尔塔格组（S_1t）	TS_1t
			柯坪塔格组（S_1k）	TS_1k

6

界	系	统	组	地震层位代号
古生界	奥陶系	上统	铁热克阿瓦提组（O_3tr）	TO_3tr
			桑塔木组（O_3s）	TO_3s
			良里塔格组（O_3l）	TO_3l
			吐木休克组（O_3t）	TO_3t
		中统	一间房组（O_2y）	TO_2y
			鹰山组上段（$O_{1-2}y_{1-2}$）	$TO_{1-2}y_{1-2}$
		下统	鹰山组下段（$O_{1-2}y_{3-4}$）	$TO_{1-2}y_{3-4}$
			蓬莱坝组（O_1p）	TO_1p
	寒武系	芙蓉统	下丘里塔格组（ϵ_3xq）	$T\epsilon_3xq$
		苗岭统	阿瓦塔格组（ϵ_2a）	$T\epsilon_2a$
			沙依里克组（ϵ_2s）	$T\epsilon_2s$
		第二统	吾松格尔组（ϵ_1w）	$T\epsilon_1w$
			肖尔布拉克组（ϵ_1x）	$T\epsilon_1x$
		纽芬兰统	玉尔吐斯组（ϵ_1y）	$T\epsilon_1y$
新元古界	震旦系	上统	奇格布拉克组（Z_2q）	TZ_2q
		下统	苏盖特布拉克组（Z_1s）	TZ_1s
	南华系	上统	特瑞艾肯组（Nh_3t）	TNh_3t
		中统	阿勒通沟组（Nh_2a）	TNh_2a
		下统	照壁山组（Nh_1zh）	TNh_1zh
			贝义西组（Nh_1b）	TNh_1b

1. 寒武系底不整合

以前寒武系—寒武系地层接触关系为依据，塔里木盆地可以划分为两个分区，即南塔里木分区与北塔里木分区。南塔里木分区包括中央隆起带（包括巴楚隆起、塔中隆起与东南隆起）与西南坳陷。北塔里木分区包括塔北隆起、北部坳陷、库鲁克塔格露头区及柯坪断隆大部分地区。前寒武系—寒武系角度不整合主要出现在南塔里木分区（图1-2-1）。

北塔里木分区内寒武系与前寒武系呈平行不整合接触关系。柯坪露头区尤尔美那克剖面、肖尔布拉克剖面、塔北隆起内星火1、轮探1等井证实寒武系与震旦系齐格布拉克组呈平行不整合接触关系。库鲁克塔格露头区北区照壁山剖面、南区雅尔当山剖面揭示寒武系与震旦系汉格尔乔克组呈平行不整合接触关系。北部坳陷内虽没有钻孔揭示前寒武系—寒武系地质界线，但在地震剖面上寒武系与震旦系呈平行不整合接触关系。

从地震反射特征来看，南塔里木分区内前寒武系—寒武系发育大型角度不整合（图1-2-2），与前人认识一致（何金有等，2010；陈刚等，2015）。西南坳陷内虽没有钻孔钻揭前寒武系—寒武系地质界线，但从南北向地震剖面可见角度不整合接触关系（图1-2-2c）。南塔里木分区内，巴楚隆起东部南华系—震旦系缺失，被寒武系披覆的岩层包括约1900Ma花岗片麻岩（玛北1井、楚探1井）、约755Ma变质岩（杨鑫等，2017），玉龙6井钻揭寒武系苗岭统沙依里克组角度不整合覆盖在块状大理岩之上。塔中隆起中深1钻揭寒武系第二统肖尔布拉克组

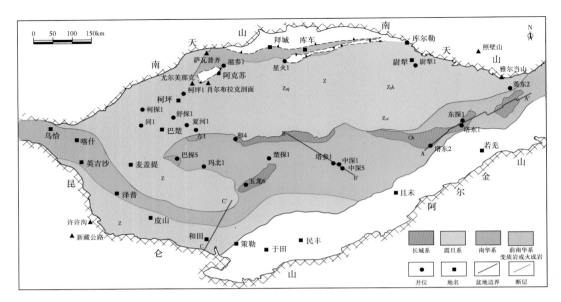

图 1-2-1 塔里木盆地前寒武纪古地质平面图

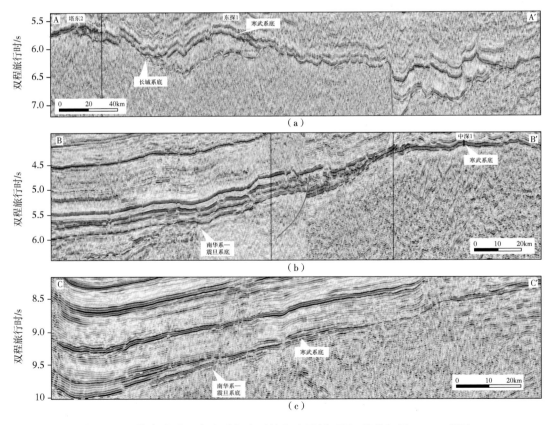

图 1-2-2 前寒武系—寒武系角度不整合地震剖面图(导线如图 1-2-1 所示)

不整合披覆在约1915Ma的二长石英变质岩上。塔参1井钻揭寒武系苗岭统沙依里克组不整合覆盖在约750Ma的花岗岩上（邬光辉等，2012）。东南隆起塔东2、塔东1、东探1等3个钻孔发现寒武系纽芬兰统西山布拉克组角度不整合覆盖在长城系上。英东2井寒武系纽芬兰统—上震旦统覆盖在约750Ma的花岗岩上（邬光辉等，2012）。

2. 上奥陶统下部（良里塔格组沉积前）不整合

良里塔格组沉积前不整合在前人研究中多次报道（邓胜徽等，2008，2015；张智礼等，2014），该不整合形成的大范围中—下奥陶统碳酸盐岩风化壳已发现了规模性油气藏（韩剑发等，2008；杨海军等，2011）。

塔里木盆地奥陶系良里塔格组碳酸盐岩主要分布在塔北隆起哈拉哈塘—轮南低凸起围斜区、柯坪隆起—麦盖提斜坡—巴楚隆起—塔中隆起区、塘南地区。其他地区良里塔格组相变为印干组、却尔却克组泥岩（图1-2-3）。从地质点良里塔格组与下伏地层接触关系可以看出，良里塔格组底角度不整合主要发育在麦盖提斜坡、巴楚隆起东部至塔中隆起，塘南地区塘南1井也钻揭良里塔格组/鹰山组不整合（图1-2-3）。

年代地层			哈拉哈塘—轮南区	麦盖提—巴楚—塔中区					塘南区	阿瓦提凹陷西部	塘古—古城—满西区	满加尔凹陷	罗西区
系	统	阶	哈6、轮古36	玉北5	中古43	和田1	中古15	永安坝	塘南1	柯坪水泥厂	塘参1、古城6、满深1	塔东2	罗西1
奥陶系	上统	赫南特阶											
		凯迪阶	桑+良	良	桑+良	桑+良	桑+良	桑+良	桑+良	铁+印	却	却	却
		桑比阶	吐				吐		吐	其+坎	吐	却	吐
	中统	达瑞威尔阶	一					一		萨+大		黑	
		大坪阶	鹰1—2			鹰1—2	鹰1—2	鹰1—2	鹰1—2	鹰1—2	鹰1—2		鹰1—2
	下统	弗洛阶	鹰3—4	鹰3—4	鹰3—4	鹰3—4	鹰3—4	鹰3—4	鹰3—4	鹰3—4	鹰3—4		鹰3—4
		特马豆克阶	蓬	蓬	蓬	蓬	蓬	蓬	蓬	蓬	蓬		蓬

图1-2-3 塔里木盆地奥陶系分区等时框架图

桑—桑塔木组；良—良里塔格组；吐—吐木休克组；一—间房组；鹰1—2—鹰山组上段；鹰3—4—鹰山组下段；蓬—蓬莱坝组；铁—铁热克阿瓦组；印—印干组；其—其浪组；坎—坎岭组；萨—萨尔干组；大—大湾沟组；却—却尔却克组；黑—黑土凹组

从基于地震解释编制的良里塔格组沉积前古地质平面图（图1-2-4）上可以看出，良里塔格组底不整合主要分布在麦盖提斜坡东部—巴楚隆起—塔中地区与塘南地区，与良里塔格组镶边台地分布基本一致（赵宗举等，2009）。巴楚隆起西部良里塔格组下伏出露地层为吐木休克组，代表露头为永安坝、一间房等，代表井为柯探1井；麦盖提斜坡东部、巴楚隆起东部、塔中隆起区良里塔格组下伏地层为鹰山组——间房组。从塔中隆起中古43II期高密度三维地震剖面上可以明确见到良里塔格组与下伏鹰山组的角度不整合接触关系（图1-2-5）。

3. 志留系底不整合

塔里木盆地志留系底是一个区域不整合面，全盆地均有发育，前志留纪大型区域不整合主要受控于奥陶纪末期的周缘前陆盆地作用（魏国齐等，2002）。

志留系主要分布在北部坳陷、巴楚隆起与西南坳陷中西部。从前志留纪古地质平面图（图1-2-6）可以看出，西南坳陷内志留系角度不整合披覆沉积在中—下奥陶统、上奥陶统之上；塔中隆起主垒带与塔中10号构造带志留系超覆在中—下奥陶统之上；玛东地区志留系超覆在奥陶纪冲断带单面山之上；塔北地区志留系超覆在奥陶纪古隆起之上。

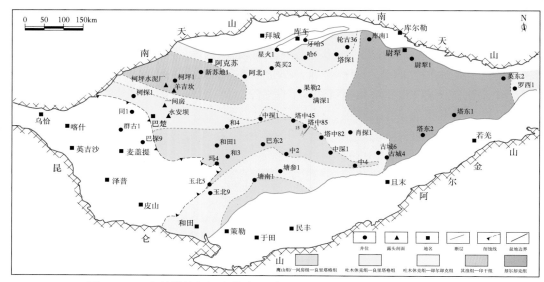

图 1-2-4　良里塔格组沉积前古地质平面图（良里塔格组尖灭线范围内）

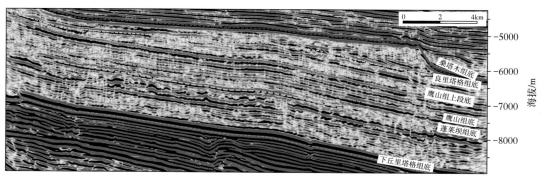

图 1-2-5　塔中隆起北斜坡良里塔格组—鹰山组角度不整合地震剖面图（导线如图 1-2-4 所示）

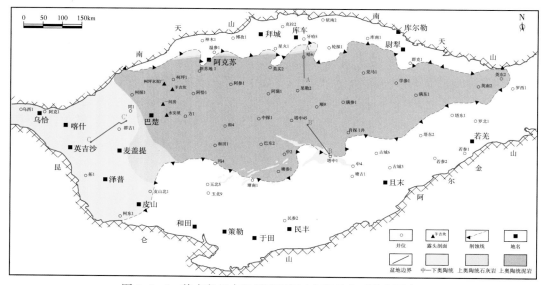

图 1-2-6　前志留纪古地质平面图（志留系尖灭线范围内）

从塔北隆起南斜坡的地震剖面（图1-2-7a）上可以见到，志留系与下伏奥陶系呈削蚀不整合接触关系，向北出露奥陶系逐渐变老，志留系表现为从南向北超覆特征。塔中隆起志留系与下伏奥陶系角度不整合接触关系也比较清楚（图1-2-7b），奥陶系出露地层从塔中西部向塔中东部逐渐变老，志留系从西向东超覆。麦盖提斜坡西段志留系覆盖在中—下奥陶统石灰岩之上，群古1井钻揭志留系暗色泥岩段不整合覆盖在鹰山组风化壳之上；志留系之下的奥陶系向南变老，志留系向南超覆（图1-2-7c）。

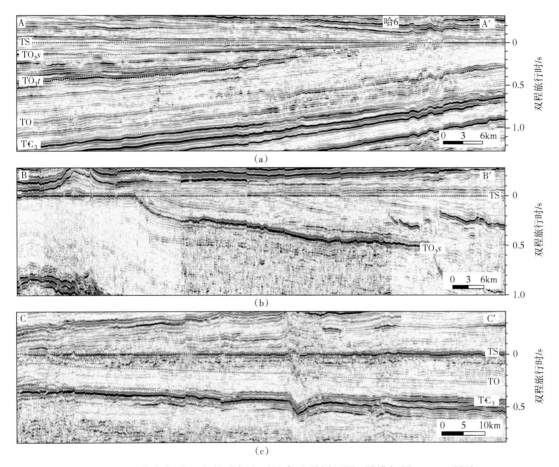

图1-2-7　前志留系—志留系角度不整合地震剖面图（导线如图1-2-6所示）

4. 东河砂岩底不整合

泥盆系—石炭系东河砂岩底不整合在塔里木盆地内普遍发育，是志留纪—泥盆纪塔里木盆地周缘前陆盆地的一部分（魏国齐等，2002）；何治亮（2000）更是将晚泥盆世不整合作为构造层序界面。

东河砂岩底不整合在盆地内分布十分广泛，从隆起区向坳陷区表现为高角度不整合、微角度不整合和平行不整合；在隆起高部位东河砂岩超覆尖灭，不整合面之上地层为石炭系巴楚组或卡拉沙依组碳酸盐岩或泥岩，虽然东河砂岩超覆尖灭，但不整合面连续。在东河砂岩底不整合之下的古地质平面图（图1-2-8）上可以看出，东河砂岩底不整合对应的早海西期构造运动形成了和田古隆起、塔中—古城古隆起、轮南古隆起。在柯坪西北部可以见到石炭系/中下奥陶统不整合，因此还可能存在温宿古隆起，只是因为柯坪地区大面积缺失石炭系，而无法识别。塔中—古城隆起区，东河砂岩底不整合之下的奥陶系、志留系、泥盆系从东向西相继被削蚀；东河砂岩从西向东超覆，在塔中1潜山带超覆尖灭（图1-2-9a），古城地区大范围缺失东河砂岩。轮南古隆起的形成造成奥陶系、志留系和泥盆系削蚀（图1-2-9b），东河砂岩从周缘向轮南隆起超覆尖灭，形成轮南59等超覆地层凝析气藏；高部位覆盖石炭系标准石灰岩段与中泥岩段。同样，在和田古隆起—玛东冲断带区，古构造高部位下伏地层为下奥陶统（图1-2-9c），玛东地区出现寒武系潜山，上覆地层为石炭系标准石灰岩段、中泥岩段、生屑灰岩段和下泥岩段等；东河砂岩自麦盖提斜坡西部向和田古隆起超覆尖灭。

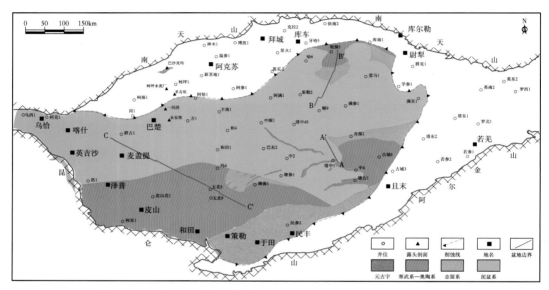

图1-2-8　东河砂岩沉积前古地质平面图（东河砂岩尖灭线范围内）

5. 康克林组底不整合

该不整合主要出现在康克林组底，康克林组地质年代为晚石炭世—早二叠世，在台盆区对应石炭系小海子组与二叠系南闸组，该不整合在二叠系康克林组相变区与二叠系底不整合合并，因此本书统一称为二叠系底不整合；该不整合平面上主要发育在塔里木盆地西北部，主要见于柯坪隆起、阿瓦提凹陷西部与塔北隆起西部（图1-2-10）。麦盖提斜坡西部伽1井小海子组不整合覆盖在石炭系巴楚组生屑灰岩之上，柯坪地表露头区，康克林组不整合覆盖在泥盆系克兹尔塔格组之上；沙井子断裂上新苏地1井康克林组不整合覆盖在志留系依木干他乌组之上；阿瓦提凹陷内乌鲁1井康克林组不整合覆盖在石炭系卡拉沙依组中泥岩段之上，缺失上泥岩段与标准石灰岩段；塔北隆起胜利1井与阿北1井康克林组覆盖在泥盆系克兹尔塔格组之上；新和1井缺失康克林组，二叠系火山岩不整合覆盖在志留系柯坪塔格组之上。

从过阿瓦提凹陷—塔北隆起区地震剖面上可以见到二叠系底与下伏地层呈角度不整合接触关系（图1-2-11a），泥盆系、石炭系自北向南依次削蚀尖灭。从过塔北隆起西部喀拉玉尔衮构造带东西向地震剖面可以见到二叠系主要覆盖在志留系之上，局部形成沿层滑脱逆冲构造，二叠系覆盖在奥陶系碳酸盐岩之上，形成二叠系披覆下的碳酸盐岩潜山

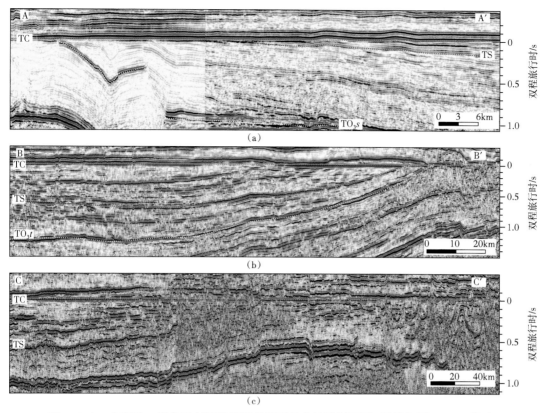

图 1-2-9　志留系—泥盆系东河砂岩底角度不整合地震剖面图（导线如图 1-2-8 所示）

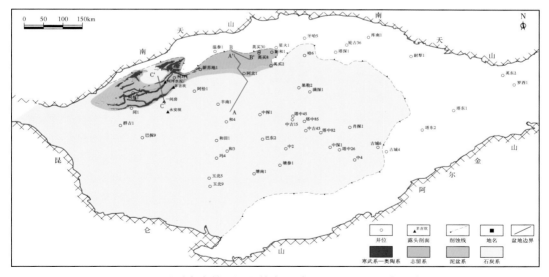

图 1-2-10　二叠系康克林组沉积前古地质平面图（二叠系尖灭线范围内）

（图 1-2-11b）。柯坪地区因喜马拉雅期构造运动形成多排滑脱逆冲构造带，二叠系康克林组与下伏地层局部出露地表，见到泥盆系—二叠系不整合（图 1-2-11c）。从前二叠纪古地质平面图上可以看出，柯坪隆起在该时期的演化与塔北隆起连为一体。

13

6. 三叠系底不整合

三叠系底不整合主要发育在塔北隆起与北部坳陷内（图1-2-12）。在阿瓦提凹陷内南

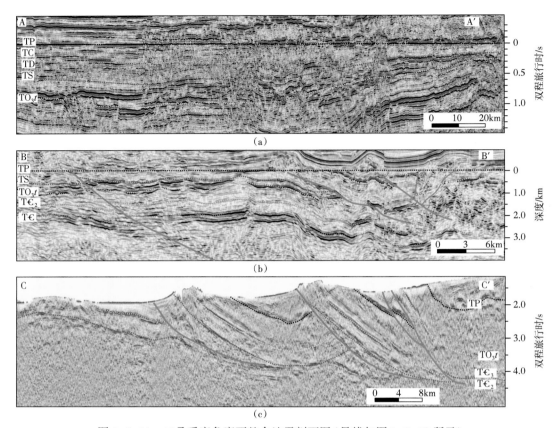

图1-2-11 二叠系底角度不整合地震剖面图（导线如图1-2-10所示）

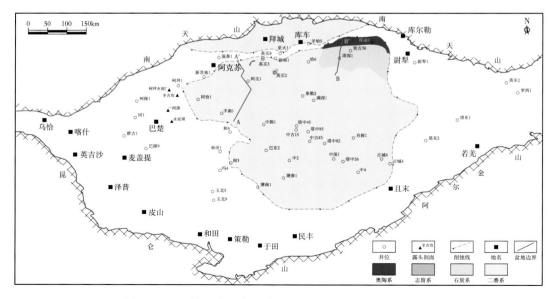

图1-2-12 前三叠纪古地质平面图（三叠系尖灭线范围内）

北向地震剖面上可以见到三叠系与下伏地层的角度不整合接触关系（图1-2-13a），二叠系火山岩段与上碎屑岩段从北向南被依次削蚀尖灭，在喀拉玉尔衮构造带下盘，三叠系覆盖在下二叠统酸性角砾熔岩之上。塔北隆起英买2构造带三叠系不整合覆盖在志留系之上。轮南低凸起内，三叠系底不整合清楚，在南北向地震剖面图上可以见到三叠系下伏地层从北向南依次为奥陶系与石炭系（图1-2-13b）。

三叠系底不整合特征表明，前三叠纪古隆起为塔北隆起，是晚石炭世—早二叠世康克林组沉积前柯坪—塔北隆起的延续性构造运动。

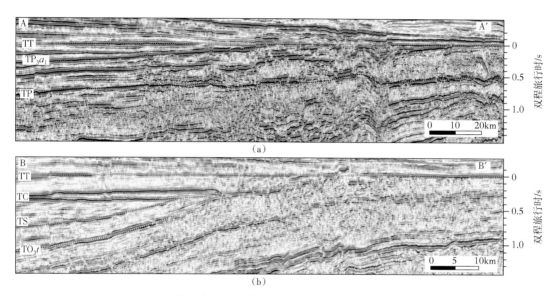

图1-2-13　三叠系底角度不整合地震剖面图（导线如图1-2-12所示）

7. 侏罗系底不整合

塔里木盆地侏罗系主要分布在库车坳陷、西南坳陷昆仑山前、东南坳陷、东南隆起与满加尔凹陷内，塔北隆起东部也有发育；侏罗系底不整合全区发育，为塔里木盆地重要的区域不整合（图1-2-14）。库车坳陷内侏罗系主要覆盖在三叠系上，从坳陷向南缘超覆沉积，局部侏罗系不整合覆盖在寒武系—奥陶系潜山之上。西南坳陷内侏罗系主要覆盖在二叠系之上，局部覆盖在泥盆系上。东南坳陷西部民丰凹陷内，侏罗系角度不整合覆盖在石炭系、二叠系之上；东部若羌凹陷与罗布庄凸起内侏罗系覆盖在元古宇基底上。塔北隆起英买力低凸起侏罗系覆盖在震旦系—寒武系—奥陶系潜山之上。东南隆起内侏罗系覆盖在奥陶系却尔却克组之上。满加尔凹陷内，侏罗系底不整合十分明显；下伏地层自西向东逐渐变老（图1-2-15）。阿瓦提凹陷、巴楚隆起、麦盖提斜坡等地区侏罗系缺失。

8. 白垩系底不整合

与侏罗系相似，塔里木盆地白垩系主要分布在库车坳陷、西南坳陷昆仑山前、东南坳陷、东南隆起与满加尔凹陷内；柯坪隆起、巴楚隆起、麦盖提斜坡和塘古坳陷西部地层缺失。白垩系底不整合主要发育在塔北隆起轮台凸起、英买力凸起内（图1-2-16），西南部大面积地层缺失区白垩系底也可能发育不整合。

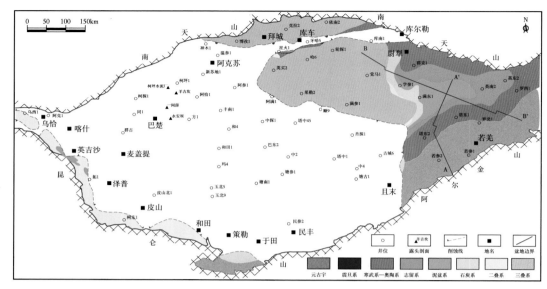

图 1-2-14 前侏罗纪古地质平面图(侏罗系尖灭线范围内)

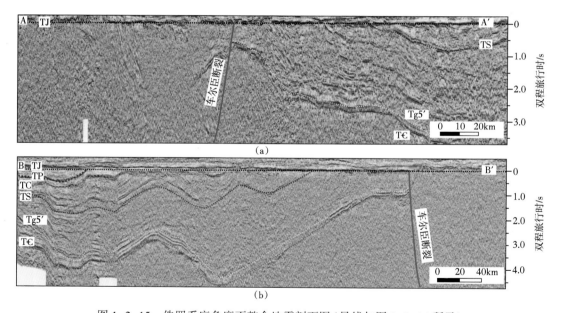

图 1-2-15 侏罗系底角度不整合地震剖面图(导线如图 1-2-14 所示)

英买力地区,白垩系卡普沙良群角度不整合覆盖在震旦系—寒武系—奥陶系潜山之上,白垩系下伏地层向南越来越新(图 1-2-17a),英买 32 油田就是白垩系披覆下的白云岩潜山油田。喀拉玉尔衮构造带上盘,白垩系主要覆盖在二叠系之上(图 1-2-17b),局部覆盖在奥陶系潜山之上,例如玉东 2 井。古城低凸起南部,虽然白垩系覆盖在奥陶系之上,但由于主要不整合在侏罗系底,只是因为侏罗系没有超覆上来而产生了白垩系底不整合。因此前白垩纪构造运动主要发育在温宿凸起—轮台凸起一线。

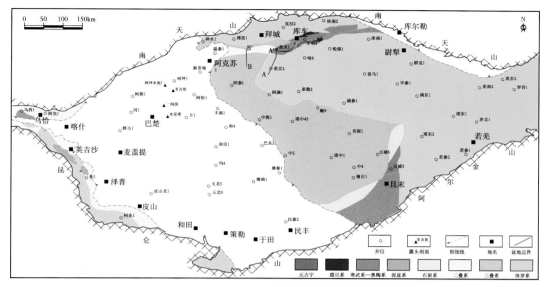

图 1-2-16 前白垩纪古地质平面图（白垩系尖灭线范围内）

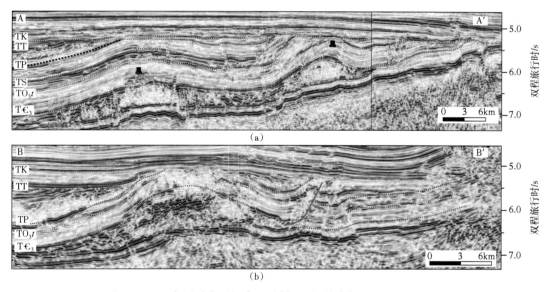

图 1-2-17 白垩系底不整合地震剖面图（导线如图 1-2-16 所示）

9. 古近系底不整合

塔里木盆地内古近系分布范围广，除了柯坪隆起与巴楚隆起西部地层削蚀尖灭外，其余构造单元皆发育古近系；古近系底不整合分布在除塔西南局部上白垩统齐全之外的广大盆地范围内，角度不整合主要分布在巴楚隆起西部、阿瓦提凹陷西南部与麦盖提斜坡西部（图 1-2-18）。

在麦盖提斜坡大部分地区古近系下伏地层为二叠系，因柯坪—巴楚西部的隆升，古近系底削蚀不整合在麦盖提斜坡西段表现为大角度不整合，东部为小角度不整合（图 1-2-19a），从西向东古近系披覆在二叠系下碎屑岩段、火山岩段与上碎屑岩段之上。在阿瓦提凹陷西南

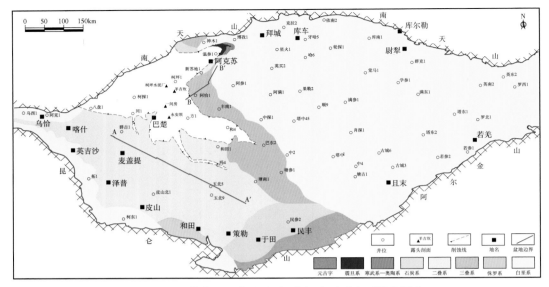

图 1-2-18　前古近纪古地质平面图（古近系尖灭线范围内）

部，阿恰 1 井古近系覆盖在三叠系之上，新苏地 1 井古近系覆盖在二叠系之上；从阿瓦提凹陷西部平行于沙井子断裂的地震剖面上可以见到古近系与下伏地层的角度不整合接触关系，从南向北古近系依次披覆在三叠系、白垩系之上（图 1-2-19b）。同时在沙井子构造带北部上盘，可以见到古近系对元古宇—古生界的角度不整合接触，从温参 1 井向东，古近系之下出露阿克苏群变质岩、震旦系白云岩和寒武系—奥陶系碳酸盐岩。

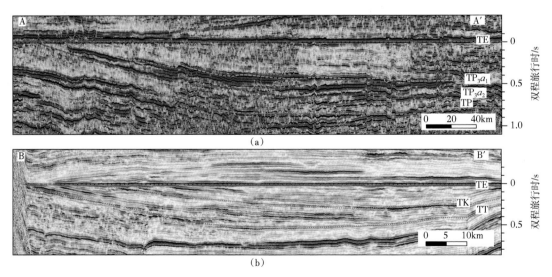

图 1-2-19　古近系底不整合地震剖面图（导线如图 1-2-18 所示）

10. 新近系底不整合

印藏碰撞应力传播到塔里木盆地的时间为新近纪，造成塔里木盆地晚白垩世—古近纪第二期古特提斯洋关闭，同时形成新近系底角度不整合。新近系沉积体系为前陆盆地沉积体系，沉积物加厚区位于前渊凹陷区，在阿瓦提凹陷、叶城凹陷与喀什凹陷内发育巨厚的新近系；新近系底不整合主要发育在前陆体系的冲断带与前缘隆起上，对应的构造单元主要在柯坪隆起与巴楚隆起（图1-2-20）。

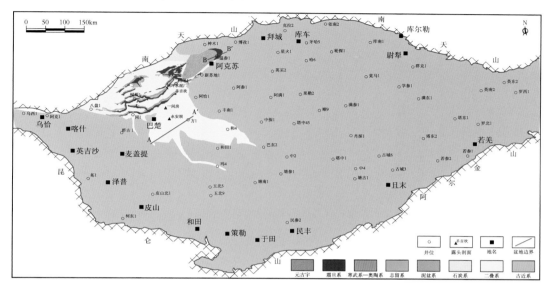

图1-2-20　前新近纪古地质平面图

巴楚隆起西部新近系更新统阿图什组不整合覆盖在石炭系—二叠系之上（图1-2-21a），方1井阿图什组下伏地层为石炭系巴楚组生屑灰岩段，和4井阿图什组覆盖在二叠系之上。柯坪隆起内新近系出露在冲断带之间，但在柯坪隆起温宿凸起内，因强烈隆升与对古老地层的削蚀作用，新近系沉积在元古宇阿克苏群、震旦系、寒武系白云岩潜山之上，例如温参1井，新近系吉迪克组角度不整合覆盖在震旦系潜山之上（图1-2-21b）。

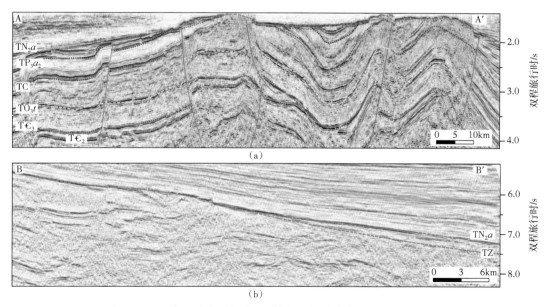

图1-2-21　古近系底不整合地震剖面图（导线如图1-2-18所示）

19

二、台盆区构造层序

20 世纪 80 年代以后，随着勘探程度的提高产生了大量的地震、钻井资料，逐步证实塔里木盆地的叠合复合特点。关于塔里木盆地构造旋回的划分，前人的研究认识存在一些共识与分歧。何治亮（2000）将塔里木盆地构造旋回分为震旦纪—中泥盆世、晚泥盆世—早二叠世、晚二叠世—早白垩世、晚白垩世至今等 4 个构造旋回。贾承造等（2002）认为塔里木盆地构造演化经历了震旦纪—奥陶纪克拉通边缘拗拉槽、志留纪—泥盆纪克拉通周缘前陆盆地、石炭纪—二叠纪克拉通边缘坳陷与克拉通内裂谷盆地、三叠纪弧后前陆盆地、侏罗纪—古近纪断陷—坳陷盆地、新近纪—第四纪复合再生前陆盆地等 6 个伸展或聚敛演化阶段。何登发等（2005）在贾承造等（2002）研究基础上将相邻的伸展或聚敛旋回合并，提出震旦纪—中泥盆世、晚泥盆世—三叠纪和侏罗纪—第四纪等 3 个伸展—聚敛旋回演化阶段。

1. 三期特提斯洋

前人的研究中，三期特提斯洋发展阶段认识存在广泛共识，即原特提斯洋阶段、古特提斯洋阶段与新特提斯洋阶段（何治亮等，2000；贾承造等，2002；何登发等，2005）。原特提斯演化阶段发育在震旦纪—奥陶纪，主要表现为海相碳酸盐岩、蒸发盐岩等；古特提斯演化阶段发育在石炭纪—二叠纪，也发育广泛分布的碳酸盐岩、蒸发盐岩；新特提斯演化阶段发育在晚白垩世—古近纪，在库车坳陷与西南坳陷发育蒸发盐岩与碳酸盐岩（图 1-2-23）。

2. 关于旋回界面

前人对于旋回的划分标准具有高度一致性，即每个旋回演化从伸展开始到聚敛结束（何登发等，2005），也可以表达为"开合"旋回（何治亮等，2000）。按伸展—聚敛标准，沉积盖层第一个旋回从南华纪克拉通内裂陷开始到晚泥盆世比较一致，前人将第一套构造旋回底放在震旦系底，主要原因是当时将南华系与震旦系合为一套。贾承造等（2002）将第一套沉积盖层构造沉积演化旋回顶划分至奥陶系顶，为伸展背景，志留纪—泥盆纪单独划分一个海相碎屑岩构造沉积旋回为聚敛背景。何治亮等（2000）与何登发（2005）将第一套构造沉积旋回顶定为上泥盆统底，实际上没有本质分歧。按伸展—聚敛的标准划分，本节采用何治亮等（2000）与何登发等（2005）的方案，将第一套构造沉积旋回顶划至东河砂岩底不整合，该不整合在盆地范围内普遍分布。

关于第二套与第三套沉积盖层构造沉积旋回的划分，本节采用贾承造等（2002）和何登发等（2005）的方案。第二套沉积盖层构造沉积旋回自上泥盆统东河砂岩至三叠系，晚泥盆世—二叠纪为伸展背景，三叠纪为聚敛背景，发育周缘前陆盆地作用与侏罗系底广泛分布的角度不整合。第三套沉积盖层构造沉积旋回自侏罗纪至今，侏罗纪—古近纪为伸展背景，新近纪为聚敛背景。

3. 四个构造演化阶段

关于盆地构造演化阶段划分名称，本节采用何登发等（2005）的命名，分为基底形成阶段、原特提斯洋阶段、古特提斯洋阶段与新特提斯洋阶段。

1）基底形成阶段

塔里木盆地基底的形成经历了太古宙古陆核，古—中元古代原始克拉通地块，新元古代洋盆闭合、地块拼合、泛古陆等 3 个形成阶段（贾承造，1997）。塔里木盆地的基底具有稳定的陆壳性质，是南、北塔里木地块在元古宙末期拼合固结而成的复合基底（何登发等，2005）。

以高磁异常带为界，南塔里木地块与北塔里木地块基底年龄不同。北塔里木地块库鲁克塔格地区出露有 3.2—2.8Ga 的灰色片麻岩—托格杂岩（郭召杰等，2000）；塔北地区牙哈 2 井变质岩基底实测年龄为（2413±34）Ma，表明北塔里木地块存在太古宇基底。在塔里木西北缘的阿克苏地区，在震旦系苏盖特布拉克组底部的砂岩之下，可见一套蓝片岩的变质基底，称为阿克苏群。前人对蓝片岩的年代学研究积累了大量的实验数据，Zhu 等（2011）报道了该区蓝片岩锆石 U—Pb 年龄为（721±12）Ma。张健等（2014）实测阿克苏群蓝片岩年龄为 820Ma，内部辉绿岩侵入体年龄 760Ma。笔者团队实测了温参 1 井阿克苏群蓝片岩年龄为（807.5±8.7）Ma。表明北塔里木地块是在太古宇基底之上叠加了新元古界变质基底。南塔里木地块基底直接出露区为铁克里克断隆和阿尔金断隆，铁克里克断隆上发育最老层系为古元古界喀拉喀什群，主要由二云石英片岩和斜长片麻岩组成，其上被 1764Ma 的火山岩覆盖；阿尔金断隆红柳沟—拉配泉蛇绿岩带以南，出露最老的层系也是古元古界（郭召杰等，2000）。笔者团队实测了盆地内英东 2、塔东 2、塔参 1、中深 1、楚探 1、玛北 1 井基底年龄（图 1-2-22），主要集中在 1900Ma 与 750Ma，表明南塔里木地块基底是在 1900Ma 左右形成。

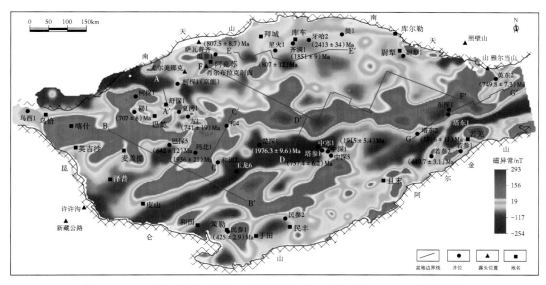

图 1-2-22　塔里木盆地航磁异常平面图（含地质点锆石 U—Pb 年龄数据）

南塔里木地块与北塔里木地块所表现的磁异常特征也明显不同（图 1-2-22）。南塔里木地块表现为北东向正负相间高值磁异常带，并且其延伸均不越过塔里木盆地中央高磁异常带，这表明其代表的地质事件早于中央高磁异常带代表的地质事件，也就是说应形成于南北塔里木地块拼贴缝合之前，可能反映了柴达木地块与南塔里木地块拼合形成的北东向构造带方向。北塔里木地块表现为广阔平缓负磁异常，可能是北塔里木地块始—中太古界之上巨厚的新太古界、元古宇沉积盖层的反映（郭召杰等，2000）。

邬光辉等（2012）报道了东南坳陷民参 1 井石炭系之下灰色千枚岩、片岩与变余砂岩的 K—Ar 年龄，获得（425.93±2.9）Ma 与（424.91±9.55）Ma 两个数据。本书实测民参 1 井基底片岩锆石 U—Pb 年龄，未得到一致年龄，得到 800~2000Ma 的数据区间；但得到若参 2 井基底锆石 U—Pb 一致年龄为（449.7±3.1）Ma，表明东南坳陷是在古元古界基底之上叠加了原沉积于加里东期的变质砂岩。

2）原特提斯洋开合阶段

原特提斯洋阶段自南华纪开始至中泥盆世结束，经历了完整的伸展—聚敛旋回（图 1-2-23）。南华纪—中奥陶世为伸展背景，以寒武系底不整合为界可以分为两个亚旋回，南华系—震旦系构成下亚旋回，寒武系—奥陶系构成上亚旋回。下亚旋回南华系在伸展背景早期表现为明显的断陷沉积，下震旦统为坳陷海相碎屑岩，上震旦统为碳酸盐岩台地。前寒武纪柯坪运动是一次规模性聚敛运动，对塔里木盆地的影响主要是在盆地西部形成"马蹄形"隆起格局，构成塔里木三大古隆起的雏形，塔里木盆地正式进入台盆沉积体系（陈永权等，2019）。上亚旋回经历了早寒武世台地雏形、中寒武世—早奥陶世台地扩张、中奥陶世台地收缩、晚奥陶世台地淹没等四期构造演化过程。

前志留纪—中泥盆世，阿尔金陆块、中昆仑地块与塔里木地块碰撞，塔里木盆地进入聚敛阶段（曹玉婷等，2010；扬子江，2012），冲断带体系主要位于盆地南部，从西向东为玛东冲断带、塘古坳陷内幕冲断带与塔中东部冲断带；柯坪西北部至轮南一线构成冲断的前缘隆起带，麦盖提斜坡—北部坳陷构成前渊坳陷带，志留纪残余海盆发育在麦盖提斜坡、满加尔凹陷与阿瓦提凹陷内。

3）古特提斯洋开合阶段

古特提斯洋阶段自晚泥盆世开始至三叠纪末期结束，经历了短期伸展、长期聚敛的构造旋回。上泥盆统—石炭系构成伸展亚旋回（图 1-2-23）。东河塘组沉积期塔里木盆地以克拉通内坳陷为特征，沉积了一套滨岸—浅海陆棚相砂岩、泥质粉砂岩（何登发等，2005），表现为自西向东，向塔北、塔中、塔东逐层上超沉积的特点。随着古特提斯洋海平面升高，至石炭纪形成多期碳酸盐岩，南天山一带为残余海盆，西昆仑一带发展为被动陆缘，塔北隆起、塔中隆起、巴楚隆起与北部坳陷区为台地内坳陷沉积，由碳酸盐岩台地、蒸发台地、局限台地构成，以碳酸盐岩、潮坪相泥岩、盐湖相蒸发岩、潟湖相煤层等沉积为主。

晚石炭世—三叠纪末期，塔里木盆地经历了弱挤压、弱伸展、强挤压构造环境。康克林组沉积前构造运动（相当于小海子组底）在盆地西部形成角度不整合，柯坪、阿瓦提西部、塔北西部隆升成为隆起剥蚀区；塔西南被动陆缘区影响较小，仍以开阔的碳酸盐岩台地为主，台内残余海盆退至柯坪—温宿西北地区。中—晚二叠世，塔里木盆地主体区处于弱伸展背景，发育大火成岩省；晚二叠世，阿恰群上碎屑岩段主要分布在盆地中西部坳陷内。三叠纪是塔里木盆地重要聚敛阶段，塔西南、库车、阿尔金、库鲁克塔格前陆盆地发育，形成侏罗系底大范围分布的角度不整合（图 1-2-14），三叠系残留在北部坳陷与库车坳陷内。

4）新特提斯洋开合阶段

新特提斯洋阶段自侏罗纪开始，经历了伸展、聚敛旋回，至今仍处于聚敛阶段。侏罗纪—古近纪构成该旋回的主要伸展阶段（图 1-2-23）。侏罗纪发育塔东南、塔西南、库车等 3 个断陷盆地与满加尔坳陷盆地。前白垩纪除了温宿凸起—轮台凸起一线发育构造挤压背景外（图 1-2-16），盆地整体处于伸展背景，在侏罗纪断陷盆地基础上发育坳陷盆地沉积；晚白垩世，新特提斯洋海水自西向东进入塔里木盆地，形成昆仑山前的海湾盆地，上

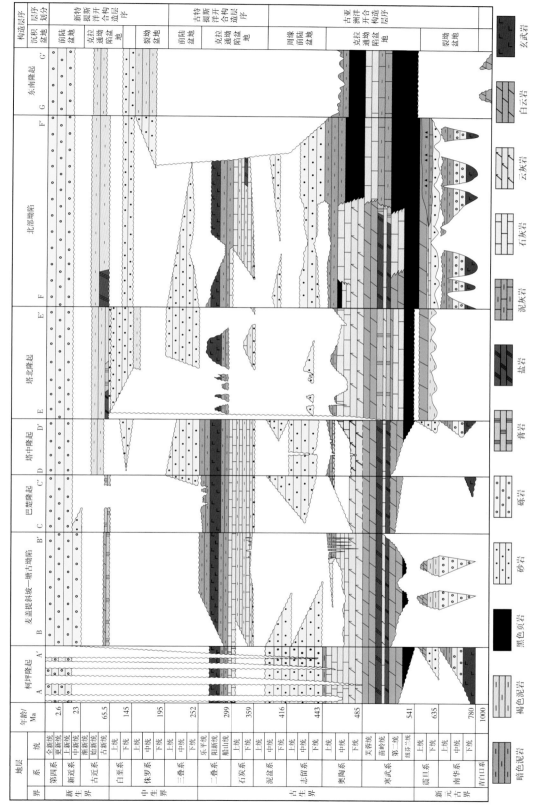

图1-2-23　塔里木盆地沉积盖层盖层构造—沉积演化旋回（导线如图1-2-22所示）

23

白垩统、库克拜组—依格孜牙组表现为海侵特征，西部喀什地区表现为深水沉积特点，柯克亚以东表现为陆相沉积特点。古近纪，新特提斯洋海平面上升，在盆地西部西南坳陷、库车—塔北西部—阿瓦提北部两个沉积中心发育海湾碳酸盐岩台地与蒸发台地，自深水向浅水由盐岩相变为膏岩；塔西南地区卡拉塔尔组发育白云岩、生物介壳灰岩等；满加尔凹陷、塔中隆起、东南隆起、东南坳陷连成一片，由于沉降幅度小，发育冲积平原相。

新近纪至今为新特提斯洋阶段聚敛期。南天山、西昆仑、阿尔金三个再生前陆盆地发育，形成西南坳陷、北部坳陷、东南坳陷三个前渊坳陷。巴楚隆起为南天山与西昆仑两个前陆体系共同的前缘隆起，强烈隆升，因斜交挤压应力作用，产生色力布亚、康塔库木、罗斯塔格、古董山—玛扎塔格山雁列式逆冲断裂。

参 考 文 献

曹玉亭，刘良，王超，等，2010. 阿尔金南缘塔特勒克布拉克花岗岩的地球化学特征、锆石 U—Pb 定年及 Hf 同位素组成 [J]. 岩石学报，26(1)：3259-3271.

柴桂林，1989. 塔里木盆地构造特征与含油远景 [M]. 北京：石油工业出版社.

陈刚，汤良杰，余腾孝，等，2015. 塔里木盆地巴楚—麦盖提地区前寒武系不整合对基底古隆起及其演化的启示 [J]. 现代地质，29(3)：576-583.

陈永权，严威，韩长伟，等，2019. 塔里木盆地寒武纪—前寒武纪构造沉积转换及其勘探意义 [J]. 天然气地球科学，30(1)：39-50.

邓胜徽，杜品德，卢远征，等，2015. 塔里木盆地塔中—巴楚地区奥陶系内幕不整合 [J]. 地质论评，61(2)：324-332.

邓胜徽，黄智斌，景秀春，等，2008. 塔里木盆地西部奥陶系内部不整合 [J]. 地质论评，54(6)：741-747.

高振家，陈晋镳，陆松年，等，1993. 新疆北部前寒武系 [M]. 北京：地质出版社.

郭召杰，张志诚，贾承造，等，2000. 塔里木克拉通前寒武纪基底构造格架 [J]. 中国科学：D 辑 地球科学，30(6)：568-575.

韩剑发，于红枫，张海祖，等，2008. 塔中地区北部斜坡带下奥陶统碳酸盐岩风化壳油气富集特征 [J]. 石油与天然气地质，29(2)：167-173.

何登发，贾承造，李德生，等，2005. 塔里木多旋回叠合盆地的形成与演化 [J]. 石油与天然气地质，26(1)：64-77.

何登发，1995. 塔里木盆地的地层不整合面与油气聚集 [J]. 石油学报，16(3)：14-21.

何金有，邬光辉，徐备，等，2010. 塔里木盆地震旦系—寒武系不整合面特征及油气勘探意义 [J]. 地质科学，45(3)：698-706.

何治亮，毛洪斌，周晓芬，等，2000. 塔里木多旋回盆地与复式油气系统 [J]. 石油与天然气地质，21(3)：207-213.

贾承造，魏国齐，2002. 塔里木盆地构造特征与含油气性 [J]. 科学通报，47(增刊)：1-8.

贾承造，姚慧君，魏国齐，等，1992. 塔里木盆地板块构造演化和主要构造单元地质构造特征 [M]∥童晓光，梁狄刚. 塔里木盆地油气勘探论文集. 乌鲁木齐：新疆科技卫生出版社.

贾承造，1997. 中国塔里木盆地构造特征与油气 [M]. 北京：石油工业出版社.

魏国齐，贾承造，李本亮，等，2002. 塔里木盆地南缘志留—泥盆纪周缘前陆盆地 [J]. 科学通报，47(增刊)：44-48.

邬光辉，李浩武，徐彦龙，等，2012. 塔里木克拉通基底古隆起构造—热事件及其结构与演化 [J]. 岩石学报，28(8)：2435-2452.

吴根耀，李曰俊，刘亚雷，等，2013. 塔里木西北部乌什—柯坪—巴楚地区古生代沉积—构造演化及盆

地动力学背景 [J]. 古地理学报, 15 (2): 203-218.

杨海军, 韩剑发, 孙崇浩, 等, 2011. 塔中北斜坡奥陶系鹰山组岩溶型储层发育模式与油气勘探 [J]. 石油学报, 32 (2): 199-205.

杨鑫, 李慧莉, 岳勇, 等, 2017. 塔里木盆地震旦纪末地层—地貌格架与寒武纪初期烃源岩发育模式 [J]. 天然气地球科学, 28 (2): 189-198.

杨子江, 2012. 新疆阿尔金红柳沟一带早古生代地质构造演化研究 [D]. 北京: 中国地质科学院.

张健, 张传林, 李怀坤, 等, 2014. 再论塔里木北缘阿克苏蓝片岩的时代和成因环境: 来自锆石 U—Pb 年龄、Hf 同位素的新证据 [J]. 岩石学报, 30 (11): 3357-3365.

张智礼, 李慧莉, 谭广辉, 等, 2014. 塔里木中央隆起区奥陶纪碳同位素特征及其地层意义 [J]. 地层学杂志, 38 (2): 181-189.

赵宗举, 吴兴宁, 潘文庆, 等, 2009. 塔里木盆地奥陶纪层序岩相古地理 [J]. 沉积学报, 27 (5): 939-955.

Zhu W B, Zheng B H, Shu L S, et al, 2011. Neoproterozoic tectonic evolution of the Precambrian Aksu blueschist terrane, northwestern Tarim, China: Insights from LA—ICP—MS zircon U—Pb ages and geochemical data [J]. Precambrian Research, 185 (3): 215-230.

第二章　南华系—寒武系地层与层序

第一节　南华系

一、地层分布与分区

南华系主要分布于塔里木盆地东北缘库鲁克塔格地区、西北缘柯坪—乌什地区、西南缘铁克里克地区露头（图 2-1-1）。盆地沙漠覆盖区钻揭南华系的钻孔少，尉犁 1 井钻揭南华系特瑞艾肯组上部；塔中隆起与塔北隆起钻孔未钻揭南华系；巴楚隆起巴探 5 井寒武系之下发育一套角砾岩，分选、磨圆度差，可能是南华系冰碛岩。

基于地震证据的塔里木盆地内部南华系分布已被多次报道（冯许魁等，2015；李勇等，2016；吴林等，2016，2017；任荣等，2017；管树巍等，2017；崔海峰等，2018；陈永权等，2019），形成的共识是塔里木盆地南华系主要分布在满加尔凹陷周缘、柯坪隆起—阿瓦提凹陷和西南坳陷，中央隆起不发育南华系。塔里木盆地南华系岩石地层定义及描述主要在库鲁克塔格、柯坪—乌什与铁克里克地区。

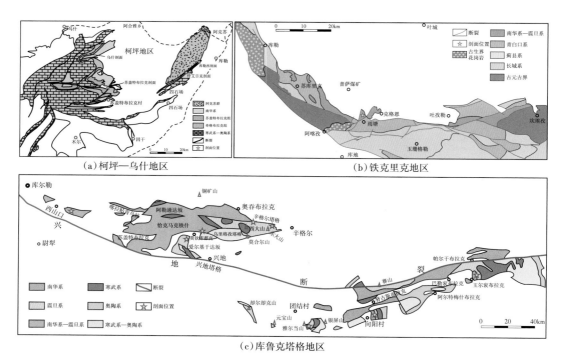

（a）柯坪—乌什地区　　　　　　　（b）铁克里克地区

（c）库鲁克塔格地区

图 2-1-1　塔里木盆地周缘露头南华系剖面分布图

二、库鲁克塔格分区岩石地层

库鲁克塔格地区南华系自下而上为贝义西组、照壁山组、阿勒通沟组、黄羊沟组和特瑞艾肯组。

1. 贝义西组（Nh_1b）

1937年由Norin命名，命名剖面在西库鲁克塔格阿勒通沟的支沟贝义西（拜义西）。贝义西组主要为海相碎屑岩、火山岩和杂砾岩（冰碛岩）的交互层，夹少量碳酸盐岩，底部多为一层底砾岩。贝义西组产微古植物，包括 *Asperatopsophosphaera umishanensis*，*Pseudozonosphaera verrucosa*，*Trematosphaeridium holtedahlii*，*Leiopsophosphaera* sp. 等。库鲁克塔格北区贝义西组主要分布在西起库尔勒市以西拜什布拉克、西山口向东到尉犁县北部照壁山、辛格尔塔格，南区分布在雅尔当山。北区贝义西组与下伏长城系帕尔岗塔格群含叠层石白云岩呈角度不整合接触，南区不整合于晋宁期二长花岗岩之上。贝义西组岩性、厚度变化较大，北区碎屑岩、泥页岩及杂砾岩（冰碛岩）较发育，并有较多的碳酸盐岩夹层；南区雅尔当山及玉尔衮布拉克一带则以火山熔岩占优势，厚度亦增大。岩层厚度一般为640～1670m。贝义西组下部和上部火山岩中获得一系列高灵敏度离子探针法（SHRIMP）锆石 U—Pb 年龄在768—725Ma 之间（Xu et al.，2005，2009；尹崇玉等，2007；高林志等，2010）。

2. 照壁山组（Nh_1z）

1957年由朱诚顺、叶永正等命名，命名剖面位于新疆尉犁县照壁山（黑山）地区，参考剖面在西山口及玉尔衮布拉克一带。照壁山组主要为浅海相碎屑岩，以薄—中层状为主。上部以灰色、灰黑色及灰绿色泥质页岩、粉砂质页岩为主，夹细砂岩并偶夹砂砾岩透镜体；下部为灰色中厚层状长石石英砂岩、粗砂岩，含砾砂岩夹泥页岩或细砂岩、粉砂岩。局部地区上部细碎屑岩相变为硅质岩或硅质粉砂岩。在细碎屑岩中产有 *Asperatopsophosphaera bavlensis*，*A. Umishanensis*，*A. Gigatea*，*A. Incrassa*，*Trachysphaeridium* sp.，*Pseudozonosphaera verrucosa* 等微古植物。照壁山组主要分布在库鲁克塔格北区，与下伏贝义西组多处显示为整合接触关系，贝义西组火山岩十分发育时（东库鲁克塔格、玉尔衮布拉克一带）则照壁山组厚度变小，厚度一般在360～560m之间，仅兴地塔格北坡柯斯坦布拉克地区厚度变大，可达1192m。南区雅尔当山露头，照壁山组缺失，阿勒通沟组直接不整合覆盖在贝义西组火山岩之上。

3. 阿勒通沟组（Nh_2a）

1937年由Norin命名，命名剖面位于铁门托洛盖露头；参考表剖面位于中库鲁克塔格、和硕县乌什塔拉以南的照壁山；修正命名剖面位于库鲁克塔格中部地区孜厄肯—厄格孜达坂一带。阿勒通沟组以3层巨厚的冰成杂砾岩与含砾砂岩、砂岩、粉砂岩和泥岩组成的旋回层交互出现为特征，冰成杂砾岩多为灰绿色、灰紫色，砾石分选性差，呈巨厚块状构造。冰成杂砾岩之间是砂砾岩与岩屑杂砂岩的旋回，或为岩屑砂岩与粉砂质泥岩或泥岩互层构成的旋回层，这些旋回层总体呈向上泥质含量增加的特征。碎屑岩中坠石普遍发育，并夹有较厚块状冰成砾岩（杂砾岩，厚度为20～130m）。在细碎屑岩中含丰富的微古植物，包括 *Trachysphaeridium cultum*，*T. Hyalinum*，*Pseudozonosphaera asperella*，*Asperatopsophosphaera bavlensis*，*A. Umishanensis* 等。阿勒通沟组在库鲁克塔格地区广泛发育，底部与照壁山组为假整合或局部不整合接触，其间常有一层块状冰成岩（杂砾岩为界），是分层的主要标志之一；顶界与黄羊沟组为不整合接触。厚度变化较大，一般为580～1500m，中部较厚，向东、西方向变薄，中部局部地区（柯斯坦布拉克）厚度可达2017m。

4. 黄羊沟组（Nh₂h）

1991年由曹仁关命名，命名剖面位于库鲁克塔格南部雅尔当山；修正命名剖面（寇晓威等，2008）位于库鲁克塔格中部地区孜厄肯—厄格孜达坂一带。黄羊沟组底部见一层延伸稳定的灰紫色白云岩，块状构造具泥晶结构。其上部为一套厚181m的蚀变安山岩和熔结角砾岩，以细碎屑岩和碳酸盐岩为主，表现为纹层状泥质粉砂岩、粉砂岩与泥岩互层组成的旋回层并含有极薄层钙质页岩及碳酸盐岩透镜体，表现出黄羊沟组具有沉积水体变深的特征。顶部发育一层厚1~3m的石灰岩，其上为特瑞艾肯组灰绿色冰成杂砾岩。黄羊沟组与下伏阿勒通沟组为不整合接触。

5. 特瑞艾肯组（Nh₃t）

1937年由Norin命名，命名剖面位于新疆尉犁县西库鲁克塔格特瑞艾肯沟和贝义西沟之间；主要参考剖面在中库鲁克塔格照壁山、辛格尔塔格南坡和玉尔衮布拉克等地。特瑞艾肯组以灰色、深灰色及灰绿色块状杂砾岩（冰碛岩）为主，局部为灰紫色。杂砾岩无层理和分选，砾石大小混杂，砾石表面普遍见有擦痕、压坑、颤痕等。上部常夹有薄层灰绿色粉砂质页岩和粉砂岩、泥页岩，偶夹砂岩或凝灰质砂岩及白云质灰岩透镜体（一些研究者认为此白云岩是冰成岩顶部的碳酸盐岩帽）。沿走向块状杂砾岩（冰碛岩）常相变为具层理的薄层含砾泥岩、含砾粉砂岩或砂岩。在特瑞艾肯组冰成岩的薄层泥页岩、粉砂岩夹层中有微古植物，包括 *Trachysphaeridium cultum*，*T. Hyalinum*，*Pseudozonosphaera asperella*，*P. Verrucosa* 等。特瑞艾肯组厚度变化大，常表现在短距离内厚度迅速变化：如在西库鲁克塔格特瑞艾肯沟及西山口等地厚度为1733m，向东到中库鲁克塔格照壁山为1845m，而向南到兴地塔格以北厚度仅约441m；南至雅尔当山一带，上部暗色（砂质）泥岩增多，厚617m。特瑞艾肯组以厚块状冰碛岩（杂砾岩）出现作为特瑞艾肯组底界，与下伏黄羊沟组为假整合接触，上部与扎摩克提组为假整合或不整合关系。

三、柯坪—乌什分区地层特征

柯坪—乌什分区南华系自下而上为巧恩布拉克群、尤尔美那克组构成。

1. 巧恩布拉克群（Nh₁₋₂q）

1977年由张太荣等命名，命名剖面位于新疆乌什县索格丹塔乌（山）以南的巧恩布拉克；参考剖面位于尤尔美那克以南一带。巧恩布拉克群为一套浊积扇沉积或滨浅湖沉积，厚达2000m。主要由灰绿色长石砂岩、长石岩屑砂岩、粉砂岩及砾岩、砂砾岩组成，其成熟度低、分选差，粒序层理发育，部分具不完整的鲍马序列。按照巧恩布拉克群的岩性组合共划分为四个组，自下而上分别为西方山组、东巧恩布拉克组、牧羊滩组和冬屋组。

1）西方山组（Nh₁x）

1986年由高振家等命名，命名剖面位于新疆阿克苏以北，尤尔美那克居民点以南的西方山西坡。主要由灰绿色、深灰色长石石英砂岩、岩屑长石砂岩和长石砂岩组成，并含有由少量砾砂岩、砂砾岩及粉砂岩组成的不稳定夹层。西方山组属典型的浊流沉积，基本特征是岩石结构成熟度和成分成熟度均很低。沉积韵律发育，韵律层厚度变化大，从不到1cm到3~4cm；韵律层底部多由砂岩组成，而顶部则为粉砂岩，每个韵律层中至少有递变层A与水平层B，有时出现微细交错层和包卷层理的C层，未发现典型鲍马序列的D层或E层；韵律层中递变层常见厚度可达50~100cm。在西方山组砂岩或粉砂岩夹层中，有保存完好的微古植物和遗迹化石，微古植物主要有 *Leiopsophosphaera* sp.，*L. Densa*，*Tremato-*

sphaeridium sp. , *T. Holtedahlii*, *Taeniatum* sp. 等；遗迹化石主要有 *Chondrites von. Sternbeng*（丛藻迹）、*Planolites nicholson*（漫移迹）等。西方山组分布在乌什县以南巧恩布拉克、尤尔美那克、西方山以西及玉尔吐斯山以东等地，厚度一般为 1260~1715m，为巧恩布拉克群的主体。未见与下伏岩层的接触关系，与其上覆东巧恩布拉克组为假整合或不整合接触关系。

2) 东巧恩布拉克组（Nh_1dq）

1986 年由高振家等命名，命名剖面位于新疆乌什县以南巧恩布拉克以东的巧恩布拉克东山，参考剖面位于尤尔美那克西南部。以灰绿色块状杂砾岩为主，并夹有含砾不等粒杂砂岩及少量灰绿色岩屑长石砂岩不稳定夹层，发育有大量滑塌构造。除底部有一层夹砾岩的砂岩层理较好以外，其余杂砾岩多为块状无层理，由大小不一的砾石及砂、泥质混杂堆积组成，局部地区某些层理良好的层状岩块显示了揉皱、包卷层理等软变形特征，陆松年等（1993）认为属于水下重力流—滑塌沉积，产生于海下扇的供给水道中，但一般归为冰碛岩。细碎屑夹层中含微古植物 *Trachysphaeridium rugosum*，*T. Incrossatum*，*T. Simplex*，*T. Minor*，*Leiopsophosphaera aperta*，*L. Densa*，*L. Solida*，*Margominuscula aff. Tennela*，*Pseudozonosphaera sinica*，*Macroptycha cf. Uniplicata* 等，在砾石表面及层面可见遗迹化石、*Chondrites*（丛藻迹）等。分布范围与巧恩布拉克群大体一致，主要见于阿克苏以北、乌什县以南的巧恩布拉克以东、尤尔美那克以南、西方山及苏盖特布拉克等地；厚度不稳定，大体厚 61~311m。与下伏西方山组为假整合接触，局部为整合或不整合接触；和上覆牧羊滩组为整合接触关系。

3) 牧羊滩组（Nh_2m）

1986 年由高振家等命名，命名剖面位于新疆乌什县南、尤尔美那克牧村西南 500m 的牧羊滩，主要参考剖面位于苏盖特布拉克以北。以灰绿色、深灰色微层钙质粉砂岩与薄层细砂岩互层为主，具水平微细纹层或微交错层理；粉砂岩、砂岩亦形成明显的韵律，属碎屑重力流沉积，形成于水下扇的边缘。产有丰富的微古植物，经彭昌文、高林志鉴定主要为 *Trachysphaeridium minor*，*T. Cultum*，*Trematosphaeridium holtedahlii*，*Leiopsophosphaera kepingensis*，*L. Incrassata*，*L. Aperta*，*Pseudozonosphaera* sp. ，*Taeniatum cf. Simplex*，*T. Crassum*，*Polyporata obsoleta* 等，尚有遗迹化石 *Chondrites von. Sternbeng* 等。分布在乌什县以南巧恩布拉克、尤尔美那克牧村、西方山、苏盖特布拉克及玉尔吐斯山等地；厚度变化较大，介于 107~448m。下部整合覆于东巧恩布拉克组之上，顶部与上覆冬屋组为假整合（局部为超覆不整合）。

4) 冬屋组（Nh_2dw）

1986 年由高振家等命名，命名剖面在尤尔美那克村东南 4km 冬屋附近，参考剖面位于巧恩布拉克。由厚层状、块状含砾粗砂岩、砂砾岩组成，其中有少量灰绿色细砂岩和粉砂岩的薄夹层。递变层在组内十分发育，从细砾—粗砂—中砂—细砂—粉砂逐步递变，反映出 E 递变层的特点；每个递变层厚 60~120cm。在顶面发育有水下冲刷，一些冲刷面起伏较深近似于水道沉积，冬屋组微古植物仅有遗迹化石 *Planolites*。冬屋组与上覆尤尔美那克组冰碛岩呈角度不整合接触关系，二者间常见到完好的基岩冰溜面；在尤尔美那克组缺失地区，下震旦统苏盖特布拉克组直接超覆于冬屋组上。与下伏牧羊滩组之间亦有明显的沉积间断，常为假整合或局部不整合。

2. 尤尔美那克组（Nh₃y）

1981年由高振家等命名，命名剖面位于新疆乌什县以南喀拉克兹尤尔美那克牧村以西，参考剖面位于苏盖特布拉克附近。尤尔美那克组主体为一套较典型的大陆冰川堆积物（冰碛岩），以紫红色块状杂砾岩（冰碛砾岩）为主，夹有紫红色、灰绿色砂岩、粉砂岩、粉砂质页岩及页岩等薄夹层，夹层中常见有坠石；底部常为一层巨砾岩，冰碛砾岩之砾石具擦痕、压坑、压裂，有的形态呈马鞍形、灯盏形等，胶结物为泥质；在剖面下部常有不稳定的灰绿色粉砂岩及砂岩。在胶结物及夹层中含微古植物，包括 *Trachysphaeridium planum*，*T. Incrassatum*，*Leiopsophosphaera densa*，*Asperatopsophosphaera umishanensis* 等。尤尔美那克组分布局限，仅分布在阿克苏—乌什—柯坪之间的三角地带，以乌什南山及以南的尤尔美那克至苏盖特布拉克、巧恩布拉克等地最为发育，向西逐渐变薄或尖灭，厚度一般在 10~95m 之间。与下伏巧恩布拉克群为明显的角度不整合，和上覆震旦系苏盖特布拉克组也呈角度不整合接触关系。

四、铁克里克分区地层特征

铁克里克分区南华系自下而上分为牙拉古孜组、波龙组、克里西组与雨塘组。

1. 牙拉古孜组（Nh₁y）

1979年由马士鹏等命名，命名剖面位于新疆叶城县新藏公路恰克马克立克沟牙拉古孜一带。下部为肉红色巨厚层角斑岩质砾岩，含有长石砂岩透镜体，岩层中发育大型斜层理；中部以肉红色中厚层长石砂岩为主，夹粉砂岩及粉砂质泥岩，砂岩中具斜层理；上部亦为肉红色巨厚层角斑岩质中粗砾岩夹细砾岩。牙拉古孜组属山前磨拉石建造，其厚度变化较大，在新藏公路一带（恰克马克立克）厚 137m；西部哈拉斯坦河地层厚度为 124.9m；东部苏玛兰河仅厚 36.6m。牙拉古孜组主要分布在叶城县棋盘乡许许沟、哈拉斯坦河及新藏公路两侧恰克马克立克沟及其以东的苏玛兰河等地。与下伏青白口系苏库洛克群呈不整合接触，与上覆波龙组呈假整合接触。

2. 波龙组（Nh₁₋₂b）

1979年由马世鹏等命名，命名剖面位于新疆叶城县南，新藏公路西侧波龙地区。波龙组为海相冰成岩（杂砾岩）建造，以灰色块状冰碛、混碛岩为主，夹有硅质泥岩、粉砂岩、页岩及浊积砂岩和碎屑流砾岩。含有大量微古植物（30属39种），以 *Leiopsophosphaera* sp.，*Protoleiosphaeridium* sp.，*Leiominuscula* sp.，*Zonosphaeridium* sp.，*Nucellosphaeridium* sp.，*Macroptycha* sp. 等为主。波龙组主要分布在西昆仑山北坡叶城县西南及赫罗斯坦河、棋盘河、新藏公路西侧恰克马克立克沟等地并向东断续延至皮山县以南等地区。与上覆克里西组为整合接触；与下伏牙拉古孜组为假整合接触。其厚度为 500~1216m。

杨芝林等（2016）对新藏公路剖面重测，将波龙组分为四段：下部（第一段）为灰绿色、紫灰色纹层状泥质硅质岩段，含粉砂质硅质岩及硅质页岩；中下部（第二段）为暗紫色块状杂砾质混积岩夹极少量的灰绿色含硅质泥岩及粉砂质泥岩；中上部（第三段）由砂岩、泥岩组成；上部（第四段）为暗紫色杂砾质块状混碛岩夹薄—中层状长石石英粗砂岩、含细—中粒岩屑长石质砂岩、含硅质泥岩与页岩。

3. 克里西组（Nh₂k）

1980年由马世鹏等命名，命名剖面位于新疆叶城恰克马克立克沟及克里西沟。下部为纹层状泥岩、粉砂岩段，由紫色纹层状粉砂质泥岩与灰褐色中薄层长石粉砂岩互层组成，上部夹中粒长石砂岩。中部为石英砂岩段，由紫红色厚层—巨厚层状含细砾中粗石英砂岩构成。上部为长石砂岩—砾岩段，由紫红色厚层—巨厚层状含细砾岩屑长石砂岩与中细砾岩不均匀互层，具平行层理及大型斜层理。克里西组分布于新疆叶城、西昆仑山北坡皮山县以南等地。与下伏波龙组整合接触，与上覆雨塘组冰碛岩（杂砾岩）呈假整合接触。

4. 雨塘组（Nh₃y）

1989 年由马世鹏等命名，命名剖面位于新疆叶城县新藏公路西侧的恰克马克立克沟和克里西沟。下部为灰绿色纹层状泥质硅质岩、含砂泥岩互层，夹少量中细粒杂砂岩，底部有 0.1～0.5m 的滞积砾岩，向上为一层 10 余米厚的滨岸沉积夹冰川沉积。中上部由紫褐色铁质粉砂岩、暗紫色长石粉砂岩薄互层、肉红色厚层含细砾石英砂岩及暗紫色中厚层不等粒长石砂岩组成。发育大量微古植物（12 属 33 种），其中以 *Baltisphaeridium* sp.，*Micrhystridium* sp.，*Dictyosphaera* sp.，*Pseudodiacrodium* sp. 等为主。分布在叶城县西南许许沟到叶城县以南新藏公路西侧恰克马克立克沟、克里西沟以及皮山县以南等地区，厚 180～365m。与下伏克里西组假整合接触；与上覆震旦系库尔卡克组亦为假整合接触关系。

五、年代框架与层序划分

1. 年代地层框架

1）放射性年龄

塔里木克拉通内三个露头区放射性年代学研究有限，数据质量参差不齐，无法根据放射性定年获得南华系等时框架。

库鲁克塔格区南华系贝义西组发育大量火成岩，年代数据较多。Xu 等（2005）获得贝义西组底部的火山岩年代为（755±15）Ma，这个数据后被修正为（740±7）Ma；赛马山地区大气象沟剖面贝义西组顶部火山岩定年结果表明库鲁克塔格东部贝义西组年龄不小于732Ma。在库鲁克塔格西部西山口地区，贝义西组火山岩出露厚度大于 300m（高振家等，1984），其中上部获得了（725±10）Ma 的 SHRIMP 年龄（徐备等，2008）。这两个来自东、西部不同地点同层位的年代测试结果在误差范围内可对比，这不但表明它们属同期火山活动，而且共同限定了贝义西冰期的上限。尽管上述这些数据还不能很精确地限定库鲁克塔格地区新元古代第一次冰期，但它们可以大致限定贝义西组沉积期为 755（或 740）—732Ma。朱杰辰等（1987）对东大山照壁山组底部灰绿色泥砂岩锆石 U—Pb 测年，得出（753±30）Ma 的数据，误差范围内仍处于 732（贝义西组顶部）—681Ma（阿勒通沟组底部）的范围内；还对辛格尔塔格特瑞艾肯组泥岩样品进行 U—Pb 测年获得锆石年龄为 669Ma。

柯坪—乌什分区与铁克里克分区南华系因缺少火成岩，年代地层研究很少。朱杰辰等（1987）在柯坪—乌什地区巧恩布拉克一带的东巧恩布拉克组冰碛砾岩夹层粉砂岩中利用铀—钍—铅法同位素地质年龄测定，获得（774±18）Ma 年龄数据；杨芝林等（2016）在牧羊滩组绿灰色中层状含砾粗砂岩夹灰绿色薄层状泥质粉砂岩层获得碎屑锆石的年龄上限为707Ma。高林志（2013）等在新藏公路剖面恰克马克立克群波龙组第二段中大套冰碛岩夹层灰色泥岩中采样，用 SHRIMP U—Pb 法测得 4 粒锆石中最年轻的峰值年龄为 778—725Ma。

2）冰碛岩对比与时代约束

全球范围南华纪发育三次全球冰期事件，即 Kaigas 冰期、Sturtian 冰期、Marinoan 冰期，通过冰碛岩与年代地层可以约束地层的大致地质时间。Namibia 南部 Kalahari 克拉通 Kaigas 冰碛岩地质年代在（780±10）Ma 至（741±6）Ma 之间（Allsopp et al.，1979；Frimmel et al.，1996），与扬子地台南华系长安组冰碛岩相当（高林志等，2013）。澳大利亚 Sturtian

冰碛岩与扬子地台古城组冰碛岩相当，年龄在730—710Ma范围内。澳大利亚 Marinoan 冰碛岩与扬子地台南华系南沱组冰碛岩相当，顶界年龄为635Ma。

库鲁克塔格区南华系主要发育三套冰碛岩已被广泛认可（高林志等，2013），即贝义西组冰碛岩（图2-1-2a）、阿勒通沟组冰碛岩（图2-1-2b）与特瑞艾肯组冰碛岩（图2-1-2c）。柯坪地区尤尔美那克露头剖面，发育两套普遍认可的冰碛岩，一套是东巧恩布拉克组冰碛岩（图2-1-2d），另一套是尤尔美那克组冰碛岩（图2-1-2f）；杨芝林等（2016）在上述两套冰碛岩之间的冬屋组发现一套冰碛岩（图2-1-2e），因此柯坪地区也发育三套冰碛岩。前人将铁克里克分区新藏公路剖面冰碛岩分为下冰碛岩（波龙组）和上冰碛岩（雨塘组）两套（马世鹏等，1989；宗文明等，2010；童勤龙等，2013）。杨芝林等（2016）在重测该剖面时，将波龙组分为四段，其中波二段（图2-1-2g）与波四段（图2-1-2h）各发育一套冰碛岩，连同雨塘组冰碛岩（图2-1-2i）也构成三套冰碛岩。

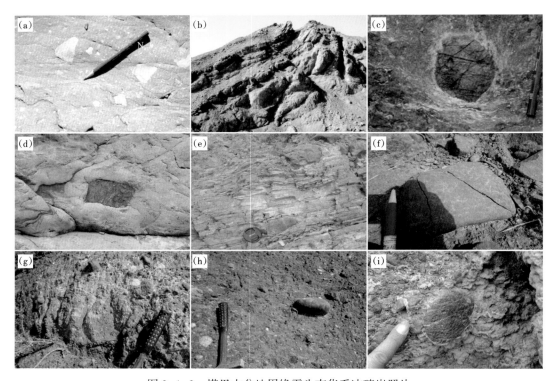

图2-1-2　塔里木盆地周缘露头南华系冰碛岩照片

(a)贝义西组冰碛岩，照壁山剖面；(b)阿勒通沟组冰碛岩之上的盖帽白云岩，雅尔当山剖面；(c)特瑞艾肯组冰碛岩坠石，恰克马克铁什剖面；(d)东巧恩布拉克组中阿克苏群蓝片岩砾石，尤尔美那克剖面；(e)冬屋组下部薄层粉砂岩见砂岩、变质岩及白云岩坠石，尤尔美那克剖面；(f)尤尔美那克组冰碛岩坠石，尤尔美那克剖面；(g)波龙组二段冰碛岩坠石，新藏公路剖面；(h)波龙组四段冰碛岩坠石，新藏公路剖面；(i)雨塘组冰碛岩坠石，新藏公路剖面

利用三套冰碛岩作为标志层，建立库鲁克塔格区、柯坪区与铁克里克区南华系对比方案（图2-1-3）。其中雨塘组、尤尔美那克组与特瑞艾肯组等时对比基本没有大的分歧，贝义西组、阿勒通沟组冰碛岩是否对应波二段、波四段冰碛岩，以及东巧恩布拉克组和冬屋组冰碛岩，还需要进一步的年代地层划分工作。

通过三套冰碛岩与全球南华系 Kaigas、Sturtian 与 Marinoan 冰碛岩对比可界定地层的沉积时限。库鲁克塔格区贝义西组、柯坪区东巧恩布拉克组、铁克里克区波二段冰碛岩与 Kaigas 冰碛岩相当，可确定贝义西组与东巧恩布拉克组下限年龄为 740Ma、上限年龄为 780Ma；波龙组底部处于下南华统，上限年龄为 780Ma。库鲁克塔格区阿勒通沟组冰碛岩、柯坪区冬屋组冰碛岩与铁克里克区波四段冰碛岩与 Sturtian 冰碛岩相当，年龄上限为 730Ma、下限为 710Ma。库鲁克塔格区特瑞艾肯组冰碛岩、柯坪区尤尔美那克组冰碛岩、铁克里克区雨塘组冰碛岩与 Marinoan 冰碛岩可对比，下限年龄为 635Ma。

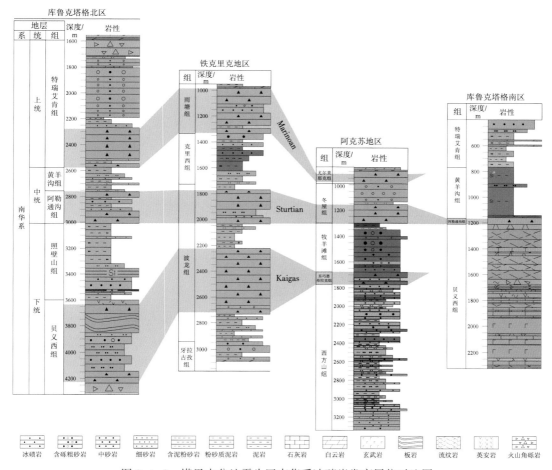

图 2-1-3　塔里木盆地露头区南华系冰碛岩发育层位对比图

3）塔里木克拉通南华系年代框架

《中国地层表》（2014）中南华系分为下、中、上三个统，下南华统底、中南华统底、上南华统底和南华系顶的地质时代分别为 780Ma、725Ma、660Ma 和 635Ma。根据上述冰碛岩年代框架约束，库鲁克塔格区下南华统由贝义西组与照壁山组构成，中南华统由阿勒通沟组与黄羊沟组构成，上南华统由特瑞艾肯组构成；柯坪区下南华统由巧恩布拉克群西方山组、东巧恩布拉克组和牧羊滩组构成，中南华统下部地层由巧恩布拉克群冬屋组构成、上部地层缺失，上南华统由尤尔美那克组构成；铁克里克区下南华统由牙拉古孜组与波龙组一段—三段构成，中南华统由波四段与克里西组构成，上南华统由雨塘组构成（图 2-1-4）。

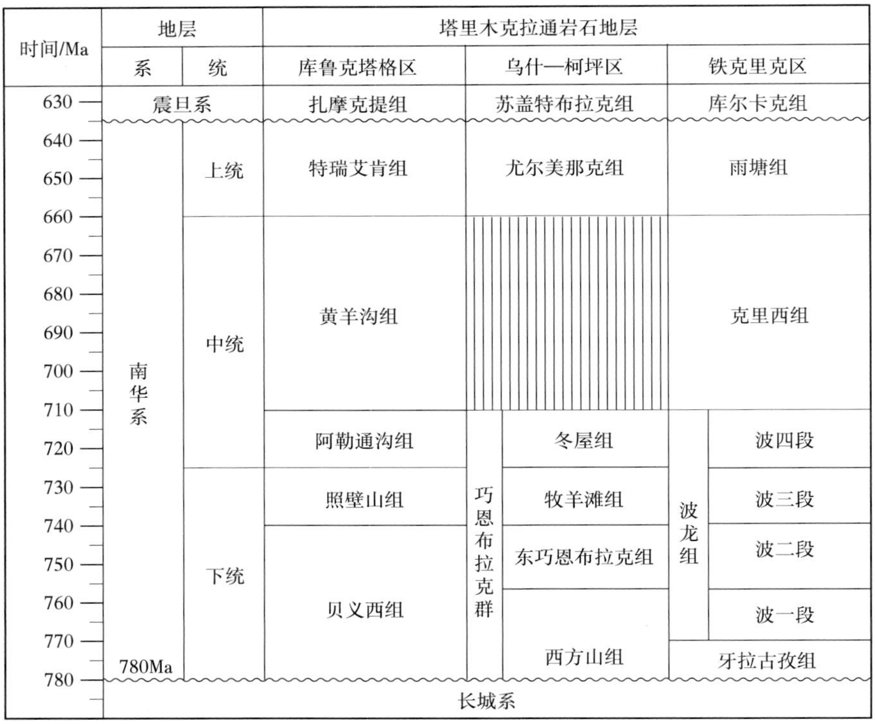

时间/Ma	地层		塔里木克拉通岩石地层		
	系	统	库鲁克塔格区	乌什—柯坪区	铁克里克区
630	震旦系		扎摩克提组	苏盖特布拉克组	库尔卡克组
640 650 660	南华系	上统	特瑞艾肯组	尤尔美那克组	雨塘组
670 680 690 700 710		中统	黄羊沟组		克里西组
720			阿勒通沟组	冬屋组	波四段
730		下统	照壁山组	牧羊滩组	波三段
740 750				东巧恩布拉克组	波二段
760			贝义西组		波一段
770 780		780Ma		西方山组	牙拉古孜组

（乌什—柯坪区下统总称"巧恩布拉克群"；铁克里克区波一至波四段总称"波龙组"）

长城系

图 2-1-4　塔里木克拉通南华系年代框架图

2. 层序地层

1) 相对海平面

前人应用化学蚀变指数（CIA）与碳同位素地层方法对南华系进行研究与对比。刘兵等（2007）在库鲁克塔格地区的艾日斯克斯达坂、恰克马克铁什和西山口地区进行化学蚀变指数（CIA）的研究，发现了间冰期化学蚀变指数正异常，冰期负异常的规律（图 2-1-5）。丁海峰等（2014）实测柯坪—乌什分区东巧恩布拉克组—苏盖特布拉克组底部的化学蚀变指数，在尤尔美那克组、冬屋组下部、东巧恩布拉克组发现 3 个负异常，与冰碛岩发育层位对应性好。童勤龙等（2013）对铁克里克地区新藏公路南华系—震旦系（波龙组—克孜苏胡木组）剖面进行了化学蚀变指数（CIA）的研究，在雨塘组底部发现 CIA 负异常，与冰碛岩发育层位相当。

相对海平面的变化与古气候有关，间冰期冰川融化海平面升高，冰期则海平面下降，因此前人所研究的 CIA 曲线可以代表海平面变化。塔里木克拉通南华系发育三期冰期，分别代表着三期低海平面，可以作为层序地层界面的标志。

2) 层序划分

何金有等（2007）基于库鲁克塔格北区沉积演化、层序界面和体系域叠置样式的研究，提出南华系—震旦系发育五个三级层序的观点，将南华系特瑞艾肯组—震旦系扎摩克提组—育肯沟组作为一个层序的低位体系域—海侵体系域。因南华系—震旦系之间的库鲁克塔格运动形成的区域性不整合，笔者建议将南华系/震旦系作为一个一级层序界面。以地震可识别为标准，本书将南华系划分为三个层序，分别对应三个统。

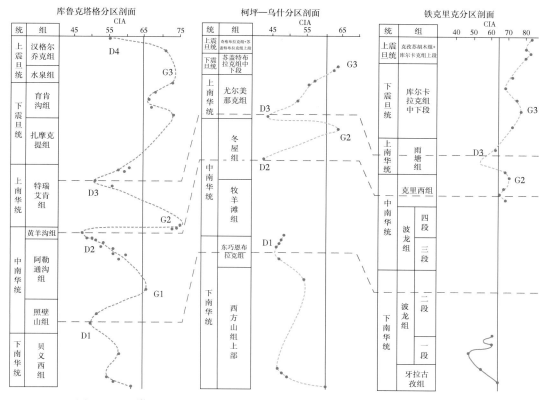

图 2-1-5　塔里木盆地周缘南华系—震旦系化学蚀变指数（CIA）曲线对比图

D—冰期，G—间冰期

层序一（SQ1）由下南华统构成。低位体系域在库鲁克塔格地区由贝义西组组成，贝义西组底部底砾岩厚度约30m，底部砾石直径最大达30cm，向上粒度逐渐变小，棱角—次棱角状，砾石成分复杂，主要由白云岩、石灰岩组成，该层之上为厚约300m的双峰式火山岩。库鲁克塔格地区为裂谷张裂初期的冲积扇沉积。铁克里克区牙拉古孜组底部发育山麓冲积扇相，主要岩性为紫红色巨厚层杂砾岩，局部夹有紫红色薄层泥岩、粉砂岩，总厚度约370m，属于山前磨拉石建造（马世鹏等，1991），砾石大小混杂，多数粒径为5~15mm，大者可达15~20cm；砾石成分主要为硅质岩、石灰岩、花岗岩和石英碎屑等，磨圆度较好，呈次圆状—圆状，少数呈次棱角状，厚层砾岩呈块状构造，顶部常见砂岩透镜体。柯坪区西方山组底部岩性较粗，主要为中粗砂岩夹细砂岩、泥质粉砂岩，可见交错层理、粒序层理等，为冲积扇沉积体系。SQ1海侵体系域—高位体系域在库鲁克塔格区由照壁山组构成，照壁山组下部为一套含砾杂砂岩、石英砂岩、粉砂质泥岩及泥砾岩组合，夹少量页岩，整体岩石粒度较粗；高位体系域由照壁山组上部的紫红色砂岩构成，沉积构造不发育。在铁克里克区主要发育在波龙组三段，在柯坪地区主要发育在牧羊滩组（图2-1-6）。地震剖面上，层序一上下两分，下部主要表现为杂乱强反射特点，代表裂谷快速充填与火山岩建造；上部为平行弱反射特点，代表海侵体系域与高位体系域的砂岩（图2-1-7）。

层序二（SQ2）由中南华统构成。库鲁克塔格区阿勒通沟组、铁克里克区波四段与柯坪区冬屋组冰碛岩构成低位体系域，库鲁克塔格区黄羊沟组、铁克里克区克里西组与柯坪区冬屋组上部构成海侵体系域和高位体系域，柯坪区因冬屋组—尤尔美那克组不整合，高位体系域可能不发育（图2-1-6）。地震剖面上，层序二由一组强反射构成，是上、下部砂砾岩与该段泥岩的高阻抗差的响应（图2-1-7），反映层序二水深大、沉积时限长；但厚度薄，具备发育烃源岩的潜力。

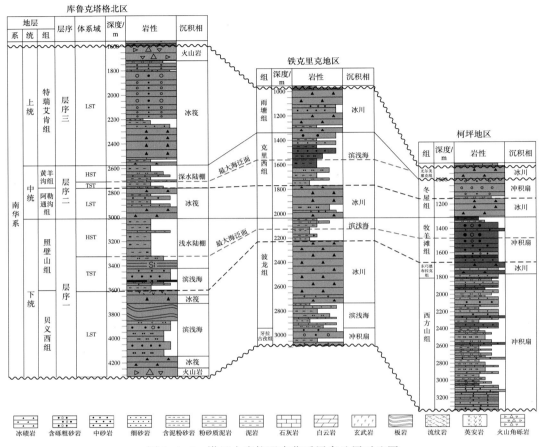

图 2-1-6 塔里木克拉通南华系层序地层对比图

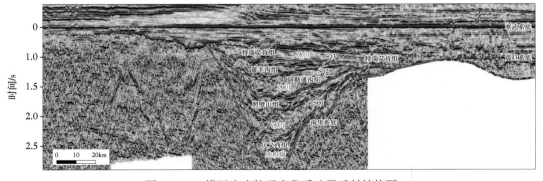

图 2-1-7 塔里木克拉通南华系地震反射结构图

层序三（SQ3）由上南华统构成，该层序仅发育低位体系域，以冰川沉积为主，局部为冰筏沉积；海侵体系域与高位体系域可能已被削蚀。库鲁克塔格区层序三由特瑞艾肯组冰碛岩构成，铁克里克区由雨塘组构成，柯坪区由尤尔美那克组构成（图2-1-6）。地震剖面上，层序三表现为杂乱弱反射特点（图2-1-7），指示低位体系域快速充填；与上覆震旦系呈角度不整合接触关系，也解释了海侵体系域与高位体系域不发育的原因。

第二节 震旦系

一、地质点分布

塔里木克拉通内广泛发育震旦系。柯坪—乌什区、库鲁克塔格区与铁克里克区三个露头区均出露震旦系，震旦系岩石地层系统以三个分区命名。盆地内确定钻揭震旦系钻孔主要分布在塔北隆起与北部坳陷（图2-2-1），塔北隆起内温参1、新和1、星火1、旗探1、轮探1与轮探3井钻揭震旦系；北部坳陷东部的满加尔凹陷内尉犁1、孔探1钻揭震旦系。巴楚隆起东部—塔中隆起多个钻孔不发育震旦系（中深1、中深5、中寒1、楚探1、玉龙6、玛探1、和田2、玛北1和巴探5）。柯坪隆起、巴楚隆起和东南隆起区是震旦系层位归属的主要争议地区。争议点主要在于柯坪—巴楚西部钻孔，主要包括同1、柯探1、舒探1、乔探1、方1和柯探1（京能）。东南隆起区塔东2、塔东1和东探1三个钻孔钻探寒武系之下发育一套白云石大理岩，前人将该套白云岩划分至震旦系（曹颖辉等，2020），也一并纳入本节的研究范围。

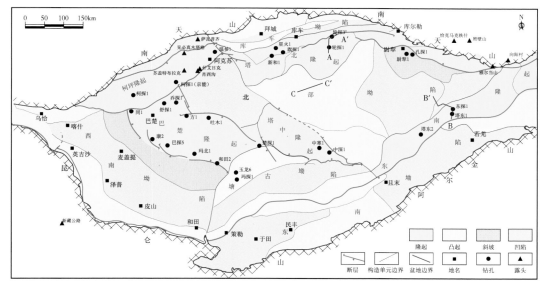

图2-2-1 塔里木克拉通震旦系地质点分布图

AA′、BB′和CC′为地震剖面导线

二、库鲁克塔格分区岩石地层

库鲁克塔格—满加尔分区震旦系自下而上为扎摩克提组、育肯沟组、水泉组与汉克尔乔克组。

1. 扎摩克提组（Z_1z）

1957—1958年由朱诚顺等命名，命名剖面位于新疆中库鲁克塔格扎摩克提泉附近，主要参考剖面在东大山及柯斯坦布拉克、雅尔当山等地。由一套灰色、灰绿色粗砂岩（底部往往为岩屑砂岩）、中粒砂岩、细砂岩、粉砂岩及泥页岩组成的韵律式沉积（浊积岩）构成，多具不完整的鲍马序列，粒级递变层理发育，底面普遍发育槽模、沟模、重荷模等底痕，水平纹层及变形层纹（扰动层）亦普遍可见，还可见少量丘状层理。扎摩克提组含较丰富的微古植物，包括 *Trachysphaeridium rude*，*T. Cultum*，*T. incrassatum*，*Pseudozonosphaera asperella* 等。扎摩克提组在库鲁克塔格地区分布十分广泛，西起库尔勒以北的莫钦乌拉山向东到西山口，莫钦库都克、罗钦布拉克断续出露到尉犁县东北部，东至鄯善县以南玉尔衮布拉克一带。在库鲁克塔格东部地区岩层厚度较大可达1230m，中部及西部厚度逐渐减小至560~920m。扎摩克提组与下伏特瑞艾肯组冰成岩（杂砾岩）多为假整合或不整合接触，在下伏岩层之顶部常可见一层白云岩（部分研究者认为属冰成岩顶部的碳酸盐"岩帽"），与上覆育肯沟组为整合接触。

2. 育肯沟组（Z_1y）

1932年由 Norin 命名，命名剖面位于库鲁克塔格西端南侧的育肯沟地区，参考剖面位于中库鲁克塔格照壁山。发育一套陆缘较深水的碎屑沉积，暗灰色、灰绿色粉砂岩、粉砂质页岩、页岩等薄层不均匀互层，发育含钙质粉砂岩和少量泥灰岩及细砂岩、长石石英砂岩的不稳定夹层，其中长石石英砂岩夹层多呈红褐色。育肯沟组有丰富的微古植物，包括 *Trachysphaeridium incrassatum*，*T. rude*，*T. cultum*，*T. simplex*，*Pseudozonosphaera asperella*，*P. Rugosa*，*P. Verrucosa*，*P. nucleolata*，*Asperatopsophosphaera umishanensis* 等。育肯沟组分布较为广泛，自库鲁克塔格育肯沟向东到兴地塔格北坡、莫钦库都克、罗钦布拉克、照壁山（中库鲁克塔格），并继续向东到东库鲁克塔格（鄯善县以南）的玉尔衮布拉克（东库鲁克塔格）等地，厚度较稳定，一般为210~350m，局部（中库鲁克塔格）可厚达583m。育肯沟组整合（局部不整合）覆盖在扎摩克提组之上，与上覆水泉组也呈整合接触关系。

3. 水泉组（Z_2s）

1958年由朱诚顺等命名，命名剖面位于和硕县罗钦布拉克（又名水泉、柳泉）附近，参考剖面在照壁山、雅尔当山等地。水泉组由碳酸盐岩和碎屑岩组成并夹少量火山岩。上部为黑色页岩、灰色粉砂岩，粉砂质页岩中夹玄武岩、辉绿岩等基性火山岩；中部为灰绿色薄层细—粉砂岩，夹少量含磷砂岩、不稳定的磷块岩及粉砂岩与灰绿色页岩的不均匀互层；下部为暗灰色中厚层与灰色薄层石灰岩互层，偶夹粉砂岩、细砂岩和页岩的薄夹层。上部产有蠕虫和文德带藻，下部含叠层石等，并含丰富的微古植物，包括 *Monotrematosphaaridium asperum*，*Pseudozonosphaera asperella*，*P. Rugosa*，*Hubeisphaera* sp.，*Taenitum* sp.，*Fuchunshania* sp.，*Pseudodiacrodium* sp.，*Trachysphaeridium rude*，*T. Cultum* 等。水泉组在库鲁克塔格区广泛分布，厚度自西向东逐渐减少，中库鲁克塔格局部地区厚度较大，兴地塔格北坡可达465m以上；至东部玉尔衮布拉克地区厚度仅10余米直到尖灭。水泉组与上覆汉格尔乔克组冰碛岩（杂砾岩）呈不整合关系，与下伏育肯沟组整合接触。

4. 汉格尔乔克组（Z_2h）

1957年由朱诚顺等命名，命名剖面位于新疆尉犁县库鲁克塔格中段的汉格尔乔克山地区，参考剖面在新疆鄯善县南玉尔衮布拉克等地（东库鲁克塔格）。汉格尔乔克组主要为灰色、深灰色、灰绿色厚层块状杂砾岩（泥砾岩、砾岩、含砾泥岩），其中偶夹不稳定的砂岩或石灰岩夹层及透镜体，胶结物为泥质偶含钙质。顶部多为一层浅灰绿色薄层含砾纹层泥岩或纹层状含砾白云岩，其中砾石多显示为"坠石"特征。杂砾岩的胶结物及纹层状泥岩中含微古植物 *Trachysphaeridium rude*，*T. Cultum*，*Hubeisphaera radiata*，*Polyporata* sp.，

Pseudozonosphaera sp.，*Asperatopsophosphaera* sp.，*Trematosphaeridium* sp.，*Quadratimorpha* sp.，*Monotrematosphaeridium* sp. 等。汉格尔乔克组广泛分布于库鲁克塔格地区，西起库尔勒以西的西山口、莫钦库都克一带，向南至尉犁县兴地塔格至雅尔当山地区，向东到鄯善县以南玉尔衮布拉克等地区均有发育。地层厚度相对稳定，一般在 150～430m 之间。与下伏水泉组呈假整合或不整合接触，与上覆下寒武统西山布拉克组亦为假整合接触。

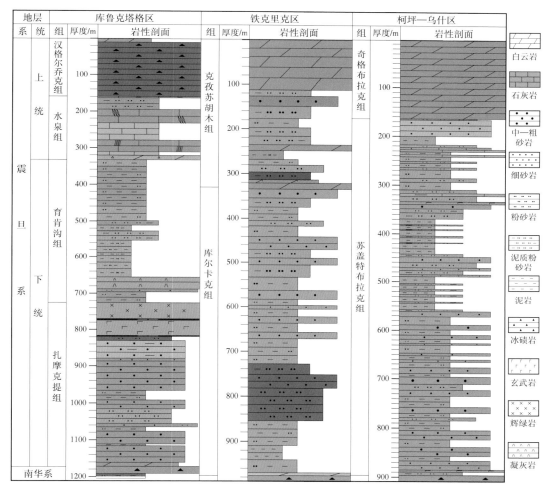

图 2-2-2　三个露头区震旦系岩石地层柱状简图

三、柯坪—乌什分区岩石地层

1. 苏盖特布拉克组（$Z_{1-2}s$）

1957 年由西尼村命名，命名剖面位于新疆阿克苏市西北部的苏盖特布拉克居民点附近；参考剖面位于尤尔美那克牧村以西 4km 及上述居民点东南 4km 一带。分为上、下两段，下段下部以紫红色、褐红色，少量灰绿色、黄绿色的薄—中层含铁质长石岩屑砂岩及岩屑砂岩为主，夹紫红色厚层岩屑粗砂岩，底部为含砾粗砂岩，整个岩层发育有良好的潮汐层理（双向鱼骨状或倒"人"字形交错层理）；中部为灰绿色—紫红色长石石英细砂岩夹粉砂岩及微层状粉砂质泥岩，砂岩中具小型不对称波痕；上部为紫红—红褐色、少量灰色石英粗砂岩和含铁石英砂岩、长石石英砂岩及少量粉砂岩、粉砂质泥岩，碎屑岩磨圆度较高，含少量海绿石局部富集成微层，本层亦普遍见鱼骨状交错层，还有粗玄岩、橄榄玄武岩及凝灰砂岩和火山角砾岩等夹层或透镜体夹于沉积岩中。上段主要为碳酸盐岩—细碎屑岩，下部为紫红色薄层状粉砂质灰岩及浅绿色钙质砂岩夹层或互层；中部为海绿石粉砂岩、石灰岩、碎屑灰岩及灰色、褐红色竹叶状石灰岩夹层及钙质砂岩，具丘状层理；上部为黄绿色、褐黄色细粒海绿石长石石英砂岩夹钙质砂岩，海绿石富集成微层，并有微小交错层伴生。苏盖特布拉克组含丰富微古植物，主要有 *Leiopsophosphaera pussilla*，*Trachysphaeridium rugosum*，*T. Hyalinum*，*T. Incrassatum*，*T. Medium*，*T. Stipticum*，*Pseudofavososphaera kepingensis*，*Hubeisphaera* sp.，*Laminarites antiquissimus* 等。此外在砂岩层面见遗迹化石 *Chondrites*（丛藻迹）。苏盖特布拉克组分布于塔里木盆地西北缘阿克苏—坷坪—乌什之间，向东可延到拜城以北小铁列克一带。岩性厚度较稳定，一般厚 580~888m，个别地区（靠近古隆地区）厚度减薄到 200m 左右。苏盖特布拉克组不整合覆盖于下伏南华系尤尔美那克组冰碛岩之上，冰碛岩缺失时可直接覆盖于巧恩布拉克群或超覆于更古老的阿克苏群之上，与上覆奇格布拉克组呈整合接触。

2. 奇格布拉克组（Z_2q）

1976 年由新疆区域地质调查大队张太荣等命名，命名剖面位于新疆乌什县东南大桥镇南的奇格布拉克，参考剖面位于乌什县南尤尔美那克东南 6km 的西方山北坡。奇格布拉克组以浅灰及灰色块状、纹层状白云岩为主，白云岩中有时可见斜层理或交错层理。上部多为厚层块状白云岩，局部有粉砂岩夹层，近顶部常为晶洞白云岩等；下部多为薄层状或薄—中厚层状藻白云岩，以及层状白云岩、叠层石白云岩、核形石/层纹石白云岩等，夹少量钙质砂岩、粉砂岩及长石石英砂岩等夹层。奇格布拉克组产有大量叠层石类及微古植物和少量遗迹化石，叠层石类包括柱状叠层石：*Cryptozoon f.*，*Jurusania f.*，*Paniscollenia cf. Emergens*，*P. vaigaris*，*Conophyton f.*，*Collenia cf. Calix*，*Colonnella f.*，*Linella f.*，*L. Wushiensis*，*Nuelella f.*，*N. cf. Figurata*，*Tungussia f.* 等；核形石包括 *Osagia tungchuanensis*，*O. minuta*，*O. xinjiangensis*，*Radiosus f.* 等；花纹石（变形石）多为 *Vermiculites irregularis*，尚有层纹石 *Stratifera f.*，*S. undosa*，*Gongylina f.* 等。微古植物经高林志和彭昌文研究统计有 *Trachysphaeridium cultum*，*T. Hyalinum*，*T. Simplex*，*Pseudozonosphaera asperella*，*P. Verrucosa*，*P. Nucleolata*，*Monotrematosphaeridium* sp.，*Pseudodiacrodium verticale*，*Fuchunshania* sp.，*Polyedryxium* sp. 等。遗迹化石经吴贤涛鉴定属 *Chondrites von. Sternbeng*（丛藻迹）。奇格布拉克组主要分布于新疆阿克苏市西北，柯坪以东、乌什县以南及东部地区，以乌什县东南奇格布拉克、尤尔美那克、方块山、苏盖特布拉克、肖尔布拉克等地较为发育，岩性、厚度均较稳定，其厚度一般为 141~242m。与下伏苏盖特布拉克组为连续过渡关系，通常以底部最低一层碳酸盐岩稳定层出现为界；与上覆下寒武统玉尔吐斯组呈假整合或角度不整合接触。

四、铁克里克分区岩石地层

1. 库尔卡克组（$Z_{1-2}k$）

1980 年由马世鹏等命名，命名剖面位于新疆叶城县新藏公路西侧昆仑山北坡恰克马立克沟（下部剖面）和克孜苏胡木沟一带（上部剖面）。库尔卡克组为深灰色或灰色粉砂岩、粉砂质页岩及页岩互层，并有粗细不等之砂岩和砂砾岩及滑塌沉积等夹层。以薄层砂岩、页岩互层为主，夹含砾细砂岩、长石砂岩，底部有一层白云岩（盖帽白云岩）。含丰富的微古植物（目前共发现 49 属 91 种），主要有 *Micrhystridium* sp.，*Pseudozonosphaera* sp.，

Archaeohystrichosphaeridium sp. ， *Orygmatosphaeridium* sp. ， *Nucellosphaeridium* sp. ， *Baltisphaeridium* sp. ， *Dictyosphaera* sp. ， *Asperatopsophosphaera* sp. ， *Leiopsophosphaera* sp. ， *Leiominuscula* sp. 等。库尔卡克组大部分位于新疆叶城、西昆仑山北坡，在各剖面处均出露不全，多处被黄土覆盖，以恰克马克立克沟和克里西沟出露最好；顶部则以克孜苏胡木沟最佳，出露厚674m。与下伏雨塘组为假整合接触，与上覆克孜苏胡木组亦为假整合接触，部分地区克孜苏胡木组被剥蚀，泥盆系奇自拉夫组不整合披覆在震旦系库尔卡克组上。

2. 克孜苏胡木组（Z_2k）

1980 年由马世鹏和汪玉珍命名，命名剖面位于西昆仑山北坡克孜苏胡木沟。克孜苏胡木组上部为白云岩，下部由深灰色、紫色和玫瑰色砂岩、粉砂岩不均匀互层夹白云岩组成，底部为含磷砂岩段。含有十分丰富的微古植物，包括 *Micrhystridium poratum* ， *Pseudodiacrodium tenerum* ， *Pseudofavososphaera* sp. 等共 35 属 51 种。主要分布在叶城县以南新藏公路以西克孜苏胡木沟一带，向西到哈拉斯坦河一带，厚度变化较大，有的地方全部或顶部被剥蚀，在新藏公路地区厚度最大，可达 353.4～371m。向西至图甫鲁克沟一带全部被剥蚀。与下伏库尔卡克组整合接触，与上覆泥盆系奇自拉夫组角度不整合接触。

五、覆盖区岩石地层

1. 塔北隆起—北部坳陷区

塔北隆起内温参 1、星火 1、旗探 1、轮探 1 震旦系岩石地层与柯坪—乌什分区可对比性好，自下而上由碎屑岩—混积岩—碳酸盐岩组合构成；轮探 3、尉犁 1、孔探 1 震旦系岩石地层与库鲁克塔格区恰克马克铁什剖面可对比性好，由碎屑岩—碳酸盐岩—冰碛岩组合构成（图 2-2-3）。温参 1 井震旦系奇格布拉克组由一套视厚度为 160m 的白云岩组成，与上覆新近系呈角度不整合接触关系；苏盖特布拉克组视厚度为 65m，披覆沉积在阿克苏群变质岩基底之上，与奇格布拉克组呈整合接触。新和 1 井钻揭震旦系奇格布拉克组 127m（视厚度），未钻穿震旦系；与上覆寒武系玉尔吐斯组之间夹 162.5m 厚的花岗斑岩体，锆石 U—Pb 年龄为（286.5±0.7）Ma，为二叠纪侵入体。星火 1 井钻揭奇格布拉克组 134.9m，由一套白云岩组成，钻揭苏盖特布拉克组 121m，为两套泥岩夹一套泥灰岩组合，披覆沉积在阿克苏群变质基底之上，与上覆寒武系玉尔吐斯组呈平行不整合接触关系。旗探 1 井震旦系岩性组合与星火 1 井一致。轮探 1 井钻揭震旦系奇格布拉克组视厚度为 90m 的白云岩，钻揭苏盖特布拉克组 103m（未钻穿）。尉犁 1 井与孔探 1 井震旦系由碎屑岩—碳酸盐岩—冰碛岩组合构成，与库鲁克塔格北区恰克马克铁什剖面震旦系岩性组合一致。轮探 3 井处于塔北隆起内，距离轮探 1 井仅 35.6km，震旦系岩性组合与轮探 1 完全不同，更接近于尉犁 1 井碎屑岩—碳酸盐岩—冰碛岩岩性组合（图 2-2-3）。

2. 柯坪—巴楚西部

前人发表文章中无一例外地将巴楚地区火成岩之上、中寒武统盐岩之下的白云岩层划归到下寒武统（熊剑飞等，2011；陈永权等，2015），然而随着柯探 1 井（京能）钻后对分层产生了争议，这个争议涉及柯坪—巴楚西部大部分地区。柯探 1 井（京能）3925～3929m 为 4m 高自然伽马（160～1480API，平均为 630API）暗色泥岩，一种观点根据巴楚西部邻近的探井原分层认识认为该泥岩与邻井乔探 1、舒探 1 等肖尔布拉克组中段可对比（方案一）；另一种观点认为其属于玉尔吐斯组，其下伏白云岩属于震旦系奇格布拉克组，其上覆石灰岩为肖尔布拉克组（方案二）（图 2-2-4）。如果后一种观点正确，那么巴楚西部原

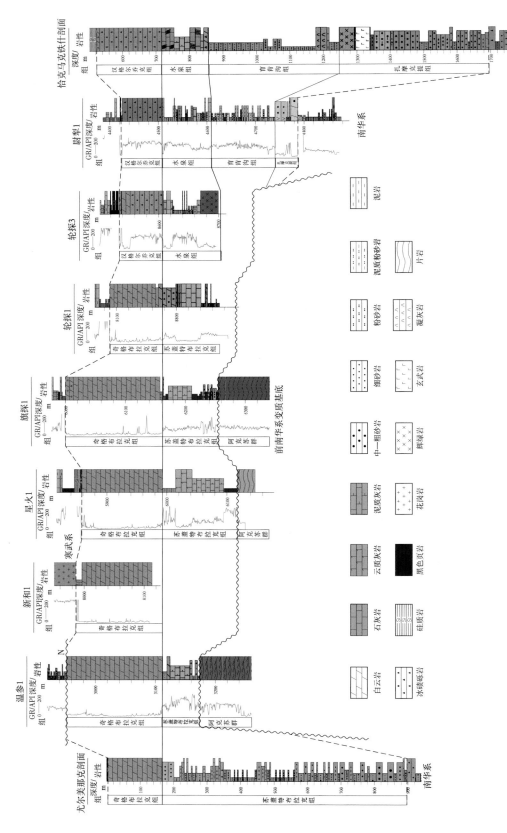

图 2-2-3 柯坪露头—塔北隆起钻井—库鲁克塔格露头震旦系对比图

42

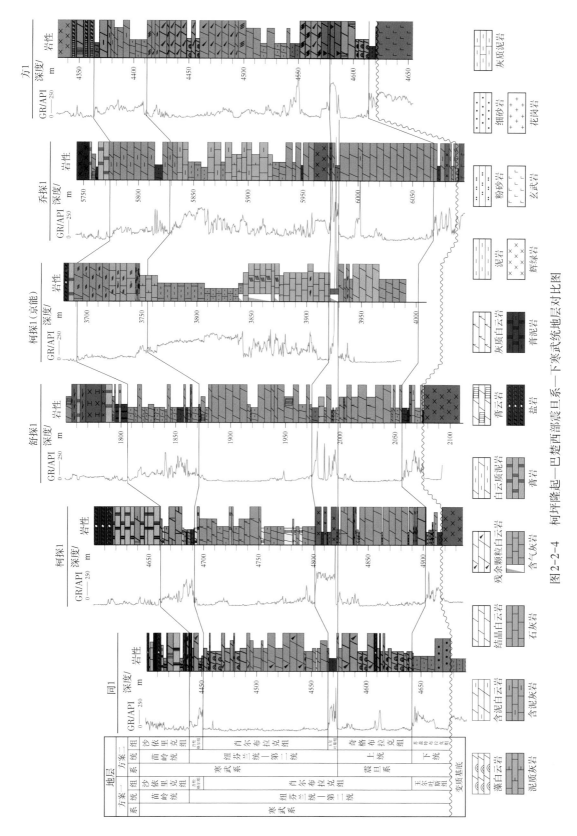

图2-2-4 柯坪隆起—巴楚西部震旦系—下寒武统地层对比图

43

认为肖尔布拉克组下段的白云岩就应该划到震旦系奇格布拉克组。这两种不同地层划分方案直接影响到构造运动时间确定的问题，前寒武纪构造运动导致寒武系底部不整合的时间都可能前移至前震旦纪。

3. 东南隆起

东南隆起内塔东 2、塔东 1、东探 1 等井在寒武系之下钻揭一套白云岩，该套白云岩层超覆在基底花岗岩之上，与上覆寒武系呈角度不整合接触关系，塔东 2 井基底花岗岩年龄为（1916±11）Ma。岩性以结晶白云岩、残余颗粒白云岩为主，局部变质为白云石大理岩（图 2-2-5）。前人将该套白云岩划分至震旦系（曹颖辉等，2020），也一并列入研究范围。

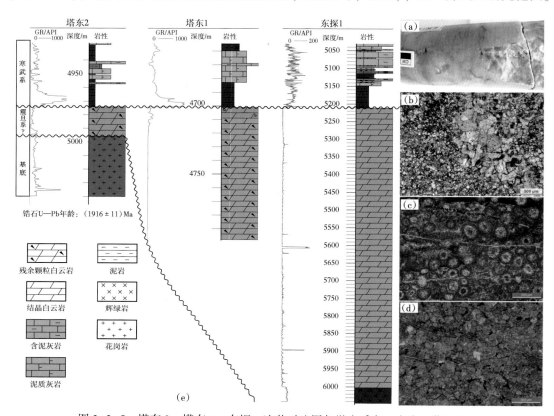

图 2-2-5　塔东 2—塔东 1—东探 1 连井对比图与微变质白云岩岩心薄片照片

（a）东探 1 井白云石大理岩岩心照片；（b）东探 1 井白云石大理岩薄片照片，单偏光；（c）塔东 1 井，4800.57m，鲕粒白云岩薄片照片，单偏光；（d）塔东 2 井，4971m，细晶白云岩铸体薄片照片，单偏光；（e）连井对比图

六、岩石地层的年代框架

1. 震旦系岩石地层年代框架

1）实验分析

本节针对温参 1、旗探 1、轮探 1、轮探 3、中寒 1、柯探 1、柯探 1（京能）、乔探 1、舒探 1、方 1、东探 1 等井的确定的或可疑的震旦系—下寒武统钻孔岩屑开展碳酸盐岩碳氧同位素分析与古生物分析（小壳化石与疑源类）（表 2-2-1）。小壳化石分析 11 件样品，具体样品编号为方 1 井 18 筒次、方 1 井 19 筒次、舒探 1 井 2 筒次、舒探 1 井 3 筒次、舒探 1 井 4 筒次、舒探 1 井 5 筒次、乔探 1 井 1 筒次、柯探 1 井 1 筒次、中寒 1 井 4 筒次、中寒 1 井 5 筒

次、中寒 1 井 6 筒次。岩屑碳氧同位素分析取样 617 件，为确保取全震旦系，温参 1、旗探 1、轮探 1 与轮探 3 四个钻孔除温参 1 只取震旦系以外，其余钻孔都将从寒武系底部开始取样；而塔中—柯坪—巴楚地区钻孔取样则从基底直到中寒武统沙依里克组；取样间隔一般为 5～10m，可能出现同位素异常处加密到 2m；钻孔岩屑样品取样后首先需要精挑之后才能进入碳氧同位素分析环节，以避免上覆地层掉块及钻井液结晶颗粒混染。

表 2-2-1　古生物与碳氧同位素分析取样表

井号	岩性	古生物分析取样井段	碳氧同位素分析取样井段/间隔/样品数
温参 1	白云岩	—	2995～3150m/5m/31 件
旗探 1	白云岩	—	5982～6250m/2～5m/59 件
轮探 1	白云岩	—	8681～8848m/2～10m/74 件
轮探 3	白云岩	—	8520～8662m/2～10m/44 件
中寒 1	白云岩	7391～7463m（4～6 筒次）	7214～7490m/2～10m/61 件
柯探 1	白云岩	4895～4902m（1 筒次）	4615～4903m/5～10m/60 件
柯探 1（京能）	白云岩或石灰岩	—	3652～3970m/6～12m/47 件
乔探 1	白云岩	6006～6013m（1 筒次）	5745～6098m/3～17m/38 件
舒探 1	白云岩	1884～2064m（2～5 筒次）	1786～2076m/2～12m/81 件
方 1	白云岩	4570～4601m（18～19 筒次）	4375～4613m/2～10m/47 件
东探 1	白云石大理岩	—	5214～5904m/5～10m/75 件

（1）分析方法。

小壳化石与疑源类化石分析制备、古生物鉴定在中国科学院南京地质古生物研究所完成。小壳化石样品制备方法为将岩石样品碎至粒径为 5～6cm 的小块岩样，注入体积分数为 3%～10% 的工业醋酸溶液进行酸溶处理，每隔 2～3 天换一次醋酸溶液；清洗酸溶残余物时，先用粗孔径筛子（1～2mm）除掉岩石残渣，再用细孔径筛子（小于 0.1mm）过滤掉细粒泥灰质成分，然后用清水冲洗残余物至澄清无明显浑浊物；将获得的砂样低温烘干，在实体双目显微镜下手工挑选，进行古生物鉴定与扫描电镜拍照。从 11 件样品中选取 3 件泥质含量较高样品（舒探 1 井第 4 筒取心、中寒 1 井第 6 筒取心、柯探 1 井第 1 筒取心）开展疑源类化石分析鉴定，样品处理采用盐酸—氢氟酸浸解处理后，每件样品制固定片 2 片（20mm×20mm），在显微镜下观察鉴定。

碳氧同位素分析测试在核工业北京地质研究院国家重点实验室完成。分析方法采用传统磷酸法，分析仪器采用 Fannigan MAT Delta XP 型连续流质谱仪。自动进样器装置中以 100% 磷酸溶液与样品粉末在抽真空后，50℃ 条件下反应 2h，生成的 CO_2 气体直接进同位素质谱仪进行碳氧同位素组成分析。$\delta^{13}C$、$\delta^{18}O$ 分析数值采用 V—PDB 标准计算，$\delta^{13}C$、$\delta^{18}O$ 分析结果绝对误差为 ±0.2‰。

（2）分析结果。

小壳化石分析的 11 件样品中，仅在方 1 井第 18 筒次（井深为 4570～4574m）和舒探 1 井第 3 筒次（井深为 1916～1919m）两件样品中获得少量、保存状态较差的小壳化石，两件样品中均保存有锥管螺（未定种）*Conotheca* sp. 和两角寒武钉 *Cambroclavus bicornis*（图 2-2-6）。在疑源类化石分析的三件样品获得了保存较好的疑源类化石。舒探 1 井两个样品（1994～

1996m）仅出现少数类型分异低的组合，其中包括寒武纪常出现的疑源类化石类型，如 *Cymatiosphaera*、*Dictyotidium* 和 *Archaeodiscina bicostata*；中寒1井（井深为7463.6m）出现分叉状小碳化石、瘤面球藻（*Lophosphaeridium*）和少见的虫牙（*scolecodont*）化石；柯探1井（井深为4896.3~4898.3m）除出现较多穿时分布的光面球藻（*Leiophaeridia*）外，还出现一些见于寒武纪早—中期的疑源类化石类型，如 *Lophosphaeridium truncatum*、*Pterospermella*、*Asteridium*、*Eliasum*、*Ooidium*、*Alliumella baltica* 等，也出现一些常见于奥陶纪的疑源类化石，如 *Solisphaeridium*、*Aremoricanium simplex* 等。

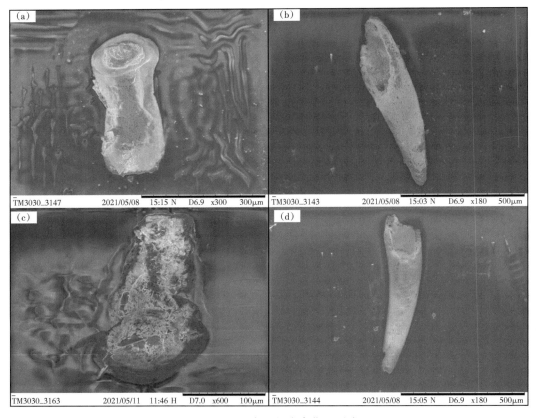

图 2-2-6　鉴定出的小壳化石图片

（a）方1井，18筒次，两角寒武钉 *Cambroclavus bicornis*；（b）方1井，18筒次，锥管螺 *Conotheca* sp.；（c）舒探1井，3筒次，两角寒武钉 *Cambroclavus bicornis*；（d）舒探1井，3筒次，锥管螺 *Conotheca* sp.

11个钻孔岩屑全岩碳氧同位素相关性不明显，数据点相对平滑不跳跃（图2-2-7），表明研究分析样品受成岩作用影响很小，基本代表成岩作用前的同位素变化曲线（Kaufman et al.，1993，1995）。

2）震旦系年代框架探讨

震旦系生物地层、同位素地层与放射性定年研究在全球很多国家取得大量的研究成果，例如中国华南（Jiang et al.，2007；Zhu et al.，2007，2013；朱茂炎等，2016；周传明等，2019）、印度（Kaufman et al.，2006）、澳大利亚（Calver，2000；Husson et al.，2015）、阿曼（Fike et al.，2006；Gong et al.，2020）、纳米比亚（Grotzinger et al.，1995；Halverson et al.，2005；Wood et al.，2015）、西伯利亚（Pokrovskii et al，2006）、加拿大

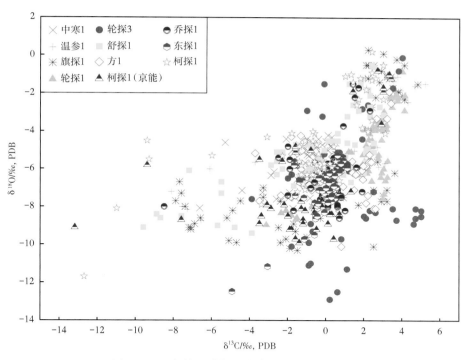

图 2-2-7 各钻孔碳氧同位素分析结果交会图

（Macdonaldet et al.，2013）和美国（Corsetti et al.，2003；Kaufman et al.，2007）等。震旦系底部地质年龄定在 635Ma，顶部为 541Ma，震旦系分为上统与下统基本达成共识。前人研究发现在约 580Ma 发生的 Gaskiers 冰期事件前后海洋生物群面貌发生了显著变化（Pu et al.，2016），很多学者将这期事件作为震旦系上统、下统划分的重要依据（Narbonne et al.，2012；Xiao et al.，2016）。同时，越来越多的同位素资料证实震旦系底部、中部和顶部的三次同位素负漂移，中部显著的碳同位素负漂移事件 Shuram excursion，对应华南的 DOUNCE 碳同位素负漂移事件（Zhu et al.，2007），同样作为震旦系上统、下统分界的重要依据（Xiao et al.，2016；朱茂炎等，2016）。因缺少有效的放射性定年数据，Gaskiers 冰期是否与 Shuram 碳同位素负异常事件等时还存在争议。朱茂炎等（2016）根据对华南震旦系研究提出"两统五阶"的方案，下统（峡东统）分为第一阶—第三阶，上统（扬子统）分为第四阶与第五阶；Xiao 等（2016）与周传明等（2019）建立震旦系"两统六阶"的划分方案，两者均在下统划分三阶，主要区别在于上统。

柯坪—塔北隆起区震旦系无论岩性组合还是同位素特征都与华南震旦系具有高度的相似性。柯坪—塔北隆起震旦系岩性组合呈上下两分特点，下部苏盖特布拉克组由砂泥岩、石灰岩构成，上部奇格布拉克组由白云岩组成，整体上表现为由浅水向深水、由碎屑岩向碳酸盐岩的沉积演化序列。同位素组成方面，位于塔北隆起的温参 1、旗探 1 两个钻孔奇格布拉克组均表现为碳同位素正漂移特征，特别是奇格布拉克组底部的碳同位素正漂移与扬子板块灯影组底部 DEPCE（朱茂炎等，2016）特征一致，指示塔里木克拉通内柯坪—塔北地区震旦系奇格布拉克组与扬子板块震旦系灯影组可等时对比。苏盖特布拉克组上部石灰岩段表现出碳同位素负漂移特征，与扬子板块的 DOUNCE、阿曼的 Shuram 碳同位素负漂移有很好的可对比性（图2-2-8），指示苏盖特布拉克组上部石灰岩段底部为上、下震旦统的分界；苏盖特布拉克组下部砂泥岩段属于下震旦统。

与柯坪—塔北区相比，满加尔—库鲁克塔格区震旦系岩性组合有相似点也有不同点。相似点在于都是从浅水到深水、从碎屑岩到碳酸盐岩的沉积演化序列。不同点在于满加尔—库鲁克塔格区比柯坪—塔北区沉积水体更深，从沉积旋回上满加尔—库鲁克塔格区扎摩克提组—育肯沟组表现为海平面上升的碎屑岩沉积序列，水泉组—汉格尔乔克组表现为一个海平面下降的碳酸盐岩沉积序列。徐备等（2002）对库鲁克塔格区南华系—震旦系（成冰系—埃迪卡拉系）开展同位素地层研究，在水泉组发现碳同位素负漂移；Xiao等（2004）也对库鲁克塔格区开展同位素地层研究，在黑山—照壁山剖面水泉组落实了碳同位素负漂移事件，碳同位素整体负漂移，并具有向上逐渐正漂特点，与Oman地区Shuram碳同位素漂移相似（图2-2-8）。轮探3井位于满加尔凹陷西缘，震旦系岩性组合与库鲁克塔格区相似，从上向下依次钻揭汉格尔乔克组帽白云岩、冰碛砾岩，水泉组石灰岩、泥岩，井底钻揭30m厚的辉绿岩。轮探3井水泉组底部发现碳同位素负漂移并具有向上正漂移特点，与黑山—照壁山剖面水泉组特征一致（徐备等，2002；Xiao et al.，2004），与旗探1井苏盖特布拉克组上部石灰岩段特征一致（图2-2-8），指示该碳同位素负漂移可与Shuram、DOUNCE碳同位素负漂移等时对比，因此满加尔—库鲁克塔格区震旦系上、下统的分界可定在水泉组底部。

汉格尔乔克组发育冰碛砾岩是塔里木克拉通自南华纪开始出现的第四套冰碛岩，其地质时代问题得到广泛关注。部分学者提出汉格尔乔克组发现的冰碛砾岩与华北罗圈组冰碛砾岩、加拿大Gaskiers冰期冰碛岩等时（高林志等，2013）；也有学者认为汉格尔乔克组冰碛岩与奇格布拉克组可等时对比（周传明等，2019）。轮探3井水泉组顶部—汉格尔乔克组底部泥质碳酸盐岩见明显的碳同位素正漂移，中上部含冰碛砾泥岩碳同位素特征表现为自底向上慢慢下降的特点（图2-2-8）；与柯坪—塔北区钻孔相比，水泉组顶部—汉格尔乔克组底约30m厚的泥质碳酸盐岩可与奇格布拉克组碳同位素正漂移对比，对应扬子板块灯影组底部DEPCE（朱茂炎等，2016）；汉格尔乔克组中上部含冰碛砾泥岩可能比奇格布拉克组晚，是塔里木克拉通震旦系最晚的岩石地层单元，只分布在满加尔凹陷内，这也是柯坪—塔北与铁克里克区未见到该期冰碛砾岩的原因。在过轮探1—轮探3的地震剖面上，可以见到轮探3井汉格尔乔克组冰碛砾岩是剥蚀残留地层，在奇格布拉克组之上；而奇格布拉克组从轮探1向轮探3方向减薄，岩性由白云岩相变为泥质灰岩（图2-2-9）。

参考前人对震旦系地层年代框架的研究成果（朱茂炎等，2016），本书将塔里木克拉通库鲁克塔格区、乌什—柯坪区与铁克里克区震旦系岩石地层归入震旦系年代地层框架中（图2-2-10）。

2. 柯坪—巴楚西部发育震旦系

柯坪—巴楚—塔中地区地层划分主要争议点在原划分的肖尔布拉克组下段是否应归到震旦系（图2-2-4）。塔里木克拉通内寒武系苗岭统底部在塔西台地区对应沙依里克组底部，岩性以蒸发盐岩为典型特征，碳同位素以ROECE负漂移为标志（赵宗举等，2010；Wang et al.，2011；陈永权等，2019）。将沙依里克组底拉平，对下伏震旦系—寒武系分为四个岩性段（图2-2-11）；以柯坪地区已知的震旦系—寒武系岩性地层与同位素地层（何秀彬等，2007；赵宗举等，2010）为标准，本书通过岩性、电性、碳酸盐岩碳氧同位素与古生物证据探讨四个岩性段的地层归属问题。

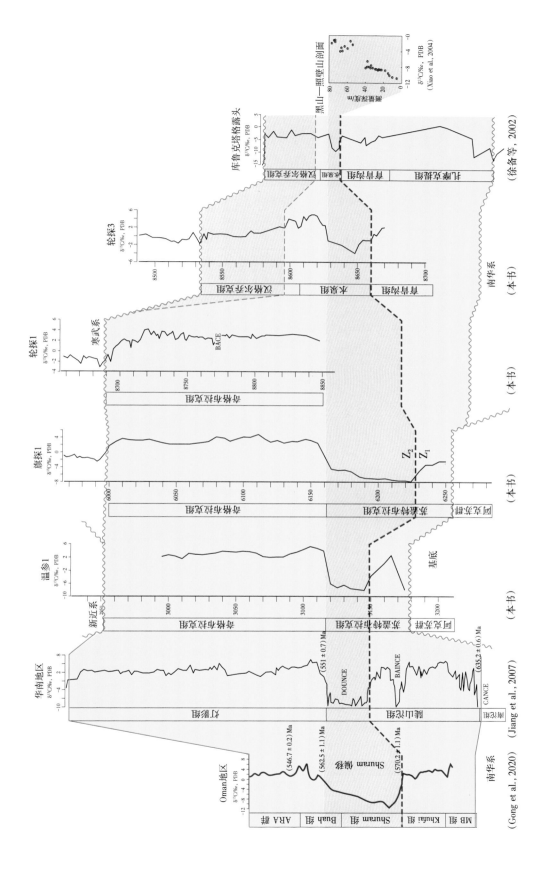

图 2-2-8　Oman 地区—库鲁克塔格格露头区晨旦系同位素地层对比图

49

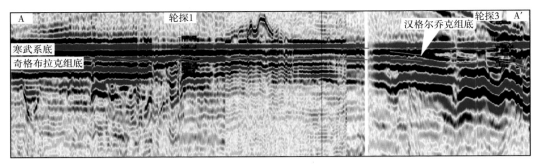

图 2-2-9　过轮探 1—轮探 3 井地震剖面图（导线如图 2-2-1 所示）

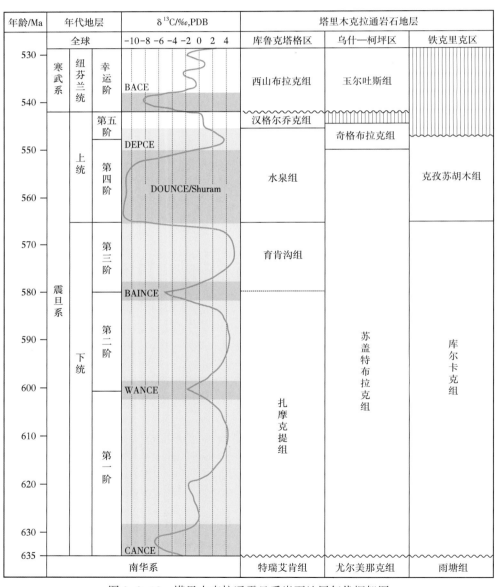

图 2-2-10　塔里木克拉通震旦系岩石地层年代框架图

岩性段一岩性、电性、同位素特征与柯坪露头区可对比性好，对应柯坪地区吾松格尔组（图2-2-11）。该段底部以高自然伽马泥岩为标志，该段顶部出现碳同位素弱正漂移，中部发育微弱碳同位素负漂移，对应AECE碳同位素负漂移（Zhu et al.，2006），下部由上向下碳同位素逐渐升高，该段未见化石证据。

岩性段二在同1、柯探1、舒探1、方1与中寒1等钻孔以低平自然伽马结晶白云岩、残余砂屑白云岩为主，与柯坪露头剖面肖尔布拉克组具有很好的可对比性（图2-2-11）；而柯探1与乔探1井该层段自然伽马呈锯齿状，岩性为石灰岩，与邻井相比具有较大的变化。所有钻孔该岩性段碳同位素均表现为正漂移特点，与柯坪露头区一致，表明柯探1、乔探1该段石灰岩是沉积相变化的结果。利用舒探1井岩心样品（深度段准确）在该段发现了锥管螺（未定种）*Conotheca* sp. 和两角寒武钉*Cambroclavus bicornis*，大致相当于华南下寒武统筇竹寺组沉积期，与肖尔布拉克组划分方案吻合；前人用同1井岩屑（深度未必准确）样品在该段发现了小壳类化石*Egdetheca*和*Chancelloria*，与肖尔布拉克组划分方案也不矛盾。

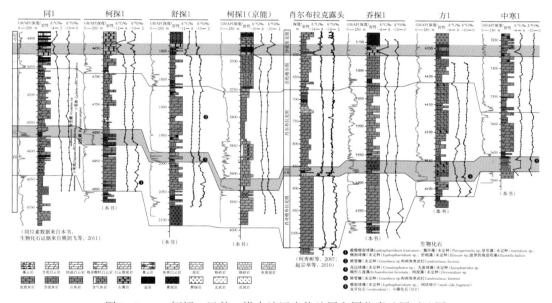

图2-2-11　柯坪—巴楚—塔中地区生物地层和同位素地层对比图

岩性段三底部发育高自然伽马泥岩，上部发育碳酸盐岩，具有碳同位素负漂移特点；岩性组合与同位素特征与柯坪露头区玉尔吐斯组具有可对比性（图2-2-11）。该段在方1井岩心（深度段准确）出现锥管螺（未定种）*Conotheca* sp. 和两角寒武钉*Cambroclavus bicornis*，在舒探1井岩心（深度段准确）见到疑源类化石，包括花边球藻（未定种）*Cymatiosphaera* sp.，光面球藻（未定种）*Leiosphaeridia* sp.，碗形古盘藻*Archaeodiscina bicostata*，网面藻（未定种）*Dictyotidium* sp.；在中寒1井岩心（深度段准确）见到瘤面球藻（未定种）*Lophosphaeridium* sp.，网状碎片（mesh-like fragment），虫牙化石（scolecodont）和小碳化石（SCF）；在同1井岩屑（深度未必准确）见到发现软舌螺*Lophotheca* sp.。其中方1井岩心样品中见到的小壳化石可靠，与柯坪露头区玉尔吐斯组上段丰富的小壳化石吻合；疑源类分析认为属于早寒武世末期沉积地层，也与划到玉尔吐斯组并不矛盾。

岩性段四是主要争议层段，该段主要由具有低平自然伽马特点的结晶白云岩、藻白云

51

岩组成；碳同位素具有明显的正漂移特征，与柯坪露头区震旦系奇格布拉克组可对比（图2-2-11）。岩性段四在柯探1井岩心（深度段准确）中见到大量的疑源类化石，包括截瘤瘤面球藻 Lophosphaeridium truncatum，翼环藻（未定种）Pterospermella sp.，星形藻（未定种）Asteridium sp.，瘤面球藻（未定种）Lophosphaeridium sp.，折痕藻（未定种）Eliasum sp.，波罗的海蒜形藻 Alliumella baltica 等。疑源类分析结果判断为寒武系，与岩性、电性及同位素对比结果有矛盾。岩性段四另一个显著特征表现为氧同位素正漂移。尽管碳酸盐岩 $\delta^{18}O$ 影响因素很多，但温参1、旗探1、轮探1与前人柯坪露头区奇格布拉克组实测同位素结果均表现为 $\delta^{18}O$ 正异常特点，与寒武系有着明显的区别（图2-2-12）。温参1、柯坪露头、旗探1与轮探1震旦系奇格布拉克组 $\delta^{18}O$ 值一般变化在-6‰～0之间，而柯坪露头、旗探1、轮探1已知寒武系肖尔布拉克组 $\delta^{18}O$ 值一般变化在-10‰～-6‰之间，岩性段四 $\delta^{18}O$ 值主体在-6‰～0之间，支持其为震旦系奇格布拉克组。

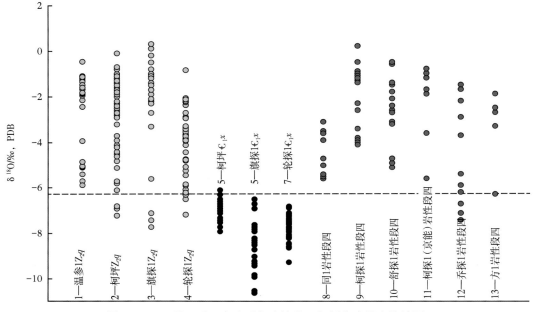

图 2-2-12 震旦系—寒武系与岩性段四氧同位素散点统计图

综上所述，本书建议将柯坪—巴楚西部肖尔布拉克组下段归属为震旦系奇格布拉克组，至于与生物化石的矛盾，一是同1井的小壳化石是在岩屑中发现的，岩屑有可能为钻井过程中上覆地层的掉块，导致分析出来的小壳化石可能来自上部层位；二是柯探1井发现的疑源类化石多数具有穿时特点，不具备准确的层位约束条件。

3. 东南隆起震旦系

前人将塔东2、塔东1、东探1井寒武系之下的白云岩或白云石大理岩划分至震旦系（曹颖辉等，2020）。如果该套地层为震旦系，则塔东地区寒武系沉积前发生强烈抬升导致大角度不整合，寒武系应为隆起的构造背景，与下寒武统西山布拉克组—西大山组盆地沉积相矛盾。

从过东探1、塔东1地震剖面（图2-2-13）上可以见到寒武系与下伏地层显著的角度不整合，东探1、塔东1井寒武系之下的微变质白云岩主要发育在一个前寒武系楔形体地质体内；剖面西北部出现了震旦系，楔形体位于震旦系之下，因此地震反射结构表明东探 1、塔东 1 井寒武系之下的白云岩地质时代应该属于前震旦纪。

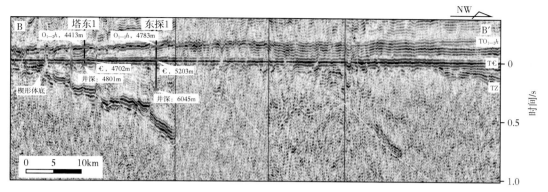

图 2-2-13　过东探 1、塔东 1 井地震剖面图（导线如图 2-2-1 所示）

　　盆地周缘露头中，前人在阿尔金、柴北地区发现了前寒武系全吉群，其中石英梁组与红藻山组白云岩层厚达 1600m；库鲁克塔格地区长城系兴地塔格群辛格尔塔格组发育约950m 厚的白云石大理岩（杨瑞东，2010）；铁克里克地区长城系—蓟县系苏马兰组发育白云石大理岩（王向利等，2010）。阿尔金地区全吉群的地质时代存在争议，一些学者认为划归到南华系—震旦系（王云山等，1980；孙崇仁等，1997；李怀坤等，2003），还有学者将该套地层划分到长城系—蓟县系（王树洗等，1982；张录易等，1993）；张海军等（2016）实测全吉群红藻山组凝灰岩锆石 U—Pb 年龄为（1646±20）Ma，认为全吉群麻黄沟组—石英梁组属于长城系。东探 1 井钻揭该套白云岩视厚度为 800m，而且未钻穿该套地层，从地震剖面上看，如果楔形体内部全部充填白云岩厚度可达 1600m，与上震旦统厚度相差很大，但与长城系白云石大理岩厚度相当；另一方面，盆地内上震旦统未发现区域变质作用形成的大理岩，因此将东南隆起区钻揭的前寒武系白云石大理岩与长城系对比更为合适。Shen 等（2010）报道了柴北全吉群红藻山组白云岩碳氧同位素特征，红藻山组中上部发现碳同位素负漂移，上下分别出现碳同位素正漂移；该特征与东探 1 井碳氧同位素具有一定的相似性，可以作为将该套地层划归到长城系的支持性证据（图 2-2-14）。

七、震旦系层序划分与对比

1. 海平面变化

　　在顶、底不整合约束下，震旦系构成一个完整的海平面上升—下降旋回（杨芝林等，2016），震旦系内部海平面变化大致可以分为三个亚旋回，早期亚旋回由坳陷期碎屑岩沉积体系充填，中期亚旋回由混积体系充填，晚期亚旋回由碳酸盐岩台盆沉积体系充填。

　　早期亚旋回由下震旦统坳陷期碎屑岩沉积体系构成，表现为填平补齐沉积序列，随着海平面升高，自下而上粒度变细。库鲁克塔格区扎摩克提组以粗砂岩、含砾砂岩为主，为海相滨岸沉积，育肯沟组以泥岩为主；柯坪—乌什地区苏盖特布拉克组中下部以砂砾岩为主，底部红色砾岩为陆相冲积扇沉积，上部砂岩为海相滨岸沉积，表现为低位—海侵沉积序列；铁克里克区库尔卡克组为滨岸砂岩。

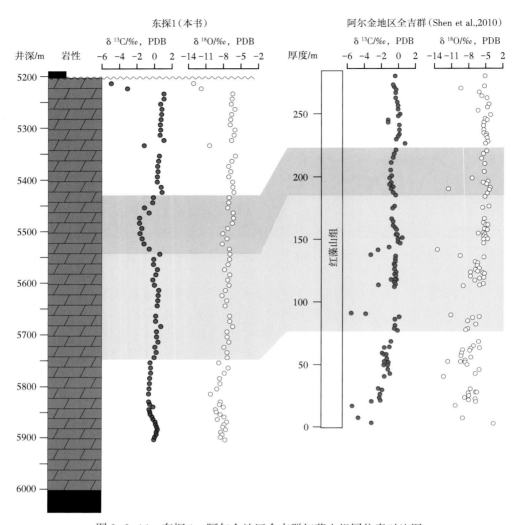

图 2-2-14　东探 1—阿尔金地区全吉群红藻山组同位素对比图

中期亚旋回发育在上震旦统下部，由混积体系构成，表现为砂岩—泥岩—石灰岩—白云岩岩性组合。库鲁克塔格区主要发育在水泉组，由泥岩—石灰岩构成，柯坪地区主要发育在苏盖特布拉克组上部，表现为砂岩—泥岩—石灰岩间互沉积特征，铁克里克区发育在克孜苏胡木组下段，表现为砂岩—白云岩互层沉积特征。

晚期亚旋回发育在上震旦统上部，由碳酸盐岩缓坡台地沉积体系与冰成沉积体系构成。在库鲁克塔格区发育在水泉组顶部，以石灰岩为主，为陆棚沉积；在汉格尔乔克组，由冰成体系构成，表现为冰碛砾岩—帽白云岩组合。柯坪—乌什区发育在奇格布拉克组，由台地相白云岩组成。铁克里克区发育在克孜苏胡木组上段，由白云岩构成。

2. 层序划分与对比

震旦系露头区层序地层的划分已被多次报道（何金有等，2007；钱一雄等，2011，2014；石开波等，2016，2018），本书采用石开波等（2016）的划分方案，因年代地层的重新认识，各层序所处的地质时间被重新界定。以上述早期—中期—晚期三个沉积体系作为划分框架，依据沉积红层和岩性转换面划分为三个层序。

以柯坪露头区什艾日克剖面为例，震旦系由三个层序组成（图2-2-15）。什艾日克剖面震旦系苏盖特布拉克组与奇格布拉克组出露完整。苏盖特布拉克组按照颜色、岩性、沉积特征可以分为上、中、下三段，下段主要为厚层状紫红色砾岩，层理欠发育，以陆相或海岸边缘冲积扇相为主，构成层序一（SQ1）的低位体系域（LST）；中段岩性组合主要表现为暗紫色中—薄层状中粗砂岩与灰紫色薄层状含粉砂泥岩不等厚互层特点，粒度由下向上由粗变细；下部砂岩发育平行层理和冲洗交错层理，主要代表了较强水动力条件的滨岸沉积环境，构成SQ1的海侵体系域（TST），顶部泥岩发育水平层理，为浅海滨岸—半深海陆棚相，构成SQ1的高位体系域（HST）。苏盖特布拉克组上段主要为细碎屑岩—碳酸盐岩混合沉积，构成层序二（SQ2）：下部为中—厚层钙质砂岩与钙质泥岩的多韵律旋回，向上碳酸盐岩含量变高（TST）；中部主要为泥晶灰岩、竹叶状灰岩和含陆源碎屑灰岩，上部发育深灰色、灰绿色泥岩，水平层理发育，水体变深，水动力条件减弱，主要为浅海陆棚沉积，中上部构成SQ2的高位体系域（HST）。奇格布拉克组与下震旦统苏盖特布拉克组之间为平行不整合接触，主体为碳酸盐岩沉积体系，构成层序三（SQ3）：奇格布拉克组分为上

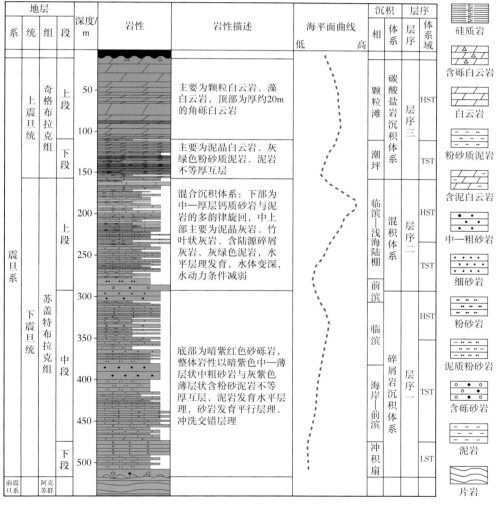

图2-2-15　柯坪地区什艾日克露头震旦系层序地层柱状图

55

下两段，下段以薄层为主，主要岩性组合为叠层石白云岩、灰绿色粉砂质泥岩、泥岩不等厚互层，叠层石中发育帐篷构造，为潮坪沉积，构成海侵体系域（TST）；上段主要表现为中—厚层状颗粒白云岩沉积特点，夹叠层石白云岩，构成高位体系域（HST），顶部发育震旦系—寒武系不整合，因此高位体系域顶部沉积物被不同程度的削蚀。

在等时格架下，库鲁克塔格区、铁克里克区与柯坪地区震旦系层序可对比性好（图2-2-16）。库鲁克塔格区，层序一（SQ1）由扎摩克提组与育肯沟组构成，扎摩克提组为一套滨岸—前滨亚相粗碎屑岩，构成海侵体系域，育肯沟组则以细粒碎屑岩为主，构成高位体系域；水泉组中下部由陆棚相泥岩、石灰岩组成，构成层序二（SQ2）；水泉组上部

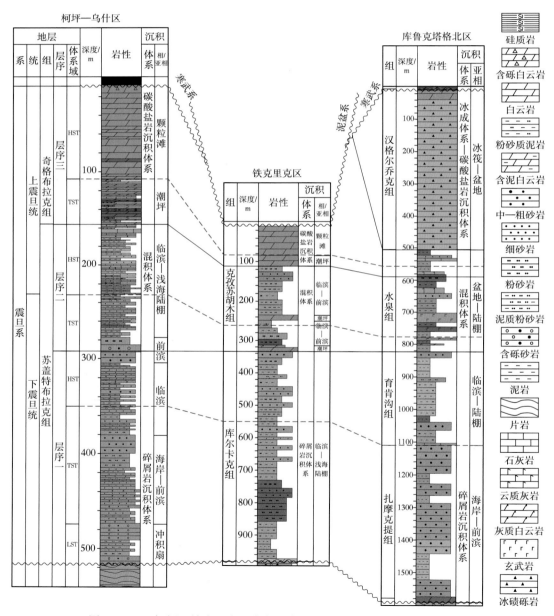

图2-2-16　柯坪—铁克里克—库鲁克塔格露头区震旦系层序地层对比图

56

与汉格尔乔克组构成层序三（SQ3），水泉组上部为盆地相石灰岩，沉积时限与奇格布拉克组相当，汉格尔乔克组则是震旦纪末期沉积地层，在柯坪地区与铁克里克区缺失。铁克里克区，层序一（SQ1）由库尔卡克组构成，库尔卡克组由临滨—浅海陆棚相碎屑岩组成；层序二（SQ2）由克孜苏胡木组下段构成，克孜苏胡木组下段由褐色砂泥岩夹白云岩组成，为混积体系沉积物；层序三（SQ3）由克孜苏胡木组上段组成，以白云岩为主。

　　地震剖面上，震旦系三分特征清楚（图2-2-17）。SQ1下部表现为上超地震反射特征，古地貌较低部位地层较厚体现了填平补齐特点；SQ2内部以平行强反射特征为主；SQ3表现为典型的碳酸盐岩台地沉积特点，中—上缓坡发育丘型弱反射，地层较厚，而斜坡—陆棚相则表现为平行强反射特征，地层较薄。

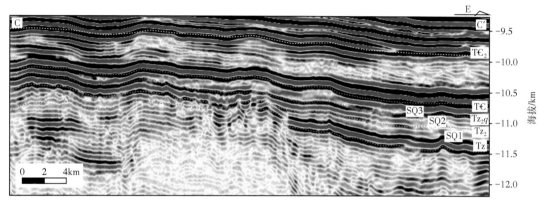

图2-2-17　塔北果勒三维区震旦系地震层序结构剖面图（导线如图2-2-1所示）

第三节　寒武系

一、地层分布与分区

　　寒武系见于柯坪与库鲁克塔格两个露头区，在铁克里克露头区被削蚀。盆地内部钻揭寒武系的钻孔在塔北隆起、柯坪隆起、巴楚隆起、塔中隆起、北部坳陷满加尔凹陷与古城低凸起均有分布（图2-3-1）。

　　寒武系岩石地层依据柯坪地区与库鲁克塔格区命名，轮南—古城坡折带以西，包括巴楚隆起、塔中隆起与塔北隆起等，寒武系岩石地层与柯坪地区一致或相似，划分至柯坪分区；轮南—古城坡折带以东，包括东南隆起、满加尔凹陷等，岩石地层与库鲁克塔格区一致或相似，划为库鲁克塔格分区。

二、柯坪分区岩石地层

　　柯坪露头区寒武系自下而上由玉尔吐斯组、肖尔布拉克组、吾松格尔组、沙依里克组、阿瓦塔格组和下丘里塔格组构成（图2-3-2）。

1. 玉尔吐斯组（$\epsilon_1 y$）

　　1984年钱建新等将原肖尔布拉克组底部发现大量小壳化石的含磷层位从原肖尔布拉克组中划分出来，新建地层单位，命名为玉尔吐斯组。玉尔吐斯组分为上、下两段，下段岩

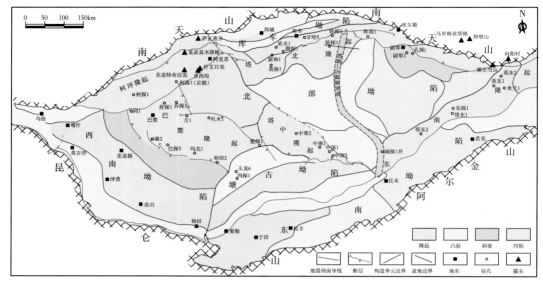

图 2-3-1　塔里木盆地周缘露头和钻揭寒武系钻孔分布图

性以黑色页岩、硅质岩、磷块岩为主，夹少量白云岩，含海绵骨针化石；上段岩性以含泥灰岩、石灰岩或白云岩与泥质岩互层为主，含大量小壳化石。玉尔吐斯组钻孔表现为高自然伽马特点。玉尔吐斯组分布于奇格布拉克、尤尔美那克、苏盖特布拉克及肖尔布拉克一带，以苏盖特布拉克之南玉尔吐斯山出露较好。塔北隆起区星火1井、旗探1井和轮探1井确定钻揭该层系，柯坪隆起和巴楚隆起内柯探1井、柯探1井（京能）、同1井、乔探1井、方1井等也钻揭该套地层，但岩相存在较大变化。

2. 肖尔布拉克组（$\in_2 x$）

肖尔布拉克组由1956年地质部十三大队建立的肖尔布拉克岩系演变而来，命名地点在阿克苏西南约45km的肖尔布拉克露头。肖尔布拉克组位于玉尔吐斯组之上，三叶虫开始出现。肖尔布拉克组含三叶虫、小壳、软舌螺等化石，自下而上可分为两个三叶虫带：*Shizhudiscus* 带、*Ushbaspis*（*Metaredlichioides*）—*Kepingaspis* 带。在肖尔布拉克剖面，肖尔布拉克组底以深灰色白云岩（宏观上为厚层—块状）与玉尔吐斯组浅灰色薄层似瘤状含泥质白云岩整合接触，实测厚度为176m，可分为三段：下段以灰色粉晶白云岩为主，厚31m；中段以灰色厚层细晶白云岩为主，厚90m；上段为淡红色薄层泥晶白云岩，厚55m。

3. 吾松格尔组（$\in_2 w$）

吾松格尔组是1973年张太荣等从地质部十三大队所称的阿瓦塔格岩系下部层位划分出来的新地层单位，代表剖面在柯坪县东北约50km或苏盖特布拉克西南约11km。吾松格尔组岩性为灰色、灰黄色和灰紫色薄—厚层状粉—细晶白云岩，竹叶状亮晶砂屑白云岩夹白云质泥岩及泥质白云岩。中部见三叶虫化石。底部以灰黄色（风化呈页片状）薄层白云岩与肖尔布拉克组灰色、浅灰色中—厚层状白云岩整合接触。

4. 沙依里克组（$\in_3 s$）

沙依里克组是1973年张太荣等从地质部十三大队建立的阿瓦塔格岩系中部划分出来的新地层单位，代表中寒武统下部层位。肖尔布拉克剖面沙依里克组岩性为灰—深灰色薄

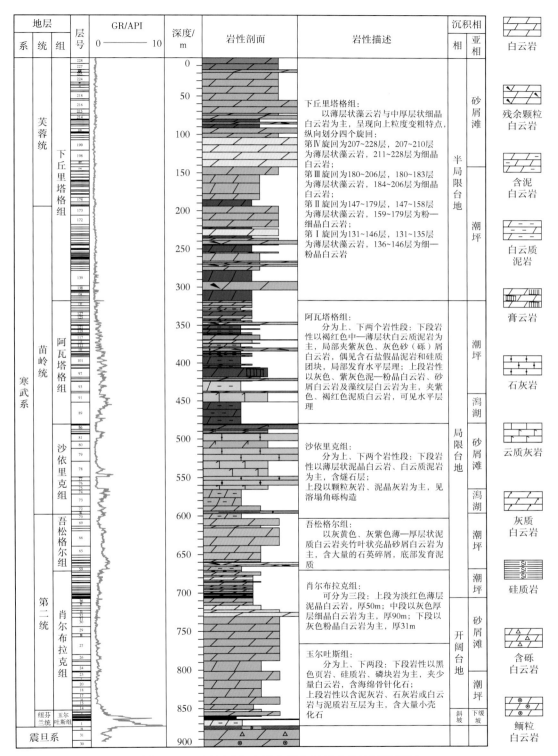

图 2-3-2 柯坪肖尔布拉克露头区寒武系地层柱状图

层—块状微晶白云质灰岩、微晶白云岩及溶塌角砾岩，厚 106m，发育一个 *Kunmingaspis*—*Chittidilla* 三叶虫带。与吾松格尔组灰褐—灰黄色页片状泥质白云岩整合接触。

5. 阿瓦塔格组（$\in_3a$）

阿瓦塔格组名由 1956 年地质部十三大队所称的阿瓦塔格岩系演变而来，1973 年新疆地矿局区测队张太荣等将阿瓦塔格岩系上部层位命名为阿瓦塔格群，1981 年《中国地层·中国的寒武系》把阿瓦塔格群改为阿瓦塔格组。代表苗岭统中部、上部，是否包括部分上寒武统尚无化石依据。

肖尔布拉克剖面阿瓦塔格组厚 156.29m，可分为上、下两个岩性段：下段岩性以褐红色、灰红色中—薄层状白云质泥岩、泥质云岩、紫灰色泥—粉晶白云岩为主，局部夹紫灰色、灰色砂（砾）屑白云岩，偶见含石盐假晶泥岩和硅质团块，局部发育水平层理；上段岩性以灰色、紫灰色泥—粉晶白云岩、砂屑白云岩及藻纹层白云岩为主，夹紫色、褐红色泥质白云岩，可见水平层理。

6. 下丘里塔格组（$\in_{3-4}xq$）

1941—1943 年，苏联人西尼村在柯坪地区定义了大致属于芙蓉统—下奥陶统的丘里塔格群。周棣康等（1991）根据生物化石、岩性、地震地层学特征、同位素和微量元素特征，将丘里塔格群划分为下丘里塔格群和上丘里塔格群；下丘里塔格群以结晶白云岩为主，上丘里塔格群以白云岩和石灰岩互层或厚层石灰岩为主；并根据新疆地质研究所在阿瓦塔格组顶部采获的苗岭统三叶虫化石，将下丘里塔格群划归芙蓉统。目前上丘里塔格群已被蓬莱坝组、鹰山组代替而不再使用，下丘里塔格群更名为下丘里塔格组，由巨厚结晶白云岩组成。

柯坪地区肖尔布拉克剖面下丘里塔格组厚约 320m，表现为上、下两段特征（陈永权等，2010），下段以灰色中—薄层藻白云岩、隐藻白云岩夹亮晶砂屑云岩和泥晶白云岩为主，发育水平及微波状层理，储层发育条件差；上段以浅灰—灰色中厚层细晶白云岩、砂屑白云岩为主，夹泥晶白云岩和藻纹层白云岩；上、下两段在自然伽马电测曲线上无明显区分标志。下丘里塔格组在塔西台地分布广泛，与下伏阿瓦塔格组整合接触，与上覆下奥陶统蓬莱坝组呈平行不整合接触。

三、库鲁克塔格分区岩石地层

库鲁克塔格分区寒武系自下而上由西山布拉克组、西大山组、莫合尔山组、突尔沙克塔格群构成（图 2-3-3）。

1. 西山布拉克组（$\in_1xs$）

西山布拉克组由新疆地质局 722 队 1957 年命名的西山布拉克统演变而来，高振家和章森桂 1981 年正式命名为西山布拉克组，相当于原西山布拉克统的下部，层型剖面位于尉犁县辛格尔西大山。黄智斌（2009）实测了库鲁克塔格山北区、乌里格孜塔格（地层厚度为 200.34m）、恰克马克铁什剖面（Ⅱ号剖面地层厚度为 96.28m，Ⅲ号剖面地层厚度为 166.66m）和南区雅尔当山Ⅱ号剖面（地层厚度为 28.96m）。乌里格孜塔格地区，岩性分为两段：下段厚 165.23m，深灰—灰黑色薄层硅质岩夹火山岩及少量黄灰色白云岩，下部常有一含磷硅质层；上段厚 35.11m，灰—灰黑色薄—中层硅质岩与灰色、灰黄色微层泥硅质碳酸盐岩互层，夹少量深灰色薄层泥岩，见磷质腕足类化石及海绵骨针（*Protospongia* sp.）。下段见海绵骨针，小壳化石只在岩石切片中发现 *Kaiyangites novilis*，底部灰黑色含磷硅质

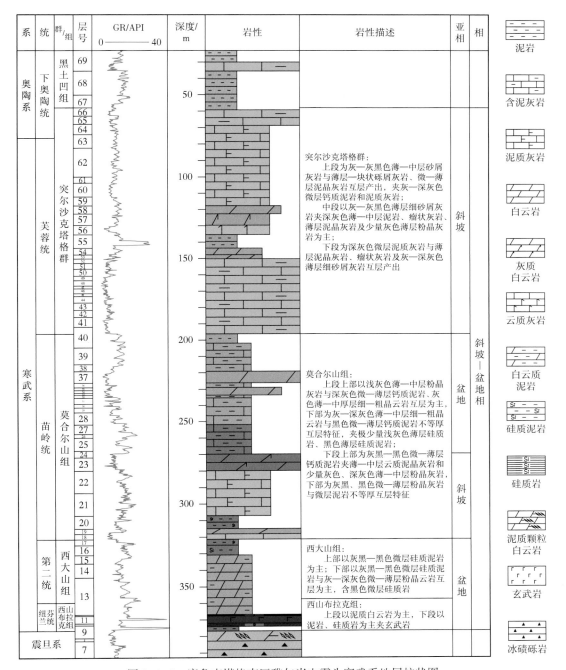

图 2-3-3　库鲁克塔格南区雅尔当山露头寒武系地层柱状图

岩中产小刺藻状疑源类化石 *Asteridium tornatum*、*Heliosphaeridium* cf. *lubomlense* 和 *Comasphaeridium annulare*，据此可建立疑源类化石 *Asteridium—Comasphaeridium—Heliosphaeridium* 组合带。南区西山布拉格组岩性与北区基本相同，但厚度变小，硅质岩增多，仅厚 28.96m。西山布拉格组由于硅质岩硬度较大，地貌上常形成数米至数十米的垄岗。

61

2. 西大山组（$\epsilon_2 xd$）

西大山组由地质部十三大队朱诚顺1958年命名的西大山岩系演变而来，新疆地质局区测队胡树荣1965年正式命名为西大山组，层型剖面位于尉犁县辛格尔西大山。岩性为灰色、灰黑色石灰岩和泥灰岩夹页岩、钙质砂岩及白云质灰岩；底部与西山布拉克组整合接触，顶部与莫合尔山组呈整合接触关系。

黄智斌（2009）实测西大山组4条剖面，北区3条剖面中乌里格孜塔格Ⅰ号剖面和南区雅尔当山Ⅱ号剖面为基准剖面。乌里格孜塔格Ⅰ号剖面西大山组厚96.91m，为灰—灰黑色微层泥粉晶云岩夹薄—中层粉（细）晶云岩、微层泥硅质粉晶云岩、深灰色薄—中层云质泥粉晶灰岩；微层泥粉晶云岩由下往上铁质含量增多，风化后呈浅红—棕红色。南区雅尔当山Ⅱ号基准剖面西大山组厚37.21m，分为上、下两段，下段以灰黑—黑色微层硅质泥岩与灰—深灰色微—薄层粉晶云岩互层为主，夹极少量灰黑色微层粉晶灰岩、黑色微层硅质岩；上段以灰黑—黑色微层硅质泥岩与微—薄层云质泥晶灰岩互层为主，夹灰色薄—中层细—粗晶云岩。

区域上西大山组有三叶虫、古杯类和腹足类等化石，三叶虫自下而上分为三个带：*Ushbaspis（Metaredlichioides）—Chengkouia* 带、*Tianshanocephalus* 带和 *Arthricocephalus—Changaspis* 带，地质年代为早寒武世。

3. 莫合尔山组（$\epsilon_3 m$）

莫合尔山组由新疆地质局722队邓自华等1957年命名的莫合尔山统演变而来，新疆地质局区测大队吴文奎等（1965）改称为莫合尔山组，层型剖面位于尉犁县辛格尔莫合尔山。

黄智斌（2009）实测莫合尔山组4条剖面，北区乌里格孜塔格与南区雅尔当山为基准剖面。乌里格孜塔格剖面中莫合尔山组厚139.52m，可划分为上、下两段：上段上部以灰—深灰色薄—中层藻球粒藻斑点灰岩、深灰—黑色纹层灰岩和薄层泥晶灰岩互层为主，下部以灰—深灰色薄—中层泥晶灰岩为主，夹灰色薄—中层藻球粒藻斑点灰岩和少量灰色薄层粉晶灰岩；下段上部为灰—深灰色薄层泥晶灰岩与藻球粒藻斑点灰岩互层，夹薄层含泥泥晶灰岩，下部为灰—深灰色纹层云质泥晶灰岩与薄—中层泥晶灰岩、泥质灰岩互层。南区雅尔当山剖面莫合尔山组厚115.27m，也可划分为上、下两段：下段上部为灰黑—黑色微—薄层钙质泥岩夹薄—中层云质泥晶灰岩和少量灰色、深灰色薄—中层粉晶灰岩，下部为灰黑色、黑色微—薄层粉晶灰岩与微层泥岩不等厚互层特征；上段上部以浅灰色薄—中层粉晶灰岩与深灰色微—薄层钙质泥岩、灰色薄—中厚层细—粗晶云岩互层为主，下部为灰—深灰色薄—中层细—粗晶云岩与黑色微—薄层钙质泥岩等厚互层特征，夹极少量浅灰色薄层硅质岩、黑色薄层硅质泥岩。

4. 突尔沙克塔格群（$\epsilon_4 t$）

突尔沙克塔格群由诺林1932年命名的突尔沙克塔格建造演变而来，新疆地质局区测大队1965年改称突尔沙克塔格群，层型剖面位于尉犁县辛格尔地区乌雷吉兹塔格南4km。

黄智斌（2009）实测突尔沙克塔格群3条剖面，北区2条、南区1条。北区乌里格孜塔格剖面突尔沙克塔格群厚484.52m，恰克马克铁什剖面厚210.99m，大致分为3个岩性段：上段为灰—灰黑色薄—中层砂屑灰岩与薄层—块状砾屑灰岩、微—薄层泥晶灰岩互层，夹灰—深灰色微层钙质泥岩和泥质灰岩；中段以灰—灰黑色薄层细砂屑灰岩夹深灰色薄—中层泥岩、瘤状灰岩、薄层泥晶灰岩及少量灰色薄层粉晶灰岩为主；下段为深灰色微层泥质灰岩与薄层泥晶灰岩、瘤状灰岩及灰—深灰色薄层细砂屑灰岩互层。南区雅尔当山剖面突尔沙克塔格群厚 216.56m，也可以分为三个岩性段：上段为灰绿色、黄绿色微—薄层钙质泥岩与黄绿色、灰黑色微—薄层泥岩互层夹黄灰色薄层泥晶灰岩、灰色薄层含泥瘤状灰岩；中段以泥岩、钙质泥岩为主，夹瘤状灰岩、含泥瘤状灰岩；下段岩性为灰黑色薄—中层粉晶（云质）灰岩、粉晶云岩夹黄灰—黑色微—薄层（钙质）泥岩，向上云质减少、泥质增多。

前人在突尔沙克塔格群发现了多个三叶虫、牙形石化石带。*Glyptagnostus stolidotus* 带出现在突尔沙克塔格群下部，还有 *Aspidagnostus* sp.，*Wanshania* sp.，*Proceratopyge* sp.，*Liostracina* sp. *Drypygella* sp. 等。*Glyptagnostus reticulates* 带限于突尔沙克塔格群下部，主要为 *Glyptagnostus reticulatus* 和 *Pseudagnostus idalis*。*Irvingella—Sinoproceratopyge kianghanensis* 带出现在突尔沙克塔格群中下部，主要有 *Irvingella tropica*，*Sinoproceratopyge kiangshanensis*，*Corynexochus* cf. *plumua*，*Yuepingia niobiformis*，*Lopnorites rectispinatus*（*Idamea*）sp.，*Olenaspella* sp. 和 *Koptura* sp. 等。*Lotagnostus asiaticus—Hedinaspis* 带在区内广泛分布，限于突尔沙克塔格群中部，主要有 *Lotagnostus punctus*，*L. asiaticus*，*Rhaptagonstus* sp.，*Pseudognostus rugosus*，*Diceratopyge mobergi*，*Geragnostus* sp. *Hedinaspis regalis*，*Niobella* sp.，*Parabolinella* sp.，*Peomaeropyge* sp.，*Charchaqia norini*，*Proceratopyge* sp.，*Westergaardites pelturesformis* 等。*Latagnostus hedini* 带在区内分布广泛，发现在突尔沙克塔格群中上部，除带化石外还有 *L. asiatieus*，*Euloma* sp.，*Plicatolina* sp. 等。

四、覆盖区岩石地层

1. 塔西台地区

塔西台地区钻揭玉尔吐斯组钻孔主要分布在巴楚隆起西部—柯坪隆起—塔北隆起内，与柯坪地区肖尔布拉克露头相似（图 2-3-4），玉尔吐斯组厚 20~90m，分为上下两段：下段以高自然伽马暗色泥岩、硅质岩为典型特征，厚度为 4~20m；上段以石灰岩、白云岩为主，局部发育火成岩，例如柯探 1 井、吐木 1 井、方 1 井等。与下伏震旦系呈小角度不整合接触，与上覆肖尔布拉克组呈整合接触关系。

除了玛探 1 井、玉龙 6 井、塔参 1 井等位于古隆起的钻孔外，肖尔布拉克组普遍在柯坪隆起、巴楚隆起、塔中隆起与塔北隆起被钻揭，肖尔布拉克组表现为低自然伽马特征，可对比性强（图 2-3-4）。柯坪隆起西部、巴楚隆起、塔中隆起内肖尔布拉克组以藻白云岩、残余鲕粒/砂屑白云岩为主，柯坪隆起东部肖尔布拉克露头肖尔布拉克组也发育结晶白云岩，但是在柯坪隆起中部的柯探 1（京能）井肖尔布拉克组以石灰岩为主，将柯坪隆起西部（以柯探 1 为代表）与柯坪隆起东部（以露头为代表）分开。位于塔北隆起英买力低凸起的新和 1、星火 1、旗探 1、轮探 1、轮探 3、塔深 5 井肖尔布拉克组以泥晶灰岩为主。虽然柯坪隆起中部与塔北隆起肖尔布拉克组均以石灰岩为主，但是厚度存在很大的差异，前者仅 68m，而轮探 1 井肖尔布拉克组可达 466m。

吾松格尔组比肖尔布拉克组的分布范围更广（图 2-3-4），厚度变化更大，同 1 井最薄，厚度仅 16m，轮探 3 井最厚，厚度为 240m。塔中隆起—巴楚隆起—柯坪隆起西部地区吾松格尔组岩性以藻白云岩、泥质白云岩、含泥白云岩为主，夹细晶白云岩或鲕粒/砂屑灰岩，局部地区含膏盐岩，电性特征表现为参差状高 GR 特点。柯坪隆起东部柯探 1（京能）井吾松格尔组厚 66m，呈现出从石灰岩到白云岩的海退沉积序列。塔北隆起新和 1、轮探 1 井吾松格尔组以含云灰岩为主，厚度为 108~160m；而位于台缘带的轮探 3 井吾松格尔组相变为颗粒白云岩，厚度达 240m。

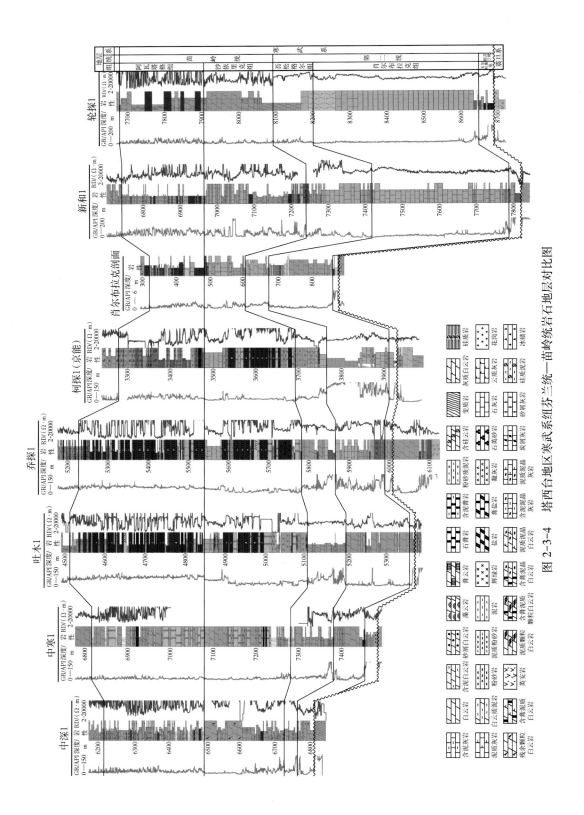

图 2-3-4 塔西台地区寒武系纽芬兰统—苗岭统岩石地层对比图

64

沙依里克组在塔西台地区普遍分布，在钻揭中—下寒武统的钻孔中普遍被揭示（图2-3-4）。与柯坪露头相似，沙依里克组分为上、下两段：下段以泥质白云岩、膏质白云岩、膏盐和盐岩为主，多数地区发育侵入岩或硅质层，例如塔中隆起西部中寒2井以及柯坪—巴楚隆起几乎全部探井与露头；上段以一套碳酸盐岩为主，厚度为25~100m，因其位于两套蒸发盐岩之间，并且具有低自然伽马值特点，可准确识别，作为区域对比的重要标志层。上段在古隆起高部位沉积白云岩，例如塔中隆起东部中深1井区；在古隆起斜坡或台内坳陷区以石灰岩为主，例如在巴楚隆起西部、柯坪隆起、塔北隆起。

阿瓦塔格组分布与沙依里克组几乎完全一致。塔中隆起东部阿瓦塔格组以石膏岩、泥质白云岩和藻白云岩为主，表现为高自然伽马特点；塔中隆起西部—玛东地区—巴楚隆起—柯坪隆起区岩性以盐岩为主，向上相变为藻白云岩，表现为高自然伽马特点；塔北隆起内新和1、轮探1、英买36、牙哈10等井揭示阿瓦塔格组，以膏岩、褐色泥质白云岩和褐色泥岩为主，表现为高自然伽马特点；位于台缘带上的塔深1井阿瓦塔格组以颗粒白云岩为主，表现为平直的低自然伽马特点。

下丘里塔格组视厚度在600~1500m之间，岩性比较单一，以细晶白云岩为主，夹少量泥粉晶白云岩，底部含薄层灰岩，作为下丘里塔格组底部标志层。下丘里塔格组自然伽马曲线平直，底界与阿瓦塔格组易区分（图2-3-5）。

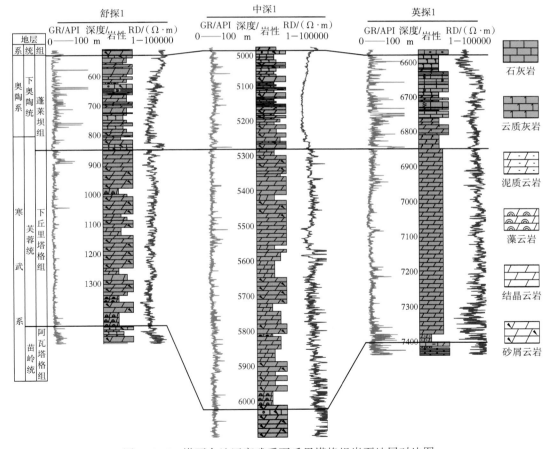

图2-3-5　塔西台地区寒武系下丘里塔格组岩石地层对比图

2. 塔东盆地区

塔东盆地区钻穿寒武系的钻孔有 6 个，分别是塔东 2、塔东 1、东探 1、英东 2、孔探 1 和尉犁 1 井，库南 1 井虽然没有钻穿寒武系，但已揭开了西山布拉克组（雍天寿，1997）。

西山布拉克组在雅尔当山剖面、东南隆起内钻孔厚度约为 20m，以黑色泥岩、硅质岩为主；尉犁 1 井西山布拉克组厚 57m，其上、下两段特征与塔西台地区玉尔吐斯组相似，下段以黑色泥岩为主，厚达 31m；上段以泥质灰岩、泥质白云岩为主，厚 26m。库南 1 井钻揭西山布拉克组 41m（未钻穿），岩性以泥岩与泥质灰岩互层特征为主。西山布拉克组的典型特征是其底部泥岩的极高自然伽马值，塔东 2 井西山布拉克组底部黑色泥岩自然伽马值最大达 1540API，塔东 1 与东探 1 井自然伽马值为 2050~2070API，英东 2 井自然伽马值为 940API，尉犁 1 井自然伽马值为 1764API（图 2-3-6）。

西大山组以硅质泥岩、泥质灰岩和石灰岩为主（图 2-3-6）。西大山组在雅尔当山剖面、东南隆起内钻孔厚度为 40~50m；满加尔凹陷北部的尉犁 1 井加厚至 93m，库南 1 井加厚至 160m。

莫合尔山组以泥岩、泥质灰岩、泥质白云岩互层特征为主（图 2-3-6）。莫合尔山组在东南隆起内厚度稳定在 90~100m 之间，满加尔凹陷北部尉犁 1 井厚度为 104m，库南 1 井加厚至 160m。莫合尔山组底部的识别标志是发育两层厚约 10m 的石灰岩。

突尔沙克塔格群总体以石灰岩为主，根据自然伽马特征分为上、中、下三段，呈现出向上变浅的沉积序列（图 2-3-6）。下段以泥晶灰岩为主，表现为低自然伽马特点，厚度在 50~100m 之间，是塔东地区的标志层，在罗西台缘带相变为泥晶白云岩；中段以泥质灰岩为主夹灰质泥岩，以相对高自然伽马特征为主，厚度为 40~70m；上段以泥质灰岩为主，其自然伽马值比下段高，但比中段低，厚度一般为 50~100m，但在斜坡相的库南 1 井厚度可达 300m。

五、年代地层框架

1. 生物地层

20 世纪 80 年代，老一辈地质家在塔里木盆地周缘露头开展了大量的地层学工作，在库鲁克塔格露头区发现了大量的古生物化石（章森桂，1982；朱兆玲等，1983；高振家等，1984；成守德，1985；张太荣，1990），在柯坪露头区也发现了一些化石。

柯坪露头区，前人在玉尔吐斯组下段识别出海绵骨针化石带，上段识别出小壳化石带，对应纽芬兰统；肖尔布拉克组底部发现了三叶虫化石 *Shizhudiscus* 是肖尔布拉克组等时对应全球标准第二统或以上的直接证据（章森桂，1982；成守德，1985；吴亚生等，2014）。在吾松格尔组发现 *Redlichia*，在沙依里克组发现 *Yunnanensisi*、*Gunminggaspis* 等三叶虫化石，在下丘里塔格组发现了 *Saukiidae*、*T. erectus*、*T. reclinatus*、*T. nakamurai* 等三叶虫化石。这些化石与全球不同克拉通盆地建阶的标准球接子三叶虫可对比性差，生物地层方法难于解决塔西台地区苗岭统与芙蓉统的内部划分问题。

塔西台地区因大量的白云石化导致贫生物化石，芙蓉统顶底界一直不清楚。一般认为，芙蓉统由下丘里塔格组构成，上覆蓬莱坝组属于奥陶系，下伏阿瓦塔格组属于苗岭统。景秀春等（2008）在塔西台地区乌什鹰山剖面蓬莱坝组底部发现了牙形石 *Teridontus nakamurai*，在距蓬莱坝组底 16.3m 处发现牙形刺 *Proconodontus cambricus*。在中国华南，*Proconodontus* 是寒武纪最晚期的化石带，其上即为寒武系最顶部的 *Cordylodus proavus* 带（董熙平，1999）。*Proconodontus* 和 *Cordylodus* 是世界性分布的寒武纪最晚期牙形刺化石。

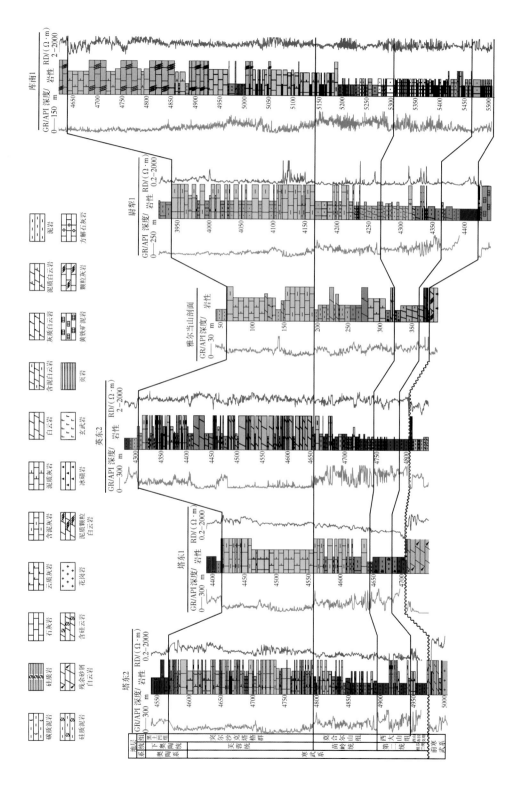

图 2-3-6 塔东地区寒武系岩石地层对比图

统	塔西台地		塔东盆地	
	组（群）	化石带	组（群）	化石带
下奥陶统	蓬莱坝组		突尔沙克塔格群	*Lotagnostus hedini* *Westergaardites* *Macropyge* *Charchaqia* *Hedinaspis* *Acrocephalina* *Agnostus* *Pseudagnostus* *Proceratopyge* *Glyptagnostus reticulatus* *Phalacroma*
芙蓉统	下丘里塔格组	*T. nakamurai* *T. reclinatus* *T. erectus* *Saukiidae*		
苗岭统	阿瓦塔格组	*Gunminggaspis* *Chittidilla* *Yunnanensisi*	莫合尔山组	*Paradamesops* *Lejopyge laevigata* *Hypagnostus brevifions* *Ptychagnostus atavus* *Hyolithid* *Protospongia*
	沙依里克组			
第二统	吾松格尔组	*Redlichia* *Paokannia*	西大山组—西山布拉克组	*Metaredlichoides* *Chengkouia* *Coscinocyathus* *Redlichia* sp. *Lingulella*
	肖尔布拉克组	*Kepingaspis* *Metaredlioides* *Shizhudiscus*		
纽芬兰统	玉尔吐斯组	*hyolithellus* sp. *Circotheca* sp. *Pseudorthotheca*		*Protospongia*

图 2-3-7 塔里木盆地寒武系生物化石带划分

在大阳岔剖面，*Teridontus nakamurai* 与 *Proconodontus* 在相同的层位首现，但一直延续到奥陶系底部（Wang et al.，2019）。牙形刺 *Teridontus nakamurai* 和 *Proconodontus* 的出现，证明蓬莱坝组底部大致是芙蓉统最上部的地层，但芙蓉统底界无法通过生物地层方法确定。

塔东盆地区，前人根据西大山组底部发现的三叶虫 *Metaredlichoides*、*Chengkouia*（章森桂，1982；朱兆玲等，1983）化石将西大山组推到第二统；因此，西山布拉克组与西大山组分别等时对应全球标准的纽芬兰统与第二统。莫合尔山组中部发现了标志寒武系苗岭统的 *Ptychagnostus atavus*，顶部见代表苗岭统顶部的 *Lejopyge laevigata*，在上覆突尔沙克塔格群底部发现了标志芙蓉统的 *Glyptagnostus reticulatus*，在下伏西大山组见 *Redlichia* sp. 与 *Megapalaeolenus* sp. 等三叶虫化石（章森桂，1982；朱兆玲等，1983；高振家等，1984；成守德，1985；张太荣，1990），基本确定莫合尔山组对应苗岭统。

寒武系顶部突尔沙克塔格群已经有三叶虫化石与牙形刺化石作为芙蓉统的可靠证据。前人在塔东库鲁克塔格露头区莫合尔山组顶部发现代表苗岭统顶部的 *Lejopyge laevigata* 三叶虫化石，在上覆突尔沙克塔格群底部发现了芙蓉统的标志化石三叶虫 *Glyptagnostus reticulatus*（章森桂，1982；朱兆玲，1983；高振家等，1984；成守德，1985；张太荣，1990），基本确定突尔沙克塔格群底为芙蓉统底。王朴等（1988）在塔里木盆地东部的尉犁县却尔却克山剖面寒武系顶部突尔沙克塔格群顶部发现三叶虫化石 *Lotagnostus hedini*，*L. asiaticu* 等。张太荣（1990）也报道了库鲁克塔格寒武系顶部突尔沙克塔格群产三叶虫化石 *Lotagnostus hedini* 和 *L. asiaticus*。*Lotagnostus hedini* 被认为是寒武系芙蓉统顶部的第二个化石带（朱涛等，2013）；赵宗举等（2006）在突尔沙克塔格群顶部含灰泥岩段发现了 *C. lindstromi* 和 *C. intermedius* 两种牙形刺化石，证实突尔沙克塔格群跨越寒武系—奥陶系界线，但主体在寒武系中。

2. 同位素地层

近二十年来，碳同位素地层学方法已在年代地层对比中得到大量应用，已被证实可作为全球性等时对比的重要依据，前人在不同地区利用大量的实验数据已经建立起寒武系 4 统 10 阶的全球同位素地层标准（Zhu et al.，2006；Peng et al.，2008，2012；樊茹等，2011）；前人曾三次系统报道了柯坪地区肖尔布拉克露头剖面寒武系碳同位素曲线（白玉雷，1991；赵宗举等，2010；吴亚生等，2014）；Wang 等（2011）也报道了该剖面肖尔布拉克组—阿瓦塔格组碳同位素曲线，四次报道的碳同位素异常与发育位置基本一致。笔者自 2012 年开始，利用钻孔资料开展寒武系同位素地层学研究和对比，累计对 19 口井岩屑开展了碳酸盐岩碳氧同位素分析测试。

1）纽芬兰统

由于肖尔布拉克组底部见三叶虫化石 *Shizhudiscus*，将下伏玉尔吐斯组等时格架大致约束在纽芬兰统。纽芬兰统自下而上分为幸运阶与第二阶，第二阶比幸运阶生物更繁盛，但两者之间界限在很多地区缺乏生物标志，造成利用生物地层分阶困难。前人根据云南会泽县朱家箐剖面朱家箐组大海段建立了第二阶底界碳同位素正异常标志（ZHUCE）（Zhu et al.，2003，2006；Li et al.，2009），该碳同位素漂移在湖北宜昌市三峡剖面（Ishikawa et al.，2014）、西伯利亚地区（Braisier et al.，1994，1998）、摩洛哥地区（Maloof et al.，2010）第二阶底部稳定出现，是幸运阶与第二阶界限的典型标志。塔里木盆地下寒武统玉尔吐斯组在塔西北露头区与塔北隆起发育，根据前人实测同位素曲线（白玉雷，1991；王大锐等，1994），玉尔吐斯组下段表现为 $\delta^{13}C$ 负漂移特点（BACE），上段表现为正漂移特点；尽管变化旋回特点比全球标准少（Zhu et al.，2006），但其发育特点与云南会泽县朱家箐剖面、湖北宜昌市三峡剖面基本特征一致（图 2-3-8）。轮探 1 井玉尔吐斯组碳同位素特征与全球合成曲线具有高度一致性，特别是在 8640~8660m 发现的 $\delta^{13}C$ 正漂移特点与 ZHUCE 具有很好的一致性（图 2-3-8）。因此，玉尔吐斯组下岩性段（硅质岩、磷质岩、黑色页岩）构成幸运阶；玉尔吐斯组上段含大量小壳化石的石灰岩地层具有碳同位素正异常特征与 ZHUCE 等时，对应第二阶。

塔东地区，塔东 2 井西山布拉克组受下伏震旦系白云岩与上覆含三叶虫化石的西大山组约束划分在纽芬兰统，与玉尔吐斯组一致。塔东 2 井西山布拉克组 $\delta^{13}C$ 变化旋回表现为一个大的"低—高—低"旋回特点，内部可分为两个完整的次级旋回（图 2-3-8）。其大的 $\delta^{13}C$ 变化旋回与塔西台地玉尔吐斯组、三峡剖面一致；次级 2 个旋回特点与云南会泽县朱家箐剖面一致（图 2-3-8）。因此，西山布拉克组对应国际四分方案的纽芬兰统。

2）第二统

Zhu 等（2006）建立了寒武系可全球对比的 $\delta^{13}C$ 标志，ROECE 负漂移代表第二统与苗岭统的界线，第二统还包含 AECE 负漂移、MICE 正漂移、CARE 正漂移，从底至顶可划

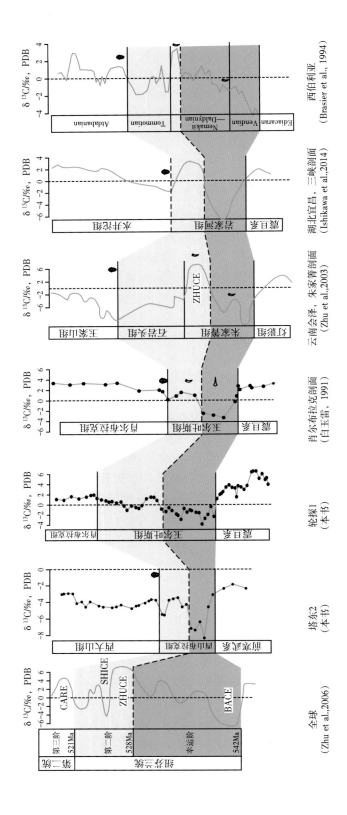

图2-3-8 塔里木盆地纽芬兰统同位素地层对比图

分为三个完整旋回；第三阶与第四阶的界线位于 MICE 正漂移底部；第三阶由 1 个完整的 $\delta^{13}C$ 变化旋回组成，第四阶由 2 个完整的 $\delta^{13}C$ 变化旋回组成。

塔西台地区，下寒武统肖尔布拉克组—吾松格尔组在肖尔布拉克组底部三叶虫及沙依里克组底部 $\delta^{13}C$ 负漂移 ROECE 的约束下划分在第二统等时框架内。舒探 1 井与柯坪露头区肖尔布拉克组—吾松格尔组发育相对完整，均有 3 个完整的 $\delta^{13}C$ 变化旋回组成（图 2-3-9）；肖尔布拉克组下段与中段构成第一个 $\delta^{13}C$ 变化旋回，对应第三阶；肖尔布拉克组上段与吾松格尔组由 2 个完整的 $\delta^{13}C$ 变化旋回组成，对应第四阶。新和 1 钻孔肖尔布拉克组地层揭示完整（图 2-3-9），吾松格尔组与肖尔布拉克组上部 $\delta^{13}C$ 变化旋回特征与舒探 1 井一致；玛北 1 钻孔肖尔布拉克组—吾松格尔组由 2.5 个 $\delta^{13}C$ 变化旋回构成（图 2-3-9），揭示第四阶地层完整，缺失了第三阶下部大部分地层；中深 5 钻孔肖尔布拉克组—吾松格尔组由 2 个 $\delta^{13}C$ 变化旋回构成（图 2-3-9），揭示第四阶地层完整，第三阶及下伏地层可能全部超覆尖灭。

塔东盆地区，由于西大山组底部发现了三叶虫化石，莫合尔山组下部发现了首现的可全球对比的 *Ptychagnostus atavus* 化石带（章森桂，1982；高振家等，1984；成守德，1985；张太荣，1990），西大山组被约束在第二统框架内，但第二统顶部准确确认缺乏古生物证据。塔东 2 钻孔由于代表苗岭统底部的 ROECE 负漂移特征不明显（图 2-3-9），只能根据 $\delta^{13}C$ 变化旋回特征进行准确级别稍低的对比，西大山组由 3 个 $\delta^{13}C$ 变化旋回构成，推测西大山组构成第二统，但西大山组顶部可能与第二统第四阶顶部不完全对应。与西山布拉克组相似，西大山组岩性上、下分段性不明显，组内分阶意义不大。

3）苗岭统

Redlichiid—Oleneliid Extinction Carbonisotope Excursion（简写为 ROECE）已被大量文献证实可作为寒武系苗岭统底部的重要等时对比标志（Zhu et al.，2004，2006；Wang et al.，2011；Peng et al.，2012），代表 Redlichiid 与 Oleneliid 集群灭绝。前人在塔里木盆地寒武系已发现该碳同位素漂移，赵宗举等（2010）对塔里木盆地西北缘柯坪地区肖尔布拉克露头剖面的碳同位素实测剖面发现在吾松格尔组中上部发现碳同位素负漂移。Wang 等（2011）在同一剖面也发现了该漂移，并提出该漂移代表国际同位素漂移 ROECE，将其作为寒武系苗岭统底界。Steptoean Positive Carbon Isotope Excursion（简写为 SPICE）自 Saltzman 等（1998）在美国内华达州发现以来，已在西伯利亚（Kouchinsky et al.，2008）、中国华南（Zhu et al.，2004）、中国华北（Ng et al.，2014）、瑞典（Ahlberg et al.，2009）、英国（Woods et al.，2011）、阿根廷（Sail et al.，2008，2013）等地区证实普遍存在；SPICE 底界作为寒武系芙蓉统排碧阶底界的重要标志，代表年龄在 500Ma 左右。前人已经对塔西北肖尔布拉克露头区开展了碳同位素地层学研究，但未在下丘里塔格组中发现明显的碳同位素正漂移（朱茂炎等，2019）。

陈永权等（2019）报道了塔西台地区舒探 1 井、中深 1 井在沙依里克组底部见碳同位素负漂移 N1，该负漂移特点与西伯利亚、中国华南与北美地区 ROECE 可对比性好（图 2-3-10），证实沙依里克组底界为苗岭统底界。塔东盆地区，同位素漂移 ROECE 不明显，不能准确界定，但依据莫合尔山组中部发现 *Ptychagnostus atavus* 化石、下伏西大山组发现与吾松格尔组相似的 *Redlichia* 判断苗岭统底界大致对应莫合尔山组底部微弱负碳同位素漂移 N1′（图 2-3-11）。因此，塔西台地区沙依里克组底界对应苗岭统底界，塔东盆地区苗岭统底界大致对应为莫合尔山组底界。

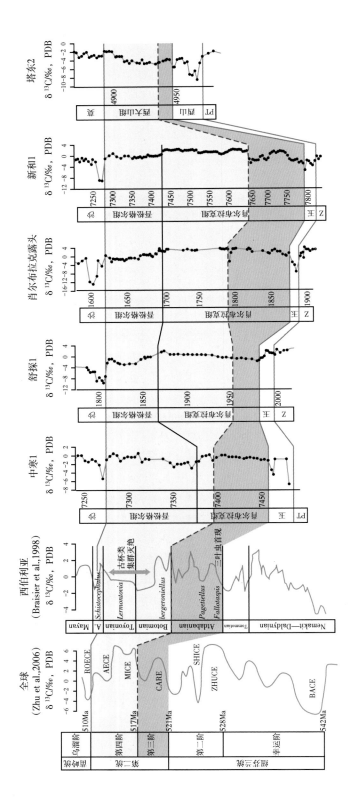

图 2-3-9　寒武系第二统碳同位素地层对比剖面图

沙—沙依里克组；玉—玉尔吐斯组；莫—莫合尔山组；西山—西山布拉克组；PT—元古宇；Z—震旦系

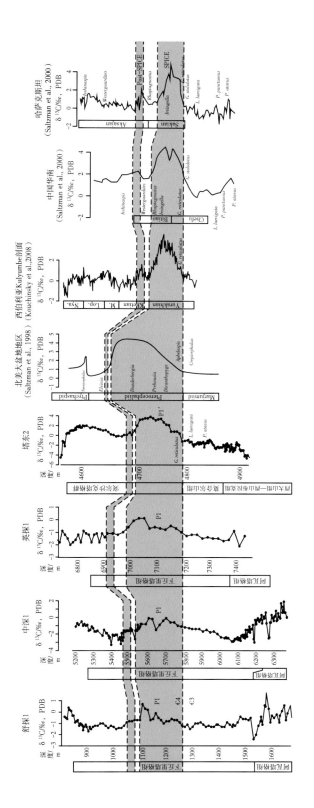

图 2-3-10 寒武系苗岭统顶界对比图

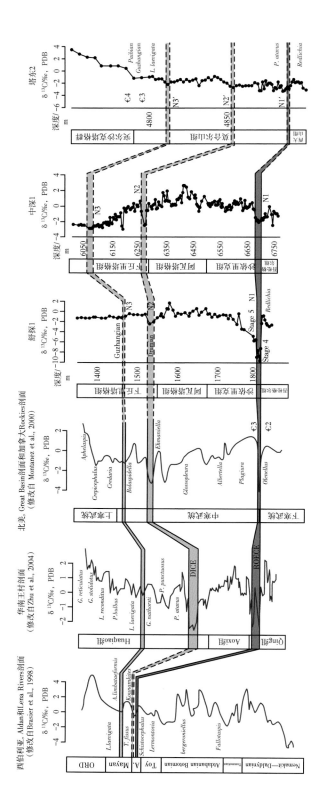

图 2-3-11 寒武系苗岭统碳同位素地层对比剖面图

塔西台地区舒探 1、中深 1 与英探 1 三个钻孔下丘里塔格组中部发育碳同位素正漂移 P1，塔东盆地区塔东 2 井突尔沙克塔格群中下部发育碳同位素正漂移 P1′，四个钻孔该碳同位素漂移具有两个相似点：（1）碳同位素漂移呈"M"形结构；（2）该漂移之上发育一个伴随的微弱漂移，表明 P1 与 P1′ 可等时对比。塔东 2 井该碳同位素漂移发育在 *Glyptagnostus reticulatus* 化石带之上，具有与北美、西伯利亚、中国华南、哈萨克斯坦等区 SPICE 同位素漂移很好的一致性；同时四个钻孔的"M"形碳同位素漂移结构与伴随微弱漂移也与北美、西伯利亚、中国华南、哈萨克斯坦等区 SPICE 漂移及 Post-SPICE 漂移特征一致（图 2-3-12）。

4）芙蓉统

前人报道的在 SPICE 之上的同位素漂移记录有 HERB（Ripperdan，2002）、SNICE（Sail et al.，2008）、TOCE（Zhu et al.，2006）等，这三个碳同位素异常可能代表同一次事件，这个负异常事件位于牙形刺 *Eoconodontus* 带，与奥陶系底界接近（朱茂炎等，2019）。国际地层委员会（ICS）2000 年表决通过将加拿大 Newfoundland 西海岸的 Green Point 剖面作为全球寒武系—奥陶系界线层型剖面，奥陶系底界为 *Iapetognathus fluctivagus* 带底部。鉴于 *Iapetognathus fluctivagus* 在我国很少发现且易错误鉴定（Miller et al.，2014；Wang et al.，2019），全国地层委员会（2001）将 *Cordylodus lindstromi* 带作为我国奥陶系最底部的生物带。塔东盆地区，周志毅等（1990）在库鲁克塔格地区突尔沙克塔格群近顶部发现了 *Cordylodus intermedius* 带和 *Cordylodus lindstromi* 带，因此将 *Cordylodus lindstromi* 的首现（FAD）作为塔里木盆地奥陶系最底部的化石带。在碳同位素负异常 HERB 与邻近露头发现的 *Cordylodus lindstromi* 与 *Variabiloconus aff. bassleri* 化石带之间，通过与澳大利亚 Black Mountian 剖面、美国 Lawson Cove 剖面和西伯利亚 Kulyumbe 剖面对比碳同位素变化确定寒武系—奥陶系界线。

在澳大利亚 Black Mountian 剖面与美国 Lawson Cove 剖面，寒武系—奥陶系界线被置于牙形刺 *Cordylodus lindstromi* 出现后的碳同位素正异常峰值处，向上碳同位素降低（Miller et al.，2006）；在西伯利亚 Kulyumbe 剖面上，没有找到 *Cordylodus. lindstromi* 牙形刺，寒武系—奥陶系界线定在牙形刺 *Cordylodus angulatus* 之下的碳同位素正异常峰值处，向奥陶系碳同位素降低（Kouchinsky et al.，2008）。

塔东 2 钻孔距突尔沙克塔格群顶约 26m 处出现碳同位素微弱负漂移之后的正漂移，向上碳同位素值稳定降低，与古生物研究的结果一致，本书建议将该正漂移作为寒武系—奥陶系界线；该方案与澳大利亚 Black Mountian 剖面、美国 Lawson Cove 剖面和西伯利亚 Kulyumbe 剖面寒武系顶界的同位素依据相似。

塔西台地区，赵治信等（2000）和赵宗举等（2006）将 *Variabiloconus aff. bassleri* 的始现作为柯坪地区奥陶系的底界；邓胜徽等（2007）在柯坪水泥厂剖面第 66 层（蓬莱坝组底部之上 120m 左右）发现了 *Variabiloconus aff. bassleri* 牙形刺带，因为无法判断是否首现，寒武系—奥陶系界线置于该化石带之下；景秀春等（2008）基于古生物依据与碳同位素地层学依据将蓬莱坝组底部向上推 43m，将碳同位素正异常作为奥陶系底部。舒探 1 井蓬莱坝组底部为一套颗粒灰岩标志层，与发现牙形刺化石的柯坪水泥厂剖面和永安坝剖面可很好对比；在距离舒探 1 井蓬莱坝组底部 44m 处的碳同位素负漂移之上有一个碳同位素正漂移，其上碳同位素值稳定降低，显示与塔东 2 井一致的特征，本书将该正漂移作为寒武系—奥陶系界线。位于塔北隆起的英探 1 井和位于塔中隆起的中深 1 井蓬莱坝组底部的岩

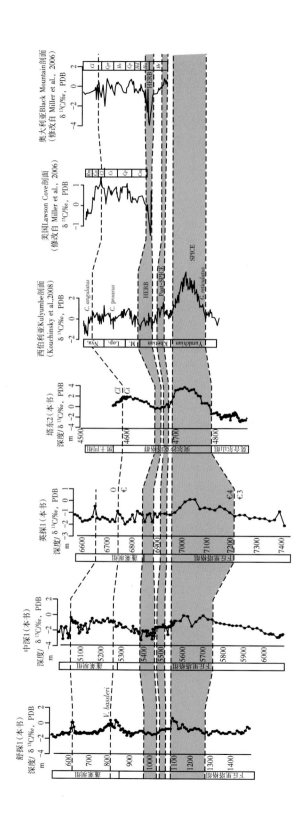

图 2-3-12 寒武系芙蓉统碳同位素地层对比剖面图

Rm—Rossodus manitouensis; Ca—Cordylodus angulatus; Ci—Cordylodus intermedius;
Cl—Cordylodus lindstromi; Cpr—Cordylodus proavus;Cm—Cordylodus minimus; Cpr—Cordylodus prolindstromi;
Hs—Hirsutodontus discretus; Hd—Hirsutodontus simplex; Hd—Hispidodontus appressus; Hr—Hispidodontus resimus

性组合与柯坪露头区可对比性差，蓬莱坝组底界的划分是根据自然伽马曲线，可能并不准确；但蓬莱坝组中两个碳同位素正异常可以对比（图2-3-12）；根据舒探1井的划分方案，将中深1井寒武系—奥陶系界线定在5264m左右，将英探1井寒武系—奥陶系界线定在6743m左右（陈永权等，2020）。

5）等时格架

陈永权等（2020）针对塔西台地区11个钻孔，利用钻孔岩屑样品开展寒武系同位素地层对比工作。发现了9个全球可对比的碳同位素漂移事件，与全球碳同位素曲线（Zhu et al.，2006）有很好的对应关系：（1）寒武系玉尔吐斯组底部发育负漂移（BACE），玉尔吐斯组上段底碳同位素正漂移（ZHUCE）；（2）肖尔布拉克组下部与上部各发育一个同位素正漂移，分别对应CARE与MICE；（3）吾松格尔组发育一个碳同位素负漂移，对应AECE；（4）沙依里克组底部发现显著的碳同位素负漂移（ROECE）；（5）阿瓦塔格组顶部发育碳同位素负漂移（DICE）；（6）下丘里塔格组中下部发育碳同位素正漂移（SPICE），该正漂移之上发育碳同位素负漂移（TOCE）；（7）目前认为奥陶系蓬莱坝组底部发育碳同位素正漂移。综合多个钻孔实测数据编绘了塔里木盆地寒武系碳同位素地层合成曲线（图2-3-13）。

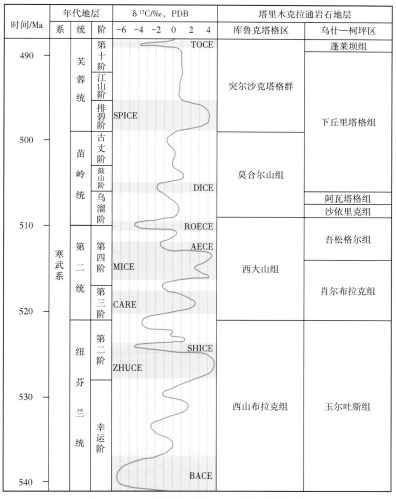

图 2-3-13　塔里木盆地寒武系年代框架图

玉尔吐斯组构成纽芬兰统，沉积时限大致为 21Ma。肖尔布拉克组与吾松格尔组构成第二统，其中肖尔布拉克组跨越第三阶与第四阶，而吾松格尔组则只占第四阶顶部的部分。该方案与前人结论相比最大的变化在苗岭统，本书认为沙依里克组与阿瓦塔格组归属在苗岭统乌溜阶，苗岭统顶部在下丘里塔格组中部；也就是说下丘里塔格组跨越了苗岭统鼓山阶、古丈阶与芙蓉统。寒武系顶部在蓬莱坝组内部与前人认识一致（景秀春等，2010）。

六、层序地层

1. 海平面变化

前人在寒武系层序地层划分与对比研究中，露头剖面层序划分主要采用岩相组合与沉积旋回分析方法（赵宗举等，2010）以及单层厚度分析方法（陈永权等，2010）；而对钻孔资料主要采用 GR 曲线的变换方法（王坤等，2016）以及通过地震同相轴终止特征及地震相方法（赫英福等，2017）。

地震层序分析方法要求层位标定准确，缺乏地质资料的证实得到层序结构只能是模式，不能上升到模型。沉积旋回分析方法是有效的、可靠的方法，但钻孔岩屑录井资料不满足沉积旋回分析要求。单层厚度分析方法与 GR 曲线的变换方法也具有一定的多解性，例如对于潮坪相与颗粒滩相沉积旋回分析，单层厚度小的主要发育在潮坪相，具有高 GR 特点，而颗粒滩相主要表现为厚层、低 GR 特点；但对于深水泥岩、石灰岩互层沉积区则完全相反，泥岩代表深水沉积，具有高 GR 与薄层特点，而代表相对水深较浅的石灰岩则具有厚层、低 GR 特点。

等时框架内的海平面旋回识别是层序地层划分与对比的重要依据，前述中已通过同位素地层建立等时对比框架，因此具备等时对比框架内通过一定的方法识别海平面变化旋回的条件。塔西台地区柯坪肖尔布拉克露头区寒武系代表浅水潮坪—颗粒滩体系，露头区出露完整，具备通过单层厚度法恢复海平面变化的条件，厚度大则水体相对较深，厚度小则水体相对较浅，因此利用露头实测的单层厚度取滑动平均则可代表相对海平面变化旋回（图 2-3-14）。对于泥岩和石灰岩间互沉积的盆地相区，GR 值与海平面升降呈正相关，可采用 GR 值变换方法，因 INPEFA 变换对 GR 值变化幅度较大区不适用，本书采用 GR 十点滑动平均方法，抽稀的 GR 曲线可代表相对海平面变化（图 2-3-14）。

在前述等时框架下，寒武系大致可以分为 10 个海平面变化旋回。旋回 I 由玉尔吐斯组构成，对应西大山组，主要表现为快速海侵缓慢海退的过程。肖尔布拉克组由两个旋回（II、III）构成，吾松格尔组构成旋回 IV，均表现为快速海侵与缓慢海退的过程，旋回 II、III、IV 在塔东盆地区由西大山组构成。塔西台地区旋回 V 由沙依里克组构成，旋回 VI 由阿瓦塔格组构成，对应塔东盆地区莫合尔山组中下部，这两期海平面变化特点主要表现为较缓慢的海侵过程。塔西台地区下丘里塔格组分为四个旋回（VII、VIII、IX、X），对应莫合尔山组顶部旋回与突尔沙克塔格群（图 2-3-14）。

2. 层序划分与对比

根据等时框架内的海平面变化旋回，参考 GR 曲线和地震波组关系，本节将寒武系划分为四个复合层序（SSQ1—SSQ4），含十个层序（SQ1—SQ10）（表 2-3-1）。

复合层序 I（SSQ1）对应纽芬兰统，由于地层薄未细分层序；在塔西台地区由玉尔吐斯组构成，塔东盆地区由西山布拉克组构成。岩性组合分为上、下两段，下段以高 GR 泥

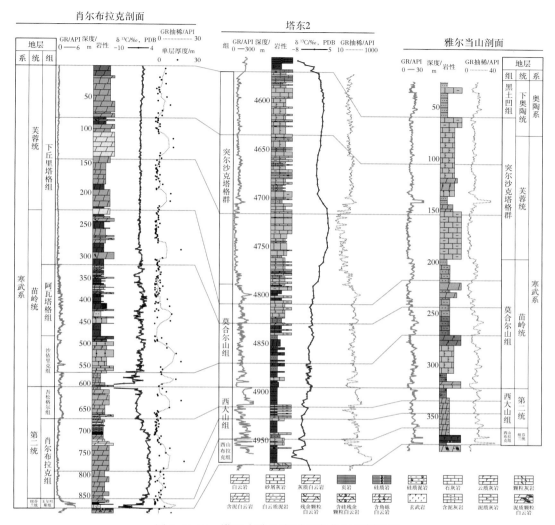

图 2-3-14　塔里木盆地海平面变化对比剖面图

岩为典型特征，上段以低 GR 泥质碳酸盐岩为典型岩性特征。层序底界面为震旦系/寒武系不整合面，不整合面之上发育高 GR 泥岩，岩性变化明显较易识别；顶界面与肖尔布拉克组或西大山组呈整合接触关系，采用海平面旋回Ⅱ的高 GR 底为划分依据（图 2-3-15）。层序底界地震反射特征表现为强波峰特征，顶面为波峰上面的波谷特征，地震同相轴终止特征不明显（图 2-3-15）。

　　复合层序Ⅱ（SSQ2）对应第二统，包含三个层序（SQ2—SQ4），在塔西台地区由肖尔布拉克组—吾松格尔组构成，塔东盆地区由西大山组构成；复合层序顶界面以 ROECE 碳同位素负漂移为标志，每个层序海平面变化旋回均表现为快速海侵与缓慢海退的过程。肖尔布拉克组分为两个层序（SQ2 与 SQ3），肖尔布拉克组表现为进积特点，SQ3 比 SQ2 分布范围小；SQ2 顶界地震反射表现为多期进积的楔形体的顶界包络面；SQ3 的顶界为吾松格尔组底部不整合面（图 2-3-16），SQ3 是从缓坡台地向镶边台地过渡的重要期次，在轮南—古城台缘带已经发育丘状弱反射（图 2-3-16），轮探 3 井钻揭该套层系，由滩相白云岩组

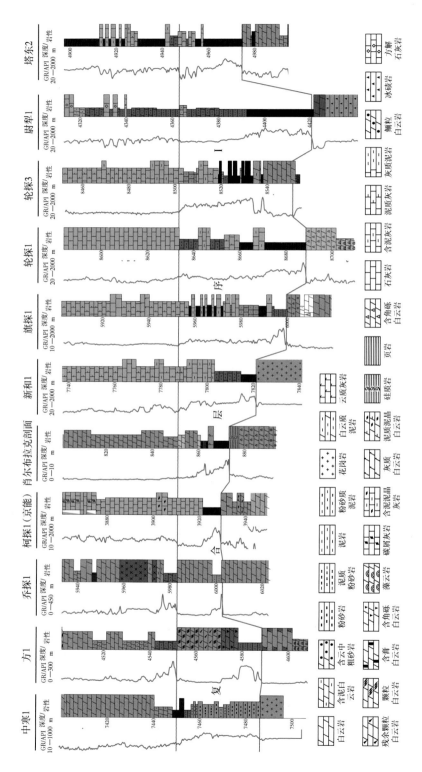

图 2-3-15 寒武系芬兰统复合层序 I 划分与对比图

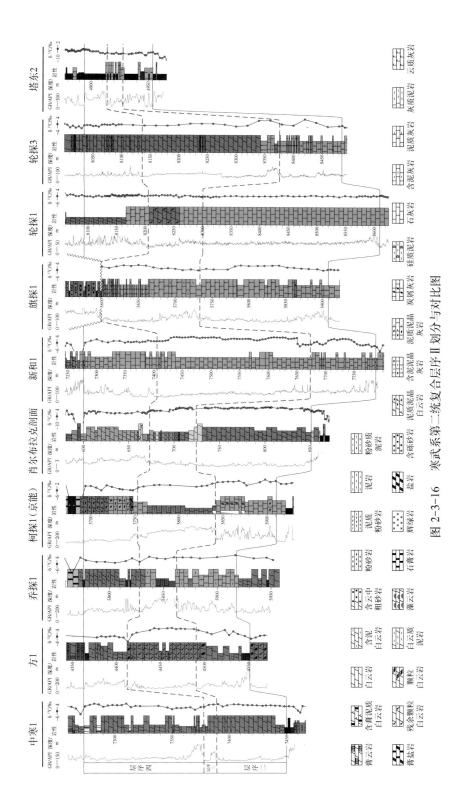

图 2-3-16 寒武系第二统复合层序Ⅱ划分与对比图

81

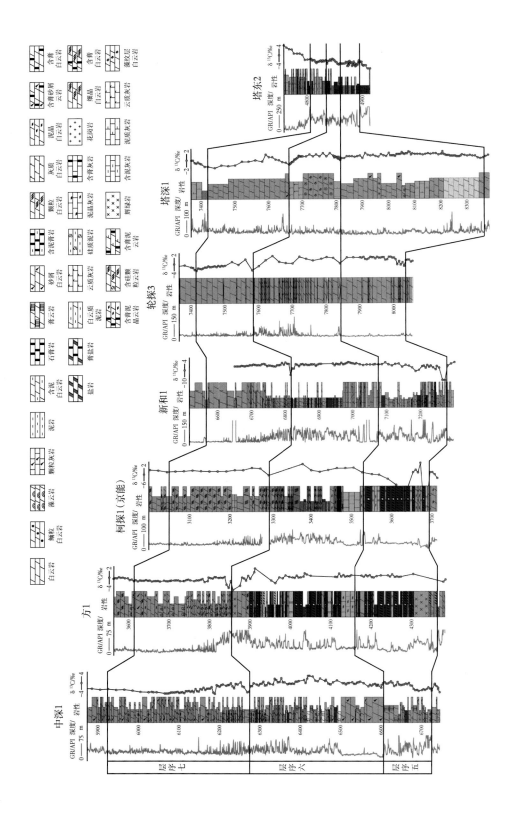

图 2-3-17 寒武系苗岭统复合层序Ⅲ划分与对比图

82

成；轮探 1 井油气产出在该层序，为礁后滩相白云岩。SQ4 由吾松格尔组构成，顶界面为沙依里克组底界面，常发育燧石层、侵入岩等（图 2-3-16）；SQ4 由海侵体系域与高位体系域构成，柯探 1（京能）井产层位于该层序的高位体系域（表 2-3-1）。

表 2-3-1　塔里木盆地寒武系层序地层划分方案表

统	阶	复合层序	层序	同位素标志	塔西台地		塔东盆地	
					年代地层	岩性、电性标志	年代地层	岩性、电性标志
芙蓉统	第十阶	SSQ4	SQ10	TOCE	下丘里塔格组	—	突尔沙克塔格群	—
	江山阶		SQ9	HERB		—		高 GR 泥质灰岩
	排碧阶		SQ8	SPICE		—		低 GR 石灰岩
苗岭统	古丈阶	SSQ3	SQ7	DICE	中部发育一套石灰岩		莫合尔山组	高 GR 泥质灰岩
	鼓山阶							
	乌溜阶		SQ6	—	阿瓦塔格组	下部为碳酸盐岩，中部为膏盐岩		—
			SQ5	ROECE	沙依里克组	膏盐岩		底部发育两层石灰岩夹一层泥岩
第二统	第四阶	SSQ2	SQ4	AECE	吾松格尔组	—	西大山组	—
			SQ3	MICE	肖尔布拉克组	—		
	第三阶		SQ2	CARE		—		
纽芬兰统	第二阶	SSQ1		ZHUCE BACE	玉尔吐斯组	底部高 GR，上部低 GR	西山布拉克组	底部高 GR，上部低 GR
	幸运阶							

复合层序Ⅲ（SSQ3）对应苗岭统，包含三个层序（SQ5—SQ7）；塔西台地区由沙依里克组、阿瓦塔格组和下丘里塔格组底部旋回组成，塔东盆地区由莫合尔山组构成（图 2-3-17）。塔西台地区，SQ5 由沙依里克组—阿瓦塔格组底部构成，具有底部超覆、上部退积的地震反射特征，构成完整的海侵体系域—高位体系域旋回；SQ6 由阿瓦塔格组中上部构成，与 SQ5 相似，只是海侵体系域时间短、地层薄，主要由高位体系域构成；SQ7 在塔西台地大部分地区均由白云岩构成，柯坪隆起—巴楚隆起—塔中隆起地区，SQ7 底部的显著标志是一套石灰岩的出现；在轮南—古城台缘带内侧，SQ7 出现石膏层。三个层序在轮南—古城坡折带位置，均以镶边丘滩体为界与塔东斜坡—盆地区相连，而在盆地区的莫合尔山组主要由泥灰岩构成，夹薄层泥岩。

复合层序Ⅳ（SSQ4）对应芙蓉统，包含三个层序（SQ8—SQ10）；塔西台地区由下丘里塔格组中上部构成，塔东盆地区由突尔沙克塔格群构成，三个层序均表现为快速海侵、缓慢海退特点。SQ8 对应芙蓉统排碧阶，典型特点是 SPICE 碳同位素正漂移（图 2-3-18）；在塔西台地区主要由结晶白云岩组成，塔东盆地区以石灰岩为主，表现为低 GR 段特点。SQ9 主要划分依据是碳同位素负漂移，对应西伯利亚的 HERB 同位素负漂移；相比 SQ8，SQ9 相对海平面升高，塔东盆地区以泥质灰岩为主夹黑色钙质泥岩，塔西台地区以结晶白云岩为主。SQ10 在塔西台地区由一套结晶白云岩组成，顶界面为奥陶系蓬莱坝组底部假整合，塔东盆地区由泥质灰岩组成，顶界面为下奥陶统的一套泥质灰岩。SQ8、SQ9 与

SQ10在轮南—古城坡折带表现为进积的白云岩丘滩体特点，地层厚度向塔东盆地区快速减薄（图2-3-19）。

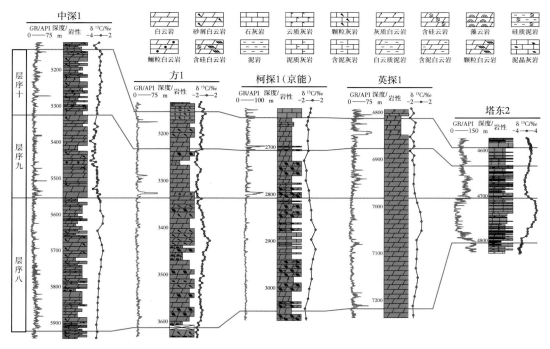

图2-3-18 寒武系芙蓉统复合层序Ⅳ划分与对比图

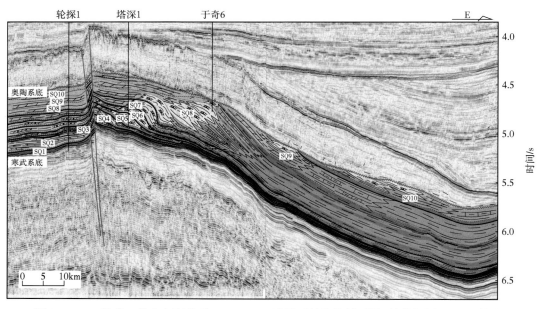

图2-3-19 轮南—轮古东寒武系SQ1—SQ10地震反射结构剖面图（导线如图2-3-1所示）

参 考 文 献

白玉雷, 1991. 塔里木盆地海相碳酸盐岩碳氧同位素地层对比 [R]. 中国石油塔里木油田内部报告.

曹仁关, 1991. 新疆南雅尔当山震旦系的新观察 [J]. 中国区域地质, 1: 30-34.

曹颖辉, 李洪辉, 王珊, 等, 2020. 塔里木盆地塔东隆起带上震旦统沉积模式探究 [J]. 天然气地球科学, 31 (8): 12.

陈永权, 黄金华, 杨鹏飞, 等, 2020. 塔西台地寒武系碳同位素地层学与时间框架 [J]. 地质论评, 66 (增刊 1): 9-10.

陈永权, 严威, 韩长伟, 等, 2015. 塔里木盆地寒武纪—早奥陶世构造古地理与岩相古地理格局再厘定: 基于地震地层证据的新认识 [J]. 天然气地球科学, 26(10): 1831-1843.

陈永权, 严威, 韩长伟, 等, 2019. 塔里木盆地寒武纪/前寒武纪构造—沉积转换及其勘探意义 [J]. 天然气地球科学, 30(1): 39-50.

陈永权, 张艳秋, 吴亚生, 等, 2020. 塔里木盆地寒武系芙蓉统 SPICE 的发现与碳同位素地层学对比 [J]. 中国科学: D辑 地球科学, 50(9): 1259-1267.

陈永权, 张艳秋, 周鹏, 等, 2019. 塔里木盆地寒武系苗岭统碳同位素地层学与等时对比 [J]. 地层学杂志, 43(3): 324-332.

陈永权, 杨海军, 等, 2010. 塔里木盆地肖尔布拉克剖面下丘里塔格组层序地层及其油气勘探意义 [J]. 地层学杂志, 34(1): 77-82.

成守德, 1985. 关于新疆寒武系的一些问题 [M]//新疆地质局地质科学研究所. 新疆地质研究论文集. 乌鲁木齐: 新疆人民出版社.

崔海峰, 田雷, 张年春, 等, 2016a. 塔西南坳陷南华纪—震旦裂谷分布及其与下寒武统烃源岩的关系 [J]. 石油学报, 37(4): 430-438.

丁海峰, 马东升, 姚春彦, 等, 2014. 新疆阿克苏地区新元古代冰成沉积地球化学研究 [J]. 地球化学, 43(3): 224-237.

董熙平, 1999. 华南寒武纪牙形石序列 [J]. 中国科学: D辑 地球科学, 29(4): 339-346.

樊茹, 邓胜徽, 张学磊, 2011. 寒武系碳同位素漂移事件的全球对比性分析 [J]. 中国科学: D辑 地球科学, 41(12): 1829-1839.

冯许魁, 刘永彬, 韩长伟, 等, 2015. 塔里木盆地震旦系裂谷发育特征及其对油气勘探的指导意义 [J]. 石油地质与工程, 29(2): 5-10.

高林志, 王宗起, 许志琴, 等, 2010. 塔里木盆地库鲁克塔格地区新元古代冰碛岩锆石 SHRIMP U—Pb 年龄新证据 [J]. 地质通报, 29(2-3): 205-213.

高振家, 彭昌文, 李永安, 等, 1980. 新疆库鲁克塔格震旦纪冰川沉积 [M]//中国地质科学院. 中国震旦亚界. 天津: 天津科学出版社.

高振家, 彭昌文, 李永安, 等, 1984. 新疆库鲁克塔格震旦纪、寒武纪地层划分和对比 [M]//高振家. 新疆前寒武纪地质. 乌鲁木齐: 新疆人民出版社.

管树巍, 吴林, 任荣, 等, 2017. 中国主要克拉通前寒武纪裂谷分布与油气勘探前景 [J]. 石油学报, (1): 9-22.

何金有, 徐备, 孟祥英, 等, 2007. 新疆库鲁克塔格地区新元古代层序地层学研究及对比 [J]. 岩石学报, 23(7): 1645-1654.

何秀彬, 徐备, 袁志云, 2007. 新疆柯坪地区新元古代晚期地层碳同位素组成及其对比 [J]. 科学通报, 52(1): 107-113.

赫英福, 赵博, 徐博, 等, 2017. 塔里木盆地下寒武统层序地层特征 [J]. 河南理工大学学报(自然科学版), 36(6): 56-61.

景秀春, 邓胜徽, 赵宗举, 等, 2008. 塔里木盆地柯坪地区寒武—奥陶系界线附近的碳同位素组成与对比

［J］. 中国科学：D 辑 地球科学，38（10）：1284-1296.

寇晓威，王宇，卫魏，等，2008. 塔里木板块新元古界阿勒通沟组和黄羊沟组：新识别的冰期和间冰期？［J］. 岩石学报，24（12）：2863-2868.

李怀坤，陆松年，王惠初，等，2003. 青海柴北缘新元古代超大陆裂解的地质记录：全吉群［J］. 地质调查与研究，26（1）：27-37.

李勇，陈才，冯晓军，等，2016. 塔里木盆地西南部南华纪裂谷体系的发现及意义［J］. 岩石学报，（3）：825-832.

刘兵，徐备，孟祥英，等，2007. 塔里木板块新元古代化学蚀变指数研究及其意义［J］. 岩石学报，23（7）：1664-1667.

马世鹏，汪玉珍，方锡廉，1989. 西昆仑山北坡的震旦系［J］. 新疆地质，7（4）：68-79.

马世鹏，汪玉珍，方锡廉，1991. 西昆仑山北坡陆台盖层型元古宇的基本特征［J］. 新疆地质，9（1）：59-71.

钱一雄，杜永明，陈代钊，等，2014. 塔里木盆地肖尔布拉克剖面奇格布拉克组层序界面与沉积相研究［J］. 石油实验地质，36（1）：1-8.

钱一雄，尤东华，陈代钊，等，2011. 塔里木盆地肖尔布拉克上震旦统苏盖特布拉克组层序界面与沉积相［J］. 地质科学，46（2）：445-455.

任荣，管树威，吴林，等，2017. 塔里木新元古代裂谷盆地南北分异及油气勘探启示［J］. 石油学报，38（3）：255-266.

石开波，刘波，姜伟民，等，2018. 塔里木盆地南华纪—震旦纪构造—沉积格局［J］. 石油与天然气地质，39（5）：862-877.

石开波，刘波，田景春，等，2016. 塔里木盆地震旦纪沉积特征及岩相古地理［J］. 石油学报，37（11）：1343-1360.

孙崇仁，喇继德，李璋荣，等，1997. 青海省岩石地层［M］. 武汉：中国地质大学出版社.

童勤龙，卫魏，徐备，2013. 塔里木板块西南缘新元古代沉积相和冰期划分［J］. 中国科学，43（5）：703-715.

王大锐，白玉雷，贾承造，1994. 新疆柯坪地区前寒武系—寒武系界线处碳同位素组成异常及意义［J］. 科学通报，39（11）：1008-1010.

王坤，刘伟，黄擎宇，等，2016. 多资料约束下的塔里木盆地寒武系层序地层划分与对比［J］. 海相油气地质，21（3）：1-12.

王朴，朱国贤，1988. 新疆却尔却克山寒武—奥陶系中笔石、牙形刺及三叶虫化石的新发现［J］. 新疆地质，（2）：48-53.

王树洗，1982. 青海全吉群的几个叠层石群及其地层意义［J］. 西北地质，15（4）：1-10.

王向利，高小平，刘幼骐，2010. 塔里木盆地南缘铁克里克断隆结晶基底特征［J］. 西北地质，43（4）：95-112.

王云山，庄庆兴，史从彦，等，1980. 柴达木北缘的全吉群［M］. 天津：天津科学技术出版社.

吴亚生，2014. 塔里木盆地台盆区寒武系划分对比研究［R］. 中国石油塔里木油田内部报告.

吴林，管树威，任荣，等，2016. 前寒武纪沉积盆地发育特征与深层烃源岩分布：以塔里木新元古代盆地与下寒武统烃源岩为例［J］. 石油勘探与开发，43（6）：905-915.

吴林，管树威，杨海军，等，2017. 塔里木北部新元古代裂谷盆地古地理格局与油气勘探潜力［J］. 石油学报，38（4）：375-385.

熊剑飞，余腾孝，曹自成，等，2011. 塔里木盆地覆盖区寒武系生物地层研究新进展这［J］. 地层学杂志，35（4）：419-430.

徐备，寇晓威，宋彪，等，2008. 塔里木板块上元古界火山岩 SHRIMP 定年及其对新元古代冰期时代的制约［J］. 岩石学报，24（12）：2857-2862.

徐备，郑海飞，姚海涛，等，2002. 塔里木板块震旦系碳同位素组成及其意义 ［J］. 科学通报，47（22）：1740-1744.

雍天寿，1997. 塔里木盆地库南 1 井寒武—奥陶系 ［J］. 新疆石油地质，18（4）：348-362.

杨瑞东，罗新荣，张传林，等，2010. 新疆库鲁克塔格地区晚古元古代兴地塔格群沉积特征及其碳同位素研究 ［J］. 西北地质，43（1）：37-43.

杨芝林，钟端，黄智斌，等，2016. 塔里木盆地周缘前寒武系剖面测量和石油地质评价 ［R］. 塔里木油田内部报告.

尹崇玉，柳永清，高林志，等，2007. 震旦（埃迪卡拉）纪早期磷酸盐化生动物群：瓮安生物群特征及其环境演化 ［M］. 北京：地质出版社.

张海军，王训练，王勋，等，2016. 柴达木盆地北缘全吉群红藻山组凝灰岩锆石 U—Pb 年龄及其地质意义 ［J］. 地学前缘，23（6）：202-218.

张录易，邱树玉，华洪，等，1993. 晚前寒武纪管状化石与叠层石共生的特征及其意义 ［J］. 河北地质学院学报，16（4）：315-321.

张太荣，1990. 新疆库鲁克塔格寒武纪三叶虫动物群序列 ［J］. 新疆地质，8（2）：185-192.

章森桂，1982. 新疆库鲁克塔格寒武纪地层划分与动物群特征 ［M］//新疆地局局地质科学研究所. 新疆地质研究论文集. 乌鲁木齐：新疆人民出版社.

赵治信，张桂芝，肖继南，2000. 新疆古生代地层及牙形石 ［M］. 北京：石油工业出版社.

赵宗举，张运波，潘懋，等，2010. 塔里木盆地寒武系层序地层格架 ［J］. 地质论评，56（5）：609-620.

赵宗举，赵治信，黄智斌，2006. 塔里木盆地奥陶系牙形石带及沉积层序 ［J］. 地层学杂志，30（3）：193-203.

钟端，2009. 库鲁克塔格地区石油地质综合研究及库车地区野外地质考察基地建设 ［R］. 塔里木油田内部报告.

周传明，袁训来，肖书海，等，2019. 中国埃迪卡拉纪综合地层和时间框架 ［J］. 中国科学：D 辑 地球科学，49（1）：7-25.

周棣康，周天荣，王朴，1991. 塔里木盆地东北地区丘里塔格群的时代归属 ［J］. 中国塔里木盆地北部油气地质研究（第一辑），36-40.

周志毅，陈丕基，1990. 塔里木生物地层和地质演化 ［M］. 北京：科学出版社.

朱杰辰，孙文鹏，1987. 新疆天山地区震旦系同位素地质研究 ［J］. 新疆地质，5（1）：55-60.

朱茂炎，杨爱华，袁金良，等，2019. 中国寒武纪综合地层和时间框架 ［J］. 中国科学：D 辑 地球科学，49（1）：26-65.

朱茂炎，张俊明，杨爱华，等，2016. 华南新元古代地层、生—储—盖层发育与沉积环境 ［M］//孙枢，王铁冠. 中国东部中—新元古界地质学与油气资源. 北京：科学出版社.

朱涛，张二朋，王洪亮，等，2013. 西北地区寒武纪岩石地层的划分与对比 ［J］. 地层学杂志，37（3）：361-368.

朱兆玲，林焕令，1983. 新疆库鲁克塔格早寒武世西大山组的三叶虫 ［J］. 古生物学报，22（1）：21-30.

宗文明，高林志，丁孝忠，等，2010. 塔里木盆地西南缘南华纪冰碛岩特征与地层对比 ［J］. 中国地质，37（4）：1183-1190.

Ahlberg P，Axheimer N，Babcock L E，et al，2009. Cambrian high-resolution biostratigraphy and carbon isotope chemostratigraphy in Scania，Sweden：First record of the SPICE and DICE excursions in Scandinavia ［J］. Lethaia，42：2-16.

Allsop H，Kostlin E O，Welke H J，et al，1979. Rb-Sr and U-Pb geochronology of Late Precambrian-Early Palaeozoic igneous activity in the Richtersveld（south Africa）and southern south West Africa ［J］. Transactions of the Geological Society of South Africa，82：185-204.

Braisier M D，Rozanov A Y，Zhuravlev A Y，et al，1994. A carbon isotope reference scale for the Lower Cambriansuccession in Siberia: report of IGCP Project 303 [J]. Geological Magazine, 131 (6): 767–783.

Braisier M D, Sukhov S S, 1998. The falling amplitude of carbon isotopicoscillations through the Lower to Middle-Cambrian: northern Siberia data [J]. Canadian Journal of the Earth Sciences, 35: 353–373.

Calver C R, 2000. Isotope stratigraphy of the Ediacarian (Neoproterozoic III) of the Adelaide rift complex, Australia, and the overprint of water column stratification [J]. Precambrian Research, 100: 121–150.

Corsetti F A, Kaufman A J, 2003. Stratigraphic investigations of carbon isotope anomalies and Neoproterozoic ice ages in Death Valley, California [J]. GSA Bulletin, 115: 916–932.

Fike D A, Grotzinger J P, Pratt L M, et al, 2006. Oxidation of the Ediacaran Ocean [J]. Nature, 444: 744–747.

Frimmel H E, Klotzli U S, Siegfried P R, 1996. New Pb—Pb single zircon age constraints on the timing of Neoproterozoic glaciation and continental break-up in Namibia [J]. Journal of Geology, 104 (4): 459–469.

Gong Z, Li M, 2020. Astrochronology of the Ediacaran Shuram carbon isotope excursion, Oman [J]. Earth and Planetary Science Letters, 547: 1–10.

Grotzinger J P, Bowring S A, Saylor B Z, et al, 1995. Biostratigraphic and geochronologic constraints on early animal evolution [J]. Science, 270: 598–604.

Halverson G P, Hoffman P F, Schrag D P, et al, 2005. Toward a Neoproterozoic composite carbon-isotope record [J]. GSA Bulletin, 117: 1181–1207.

Hoffman P F, Schrag D P, 2002. The snowball Earth hypothesis: Testing the limit of global change [J]. Terra Nova, 4: 129–155.

Husson J M, Maloof A C, Schoene B, et al, 2015. Stratigraphic expression of Earth's deepest δ^{13}C excursion in the Wonoka Formation of South Australia [J]. American Journal of Science, 315: 1–45.

Ishikawa T, Ueno Y, Shu D G, et al, 2014. The δ^{13}C excursions spanning the Cambrian explosion to the Canglangpuian mass extinction in the Three Gorges area, South China [J]. Gondwana Research, 25: 1045–1056.

Jiang G, Kaufman A J, Christie-Blick N, et al, 2007. Carbon isotope variability across the Ediacaran Yangtze platform in South China: Implications for a large surface-to-deep ocean δ^{13}C gradient [J]. Earth and Planetary Science Letters, 261: 303–320.

Kaufman A J, Corsetti F A, Varni M A, 2007. The effect of rising atmospheric oxygen on carbon and sulfur isotope anomalies in the Neoproterozoic Johnnie Formation, Death Valley, USA [J]. Chemical Geology, 237: 47–63.

Kaufman A J, Jacobsen S B, Knoll A H, 1993. The Vendian record of Sr and C isotopic variations in seawater: implications for tectonics and paleoclimate [J]. Earth and Planetary Science Letters, 120: 409–430.

Kaufman A J, Jiang G, Christie-Blick N, et al, 2006. Stable isotope record of the terminal Neoproterozoic Krol platform in the Lesser Himalayas of northern India [J]. Precambrian Research, 147: 156–185.

Kaufman A J, Knoll A H, 1995. Neoproterozoic variations in the C-isotopic composition of seawater: stratigraphic and biogeochemical implications [J]. Precambrian Research, 73: 27–49.

Kouchinsky A, Bengtson S, Gallet Y, et al, 2008. The SPICE carbon isotope excursion in Siberia: A combined study of the upper Middle Cambrian-lowermost Ordovician Kulyumbe River section, northwestern Siberian Platform [J]. Geological Magazine, 145: 609–622.

Li D, Ling H F, Jiang S Y, et al, 2009. New carbon isotope stratigraphy of the Ediacaran-Cambrian boundary interval from SW China: implications forglobal correlation [J]. Geological Magazine, 146 (4): 465–484.

Macdonald F A, Strauss J V, Sperling E A, et al, 2013. The stratigraphic relationship between the Shuram carbon isotope excursion, the oxygenation of Neoproterozoic oceans, and the first appearance of the Ediacara biota and bilaterian trace fossils in northwestern Canada [J]. Chemical Geology, 362: 250–272.

Maloof A C, Ramezani J, Bowring S A, et al, 2010. Constraints on early Cambrian carbon cycling from the duration of the Nemakit-Daldynian-Tommotian boundary δ^{13}C shift, Morocco [J]. Geology, 38 (7): 623–626.

Miller J F, Ethington R L, Evans K R, et al, 2006. Proposed stratotype for the base of the highest Cambrian stage at the first appearance datum of Cordylodus andresi, Lawson Cove section, Utah, USA [J]. Palaeoworld, 15: 384-405.

Miller J F, Repetski J E, Nicoll R S, et al, 2014. The conodont Iapetognathus and its value for defining the base of the Ordovician System [C]. the 3rd IGCP 591 Annual Meeting, Lund, Sweden, 136: 226-228.

Narbonne G M, Xiao S, Shields G A, et al, 2012. Chapter 18: The Ediacaran Period [M]. In: Gradstein F M, Ogg J G, Schmitz M D(eds.), The Geologic Time Scale. Boston: Elsevier.

Ng T W, Yuan J L, Lin J P, 2014. The North China Steptoean positive carbon isotope excursion and its global correlation with the base of the Paibian Stage (early Furongian Series), Cambrian [J]. Lethaia, 47: 153-164.

Peng S C, Babcock L E, Cooper R A, 2012. The Cambrian Period [M]. In: Gradstein F M, Ogg J G, Schmitz M, et al (Eds.), The Geologic Time Scale 2012. Oxford: Elsevier's Science & Technology.

Peng S, Babcock L E, 2008. Cambrian Period [M]. In: Ogg J G, Ogg G, Gradstein F M (eds.), The Concise Geologic Time Scale. Cambridge: Cambridge University Press.

Pokrovskii B G, Melezhik V A, Bujakaite M I, 2006. Carbon, oxygen, strontium, and sulfur isotopic compositions in late Precambrian rocks of the Patom Complex, central Siberia: Communication 1. results, isotope stratigraphy, and dating problems [J]. Lithology and Mineral Resources, 41: 450-474.

Pu J P, Bowring S A, Ramezani J, et al, 2016. Dodging snowballs: Geochronology of the Gaskiers glaciation and the first appearance of the Ediacaran biota [J]. Geology, 44: 955-958.

Ripperdan R L, 2002. The HERB Event: End of Cambrian carbon cycle paradigm? [J]. Geological Society of America Abstracts. Programs, 34: 413.

Saltzman M R, Runnegar B, Lohmann K C, 1998. Carbon isotope stratigraphy of the Upper Cambrian (Steptoean Stage) sequence of the eastern Great basin: record of a global oceanographic event [J]. Geological Society of America Bulletin, 110: 285-297.

Shen B, Xiao S, Zhou C, et al, 2010. Carbon and sulfur isotope chemostratigraphy of the Neoproterozoic Quanji Group of the Chaidam Basin, NW China: Basin stratification in the aftermath of an Ediacaran glaciation postdating the Shuram event? [J]. Precambrian Research, 11: 241-252.

Sial A N, Peralta S, Ferreira V P, 2008. Upper Cambrian carbonate sequences of the Argentine Precordillera and the Steptoean C-Isotope positive excursion (SPICE) [J]. Gondwana Research, 13: 437-452.

Sial A N, Peralta S, Gaucher C, et al, 2013. High-resolution stable isotope stratigraphy of the upper Cambrian and Ordovician in the Argentine Precordillera: Carbon isotope excursions and correlations [J]. Gondwana Research, 24: 330-348.

Wang X L, Hu W X, Yao S P, et al, 2011. Carbon and strontium isotopes and golobal correlation of Cambrian Series 2- Series 3 carbonate rocks in Keping area of north western Tarim Basin, NW China [J]. Marine and Petroleum Geology, 28: 992-1002.

Wang X, Stouge S, Maletz J, et al, 2019. Correlating the global Cambrian-Ordovician boundary: precise comparison of the Xiaoyangqiao section, Dayangcha, North China with the Green Point GSSP section, Newfoundland, Canada [J]. Palaeoworld, 28(3): 243-275.

Wood R A, Poulton S W, Prave A R, et al, 2015. Dynamic redox conditions control late Ediacaran metazoan ecosystems in the Nama Group, Namibia [J]. Precambrian Research, 261: 252-271.

Woods M A, Wilby P R, Leng M J, et al, 2011. The Furongian (late Cambrian) Steptoean Positive Carbon Isotope Excursion (SPICE) in Avalonia [J]. Journal of the Geological Society, 68: 851-861.

Xiao S, Bao H, Wang H, et al, 2004. The Neoproterozoic Quruqtagh Group in eastern Chinese Tianshan: Evidence for a post-Marinoan glaciation [J]. Precambrian Research, 130: 1-26.

Xiao S, Narbonne G M, Zhou C, et al, 2016. Towards an Ediacaran Time Scale: Problems, Protocols, and Prospects [J]. Episodes, 39 (4) : 540-555.

Xu B, Xiao S H, Zou H B, et al, 2009. SHRIMP zircon U—Pb age constraints on Neoproterozoic Quruqtagh dia-mictites in NW China [J]. Precambrian Research, 168 (3-4) : 247-258.

Xu Bi, Jian Q, Zheng H F, et al, 2005. U—Pb zircon geochronology and geochemistry of Neoproterozoic volcanic rocks in the Tarim Block of northwest China : implications for the breakup of Rodinia supercontinent and Neoprot-erozoic glaciations [J]. Precambrian Research, 136 (2) : 107-123.

Zhu M Y, Babcock L E, Peng S C, 2006. Advances in Cambrian stratigraphy and paleotology : Integrating correla-tion techniques, Paleobiology, taphonomy and paleoenvironmental reconstruction [J]. Paleoworld, 15 : 217-222.

Zhu M Y, Lu M, Zhang J M, et al, 2013. Carbon isotope chemostratigraphy and sedimentary facies evolution of the Ediacaran Doushantuo Formation in western Hubei, South China [J]. Precambrian Research, 225 : 7-28.

Zhu M Y, Zhang J M, Li G X, et al, 2004. Evolution of C isotopes in the Cambrian of China : implications for Cambrian subdivision and trilobite mass extinctions [J]. Geobios, 37 : 287-301.

Zhu M Y, Zhang J M, Steiner M, et al, 2003. Sinian—Cambrian stratigrphic framework for shallow-to deep-water environments of the Yangtze platform : an integrated approach [J]. Progress in Natural Science, 13 (12) : 951-960.

Zhu M Y, Zhang J M, Yang A H. 2007. Integrated Integrated Ediacaran (Sinian) chronostratigraphy of South China [J]. Palaeogeography, Palaeoclimatology, Palaeoecology, 254 : 7-61.

第三章 南华纪—寒武纪构造格局与沉积盆地

沉积盆地研究对于正确认识烃源岩、储层、盖层的形成机理与空间分布至关重要，沉积盆地认识不深入、沉积相图不准确会导致源储分布认识不准确，造成一些钻孔的失利。例如，塔北隆起内的新和 1 钻孔原设计为台缘带丘滩相白云岩，实钻结果为台凹相石灰岩；轮探 3、于深 1 两个钻孔原设计为奇格布拉克组丘滩相，实钻为斜坡—陆棚相。

寒武系沉积相自"十五"时期后得到极大关注（冯增昭等，2006；赵宗举等，2011；刘伟等，2011；杨永剑等，2011；陈永权等，2015；杨鑫等，2017）。为了解决寒武纪沉积盆地认识分歧，一些学者通过研究南华纪—震旦纪沉积盆地，以继承性思路探讨寒武系的问题（李勇等，2016；崔海峰等，2016；杨鑫等，2017；吴林等，2016，2017；任荣等，2017；管树巍等，2017；石开波等，2016，2017a，2017b，2018；田雷等，2016；陈永权等，2019）。截至 2020 年底，至少有 4~5 版沉积相图在同时使用，仍有一些重要问题存在重大分歧没有解决。例如，塔南隆起是隆起还是斜坡？塔西台地在轮台凸起以北几乎没有钻孔资料，是发育隆起，还是向深水区过渡？盐岩、膏岩的分布边界？这些问题对生烃坳陷的分布、规模储层与有利盖层的分布认识有着重要的影响。

制约沉积盆地深化认识有三个影响因素：（1）地质资料分布的不均匀性，阿瓦提、满西、满加尔、麦盖提等构造单元无钻孔控制；（2）地震资料的多解性，二维地震资料较老，超深层、盐层能量屏蔽，盐下信噪比低，多次波严重，造成地质解译的多解性；（3）各科研院所及学者的理论模式不同，对证据的使用也有各自的倾向性，导致成果图件差异较大。

2020—2021 年，以"三个突出"为指导开展了新一轮沉积盆地研究。一是突出资料的精度、全面性与综合性。研究应用的资料包括柯坪、库鲁克塔格与铁克里克露头区剖面 15 条，盆地覆盖区南华系钻孔 2 个，震旦系钻孔 6 个，寒武系钻孔 31 个，三维地震 $4.9 \times 10^4 km^2$，二维地震 $7.2 \times 10^4 km$，特别是将近年采集的格架线与长排列、高精度的二维测线纳入其中。二是突出构造古地理对岩相古地理编图的指导作用。构造演化是沉积盆地研究的基础，对于研究资料少的沉积盆地至关重要；阐明前寒武纪构造演化史与构造格局的变迁史对认识寒武纪沉积盆地意义非常重大。三是突出地质与地震高度结合。没有地震证据的支持，从地质点到线、面的研究缺乏依据；同样，缺少了地质的指导作用，复杂地震反射的地质解译也无从下手。本章沉积盆地研究的主要技术手段是将地质认识标定在地震剖面上，包括地层认识、层序划分、沉积相、储层等，通过地震反射特征研究沉积结构与横向相序的变化，建立层序与沉积模型，应用三维地震属性与二维地震反射结构探讨沉积盆地的平面特点。

第一节　南华纪隆坳格局与沉积盆地

一、南华纪构造格局

1. 前南华纪构造演化

塔里木克拉通基底由南塔里木地块与北塔里木地块拼合而成的认识比较统一（郭召杰等，2000；何登发等，2005），但是南北塔里木地块的拼贴时间存在分歧。一种观点认为南、北塔里木地块的拼合时间在距今约 1000Ma 的罗迪尼亚超大陆形成期（郭召杰等，2000；何登发等，2005；Guo et al.，2005；Xu et al.，2013），另一种观点认为南北塔里木拼贴时间可能追溯到距今约 1900Ma 的哥伦比亚构造运动期（Yang et al.，2018）。不论南、北塔里木地块拼合时间在哥伦比亚期还是在罗迪尼亚期，塔里木盆地内存在两期构造运动是可以落实的；塔里木盆地基底火山岩与变质岩的年龄主要集中在 1900Ma 与 800Ma 两个峰值区（图 3-1-1），而且沉积岩盖层也主要发育在长城系与南华系至今。

塔里木克拉通内罗迪尼亚构造旋回主要发育 3 期构造运动，即塔里木运动、库鲁克塔格运动与柯坪运动。塔里木运动构造聚敛期形成塔里木盆地变质基底，伸展期控制南华系裂陷—坳陷沉积；库鲁克塔格运动聚敛期形成南华系—震旦系不整合面，伸展期控制震旦系沉积；柯坪运动聚敛期形成前寒武系—寒武系的角度不整合面，伸展期控制寒武系沉积。因此，制约南华纪构造沉积格局的是哥伦比亚旋回与塔里木运动。

1）哥伦比亚旋回

塔里木克拉通北缘库鲁克塔格的兴地塔格群锆石 U—Pb 年龄为 1.92—1.8Ga、南缘铁克里克的布伦库勒群获 U—Pb 年龄为 2.13Ga、东南缘的敦煌群和北山地区原 O—S 地层近年获 U—Pb、Sm—Nd 年龄为 2.2—1.9Ga。葛肖虹（2000）认为 1.8Ga 构造热事件形成了以角闪岩—高绿片岩相为主的古元古代克拉通化基底。中央高磁异常带及以南钻孔基底为变质花岗岩的锆石测年均在 1900Ma 左右。塔东地区塔东 2 井基底花岗岩锆石 U—Pb 年龄为（1916±11）Ma，塔中地区中深 1 井基底变质岩锆石 U—Pb 年龄为（1915±11）Ma，中寒 1 井基底花岗岩锆石 U—Pb 年龄为（2086±53）Ma；巴楚地区楚探 1 井基底花岗片麻岩锆石 U—Pb 年龄为（1976±9.6）Ma，玛北 1 井基底花岗片麻岩锆石 U—Pb 年龄为（1936±21）Ma；塔北地区齐满 1 井基底变质岩锆石 U—Pb 年龄为（1851±9）Ma（图 3-1-2）。距今约 1900Ma 花岗岩代表的构造—热事件可能反映了基底陆壳在古元古代末期已基本形成，证实塔里木克拉通于古元古代中期存在地幔岩浆活动，此期年龄代表的构造事件可能与哥伦比亚超大陆事件相联系，可能预示塔里木古地体与哥伦比亚超大陆有一定的联系。

塔里木盆地在太古宙末期大规模地壳增生以后，出现了指示伸展构造体制下的岩浆活动。古元古界为一套高级变质的副变质岩系，在塔里木及相邻微陆块上的兴地塔格群、龙首山群和达肯大坂群均属这一时期的产物（陆松年等，2004）。南、北塔里木地块普遍出现长城系—蓟县系海洋沉积，可能进入统一演化的进程。前人在阿尔金、柴北地区发现了前寒武系全吉群，其中石英梁组与红藻山组白云石大理岩厚达 1600m，一部分学者将该套地层划分为南华系—震旦系（王云山等，1980；孙崇仁等，1997；李怀坤等，2003），另一部分学者将其划分为长城系—蓟县系（王树洗，1982；张录易等，1993），张海军等（2016）实测全吉群红藻山组凝灰岩锆石 U—Pb 年龄为（1646±20）Ma，基本落实全吉群麻

界	系（国际/中国）		地质年龄/Ma	塔里木盆地地层—构造运动	构造旋回
古生界	奥陶系		485.4		罗迪尼亚构造旋回
	寒武系		541	柯坪运动	
新元古界	埃迪卡拉系	震旦系	635	库鲁克塔格运动	
	成冰系	南华系	780	塔里木运动	
	拉伸系	青白口系	1000		
中元古界	狭带系	蓟县系			哥伦比亚构造旋回
	延展系		1400		
	盖层系	长城系	1600		
古元古界	固结系		1800	未命名	
	造山系	滹沱系			
	层侵系				
	成铁系		2300		

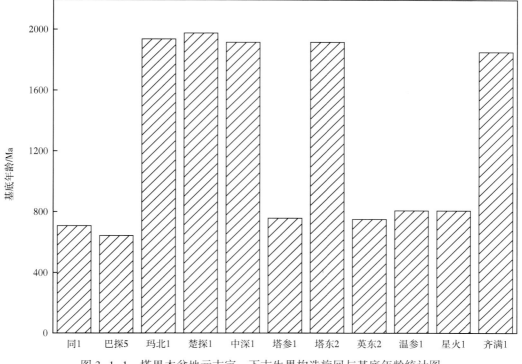

图 3-1-1 塔里木盆地元古宇—下古生界构造旋回与基底年龄统计图

93

黄沟组—石英梁组为长城系。铁克里克区野外露头广泛发育苏马兰组白云石大理岩，该套地层位于南华系之下，与太古宇阿喀孜花岗岩断层接触，有学者认为该套地层属于长城系—蓟县系（王向利等，2010）。郭召杰等（2003）提出原兴地塔格群代表塔里木克拉通第一套稳定盖层，形成于1.8Ga前后，与华北克拉通盖层长城系相当；杨瑞东等（2010）报道了库鲁克塔格区兴地塔格群顶部辛格尔组白云石大理岩基本特征，并根据碳同位素特征推测年龄在1.7Ga左右。兴地塔格群由下往上划分为卡尔布拉克组（Pt_1k）、白鱼盆地组

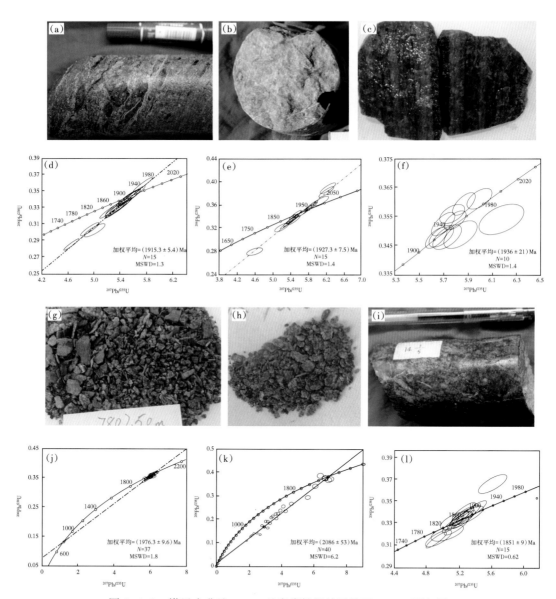

图 3-1-2 塔里木盆地 1.9Ga 基底岩性照片及锆石 U—Pb 测年图

（a）和（b）为中深 1 井基底变质花岗岩及锆石 U—Pb 年龄；（b）和（e）为塔东 2 井基底花岗岩及锆石 U—Pb 年龄；（c）和（f）为玛北 1 井黑云母花岗片麻岩及锆石 U—Pb 年龄；（g）和（j）为楚探 1 井基底花岗片麻岩及锆石 U—Pb 年龄；（h）和（k）为中寒 1 井基底花岗闪长岩及锆石 U—Pb 年龄；（i）和（l）为齐满 1 井花岗片麻岩及锆石 U—Pb 年龄

（Pt_1b）、辛格尔组（Pt_1x）。其中，卡尔布拉克组为灰—灰黑色石英岩，而白鱼盆地组为灰绿色、灰色含石榴黑云石英片岩，兴地塔格群最上部地层单元辛格尔组则由950m厚的米黄色、青灰色、红褐色大理岩组成。Zhang等（2012）在兴地塔格群顶部测试的锆石U—Pb年龄为（1800±9）Ma，表明兴地塔格群白云石大理岩原岩沉积于哥伦比亚构造旋回伸展期。

2）塔里木运动

塔里木克拉通保存了与罗迪尼亚超大陆汇聚有关的蛇绿岩、混杂岩、洋内弧、俯冲增生杂岩及大陆边缘弧，在距今约1000Ma以后则发育了与罗迪尼亚超大陆裂解有关的沉积及岩浆活动的地质记录（陆松年等，2004，2016）。塔里木板块统一的结晶基底形成于南华纪前（贾承造，1997；李曰俊等，2005；邬光辉等，2012）。距今约800Ma，塔里木板块北部，甚至板块周缘发生强烈的碰撞与造山事件，形成了以阿克苏群为代表的前南华系变质基底，这期构造—热事件造成塔里木克拉通普遍遭受前南华纪的区域变质作用，也称为塔里木运动（贾承造，1997）。塔里木盆地基底年龄在800Ma左右的地质点主要分布在柯坪—塔北隆起的阿克苏群蓝片岩与中央隆起花岗岩，温参1井基底阿克苏群变质岩锆石U—Pb年龄为（807.5±8.7）Ma，星火1井基底阿克苏群变质岩锆石U—Pb年龄为（807±12）Ma，英东2井基底花岗闪长岩锆石U—Pb年龄为（749.8±7.3）Ma，塔参1井基底花岗岩锆石U—Pb年龄为（757.4±6.2）Ma（图3-1-3）。

塔里木盆地广泛发育新元古代裂谷，是罗迪尼亚超大陆标志性伸展构造（Xu et al.，2013）。作为对罗迪尼亚超大陆裂解的响应，南华纪发育广泛的裂谷伸展构造和岩浆作用控制盆地的第一套沉积盖层。

2. 南华纪构造古地理

南华纪具有"两隆四坳"的构造背景。满加尔坳陷、麦盖提坳陷、阿瓦提坳陷与和田坳陷内发育裂谷盆地，这些裂谷盆地表现为板内孤立裂陷特点。在麦盖提、满加尔、阿瓦提三大裂陷集中发育区影响下形成被动型的库车—塔北古隆起与中央隆起，这两个隆起带不发育南华系（图3-1-4）。

1）满加尔坳陷

满加尔坳陷内发育南华纪裂陷—坳陷盆地沉积物，地震剖面上具有裂陷—坳陷的二元地质结构，可以划分为断陷期和坳陷期两个阶段。依据控边断裂的发育情况，早南华世断陷期的裂谷盆地有两种类型：单边裂谷和双边裂谷。单边裂谷具有一侧陡坡、一侧缓坡的特征，内部具有"下窄上宽、下陡上缓、边部陡内部缓、陡坡杂乱、缓坡与中部成层"的地震反射特征（图3-1-5a），反映了缓坡超覆沉积、陡坡快速充填的地质现象。双边裂谷有两条控边断裂，内部地震反射特征与单边裂谷相似（图3-1-5b、c），不同的是单侧缓坡超覆被双侧陡坡快速充填取代。满加尔坳陷中—上南华统地震反射特征为平行反射，表现为从沉积中心向两侧的超覆沉积，与露头发现的滨岸—陆棚相砂泥岩一致。高精度的二维地震资料闭合解释发现，满加尔坳陷内的南华系并不是连片分布的，而是一个一个地孤立分布，形成裂陷群，造成负地貌特征，最终形成满加尔坳陷。

2）阿瓦提坳陷

因地震资料品质差，阿瓦提—塔中地区南华系是否存在、如何走向始终没有得到重点关注与充分研究。一部分学者认为南华系裂陷只发育在柯坪地区呈北东走向（陈永权等，2019），另一部分学者认为阿瓦提—塔中地区发育北西走向的裂陷（吴林等，2016，2017；任荣等，2017；管树巍等，2017；杨海军等，2021）。柯坪露头区尤尔美那克剖面与见必

图 3-1-3　塔里木盆地800Ma基底岩性照片及锆石U—Pb年龄谐和图

(a) 塔参1井钾长石花岗岩照片；(b) 英东2井基底花岗闪长岩照片；(c) 温参1井基底绿片岩薄片照片；(d) 塔参1井基底锆石U—Pb年龄；

(e) 英东2井基底锆石U—Pb年龄；(f) 温参1井基底锆石U—Pb年龄

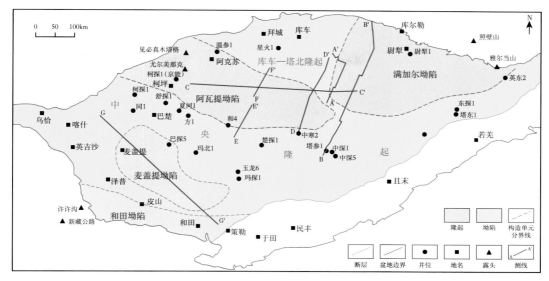

图 3-1-4　塔里木克拉通南华纪构造单元划分图

真木塔格剖面发育南华系巧恩布拉克群是一个普遍认可的地质证据，主要分歧在于地震反射是否认为是南华系。2022 年，两条格架线的采集提升了资料品质，通过与邻线闭合，基本证实阿瓦提—塔中北部发育一个北西西向裂陷群，从东西向格架线（TLM-2021-EW01）可以看到 4 个小裂陷（图 3-1-5c），从南北向格架线（TLM-2021-SN01）来看塔中北斜坡—满西地区发育 "一大两小" 3 个裂陷（图 3-1-5d）。阿瓦提坳陷内部局部资料品质较高的测线可以见到南华系（图 3-1-5e、f）。4~5 排断陷造成了整体负地貌特点，形成南华纪阿瓦提坳陷。

3）麦盖提坳陷与和田坳陷

麦盖提斜坡及周缘发育古近系盐岩、寒武系盐岩与二叠系喷发岩，导致地震能量衰减快、深层信噪比低、多次波严重，造成西南坳陷南华系展布格局存在多解性。部分学者认为西南坳陷内的南华系呈平行于昆仑山方向展布（李勇等，2016），绝大多数学者认为南华系裂陷是在超级地幔柱的影响下，在盆地边缘形成 "三叉裂谷"，其中一支与盆地边缘大角度相交（吴林等 2016，2017；任荣等，2017；管树巍等，2017；石开波等，2016，2017a，2017b，2018；崔海峰等，2018）。2019 年新采集的 TLM-19-02K 地震测线虽然资料品质有较大提升，但仍没有解决分歧，主要表现在寒武系底部及震旦系地震反射界面不清楚（图 3-1-5g），寒武系之下的斜反射是真正地层还是多次波反射的争议没有解决。本节以满加尔坳陷内具有代表性的克拉通内部孤立裂陷为依据，认为麦盖提坳陷是由两个孤立裂陷构成。和田坳陷与麦盖提坳陷之间是塔南隆起的雏形，两个坳陷并不连通，新藏公路剖面证实西昆仑地区发育南华纪裂陷—坳陷盆地。

二、沉积体系

1. 岩相与沉积构造

1）火山岩类

塔里木板块作为罗迪尼亚超大陆的组成部分，新元古代初期，随着罗迪尼亚超大陆的

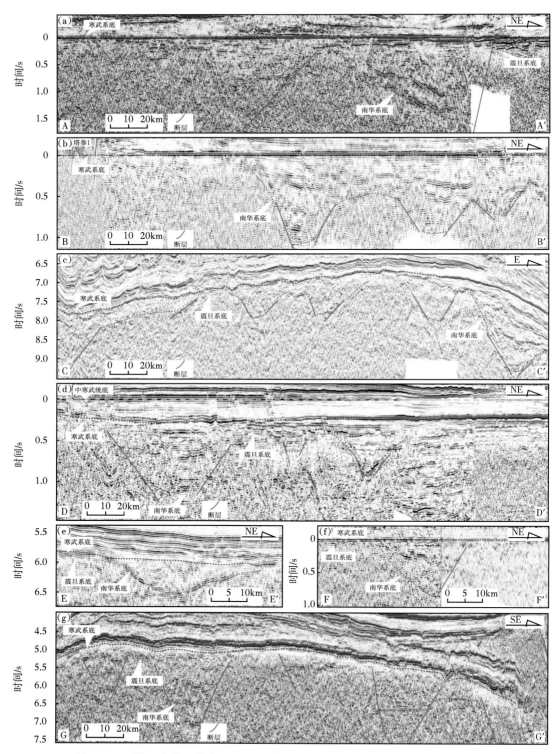

图 3-1-5 塔里木盆地南华系地震反射结构特征图（测线位置如图 3-1-4 所示）

裂解逐渐分离（Li et al.，2008；Xu et al.，2013；Zhang et al.，2014），在塔里木板块周缘及内部发育一系列裂谷或裂陷（Turner，2010；杨云坤等，2014；冯许魁等，2015；李勇等，2016；崔海峰等，2016；管树巍等，2017；石开波等，2017）。裂谷或裂陷的发育常常伴随着一系列的板内岩浆作用，在现今塔里木盆地西北缘阿克苏—柯坪地区、东北缘库鲁克塔格地区发育着新元古界基性岩墙、玄武岩、辉绿岩和双峰式火山岩等，被认为是罗迪尼亚超大陆裂解的标志（Xu et al.，2005，2009，2013；Zhang et al.，2012；He et al.，2014a，2014b；Ge et al，2012a，2012b，2014）。

塔里木盆地东北缘库鲁克塔格地区发育多期南华系火山岩，集中分布在贝义西组、阿勒通沟组中。贝义西组火山岩在库鲁克塔格南、北两区均广泛分布。在雅尔当山地区最为发育，厚度达1000余米，贝义西组下段以块状玄武岩为主（图3-1-6a），夹少量棕红色块状石英霏细斑岩、暗红色英安岩（图3-1-6c）、安山玢岩。贝义西组上段主要以流纹岩（图3-1-6b）与霏细岩互层为主，夹火山角砾岩及凝灰岩，构成一个大的基性—酸性的喷发旋回，指示大陆裂谷环境。根据对贝义西组火山岩年代学研究，在辛格尔地区贝义西组底部凝灰岩及酸性熔岩中分别获得（755~760）Ma±15Ma锆石U—Pb年龄（Xu et al.，2005）及（740±7）Ma锆石U—Pb年龄（Xu et al.，2009），在西山口地区贝义西组顶部熔岩中获得（725±10）Ma锆石U—Pb年龄。周肖贝（2015）在雅尔当山地区贝义西组顶部流纹岩中获得（709.5±9.7）Ma的锆石U—Pb年龄。因此限定贝义西组沉积期火山活动时间为760—710Ma。阿勒通沟组火山岩主要发育在库鲁克塔格北区西山口及恰克马克铁什地区，发育于阿勒通沟组顶部，岩性为灰绿色、紫红色安山岩、安山质火山角砾岩、流纹岩及凝灰岩。He等（2014a）在恰克马克铁什地区阿勒通沟组顶部流纹岩及安山岩中分别获得（655.9±4.4）Ma锆石U—Pb年龄及（654.4±9.9）Ma锆石U—Pb年龄，表明阿勒通沟组火山岩喷发时间为650Ma左右。

2）冰碛岩类

库鲁克塔格露头区南华系共出露三套冰碛岩层得到学术界的广泛认可（Xiao et al.，2004；Xu et al.，2005，2009；Hoffman et al.，2009；高林志等，2013）。第一套发育在贝义西组，时代约（768±10）Ma；第二套发育在阿勒通沟组，时代约（725±10）Ma；第三套发育在特瑞艾肯组，时代约（615±10）Ma（Xu et al.，2005，2009）。前人在铁克里克区新藏公路剖面发现了2~3套冰碛岩，童勤龙等（2013）提出波龙组与雨塘组2套冰碛岩；而杨芝林等（2016）将波龙组内识别出波二段与波四段两套冰碛岩，与雨塘组共组成3套冰碛岩。杨芝林等（2016）在柯坪—乌什区尤尔美那克露头识别出东巧恩布拉克组、冬屋组、尤尔美那克组等三套冰碛岩，并建立了三个露头区冰碛岩等时对比关系。但塔西北地区是否为冰碛岩还有分歧，东巧恩布拉克组是否与贝义西组等时也有不同意见。

下南华统冰碛岩基质主要为粉砂或泥岩，填隙物分选及磨圆度均较差，以砂岩、粉砂岩为主，有坠石发育，多数坠石发育压裂纹，个别砾石颗粒同时具有擦痕构造以及层理不明显或无层理发育（图3-1-6d—f）。

3）碎屑岩类

南华系碎屑岩包括泥岩、粉砂质泥岩、砂岩—砂砾岩—砾岩。砂岩—砂砾岩主要发育于铁克里克地区牙拉古孜组、克里西组、雨塘组，阿克苏地区西方山组、牧羊滩组，库鲁克塔格地区照壁山组、特瑞艾肯组上部（图3-1-6g—i）。砂砾岩、砂岩颜色主要为紫红色、灰褐色。砾石成分复杂，主要为砂岩、石英岩、硅质岩；一般分选较好，磨圆中等，少量磨圆较好，可见2mm的细砾岩到0.2m粗砾岩，一般以2~15cm中细砾岩为主。砂岩

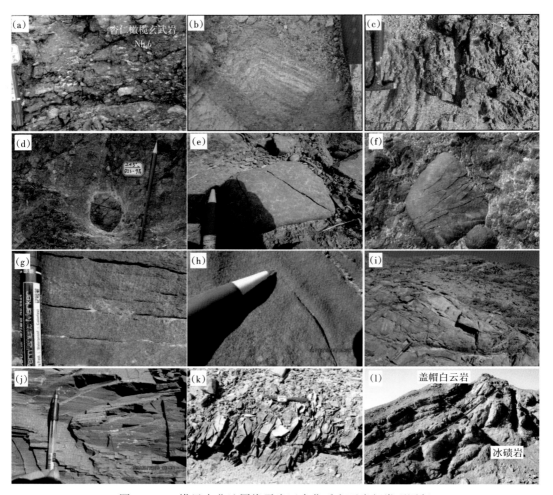

图 3-1-6　塔里木盆地周缘露头区南华系主要岩相类型图版

(a)贝义西组杏仁状玄武岩，雅尔当山地区；(b)贝义西组灰绿色流纹岩，雅尔当山地区；(c)贝义西组暗红色英安岩，雅尔当山地区；(d)特瑞艾肯组冰碛岩坠石，恰克马克铁什剖面；(e)尤尔美那克组冰碛岩坠石，尤尔美那克剖面；(f)波龙组冰碛岩坠石，新藏公路剖面；(g)克里西组灰紫色中细砂岩，新藏公路剖面；(h)雨塘组红紫色中细砂岩，新藏公路剖面；(i)巧恩布拉克群灰红色中层状细砂岩，尤尔美那克剖面；(j)雨塘组灰色泥岩，新藏公路剖面；(k)特瑞艾肯组黑色泥岩，雅尔当山地区；(l)阿勒通沟组冰碛岩之上的盖帽白云岩，雅尔当山地区

分选较好，可见大型槽状交错层理、平行层理以及粒序层理。

南华系泥岩、粉砂质泥岩主要发育在乌什—柯坪区西方山组，在铁克里克区发育在牙拉古孜组下部，波龙组间冰期、克里西组下部与雨塘组，在库鲁克塔格地区主要发育在照壁山组、特瑞艾肯组（图3-1-6j、k）。泥岩大多含粉砂，且常与粉砂岩、细砂岩韵律性互层沉积。所见的泥岩的颜色以灰黑色、灰绿色和紫红色为主。

4）其他岩相

南华系还发育少量的白云岩，主要以冰碛岩的盖帽白云岩为主（图3-1-6l）。雅尔当山露头阿勒通沟组上段发育黑色泥岩与灰黑色薄层硅质岩互层，特瑞艾肯组下部黑色泥岩中也发育少量硅质岩夹层。铁克里克区新藏公路露头牙拉古孜组上部岩性以灰绿色纹层状硅质岩为主，波龙组中部发育硅质泥岩。

5）沉积构造

南华系发育一些层理与层面构造，主要的层理构造有水平纹理、平行层理、交错层理与粒序层理。这些沉积构造常见于库鲁克塔格区阿勒通沟组、特瑞艾肯组，乌什—柯坪区东巧恩布拉克组，以及铁克里克区雨塘组泥岩、砂岩和砂砾岩中。

2. 沉积体系与沉积模式

1）下南华统大陆裂谷沉积体系

南华纪早期的强烈拉张，形成了大陆裂谷，裂谷内充填断陷盆地沉积体系，主要的沉积相类型包括冲积扇、扇三角洲与滨浅湖相，沉积模式如图 3-1-7a 所示，也普遍发育火山岩相。

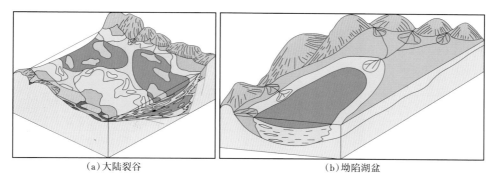

(a) 大陆裂谷　　　　　　　　　　　　　　　(b) 坳陷湖盆

图 3-1-7　南华系沉积模式图

（1）冲积扇相。

库鲁克塔格南区东部玉尔衮布拉克剖面贝义西组底部发育砂砾岩，为早期断陷冲积扇沉积（石开波，2017）；北区辛格尔南剖面贝义西组底部为灰色、灰绿色块状砾岩，砾石成分复杂，呈棱角—次棱角状，大小不等，最大粒径达 39cm，向上有变细的趋势，为裂谷张裂初期冲积扇沉积。铁克里克区新藏公路剖面牙拉古孜组底部发育一套紫红色巨厚层成分复杂的砾岩，总厚约 370m，砾石大小混杂，多数粒径为 5～15mm，大者可达 15～20cm；砾石成分主要为硅质岩、石灰岩、花岗岩和石英碎屑等，磨圆度较好，呈次圆状—圆状，少数呈次棱角状，局部夹有紫红色薄层泥岩、粉砂岩，属于山麓冲积扇相磨拉石建造（马世鹏等，1991）。乌什—柯坪区尤尔美那克剖面西方山组底部主要为中粗砂岩夹细砂岩、泥质粉砂岩，可见交错层理、粒序层理等，为冲积扇相。

（2）斜坡扇—滨浅湖相。

库鲁克塔格南区雅尔当山剖面南华系贝义西组以双峰式火山岩为特征，北区则以碎屑岩沉积作用为主。北区照壁山剖面贝义西组以砂、粉砂互层为主，夹少量细砾石，部分层段可见滑塌层理、透镜状层理和层面弯曲特征，反映以重力作用为主的垮塌沉积，为斜坡扇相；部分具有水平层理的粉砂岩则属于滨浅湖相。乌什—柯坪区尤尔美那克剖面南华系西方山组下段以灰绿色中—薄层、中—厚层状中细砂岩和粉砂岩为主夹薄层状粉砂质泥岩，底部岩性较粗，主要为中粗砂岩夹细砂岩、泥质粉砂岩，可见交错层理，以正韵律层理为主，反映了快速沉积的斜坡扇相特点；上段粒度明显变粗，以灰绿色、灰红色中层状中粗砂岩、中细砂岩夹粉砂岩、粉砂质泥岩为主，交错层理、平行层理发育，为滨浅湖相。铁克里克区新藏公路剖面南华系牙拉古孜组上段以灰绿色薄层状粉砂质泥岩、泥岩为主，水平层理发育，反映了水体相对较深的滨浅湖—半深湖相沉积特征。

（3）火山岩相。

库鲁克塔格南区雅尔当山剖面贝义西组火山熔岩厚1110m，贝义西组下段形成两个基性—酸性的喷发旋回，岩性以墨绿色块状玄武岩为主，夹少量灰绿—墨绿色块状玄武质火山角砾(凝灰)熔岩、棕红色块状石英霏细斑岩、紫红色英安岩和安山玢岩；玄武岩中有少量橄榄玄武岩，普遍具杏仁构造。贝义西组上段构成一个大的基性—酸性的喷发演化旋回，以灰色、灰绿色块状流纹岩与灰色、灰紫色、灰绿色、棕红色块状霏细岩互层为主，夹灰绿色、紫红色酸性火山角砾岩及凝灰岩、灰色石英斑岩(表3-1-1)。

表3-1-1 塔里木盆地周缘南华系沉积体系划分表

沉积体系	相	岩性组合特征	主要分布层位
大陆裂谷沉积体系	冲积扇	砂砾泥岩混积，分选型差	贝义西组、西方山组下部、牙拉古孜组
	斜坡扇	砂岩、砂砾岩，具有交错层理	照壁山组、西方山组上部、牧羊滩组
	滨浅湖	泥岩、粉砂质泥岩、泥质粉砂岩等	照壁山组、西方山组上部、牧羊滩组
	火山岩	玄武岩、流纹岩、英安岩等	贝义西组
坳陷湖盆沉积体系	扇三角洲	砂砾泥岩	尤尔美那克组、波龙组
	滨浅湖	砂岩，具有交错层理	阿勒通沟组、牧羊滩组、冬屋组
	半深湖—深湖	泥岩、粉砂质泥岩	特瑞艾肯组、阿勒通沟组
冰成体系	冰筏、大陆冰川	含冰碛岩坠石	库鲁克塔格区贝义西组、阿勒通沟组、特瑞艾肯组；铁克里克区波龙组、雨塘组；柯坪区冬屋组、尤尔美那克组

2) 中—上南华统坳陷湖盆沉积体系

南华纪晚期，大陆裂谷沉积体系转变为坳陷湖盆沉积体系，主要沉积相类型包括扇三角洲、滨浅湖、半深湖与深湖相(图3-1-7b)。

(1)库鲁克塔格区。

北区照壁山组下部发育小型浪成波状交错层理、丘状层理，顶部粉砂岩中发育大型交错层理，沉积环境位于浪基面以上，为滨浅湖相特征。阿勒通沟组下部以细砂岩为主，泥岩、粉砂岩次之，除发育水平层理外，还可见指示古水流方向自南东向北西流动的微小型不对称波痕，总体反映浅湖—半深湖沉积环境。黄羊沟组间冰期沉积物以粉砂质泥岩为主，局部夹透镜状灰黄色细晶灰岩，粉砂质泥岩具水平纹层构造，细晶灰岩呈薄—中层状，属半深湖—深湖相(朱航等，2020)。

(2)铁克里克区。

波龙组一、三段以灰绿色粉砂岩、细砂岩夹泥岩为主，泥岩水平层理较为发育，为滨浅湖相。克里西组下部为灰绿色薄层状粉砂质泥岩、泥岩与粉细砂岩互层，泥岩水平层理发育，为半深湖相；上部为灰紫色、暗灰紫色厚层状含砾粗砂岩、中粗砂岩夹薄层状细砂岩、粉砂质泥岩，发育粒序层理及交错层理，为滨浅湖相(权小康，2017)。雨塘组下部为红紫色中—厚层状含砾中粗砂岩、中细砂岩夹薄层粉砂岩，发育交错层理，为扇三角洲沉积。

(3)柯坪区。

西方山组上段粒度明显变粗，以灰绿色、灰红色中层状中粗砂岩、中细砂岩夹粉砂岩、粉砂质泥岩为主，颗粒分选中等—较差，磨圆中等，以次圆状—次棱角状为主，颗粒支撑结构，交错层理、平行层理发育，为扇三角洲相。牧羊滩组以灰绿色、暗紫红色中—薄层、中—厚层状含砾中粗砂岩、中细砂岩为主夹薄层状泥质粉砂岩(权小康，2017)，底部发育交错层理、平行层理，为滨浅湖相。冬屋组上部以红紫色中—厚层状砂砾岩、含砾粗砂岩为主，夹薄层粉砂岩，为扇三角洲—滨浅湖相。

3）冰成体系

（1）库鲁克塔格区。

北区贝义西组中下部为块状冰碛岩，冰碛岩直接覆盖在火山角砾集块岩之上，部分冰碛砾岩为凝灰质胶结，属大陆冰川亚相的冰筏沉积（朱航等，2020）。阿勒通沟组下部为由砾岩、砂岩、粉砂岩、泥岩混合而成的冰碛沉积物，以泥、粉砂、砂为基质，成分复杂、大小悬殊的砾石呈星状分布在基质中，基质中的泥质纹层会被坠落的砾石压弯变形。特瑞艾肯组上部发育深灰色块状冰碛含砾泥质中粗砂岩，岩石中的砾石普遍较细，较粗的砾石分布杂乱，熨斗石尖角朝上，为坠落沉积。

（2）铁克里克区。

波龙组二、四段为典型的冰水沉积，以紫红色、暗紫红色砂泥质冰碛砾岩、冰碛纹泥岩为主，砾石可见马鞍石、压裂纹及擦痕现象。砾石以中细砾为主，分选中等，粒径以1~12cm为主，局部可达35cm。雨塘组底部以紫红色、暗紫红色砂泥质冰碛砾岩为主，砾石可见马鞍石、压裂纹及擦痕现象，分选中等，磨圆较好，粒径以1~10cm为主，砾石长轴具顺层定向排列特征，为典型的冰成岩。

（3）柯坪区。

冬屋组下部为红紫色厚层状冰碛砾岩，砾石分选差，砾石粒径长0.5~65cm，大小混杂堆积，可见压裂纹（权小康，2017）。砾石成分主要以砂质变质岩、泥岩及硅质岩为主，磨圆中等，次圆状—次棱角状，填隙物以砂岩为主。尤尔美那克组以暗红紫色厚层块状冰碛砾岩、红紫色纹层状含粉砂泥岩为主，夹薄层状泥质粉砂岩，水平层理发育。冰碛岩为砂砾岩，砾石分选中等，粒径为0.5~10cm，磨圆中等—较好，大者为漂砾，中细砾多顺层排列分布。

三、沉积结构与沉积相

1. 地层分布

根据地震解释编制了南华系分布图（图3-1-8）。南华系主要分布在阿瓦提凹陷、满

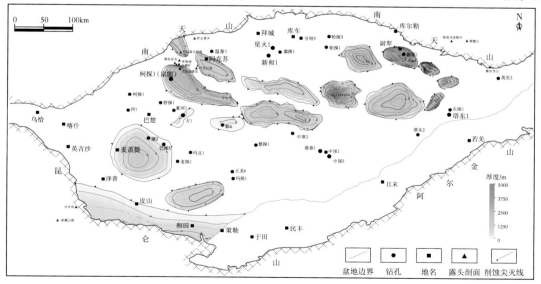

图 3-1-8　塔里木盆地南华系分布图

加尔凹陷与西南坳陷中。满加尔凹陷内南华系东边界大致与轮南—古城台缘带相近，满加尔沙漠覆盖区共解释了7个南华系断陷—坳陷盆地，分布面积为$2.9×10^4km^2$，地层最厚近5000m，表现为在孤立的大陆裂谷内发育的继承性断陷—坳陷盆地特点。阿瓦提凹陷内发育7个南华纪孤立盆地，总面积为$3.5×10^4km^2$，地层最厚约2500m。麦盖提斜坡区发育两个南华纪大陆裂谷—坳陷盆地，一个发育在西部泽普—麦盖提地区，另一个发育在东部和田—玛扎塔格构造带南部，总面积为$2.6×10^4km^2$；以新藏公路为代表的南华纪裂谷—坳陷盆地由于缺少资料，无法准确成图，推测分布在昆仑山前。

2. 地震充填模型

地震剖面上，南华系表现为裂陷—坳陷的二元地质结构，其演化经历了断陷和坳陷两个阶段。早期断陷盆地比较窄，宽度大约20km左右，晚期坳陷盆地演化过程中盆地逐渐变宽，可达60~70km。地震剖面上，南华系内部表现出3个强反射—空白弱反射旋回，且对于强反射具有盆缘陡、内部缓的产状特点。根据库鲁克塔格露头区地层组合序列与相序组合、地震剖面特征建立南华系充填模型（图3-1-9）。下南华统贝义西组—照壁山组构成SSQ1，由贝义西组低位体系域冲积扇，海侵体系域冰碛岩与高位体系域照壁山组砂泥岩构成。其中底部冲积扇、火山岩建造表现为杂乱反射特点；海侵体系域冰碛岩呈空白反射特征，高位体系域照壁山组砂泥岩表现为平行强反射地震相特征。中南华统阿勒通沟组与上南华统黄羊沟组构成SSQ2，阿勒通沟组冰碛岩构成低位体系域，表现为空白反射特点；黄羊沟组以泥岩为主，构成高位体系域，表现为平行强反射特点。上南华统特瑞艾肯组构成不完整的SSQ3，只发育低位体系域冰碛砾岩。

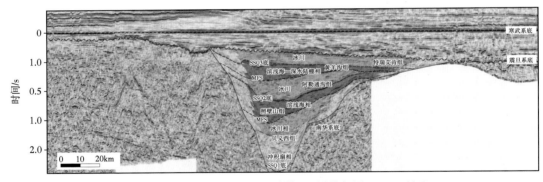

图3-1-9　南华系地震沉积充填模型（导线如图3-1-8所示）

3. 沉积相

南华系以碎屑岩沉积体系为主，还发育冰成体系域与火山沉积体系，单一的沉积相图不能反映南华系的沉积特征。而目前多数盆地内地震资料品质差，无法支撑分层序成图，因此本节选择了成烃条件好的SSQ2高位体系域黄羊沟组作沉积相图。黄羊沟组发育在阿勒通沟组沉积期之后的间冰期，阿勒通沟组冰期全球上与Sturtian冰期对应，与塔西南的波龙组四段冰期对应，而黄羊沟组与塔西南区的克里西组可等时对比（图2-1-3）。Zhu等（2020）报道了库鲁克塔格区黄羊沟组以暗色泥岩为主，发育约200m厚的烃源岩；铁克里克区克里西组以灰绿色泥质粉砂岩或粉砂质泥岩为主，虽没有生烃能力，但与上下地层岩性组合相比，明显代表相对深水的岩石组合。

黄羊沟组沉积期为坳陷湖盆沉积体系（图3-1-7），坳陷边缘发育扇三角洲砂岩，坳陷内部发育滨浅湖—半深湖沉积（图3-1-10）。因资料控制点少，沉积相分布图以概念性质为主，尚不具备工业化使用的条件。

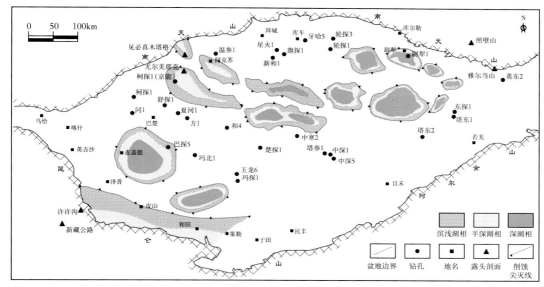

图 3-1-10　南华系复合层序 Ⅱ 高位体系域（相当于黄羊沟组）沉积相平面图

第二节　震旦纪隆坳格局与沉积盆地

一、震旦纪构造格局

1. 库鲁克塔格运动

震旦系与南华系不整合在盆地内部与盆地边缘均普遍发育，对应的构造运动称为库鲁克塔格运动（张光亚等，1998；王毅等，1999）。柯坪地区苏盖特布拉克露头苏盖特布拉克组不整合披覆在南华系之上（图 3-2-1a）。肖西沟剖面、什艾日克剖面可见苏盖特布拉克组超覆在基底阿克苏群之上（图 3-2-1b）。库鲁克塔格区，扎摩克提组角度不整合覆盖在南华系特瑞艾肯组之上。铁克里克区，库尔卡克组与南华系雨塘组呈假整合接触关系。地震剖面上，可以见到震旦系底面为高低起伏的剥蚀面，南华系被削蚀，震旦系向古地貌高部位超覆沉积（图 3-2-1c）。

关于库鲁克塔格运动的大地构造研究资料较少，通过对柯坪、库车地区花岗岩岩石地球化学与锆石年代学研究，发现了 650Ma 左右碰撞后伸展背景的证据；同时根据碎屑岩锆石年龄频谱分析发现了 680—620Ma 的证据，证实库车—柯坪地区存在南华纪末期的构造运动证据（图 3-2-2）。库鲁克塔格构造运动后，震旦纪经历从陆相碎屑岩、海相碎屑岩到海相碳酸盐岩的变化，代表了伸展背景的盆地演化。

2. 震旦纪构造古地理

震旦纪构造古地理格局对南华纪有继承性，也有变革性，变革主要体现在塔南隆起的形成与盆地西部的整体抬升，形成规模巨大的塔西地台；原南华纪的阿瓦提坳陷、麦盖提坳陷转变为地台内部凹陷。震旦纪塔里木克拉通构造古地理可划分为塔南隆起、塔西地台、和田坳陷与满加尔坳陷 4 个一级构造单元，塔西地台又分为柯坪—古城凸起、塔北凸

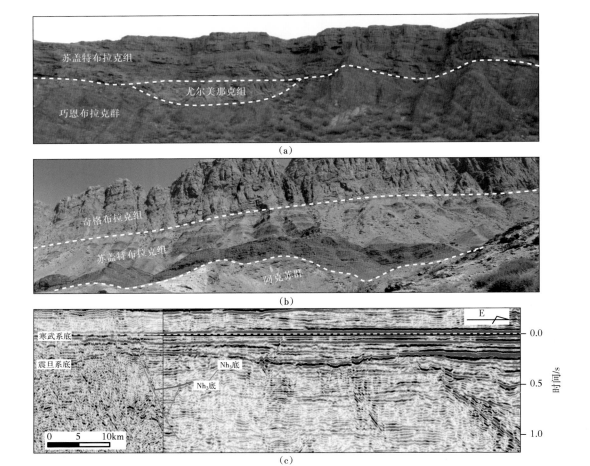

图 3-2-1　前震旦系—震旦系角度不整合

(a) 和 (b) 为柯坪地区苏盖特布拉克露头区前震旦系—震旦系接触关系照片；(c) 为富满油田三维地震剖面

起、阿满古梁、满西古梁、麦盖提凹陷、阿瓦提凹陷、满西凹陷与乌什凹陷等 8 个二级构造单元（图 3-2-3）。

1）阿瓦提凹陷、满西凹陷与满加尔坳陷

阿瓦提凹陷、满西凹陷与满加尔坳陷主要表现为对南华纪的继承性特点，隆坳格局的划分主要依据下震旦统碎屑岩填充厚度。从地震反射特征也可以明显见到阿瓦提凹陷、满西凹陷与满加尔坳陷的分异，阿瓦提凹陷与满西凹陷之间为阿满古梁，而满西凹陷与满加尔坳陷之间为满西古梁（图 3-2-4a）。

柯坪露头区是震旦纪阿瓦提凹陷存在的直接证据。尤尔美那克露头下震旦统苏盖特布拉克组厚 732m，什艾日克露头苏盖特布拉克组厚 410m，而位于塔北隆起的温参 1 钻孔苏盖特布拉克组仅厚 65m，表明阿瓦提凹陷主要体现在下震旦统的加厚，而隆起区下震旦统较薄，甚至不发育。

满加尔坳陷震旦系具有深水—半深水陆棚沉积特点，下震旦统碎屑岩沉积厚度大。恰克马克铁什、照壁山、雅尔当山露头、轮探 3（未揭全）、尉犁 1、英东 2 等井钻揭震旦系，发育水泉组泥岩与石灰岩深水陆棚相岩性组合。下震旦统碎屑岩厚度不均匀，主要表

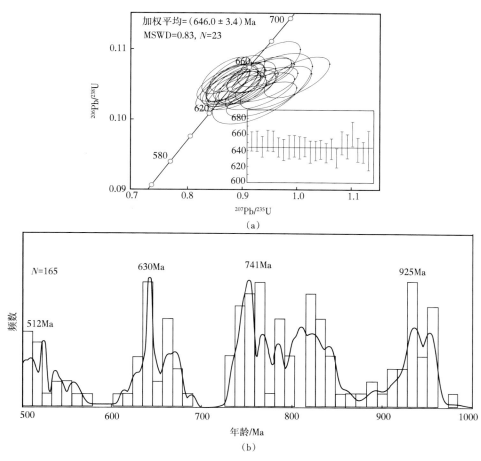

图 3-2-2　库鲁克塔格运动聚敛期年代学证据

（a）吐格尔明花岗岩锆石 U—Pb 年龄谐和图；（b）塔里木台盆区志留系碎屑岩锆石 U—Pb 年龄频谱图

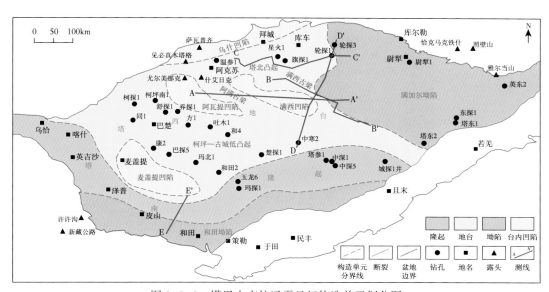

图 3-2-3　塔里木克拉通震旦纪构造单元划分图

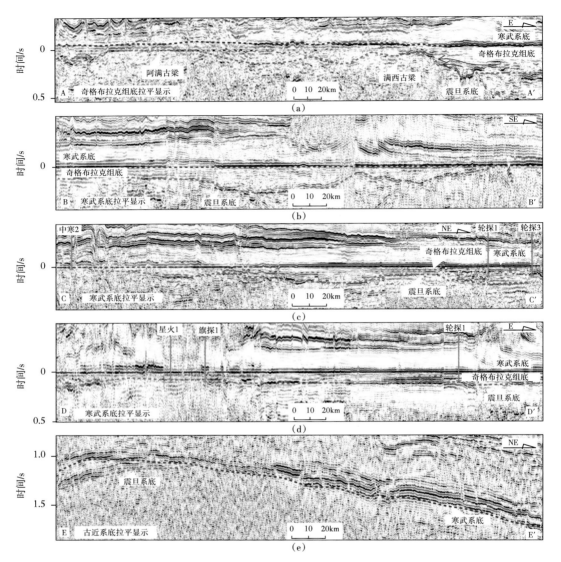

图3-2-4 塔里木盆地震旦系地震反射结构特征图（测线位置如图3-2-3所示）

现为对南华纪凹凸地貌的继承性，南华纪裂陷区下震旦统碎屑岩厚，例如照壁山剖面、恰克马克铁什剖面下震旦统碎屑岩分别厚985m与845m。地震剖面可以看出满加尔坳陷的震旦系加厚特征（图3-2-4b）。

满西凹陷是发育在塔北凸起与柯坪—古城凸起之间的规模较小的凹陷，没有钻孔钻揭震旦系。从南北向地震剖面可以见到满西凹陷的局部微弱负地貌特征，下震旦统厚度在200～300m（图3-2-4c）。

2）柯坪—古城凸起与塔北凸起

柯坪—古城凸起内震旦系—寒武系呈角度不整合接触关系，震旦系具有上超顶削特点（图3-2-4c），导致柯坪—古城凸起绝大部分地区下震旦统碎屑岩未超覆上来，上震旦统奇格布拉克组白云岩又被削蚀，厚度普遍在100m以内。

塔北凸起也是在南华纪库车—塔北隆起背景上继承性发育的，震旦系主要特征是下震

108

旦统碎屑岩骤然减薄至100m以内，多数地区只发育上震旦统奇格布拉克组白云岩，厚度稳定在150m左右，例如旗探1井钻揭奇格布拉克组161m、苏盖特布拉克组94m、星火1井钻揭奇格布拉克组136m、苏盖特布拉克组119m。根据地震反射特征可见震旦系整体较薄（图3-2-4d）。

3）和田坳陷—塔南隆起—麦盖提凹陷

西南坳陷内，前人研究认为震旦纪对南华纪的隆坳格局表现为继承特点，但其展布特征一直备受争议。多数观点认为，南华系及震旦系呈北东向展布（吴林等2016，2017；任荣等，2017；管树巍等，2017；石开波等，2016，2017a，2017b，2018；崔海峰等，2018；陈永权等，2019），也有观点认为南华系—震旦系为北西向展布（冯许魁等，2015；李勇等，2016）。

从地震反射特征上可以见到，塔南隆起不发育震旦系，和田坳陷北缘震旦系具有上超顶削特点（图3-2-4e），推测塔西南地区在前震旦纪发育规模较大的构造运动，形成了塔南隆起，塔南隆起南北两侧分别形成和田坳陷与麦盖提凹陷。和田坳陷下震旦统碎屑岩较厚，其物源应来自其北部的塔南隆起，间接说明塔南隆起在震旦系沉积前已经存在。位于昆仑山内的新藏公路剖面震旦系库尔卡克组与克孜苏胡木组厚度分别为662m与314m，代表和田坳陷内的震旦系沉积。

麦盖提斜坡区，在寒武系地震反射轴之下存在一套平行反射结构，可能是震旦系；麦盖提斜坡北部柯探1、同1等钻孔钻揭奇格布拉克组台地相白云岩，表明震旦纪麦盖提斜坡是塔西地台的一部分。本节以继承性观点认为，麦盖提斜坡震旦纪继承了南华纪坳陷背景，但被改造为台地内部凹陷。

二、沉积体系

1. 岩相与沉积构造

塔里木盆地震旦系经历了陆相碎屑岩沉积、海相碎屑岩沉积、碎屑岩—碳酸盐岩混积与碳酸盐岩沉积过程，发育碎屑岩、混积岩、碳酸盐岩与冰碛岩四种主要沉积岩相。

1）碎屑岩类

碎屑岩主要发育在下震旦统。柯坪地区苏盖特布拉克组底部发育一套褐色砾岩（图3-2-5a），呈现正粒序特征，逐渐发育为褐色粗—细砂岩（图3-2-5b）、粉砂岩至泥质粉砂岩（图3-2-5d）等。库鲁克塔格区扎摩克提组发育一套浅灰色砂砾岩，发育交错层理（图3-2-5c），育肯沟组与水泉组下部以泥岩（图3-2-5e）为主。铁克里克地区，库尔卡克组以褐色砂岩为主，局部发育深灰色粉砂质泥岩。

2）混积岩类

在上震旦统底部发育一套从海相碎屑岩向碳酸盐岩过渡的混积岩相。柯坪地区，苏盖特布拉克组顶部发育一套薄互层状粉砂质泥岩与泥晶灰岩沉积（图3-2-5h）。铁克里克区，克孜苏胡木组下部发育一套浅褐色砂质白云岩与砂岩互层沉积岩；库鲁克塔格区，水泉组发育一套暗色泥岩与石灰岩薄互层沉积岩。

3）碳酸盐岩类

上震旦统以碳酸盐岩为主，柯坪地区奇格布拉克组发育藻凝块云岩、叠层石白云岩（图3-2-5i）、颗粒白云岩；铁克里克区克孜苏胡木组发育纹层状白云岩（图3-2-5g）、砂质白云岩与颗粒白云岩等；库鲁克塔格区，水泉组以石灰岩为主，汉格尔乔克组发育冰碛岩与盖帽白云岩。盆地覆盖区，塔北隆起、柯坪隆起、巴楚隆起西部钻孔普遍发育奇格

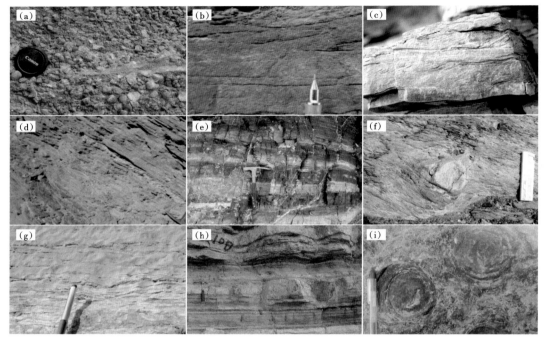

图 3-2-5　塔里木盆地周缘露头区震旦系主要岩相类型图

（a）褐色底砾岩，柯坪地区，苏盖特布拉克组；（b）褐色中砂岩，柯坪地区，苏盖特布拉克组；（c）砂岩交错层理，雅尔当山地区，扎摩克提组；（d）绿灰色泥质粉砂岩，柯坪地区，苏盖特布拉克组；（e）深灰色泥岩，兴地地区，水泉组；（f）冰碛岩，向阳村，汉格尔乔克组；（g）纹层状白云岩，铁克里克地区，克孜苏胡木组；（h）泥晶灰岩与粉砂岩互层，柯坪地区，奇格布拉克组；（i）柱状叠层石白云岩，柯坪地区，奇格布拉克组

布拉克组，以藻白云岩为主。自轮探 3 井以东地区震旦系发育两套碳酸盐岩，一套是水泉组石灰岩、含泥灰岩，另一套是发育在汉格尔乔克组顶部的盖帽白云岩。

4）冰碛岩

冰碛岩主要发育在满加尔凹陷区上震旦统汉格尔乔克组。如第二章所述，汉格尔乔克组广泛分布于库鲁克塔格地区，为灰色、深灰色、灰绿色厚层块状杂砾岩，厚度一般为150~430m，轮探 3 井、尉犁 1 井与英东 2 井钻揭该套地层。

2. 沉积体系与沉积模式

震旦系发育四种类型沉积体系，包括冲积扇—三角洲沉积体系、滨岸—陆棚沉积体系（图 3-2-6a）、碳酸盐岩缓坡沉积体系（图 3-2-6b）和冰成体系（表 3-2-1）。

冲积扇—三角洲沉积体系主要发育在震旦系底部，横向分布有限（吴永良等，2020）。柯坪地区什艾日克剖面震旦系苏盖特布拉克组底部发育厚层状褐色砂砾岩，泥质胶结，砾石分选性差、磨圆度差，是冲积扇相的特征。库鲁克塔格区扎摩克提组底部发育砂砾岩，部分具有交错层理，代表辫状河三角洲相。

滨岸—陆棚沉积体系是下震旦统中上部主要沉积体系类型（吴永良等，2020）。阿克苏地区苏盖特布拉克组中上部以褐色—灰绿色砂岩—粉砂岩为主，发育斜层理、交错层理，代表滨岸—浅水陆棚沉积；铁克里克区，库尔卡克组发育褐色细砂岩—粉砂岩沉积旋回，为滨岸—浅水陆棚沉积；库鲁克塔格区扎摩克提组上部细砂岩为滨岸沉积，育肯沟组发育砂岩—泥岩，代表滨岸—陆棚沉积旋回。

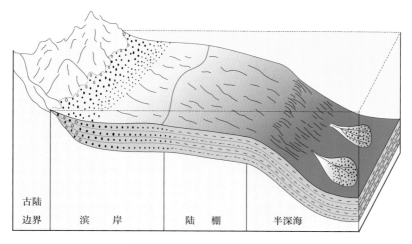

（a）滨岸—陆棚沉积模式

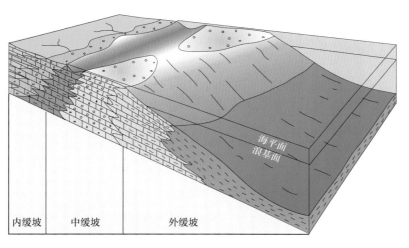

（b）缓坡碳酸盐岩台地沉积模式

图 3-2-6　塔里木盆地震旦系沉积模式图

表 3-2-1　塔里木盆地震旦系沉积体系划分表

沉积体系	沉积相	沉积亚相	岩性组合特征	主要分布层位
碳酸盐岩缓坡沉积体系	上缓坡	潮坪	藻白云岩、泥晶白云岩，颜色偏红	克孜苏胡木组
	中缓坡	浅滩	颗粒白云岩、藻白云岩	奇格布拉克组
		滩间	泥质白云岩、灰质白云岩、白云质灰岩	奇格布拉克组
	下缓坡	斜坡、陆棚	泥质灰岩、灰质泥岩、泥岩	水泉组、苏盖特布拉克组顶部
滨岸—陆棚沉积体系	滨岸相	临滨、前滨、后滨	砾岩、砂岩，平行层理	扎摩克提组、苏盖特布拉克组中部、库尔卡克组
	陆棚相	浅水陆棚、深水陆棚	泥岩、粉砂质泥岩、泥质粉砂岩	育肯沟组、水泉组下部、苏盖特布拉克组上部、库尔卡克组上部

沉积体系	沉积相	沉积亚相	岩性组合特征	主要分布层位
冲积扇—三角洲沉积体系	冲积扇	扇根、扇中、扇缘	砂砾泥岩	苏盖特布拉克组底部
	三角洲	辫状河（曲流河）三角洲平原、前缘	砂岩，具有交错层理	苏盖特布拉克组下部
冰成体系	冰筏	—	冰碛砾岩	汉格尔乔克组

  碳酸盐岩缓坡沉积体系主要发育在上震旦统，柯坪地区奇格布拉克组、铁克里克区克孜苏胡木组与库鲁克塔格区水泉组为该套沉积体系的代表（吴永良等，2020）。柯坪—塔北地区奇格布拉克组以上缓坡—中缓坡沉积相为主，主要发育潮坪亚相泥晶白云岩、藻凝块岩、叠层石白云岩与浅滩亚相颗粒白云岩，局部夹滩间亚相的灰质白云岩。铁克里克区克孜苏胡木组主要以上缓坡潮坪亚相纹层状白云岩为主，间互发育中缓坡浅滩亚相颗粒白云岩。库鲁克塔格区水泉组发育下缓坡斜坡—陆棚亚相泥质灰岩、灰质泥岩。

  冰成体系主要发育在满加尔凹陷汉格尔乔克组，砾石成分复杂，分选与磨圆差。

三、沉积结构与沉积相

1. 地层分布

  震旦系在南华系裂陷盆地背景下沉积范围进一步扩大（图 3-2-7），总分布面积为 $27×10^4 km^2$，主要分布在两个范围：一是北部坳陷及周缘，包括北部坳陷、塔北隆起、巴楚西部、柯坪隆起、麦盖提斜坡，面积为 $24.1×10^4 km^2$；二是分布在西昆仑山前，面积为 $2.9×10^4 km^2$。震旦系在巴楚东部、塔中隆起与东南隆起被削蚀尖灭；满加尔凹陷震旦系厚度最大，可达 1500 余米，柯坪—阿瓦提地区震旦系厚约 500m。

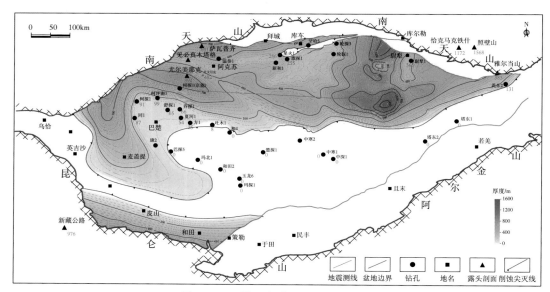

图 3-2-7 塔里木盆地震旦系分布图

2. 地震充填模型

  奇格布拉克组底部拉平地震剖面上，震旦系可以分为四个层序（图 3-2-8）：SSQ1 相当于苏盖特布拉克组下段，等时对应库鲁克塔格区扎摩克提组与育肯沟组，以及铁克里克区库尔卡克组，超覆在参差不齐的前震旦系基底风化壳上；SSQ2 相当于苏盖特布拉克组顶部混积岩段，等时对应库鲁克塔格区水泉组中—下段与铁克里克区克孜苏胡木组下混积岩段，表现为平行弱反射特点；SSQ3 相当于柯坪区奇格布拉克组，等时对应库鲁克塔格区水泉组顶部石灰岩段与铁克里克区克孜苏胡木组上白云岩段，潮坪相表现为强反射特点，颗粒滩相表现为弱反射特点，陆棚相区急剧减薄；SSQ4 相当于汉格尔乔克组，由一套冰碛岩与盖帽白云岩组成，表现为弱反射特点。

从地震反射结构来看，上震旦统厚的区域代表古地貌高，下震旦统一般较薄，例如塔北地区；上震旦统薄的地区代表古地貌低的陆棚相，下震旦统一般较厚，例如塔东地区（图 3-2-8）。

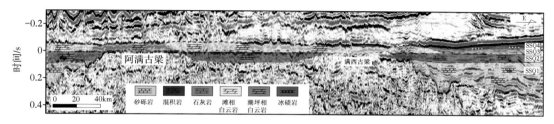

图 3-2-8　塔里木盆地震旦系层序充填模型（导线如图 3-2-7 所示）

3. 沉积相

SSQ3（相当于奇格布拉克组）分布最广，同时 SSQ3 也是塔里木盆地震旦系重要的成储层序；因此，对于震旦系主要开展 SSQ3 沉积模式研究与沉积相编图。奇格布拉克组主要表现为碳酸盐岩缓坡沉积体系，柯坪地区奇格布拉克组、铁克里克地区克孜苏胡木组与库鲁克塔格地区水泉组为该套沉积体系的代表（石开波等，2016，2017a，2017b，2018）。在震旦系古构造格局的控制下，根据地质点控制与地震相特征编制了上震旦统 SSQ3（相当于奇格布拉克组）沉积相图（图 3-2-9）。奇格布拉克组滩相及潮坪相白云岩分布面积近

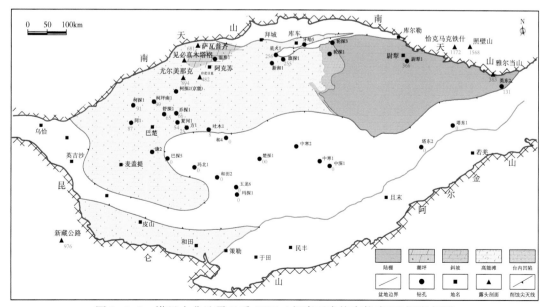

图 3-2-9　塔里木盆地震旦系 SSQ3（相当于奇格布拉克组）沉积相图

红色数字代表地层厚度（单位：m）

$19×10^4km^2$，库车—塔北隆起控制形成塔北奇格布拉克台地，面积约为$5×10^4km^2$；满加尔凹陷控制形成陆棚相；中央隆起内大部分地区震旦系于寒武系沉积前被削蚀尖灭；麦盖提斜坡区是奇格布拉克组塔西大台地的一部分，但因为地震资料品质差，落实程度相对较低。

第三节 寒武纪隆坳格局与沉积盆地

一、寒武纪构造格局

1. 柯坪运动

前人基于露头资料与钻孔资料发现了震旦系—寒武系不整合（何金有等，2010；陈刚等，2015；陈永权等，2015；杨鑫等，2014，2017）。陈永权等（2019）对柯坪运动的地质地震证据进行了论述，主要通过地震资料落实前寒武系—寒武系角度不整合（图1-2-2），该不整合主要见于南塔里木地块，包括塔东隆起、塔中—古城地区、巴楚隆起与西南坳陷泽普—皮山—和田一线（图1-2-1）。

塔北隆起轮探1井、旗探1井实钻证实塔北隆起震旦系—寒武系为角度不整合接触关系（图3-3-1）。轮探1井寒武系地层产状为340°∠5°，震旦系产状为340°∠45°，表明震旦系—寒武系界面为不整合面。旗探1井寒武系与震旦系倾角相似，均为20°，但倾向不同，寒武系倾向为135°方向，而震旦系倾向为105°方向。

关于柯坪运动的岩石学与大地构造证据在盆缘没有发现，通过对盆地内志留系碎屑岩的锆石年龄研究，发现了525～575Ma年龄峰值，证实该构造运动造山作用存在（图3-3-2）。柯坪运动后，寒武系从混积台地向碳酸盐岩台地转变，是构造运动后伸展背景的结果。

2. 寒武纪构造古地理

寒武纪构造古地理格局对震旦纪主要表现为继承性特点，但寒武纪整体海侵导致隆起或凸起逐步变小，坳陷范围逐步变大。寒武纪构造古地理可划分为塔南隆起、温宿—牙哈隆起、塔西地台、罗西地台、和田坳陷、满加尔坳陷与乌什斜坡等7个一级构造单元（图3-3-3）。塔南隆起与温宿—牙哈隆起为克拉通边缘隆起，在漂浮的塔里木地块背景下（贾承造，1997）克拉通边缘为被动陆缘背景，塔南隆起南部被动陆缘构成和田坳陷，温宿—牙哈隆起北部的被动陆缘构成乌什斜坡。塔南隆起与温宿—牙哈隆起在中寒武世连成一片，形成马蹄形古隆起格局（陈永权等，2019）。塔西地台夹在两个古隆起中部，以轮南—古城台缘为界与满加尔坳陷相邻；满加尔坳陷为克拉通内坳陷，东部以罗西台缘为界与罗西地台相连。

1）塔南隆起与和田坳陷

塔南隆起与和田坳陷的寒武纪构造格局表现为对震旦纪继承性特点。塔南隆起内玉龙6、玛探1、塔参1等钻孔苗岭统超覆在1.9Ga花岗岩（或花岗片麻岩）之上，缺失寒武系第二统。昆仑山前，地震反射结构上可以见到寒武系第二统—苗岭统从南侧和田坳陷与北侧麦盖提凹陷向塔南隆起超覆，塔南隆起北部与塔西地台的边界为寒武系第二统超覆尖灭线（图3-3-4a～c）。玛东—塘古地区，塔南隆起的北西向边界清楚，可见寒武系第二统超覆尖灭特征（图3-3-4d、e），但东南方向没有见到类似于和田坳陷的地层加厚区，该地区

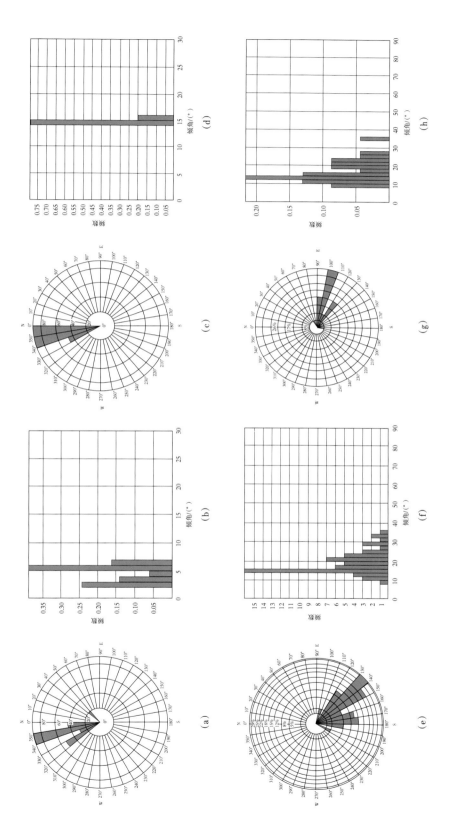

图3-3-1　轮探1与旗探1井震旦系顶面成像测井图

（a）轮探1，8520~8620m，寒武系地层倾向统计图；（b）轮探1，8520~8620m，寒武系地层倾角统计图；（c）轮探1，8710~8800m，震旦系地层倾向统计图；（d）轮探1，8710~8800m，震旦系地层倾角统计图；（e）旗探1，5905~6000m，寒武系地层倾向统计图；（f）旗探1，5905~6000m，寒武系地层倾角统计图；（g）旗探1，6005~6150m，震旦系地层倾向统计图；（h）旗探1，6005~6150m，震旦系地层倾角统计图

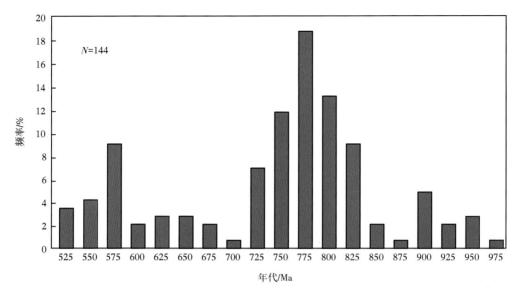

图 3-3-2 塔里木盆地志留系碎屑岩碎屑锆石 U—Pb 年龄统计图

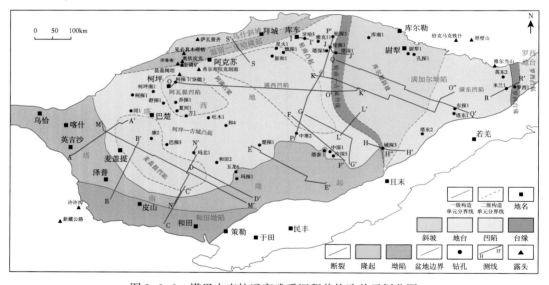

图 3-3-3 塔里木克拉通寒武系沉积前构造单元划分图

东南部可能发育与和田坳陷相同的地层加厚区，但后期被剥蚀，也可能不发育该套沉积层。塔中—古城地区，从过塔中剖面可见寒武系第二统—苗岭统由北西向南东方向减薄，而且塔中 I 号断裂下盘的寒武系第二统要厚于上盘（图 3-3-4f、g）；古城地区，前寒武系发育多条北东走向的山脉，山脉以西为类似于塔中东部的隆起相区，山脉以东直接过渡到类似于塔东 2 井的盆地相区（图 3-3-4h）。

2）温宿—牙哈隆起与乌什斜坡

库车北部寒武系被削蚀，因山地地震资料品质相对较差，古生界反射界面难以识别，也没有钻揭寒武系的钻孔，多年来一直是前寒武系—寒武系研究盲点，严重影响震旦纪—

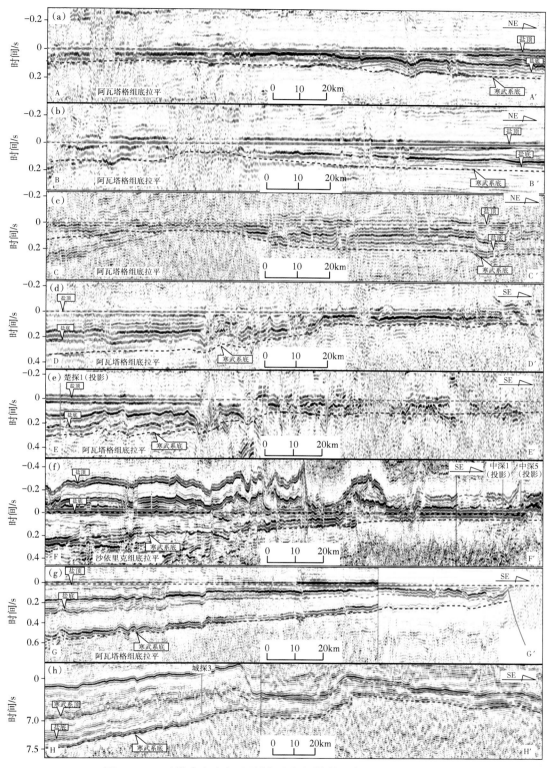

图 3-3-4　过塔南古隆起地震剖面图（测线位置如图 3-3-3 所示）

117

寒武纪塔里木克拉通北部的构造沉积格局认识。熊益学等（2015）提出塔里木克拉通存在北部台缘，发育在玉东—英买力—东河塘地区，在此认识基础上钻新和1井，钻探证实北部台缘不存在。该地区肖尔布拉克组相变为巨厚的泥晶灰岩，同时又带来了新的争议，自新和1井向克拉通北部边界是被动陆缘环境，还是北部发育另一个隆起？支持前一种观点的证据在于新和1井取心见滑塌构造，而支持后一种观点的主要是基于苗岭统盐盆的分布必须要有封闭环境。

柯坪—乌什地区发育大量的寒武系露头剖面，可以见到沉积相序的变化，可用于判断隆坳格局。从昆盖阔坦—金磷矿—库鲁南—见必真木塔格—萨瓦普齐剖面玉尔吐斯组对比图（图3-3-5）上可以见到昆盖阔坦剖面玉尔吐斯组下段以黑色页岩为主（图3-3-5a），中部金磷矿剖面、见必真木塔格剖面玉尔吐斯组黑色页岩缺失，岩相变化为硅质岩、碳酸盐岩岩性组合（图3-3-5b、c）；而在库鲁南露头中，玉尔吐斯组相变为含硅白云岩；北部乌什地区萨瓦普齐剖面岩性组合表现为暗色泥岩夹硅质岩特点（图3-3-5d）。表明在库鲁南、金磷矿—见必真木塔格露头区发育古隆起。

库车南缘牙哈构造带有多个钻孔钻揭寒武系，其中以牙哈5井进尺最大，地层对比证实，牙哈5井钻揭震旦系（图3-3-6）。牙哈5井钻揭一套浅水相寒武系岩石地层组合，玉尔吐斯组主要由潮坪相泥质白云岩构成，肖尔布拉克组以藻白云岩、结晶白云岩为主。邻区塔北地区钻揭寒武系的新和1、星火1、旗探1、雅克11、轮探1、轮探3钻孔揭示玉尔吐斯组下部发育具有高有机质含量的黑色页岩，上部由泥质灰岩构成；肖尔布拉克组以石灰岩为主。牙哈5井距离雅克11井37km，距离旗探1井66km，这种巨大的岩性组合差异存在两种可能，要么地层划分有误，要么空间位置不对；如果给定地层分层没有问题，则推测牙哈5井钻揭地层不是原地沉积的，而是从北部推覆过来的。

从过牙哈5井南东东向地震剖面可以清晰见到，轮南凸起北边界断裂经历了燕山期（白垩系沉积前）逆断层（F1）与喜马拉雅期张性正断层（F2）两个阶段（图3-3-7a）。根据牙哈5井标定，白垩系覆盖下的寒武系潜山地表出露地层为沙依里克组，沙依里克组底部标定在强波峰上，寒武系底部标定在强波峰上，与区域地震反射结构吻合。寒武系之下宽波谷弱反射在区域上与上震旦统奇格布拉克组的反射特征吻合，牙哈5井钻揭该套地层为泡沫状藻白云岩，与区域震旦系奇格布拉克组岩性组合吻合。震旦系底部存在清晰的角度不整合，下伏地层存在两种可能性，一是南华系，二是震旦系底部存在一条由北向南发育的逆断层，下伏地震反射特征是下盘的震旦系—寒武系。从反射结构特征来看不是南华系，南华系为裂陷特征，具有下陡上缓的地层产状，而牙哈5井震旦系下伏地层具有平行反射轴。从地震波阻类比来看，F1逆断层下盘的波阻特征与寒武系相似，苗岭统具有平行强反射特征，寒武系第二统具有空白反射特征，寒武系底部为强反射特征，而且寒武系第二统地震双程旅行时间为160ms，厚度约500m，也与邻近的轮南凸起南缘钻孔地层厚度吻合。因此，认为牙哈构造带白垩系之下发育两个构造层，牙哈5井所代表的上构造层是从北部逆冲推覆而来，F3断裂活动时间要早于F1，可能推覆体前锋在F1断裂活动期被削蚀。构造恢复结果表明，牙哈5井所代表的上构造层是从西北方向块体推覆逆冲而来，推覆距离在30km以上；而下构造层寒武系第二统向西表现为减薄特点，指示牙哈地区早寒武世构造高部位在牙哈5井西北方向30km左右。

从喀拉玉尔衮构造带向西秋、佳木地区的地震剖面可以见到，苗岭统在喀拉玉尔衮构造带仍表现为盐构造特点，但到秋里塔格山下，苗岭统明显减薄，并且表现为弱反射特点

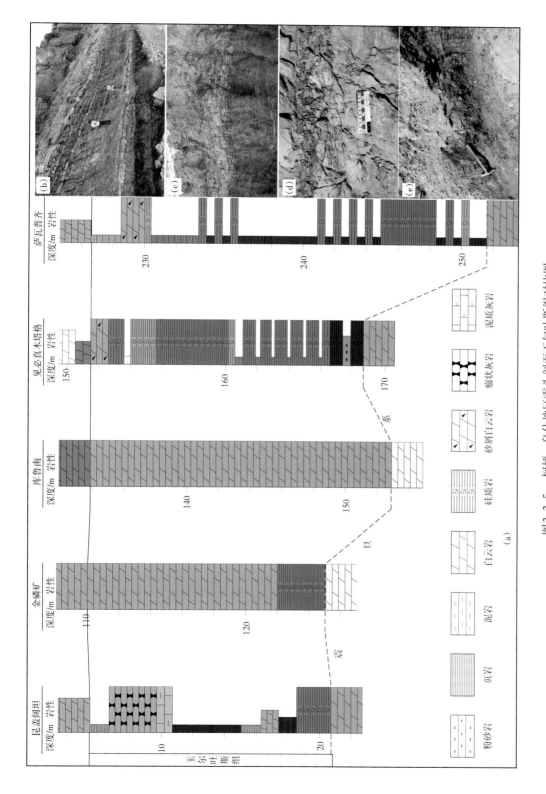

图3-3-5 柯坪—乌什地区露头剖面玉尔吐斯组对比图

(a) 过昆盖阔坦—萨瓦普齐剖面地层对比图；(b) 昆盖阔坦剖面照片；(c) 金磷矿剖面照片；(d) 见必真木塔格剖面照片；(e) 萨瓦普齐剖面照片

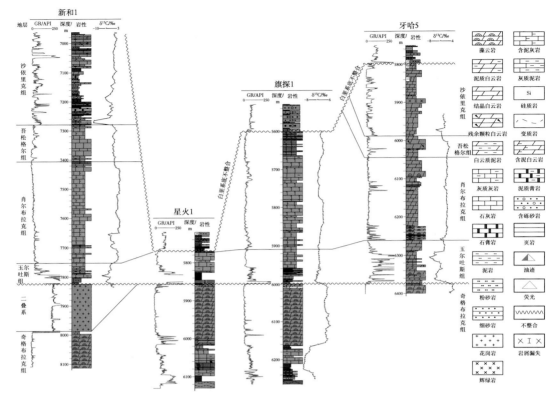

图 3-3-6　新和 1—星火 1—旗探 1—牙哈 5 井地层对比图

（图 3-3-7b），表明整个寒武系没有明显的阻抗差，推测苗岭统也已相变为白云岩。因此，本节将西起奥依皮克露头区，经秋里塔格山至牙哈北的寒武纪古隆起命名为温宿—牙哈古隆起。

3）塔西地台

寒武纪塔西地台完整地继承了震旦纪构造格局。塔西地台南邻塔南隆起，北邻温宿—牙哈隆起，东部与满加尔坳陷相接，塔西地台内部根据古地形凹凸特点进一步划分为柯坪—古城凸起、阿满古梁、满西古梁、轮南—古城台缘、麦盖提凹陷、阿瓦提凹陷与满西凹陷等 7 个二级构造单元（图 3-3-3）。

分别拉平寒武系底部（图 3-3-4a）与苗岭统顶部地震剖面（图 3-3-8b）可以看到，现今的北部坳陷内，寒武纪的隆坳格局完全继承了震旦纪的构造格局。与震旦纪一致，自西向东依次为阿瓦提凹陷、阿满古梁、满西凹陷、满西古梁；有区别的是，寒武纪在满西古梁东部发育轮南—古城台缘，形成正地貌，因此寒武纪的塔西地台比震旦纪的塔西地台分布面积更大。

（1）阿瓦提凹陷。

2019 年，柯探 1 井（京能）、乔探 1 井钻揭肖尔布拉克组，岩性以泥晶灰岩为主，视厚度为 70m，既不同于周围露头与钻孔揭示肖尔布拉克组以白云岩为主，也不同于新和 1 井、轮探 1 井钻揭肖尔布拉克组发育巨厚（大于 500m）的泥晶灰岩。从柯探 1—舒探 1—乔探 1—柯探 1（京能）—肖尔布拉克剖面地层对比图上可以见到，柯探 1 井（京能）岩相明显

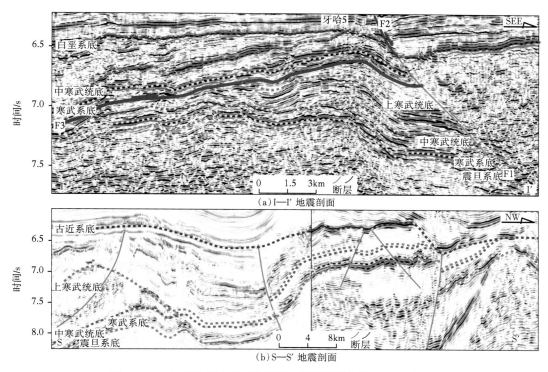

图 3-3-7　过塔北隆起地震剖面图（测线位置如图 3-3-3 所示）

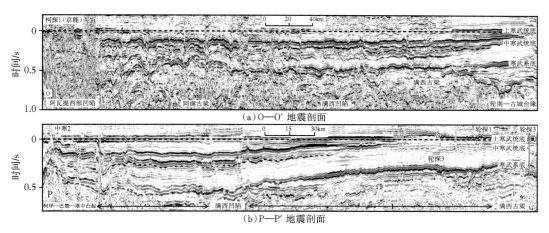

图 3-3-8　过北部坳陷寒武系第二统—苗岭统地震剖面图（测线位置如图 3-3-3 所示）

有别于西部钻孔及东部露头，特别是具有填平补齐沉积特点的吾松格尔组下泥岩段明显增厚（图 3-3-9），表明柯探 1（京能）井周缘早寒武世存在一个局部凹陷，其对震旦纪阿瓦提凹陷具有继承性。

从东西向地震剖面可见，阿瓦提凹陷寒武系第二统厚度小，与满西凹陷巨厚沉积岩形成鲜明的对比。柯探 1 井（京能）肖尔布拉克组岩性以泥质灰岩为主，代表潟湖沉积，沉积速率慢、地层薄，代表沉积环境相对局限的台内凹陷沉积物。

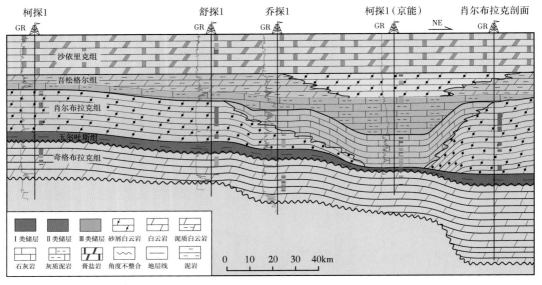

图 3-3-9 柯探 1—舒探 1—乔探 1—柯探 1（京能）—肖尔布拉克剖面地层对比图

（2）阿满古梁—满西凹陷—满西古梁。

阿满古梁早寒武世依然存在，将阿瓦提凹陷与东部广海隔开导致阿瓦提凹陷发育潟湖环境；阿满古梁寒武系第二统向东西两侧进积，形成多期侧向叠置前积楔形反射，可能是丘滩体的反映，证实早寒武世阿满古梁沉积水体较浅，可能发育滩相白云岩（图 3-3-8a）。

满西凹陷寒武系的构造特征也对震旦纪构造背景具有继承性，被南部柯坪—古城凸起、北部温宿—牙哈隆起、西部阿满古梁与东部满西古梁围限而成；塔北地区星火 1、新和 1、旗探 1、轮探 1、轮探 3、塔深 5 等钻孔证实肖尔布拉克组岩性以石灰岩为主，代表台内凹陷沉积物。满西凹陷内第二统—苗岭统向周缘超覆沉积（图 3-3-8），是塔里木盆地沉积厚度最大的区域，寒武系第二统厚度可以达到 900m，苗岭统厚度也可以达到 800m以上。

寒武纪满西古梁发育在满西凹陷的东侧与东北侧，震旦纪满西古梁位置逐渐向东迁移，与轮南—古城台缘连为一体（图 3-3-8a）。由于满西古梁与轮南—古城台缘带的遮挡作用，塔西台地苗岭统为蒸发环境。

（3）轮南—古城台缘。

前人对于轮南—古城台缘在寒武系—下奥陶统做过多方面的研究（杜金虎等，2016；闫磊等，2018；倪新锋等，2020），作为塔西台地的东边界，轮南—古城台缘的迁移演化与准确位置的厘定十分重要。轮南—古城寒武系台缘带表现为两个特点：①台缘带经历第二统碳酸盐岩缓坡台地滩型台缘、苗岭统碳酸盐岩镶边台地丘滩型边缘、芙蓉统碳酸盐岩缓坡台地滩型台缘的沉积演化，累计发育 9 期台缘带；②台缘带为进积—加积—进积特征，表现为"北宽南窄"的特点；根据钻孔钻揭丘滩体层位认识与地震反射特征，轮南—古城台缘南北向可以分为三段，分别为轮南段、满参段与古城段。

轮南段钻揭寒武系台缘带的钻孔有轮探 1 井、轮探 3 井、塔深 1 井和于奇 6 井。轮探 1 井钻揭肖尔布拉克组上段弱镶边台缘的礁后滩，轮探 3 井主要揭示肖尔布拉克组与吾松格尔组台缘带；塔深 1 井钻穿了沙依里克组台缘带，揭示吾松格尔组台缘带 50m；

于奇 6 井揭开了下丘里塔格组台缘带。从过轮探 1—塔深 1 井的地震剖面可见，轮南段寒武系台缘带从第二统至芙蓉统的 9 期台缘带发育完整，横向宽度为 80km，表现为进积迁移的特点；第二统台缘地震剖面上具有向深水区前积的楔状反射，为弱镶边的特点；苗岭统台缘地震反射特征易识别，为丘形杂乱状反射；芙蓉统台缘带地震剖面上轮廓为楔状反射，内部为杂乱状反射；中—下奥陶统台缘地震剖面中石灰岩顶面为陡坎状反射特征（图 3-3-10a、b）。

满参段寒武系台缘埋深普遍超过万米，没有钻孔钻揭该套层系；从地震剖面特征看，台缘带特征与轮南段一致，9 期进积型台缘带依然完整，但宽度减至 45km（图 3-3-10c）。

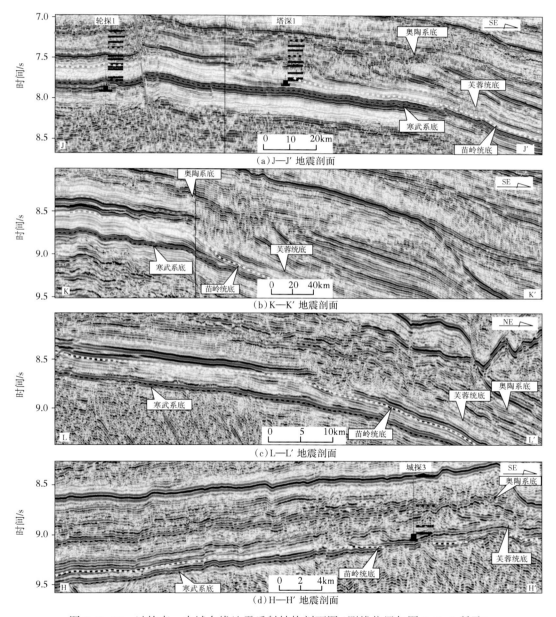

图 3-3-10　过轮南—古城台缘地震反射结构剖面图（测线位置如图 3-3-3 所示）

123

城探 1、城探 2、城探 3 井钻揭了古城段寒武系台缘带。城探 3 井钻揭苗岭统台缘带，城探 1 井、城探 2 井则钻揭了芙蓉统台缘带。古城段台缘呈南北走向，丘滩体侧向迁移距离骤减，台缘宽仅 25km，与轮南段及满参段不同的是，古城段台缘带期次不完整，缺失了肖尔布拉克组及吾松格尔组两期台缘（图 3-3-10d）。

（4）柯坪—古城凸起。

现今的柯坪、巴楚、塔北与塔中地区有大量的钻孔钻揭寒武系，柯坪—巴楚—塔中地区肖尔布拉克组由潮坪相—颗粒滩相白云岩组成；塔中北斜坡寒武系第二统厚度明显比满西凹陷薄（图 3-3-8b），证实其古地貌高于满西凹陷与阿瓦提凹陷，为正地貌特点。

（5）麦盖提凹陷。

麦盖提凹陷位于塔南隆起北部，从西克尔—玛东冲断带地震剖面来看，寒武系第二统—苗岭统从麦盖提斜坡中段向东西两侧减薄（图 3-3-11a）。从北东向地震剖面可以见到，从塔南隆起向麦盖提斜坡方向寒武系第二统—苗岭统增厚，至巴楚隆起再减薄，表明麦盖提凹陷在寒武纪早期为台内洼地或潟湖古地理环境（图 3-3-11b）。

4）满加尔坳陷与罗西地台

大多数学者认为满加尔坳陷寒武纪继承南华纪北东走向裂陷，构造古地理也呈北东走向，并以此为依据编制了沉积相图。从地震剖面与地层厚度来看，在轮南—古城台缘以东明显存在一个北宽南窄的"三角带"（图 3-3-3），该"三角带"内寒武系芙蓉统突尔沙克塔格群发育上千米厚的石灰岩，并表现为由西向东缓慢减薄特点（图 3-3-12a、b），表明在轮南—古城台缘与真正的满加尔坳陷之间存在一个斜坡作为过渡带；为突出突尔沙克塔格群巨厚石灰岩可能代表一个勘探领域，本节中将该"三角带"命名为库尔勒斜坡。满东凹陷具有欠补偿特点，寒武系各统整体变薄。其展布具有南宽北窄特点，与库尔勒斜坡平面互补（图 3-3-3）。因此，满加尔坳陷区寒武纪构造古地理格局有可能与前人认为的北东走向凹陷有很大区别，满加尔坳陷可能既连通南天山洋，也与北阿尔金洋相接。

罗西地台资料有限，从过罗西地台的地震剖面来看，罗西地台寒武系反射结构可能与轮南—古城台缘古城段相似（图 3-3-12a、c），早—中寒武世可能不具地台特征，晚寒武世—中奥陶世才发育为台缘及礁后地台。

二、沉积体系

1. 岩相与沉积构造

1）泥岩

泥岩在塔西台地与塔东盆地均有分布。塔西台地玉尔吐斯组底部发育黑色泥页岩（图 3-3-13a），吾松格尔组、沙依里克组、阿瓦塔格组内部也有褐色泥岩夹层。塔东盆地区泥岩主要发育于下寒武统西山布拉格组和西大山组，颜色呈灰黑色，薄层状；莫合尔山组发育泥岩，与石灰岩互层状产出。

2）碳酸盐岩

碳酸盐岩是塔里木盆地寒武系分布最为广泛的岩石类型，包括石灰岩与白云岩两个大类。

白云岩类包括结晶白云岩、颗粒（残余颗粒）白云岩、藻白云岩与砂/泥质白云岩等四个亚岩相。塔西台地区结晶白云岩与颗粒白云岩（或残余颗粒幻影白云岩）通常互层状发育，主要分布在下丘里塔格组、肖尔布拉克组，在玉尔吐斯组上部、吾松格尔组、

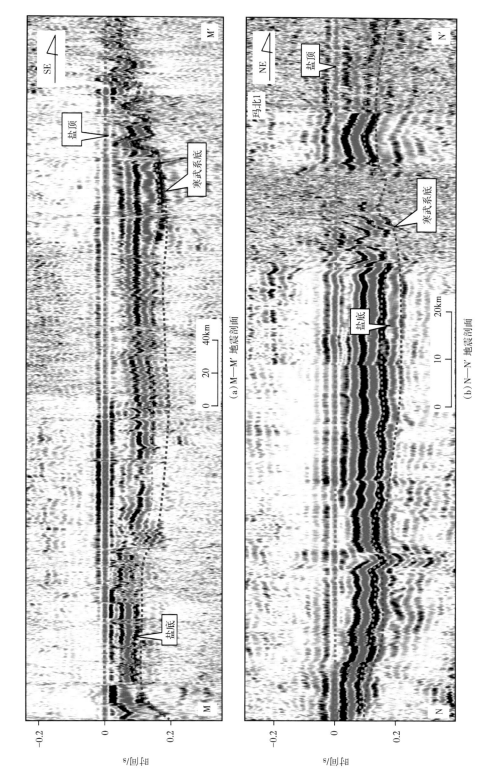

(a) M—M′ 地震剖面

(b) N—N′ 地震剖面

图3-3-11　过麦盖提斜坡地震剖面（测线位置如图3-3-3所示）

125

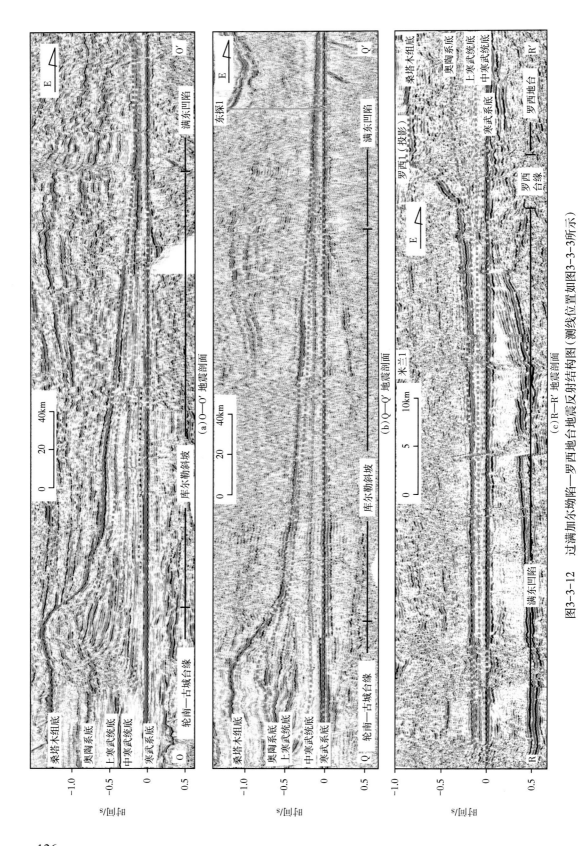

（a）O—O' 地震剖面

桑塔木组底
奥陶系底
上寒武统底
中寒武统底
寒武系底
轮南—古城台缘
库尔勒斜坡
满东凹陷
40km
20
0
O
O'
E
时间/s

（b）Q—Q' 地震剖面

桑塔木组底
奥陶系底
上寒武统底
中寒武统底
寒武系底
轮南—古城台缘
库尔勒斜坡
满东凹陷
40km
20
0
东探1
Q
Q'
E
时间/s

（c）R—R' 地震剖面

桑塔木组底
奥陶系底
上寒武统底
中寒武统底
寒武系底
罗西台合
罗西台缘
满东凹陷
罗西1（投影）
米兰1
10km
5
0
R
R'
E
时间/s

图3-3-12　过满加尔均陷—罗西地合地台地震反射结构图（测线位置如图3-3-3所示）

126

沙依里克组与阿瓦塔格组也有分布（图3-3-13d）。藻白云岩分布也比较广泛，肖尔布拉克组露头肖尔布拉克组—下丘里塔格组均能见到叠层石白云岩，覆盖区舒探1井、中寒1井取心在肖尔布拉克组顶部见到藻白云岩（图3-3-13f）。砂质白云岩主要分布在有陆源碎屑输入的古地貌高部位，泥质白云岩主要分布在潮上带。肖尔布拉克露头、塔中与巴楚地区吾松格尔组广泛发育砂质白云岩（图3-3-13c），牙哈5井沙依里克组和玉尔吐斯组也发育砂质白云岩、泥质白云岩（图3-3-13e）。塔东地区白云岩分布较少，英东2井、米兰1井突尔沙克塔格群取心见泥粉晶白云岩，部分被热液改造成中粗晶斑马状白云岩。

石灰岩通常与白云岩共生，只是横向发育位置不同。塔西台地区，肖尔布拉克组在塔中—巴楚地区为白云岩，但在塔北地区以石灰岩为主（轮探1井、新和1井、旗探1井）；

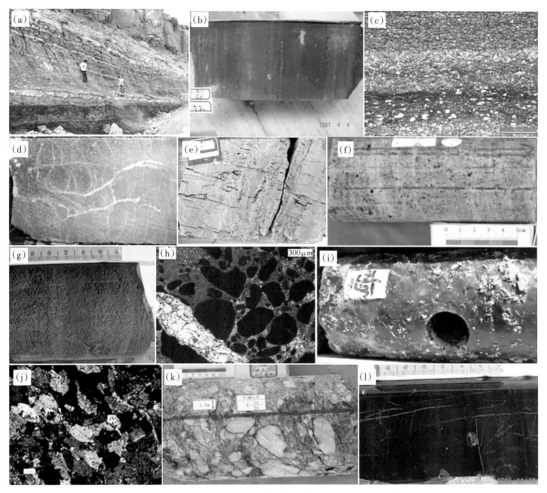

图3-3-13　塔里木盆地周缘露头区寒武系主要岩相类型图

(a)暗色泥页岩，柯坪地区，玉尔吐斯组；(b)暗色泥质灰岩，粒序层理，塔东2井，突尔沙克塔格群；(c)砂质白云岩，中深1井，吾松格尔组；(d)鲕粒白云岩，楚探1井，肖尔布拉克组；(e)褐色泥质白云岩，牙哈5井，沙依里克组；(f)纹层状藻白云岩，中寒1井，肖尔布拉克组；(g)深灰色泥质灰岩，英东2井，莫合尔山组；(h)颗粒灰岩，肖尔布拉克剖面，沙依里克组；(i)盐岩，巴探5井，阿瓦塔格组；(j)膏岩，和4井，阿瓦塔格组；(k)角砾状膏云岩，中深5井，阿瓦塔格组；(l)硅质岩，英东2井，西山布拉克组沙依里克组顶部在巴楚地区以石灰岩为主（图3-3-13h），但在塔中地区的中深1井与中深5井相变为残余颗粒白云岩。石灰岩在塔东地区广泛发育，突尔沙克塔格群以石灰岩、泥质灰岩为主（图3-3-13b）；莫合尔山组以泥质灰岩为主夹泥岩（图3-3-13g）。

3）蒸发岩

蒸发岩主要包括膏岩和盐岩两大类，广泛分布于塔里木盆地中西部地区，主要发育于苗岭统沙依里克组下部与阿瓦塔格组下部。除比较纯的石膏岩、盐岩外，还存在一些过渡岩类，包括膏质盐岩、盐质膏岩、含泥膏岩、膏质泥岩等。根据产状和横向变化，可把膏盐岩分为两类：第一类形成于膏盐湖或盐湖的成盐中心，厚度巨大，分布稳定（图3-3-13i），其中仅夹少量薄层硬石膏（图3-3-13j）或准同生白云岩；第二类形成于膏盐湖或盐湖的边缘地带，厚度不大，横向上不稳定，向上直接过渡为云坪相准同生白云岩，部分地区以石膏与潮坪相白云岩互层为主，在构造作用下揉皱呈角砾状（图3-3-13k）。

4）其他岩类

硅质岩主要分布于塔里木盆地东部区域，多见于中—下寒武统西山布拉克组和西大山组（图3-3-13l）。此类岩石一般为黑色、灰黑色，薄层状，岩性致密，多发育水平层理，可见放射虫，其沉积环境多为较深水环境的陆棚—盆地相。在塔里木盆地中西部地区下寒武统玉尔吐斯组底部的含磷硅质岩广泛分布，在柯坪—巴楚地区、塔北地区、塔东地区均有发现。此外，磷块岩广泛分布在玉尔吐斯组中下部，部分以层状磷块岩产出，部分以结核状分布在黑色页岩中。

2. 沉积体系与沉积模式

寒武系经历了从碳酸盐岩缓坡沉积体系到碳酸盐岩台地沉积体系的沉积转化，主要转化点在于台地边缘的出现。玉尔吐斯组与肖尔布拉克组下段沉积期（SSQ1—SQ2），轮南—古城台缘带不明显，以碳酸盐岩缓坡沉积体系为主。肖尔布拉克组沉积晚期至吾松格尔组沉积期（SQ3—SQ4），台地边缘开始出现，以滩边台地为主。苗岭世（SQ5—SQ7），形成镶边台地，台缘带以加积为主，形成障壁，台地区以蒸发盐岩为主。芙蓉世（SQ8—SQ10），以滩边台地为主，台缘带表现为进积特征，台地逐渐扩大（表3-3-1）。

表 3-3-1 塔里木盆地寒武系沉积体系划分表

沉积体系	沉积相	沉积亚相	岩性组合特征	主要分布层位
碳酸盐岩缓坡沉积体系	上缓坡	潮坪	藻白云岩、泥晶白云岩，颜色偏红	玉尔吐斯组、肖尔布拉克组、下丘里塔格组
		浅滩	颗粒白云岩、藻白云岩	玉尔吐斯组、肖尔布拉克组、下丘里塔格组
	中缓坡	—	灰质白云岩、白云质灰岩、石灰岩、含泥灰岩	玉尔吐斯组、肖尔布拉克组、下丘里塔格组
	下缓坡	斜坡、盆地	泥质灰岩、灰质泥岩、泥岩、硅质岩	西大山组、西山布拉克组、莫合尔山组、突尔沙克塔格群

沉积体系	沉积相	沉积亚相	岩性组合特征	主要分布层位
碳酸盐岩台地沉积体系	局限—蒸发台地	潮坪	藻白云岩、泥晶白云岩，颜色偏红	吾松格尔组、沙依里克组、阿瓦塔格组
		浅滩	颗粒白云岩、藻白云岩	吾松格尔组、沙依里克组、阿瓦塔格组
		潟湖、盐湖	石灰岩、膏质白云岩、藻白云岩、膏岩、盐岩	吾松格尔组、沙依里克组、阿瓦塔格组
	开阔台地	浅滩	颗粒白云岩、藻白云岩、颗粒灰岩、藻白云岩	吾松格尔组、沙依里克组、阿瓦塔格组
		滩间	泥质白云岩、灰质白云岩、白云质灰岩	吾松格尔组、沙依里克组、阿瓦塔格组
		开阔海	颗粒泥晶灰岩、泥晶灰岩	玉尔吐斯组、肖尔布拉克组
	台地边缘	—	藻白云岩、颗粒白云岩，具有丘状结构	吾松格尔组、沙依里克组、阿瓦塔格组
	斜坡	—	以泥质灰岩、石灰岩为主	莫合尔山组、突尔沙克塔格群
	盆地	—	以泥岩、硅质岩为主	吾西大山组、西山布拉克组

1）碳酸盐岩缓坡沉积体系

碳酸盐岩缓坡沉积体系主要发育在纽芬兰统—第二统，经历了由碳酸盐岩稳斜缓坡模式（图3-3-14a）向远端变陡缓坡模式（图3-3-14b）的演化过程。玉尔吐斯组（SSQ1）沉积期为稳斜缓坡沉积模式，上缓坡以褐色泥岩、泥质白云岩为主；中缓坡以局限环境形成的黑色页岩、泥质灰岩为主；下缓坡以泥岩、硅质岩为主。肖尔布拉克组（SQ2）发育远端变陡的缓坡沉积，上缓坡以白云岩为主，中缓坡以石灰岩为主，下缓坡地层快速减薄；陆棚相以泥灰岩或灰质泥岩为主，至陆棚—盆地相区变为泥岩。

2）碳酸盐岩台地沉积体系

碳酸盐岩台地沉积体系典型特征是台地边缘发育，塔里木盆地台地边缘自寒武系第二统上部（SQ3）开始进入碳酸盐岩台地沉积体系（图3-3-14c）。局限台地以潮坪亚相与浅滩亚相为主，沉积岩性包括褐色泥质白云岩、泥晶白云岩、灰色藻白云岩与残余颗粒白云岩等，局部邻近古陆区发育砂质白云岩。蒸发台地主要发育在轮南—古城坡折带以西的寒武系苗岭统阿瓦塔格组与沙依里克组，主要岩性包括砂质白云岩、褐色泥质白云岩、膏质白云岩、膏泥岩、膏岩和盐岩等。开阔台地相主要发育在轮南—古城台缘带以西的寒武系芙蓉统下丘里塔格组，开阔台地相可细分为浅滩、滩间海与开阔海亚相。台地边缘相主要分布在轮南—古城坡折带，发育寒武系第二统吾松格尔组—芙蓉统下丘里塔格组台缘相带，岩性以藻白云岩与颗粒残余白云岩为主，该带资料品质好，研究程度高。罗西地区也发育台缘带，但资料控制程度较低。斜坡—盆地相主要发育在轮南—古城台缘带与罗西台缘带之间，岩性以泥灰岩、泥岩和硅质岩为主。

三、沉积结构与沉积相

1. 纽芬兰统—第二统

1）地层分布

基于地质资料点控与地震资料解释，编制了玉尔吐斯组残余地层厚度图（图3-3-15a）、肖尔布拉克组—吾松格尔组残余地层厚度图（图3-3-15b）。玉尔吐斯组与塔东地区西山布拉克组为等时相变地层，钻孔或露头揭示玉尔吐斯组最厚为97m，发育在旗探1井，柯

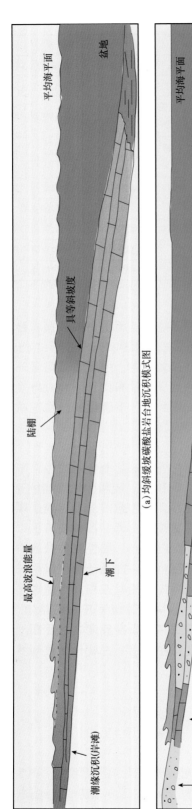

（a）均斜缓坡碳酸盐岩台地沉积模式图

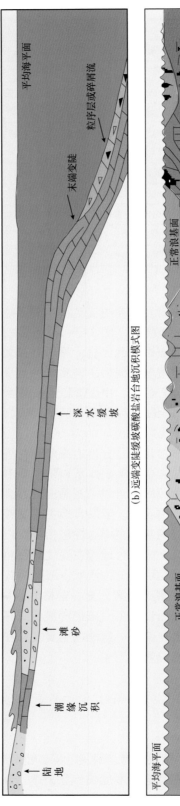

（b）远端变陡缓坡碳酸盐台地沉积模式图

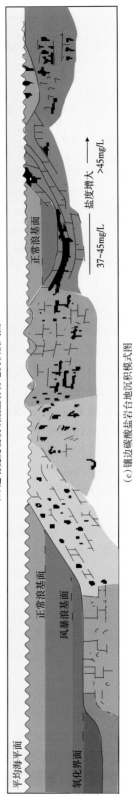

（c）镶边碳酸盐岩台地沉积模式图

图3-3-14　塔里木盆地寒武系沉积模式图

130

坪—巴楚西部玉尔吐斯组厚度普遍在 20m 左右，塔东地区较薄，库尔勒斜坡区厚度约 60m，在满东凹陷区厚度普遍在 20m 左右。地震剖面上，柯坪—巴楚地区玉尔吐斯组较薄，无法追踪解释厚度。在轮探 1 井区，玉尔吐斯组顶底标定在最大波峰位，之间的波谷宽度代表了玉尔吐斯组的厚度，通过对塔北—塔中连片三维区解释，发现在塔中隆起北斜坡—Ⅰ号断裂带下盘发育玉尔吐斯组加厚区，玉尔吐斯组厚度可达 200m。麦盖提斜坡玉尔吐斯组分布是根据早寒武世构造古地理图推测得出。玉尔吐斯组除在塔南隆起区不发育外，其余地区分布相对稳定，总分布面积为 $29.5 \times 10^4 km^2$。

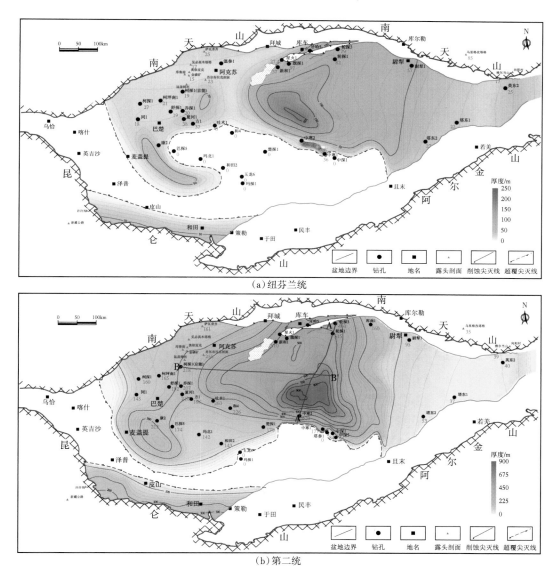

图 3-3-15　塔里木盆地纽芬兰统、第二统残余地层厚度图

寒武系第二统在塔西台地区由肖尔布拉克组与吾松格尔组构成，在塔东盆地区由西大山组构成，分布在北部坳陷及周缘与西昆仑山前，面积为 $34.9 \times 10^4 km^2$。地层最厚区位于塔中Ⅰ号断裂带下盘，厚度可达 900m，最薄区位于塔东盆地区的欠补偿泥岩相；麦盖提斜

坡区内因寒武系底部识别不准而无法准确成图,但根据早寒武世构造古地理图(图3-3-3)推测麦盖提斜坡中段存在一个台内凹陷地层加厚区。

2)地震地质充填模型

纽芬兰统太薄,无法单独开展地震沉积充填研究,故与第二统一起研究(图3-3-16)。根据第二章层序划分与对比,玉尔吐斯组—吾松格尔组分为四个三级层序,复合层序Ⅰ(SSQ1)由玉尔吐斯组构成,地震剖面上存在两个标志性特点,一是寒武系底部反射异常强,二是寒武系底部强波峰之上的波谷变宽。

肖尔布拉克组分为两个三级层序(SQ2与SQ3)。SQ2代表肖尔布拉克组早期沉积层序,是满西凹陷快速填平补齐的重要阶段,也是碳酸盐岩的重要建造阶段,大量具有前积结构的碳酸盐岩体向轮南—古城坡折带方向进积,对满西凹陷进行充填;每一期碳酸盐岩建造均表现为远端变陡的缓坡模式,靠近柯坪—巴楚—塔中—古城地区的上缓坡潮缘区域发育白云岩,中缓坡以石灰岩为主,下缓坡—陆棚相以泥灰岩为主。SQ3代表肖尔布拉克组沉积晚期的层序,已经具有弱镶边特点,台缘带发育白云岩,同时发育礁后滩体与礁后潟湖相膏盐,中寒2、和4、同1、方1等井在肖尔布拉克组顶部见到石膏。

吾松格尔组(SQ4)沉积期,塔西台地进入镶边台地阶段,轮南—古城台缘带发育透镜状白云岩丘滩体(图3-3-16),满西凹陷与阿瓦提凹陷以石灰岩充填为主,柯坪隆起—巴楚隆起—塔中隆起—古城凸起与阿满古梁大面积发育含陆缘碎屑的泥质白云岩,以潮坪亚相为主。

3)沉积相展布

纽芬兰统SSQ1(相当于下寒武统玉尔吐斯组),处于柯坪运动之后的碎屑岩填平补齐与早期缓坡碳酸盐岩的沉积背景,以碎屑岩陆棚—缓坡碳酸盐岩台地沉积体系为主。根据寒武系沉积前构造古地理图(图3-3-3)、玉尔吐斯组厚度图(图3-3-15a),编制了玉尔吐斯组沉积相图(图3-3-17)。中央隆起玉尔吐斯组超覆尖灭,巴楚隆起南缘巴探5井—玛探1井、巴楚北缘和4井、楚探1井未见玉尔吐斯组,塔中隆起东部隆起区塔参1井、中深1井、中深5井未见玉尔吐斯组。中央隆起围斜区发育玉尔吐斯组边缘相带的含泥砂岩,中寒1井钻揭该相带。巴楚隆起西部钻揭的玉尔吐斯组以砂质泥岩为主,黑色页岩欠发育。阿瓦提凹陷—塔北隆起区,玉尔吐斯组主要以局限环境内的暗色泥岩与灰质泥岩为主(朱光有等,2016);塔东地区,玉尔吐斯组相变为西山布拉克组,发育硅质岩、暗色泥岩,代表陆棚相(陈永权等,2015)。SSQ1(相当于玉尔吐斯组)时间跨度达21Ma,经历从碎屑岩向碳酸盐岩的沉积体系变化过程,单一沉积相图不能完全表达玉尔吐斯组沉积的复杂性,图3-3-17更多代表了玉尔吐斯组上段泥质灰岩段沉积相展布,SSQ1底部普遍存在的高GR泥岩段横向变化较小,厚度变化小,其沉积体系域沉积相平面分布还需要进一步研究。

寒武系第二统复合层序Ⅱ(SSQ2)由三个层序构成(SQ2—SQ4),根据构造古地理图、沉积模式图与地层厚度图综合编制了三个层序的沉积相图(图3-3-18)。

SQ2为肖尔布拉克组沉积早期,表现为缓坡碳酸盐岩台地沉积特点。塔南古隆起区地层超覆尖灭,内缓坡发育边缘潮坪与围绕潮缘分布的潮下白云岩丘滩带,总面积近$12 \times 10^4 km^2$;台内凹陷—中缓坡内以石灰岩为主;塔东盆地区西大山组以陆棚—盆地相钙质泥岩为主(图3-3-18a)。

SQ3为肖尔布拉克组沉积晚期,代表了塔里木克拉通早寒武世由缓坡台地向镶边台地过渡的重要阶段,台地边缘透镜状白云岩丘滩体雏形初现。礁后发育开阔台地相与局限台

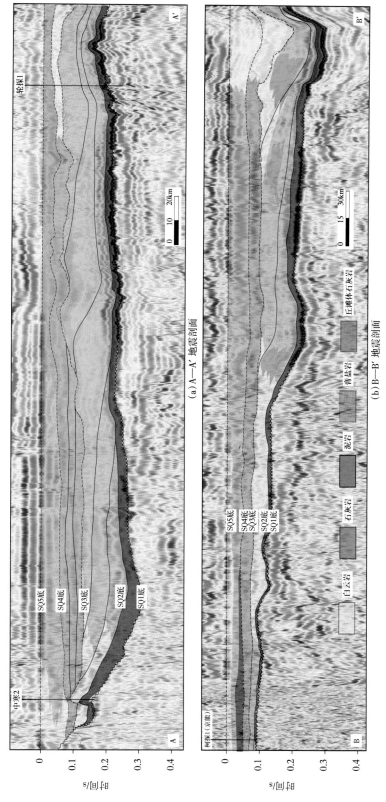

（a）A—A' 地震剖面

（b）B—B' 地震剖面

图3-3-16　纽芬兰统—第二统武统底拉平，测线位置如图3-3-15所示）

133

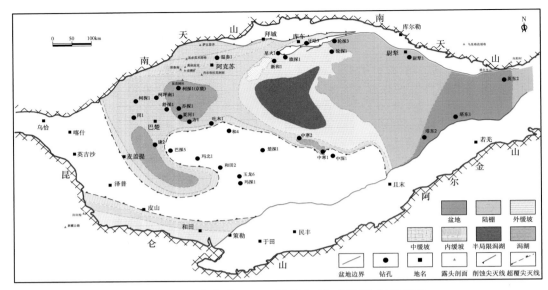

图 3-3-17　寒武系 SSQ1（相当于玉尔吐斯组）沉积相图

地相，已被轮探 1 井、轮探 3 井钻探结果证实；局限台地以潮坪亚相为主，塔南隆起区表现为混积特点，在台内洼地区以膏质潟湖亚相为主，已被中深 1 井、中寒 1 井与中寒 2 井钻探证实。轮南古城发育地貌坡折，地层快速减薄，斜坡区以泥灰岩或灰质泥岩为主，至盆地区相变为欠补偿盆地相泥岩（图 3-3-18b；陈永权等，2015）。

SQ4（相当于吾松格尔组）沉积特点与 SQ3 非常相似，镶边台地沉积特点已比较明显，台缘带在地震剖面上表现出明显的透镜状反射特征。开阔台地内以颗粒滩相石灰岩为主，部分被白云石化；台内洼地以石灰岩为主；柯坪—巴楚—塔中—古城地区以潮坪亚相混积砂质白云岩为主，局部含石膏岩，代表局部潟湖沉积。坡折带以东与肖尔布拉克组合并为西大山组，以盆地相钙质泥岩为主（图 3-3-18c）。

2. 苗岭统

1）地层分布

与肖尔布拉克组—吾松格尔组厚度图规律一致，苗岭统也表现为满西地区加厚的特点（厚达 1000m；图 3-3-19）。膏盐岩是典型的填平补齐沉积物，厚区代表地貌低部位。塔南隆起区苗岭统变薄，继承了"南高北低、西高东低"的早寒武世构造背景；在满东凹陷区，苗岭统厚度普遍不足 100m，表现为欠补偿盆地特点。

2）地震地质充填模型

蒸发岩的横向相变与纵向相变组合规律是一致的，从弱蒸发到强蒸发，析出的沉积物依次为白云岩、膏岩与盐岩。

沙依里克组下蒸发岩段发育两个云—膏—盐旋回构成一个三级层序（SQ5；图 3-3-20），在地震剖面上可以见到沙依里克组表现为底超与顶超特征，表明沙依里克组蒸发岩段构成由海侵到高位的完整三级层序，沙依里克组在轮南—古城台缘带及礁后滩带以白云岩为主，在礁后潟湖带则由膏岩相变为盐岩；至斜坡—盆地相区，沙依里克组则由石灰岩相变为泥质灰岩。

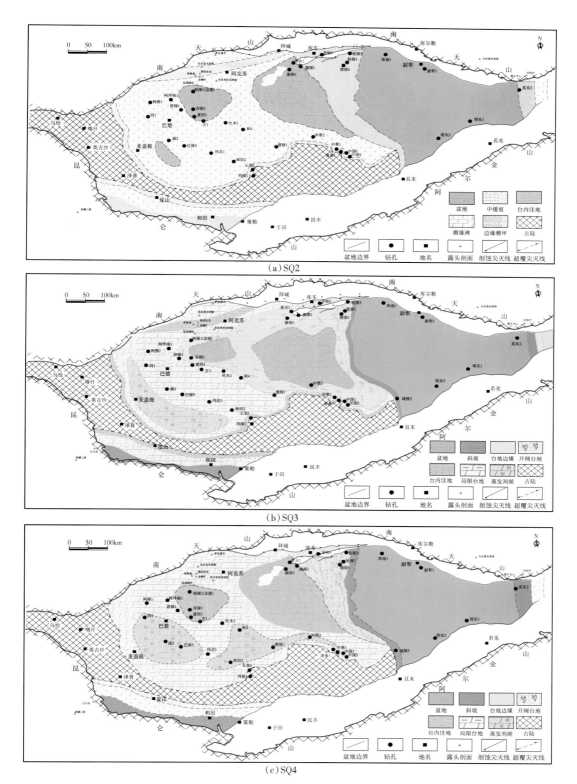

图 3-3-18　寒武系第二统沉积相图

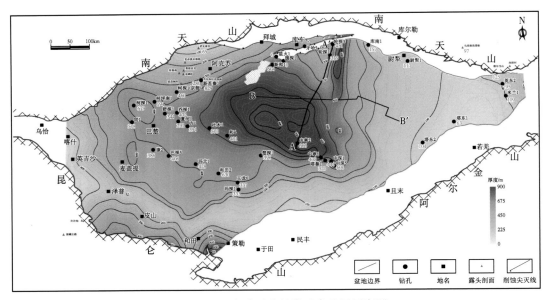

图 3-3-19 寒武系苗岭统残余地层厚度图

沙依里克组顶部石灰岩—阿瓦塔格组构成一个三级层序（SQ6；图 3-3-20）。沙依里克组顶部石灰岩代表该层序的最大海泛面，之后持续海退，阿瓦塔格组发育三套云—膏—盐旋回，在地震剖面分别对应三个退积顶超点。因为三期退积特点，导致该层序地层厚度横向变化大，薄区可能不足 100m，厚区达 500m 以上。

苗岭统最顶部的旋回发育在下丘里塔格组下部（SQ7），地质标志是在 SPICE 碳同位素正异常之下，如第二章所论述，下丘里塔格组分为四个旋回，其中底部旋回时代上处于苗岭统，等时对应塔东盆地区莫合尔山组顶部地层；该旋回在柯坪—巴楚—塔中地区以藻白云岩沉积为主，在轮探 1 井以膏岩沉积为主，表明其沉积背景对阿瓦塔格组具有继承性。从地震反射特征来看，SQ7 的主要变化在台缘带与礁后的膏盐岩。如图 3-3-20 所示，SQ7 底部在轮南地区表现为强反射，轮探 1 实钻为膏盐岩，在塔中地区为藻白云岩，SQ7 顶部的波谷由强变弱可能是相变点；也可以见到 SQ7 在台缘带礁后以强反射为主，在远离台缘带方向几乎与 SQ8—SQ10 不可分辨（图 3-3-20b）。

3）沉积相

根据苗岭统厚度图与钻孔岩性岩相分析，编制了苗岭统沉积相图（图 3-3-21）。

SQ5 相当于沙依里克组下蒸发岩段，经历了海侵体系域台缘建造与高位体系域台内蒸发岩填平补齐两个过程，图 3-3-21（a）主要代表了 SQ5 海侵体系域的沉积相平面分布。柯坪—巴楚—麦盖提—塔中地区，蒸发盐岩大面积分布已被 20 余个钻孔证实；塔北隆起新和 1 井、塔中隆起中深 1—中深 5 井区钻揭一套石膏岩，是膏质潟湖亚相沉积物；轮探 1 井区沙依里克组下蒸发盐岩段相变成潮坪亚相，以泥晶白云岩为主；塔东地区相变为莫合尔山组下段，为陆棚—盆地相；牙哈 5 井沙依里克组钻揭一套褐色泥晶白云岩，为潮上带沉积物，表明温宿—牙哈古隆起内沙依里克组下蒸发岩段以潮上带沉积为主。

SQ6 相当于沙依里克组顶部石灰岩段—阿瓦塔格组，经历了快速海侵与高位体系域缓慢海退蒸发岩填平补齐沉积两个过程，图 3-3-21（b）主要代表了 SQ6 高位体系域的沉积

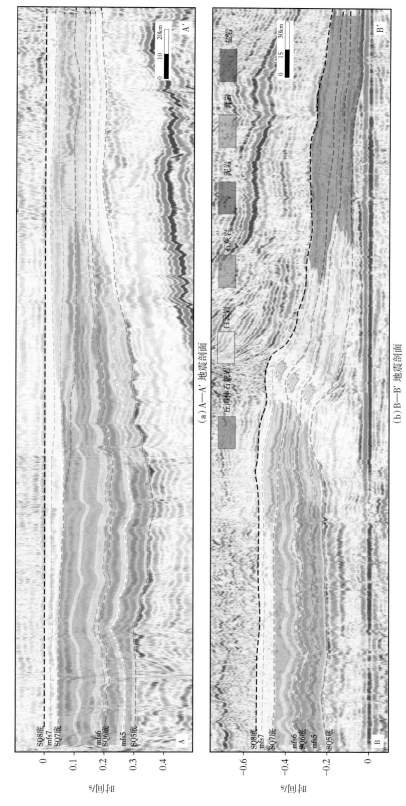

（a）A—A′地震剖面

（b）B—B′地震剖面

图3-3-20 寒武系苗岭统层序充填模型图（测线位置如图3-3-19所示）

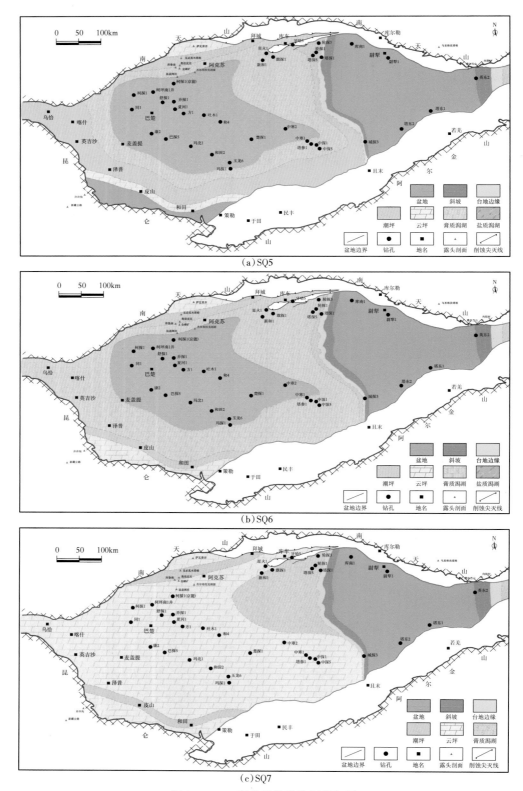

图 3-3-21 寒武系苗岭统沉积相图

相平面分布。SQ6 与 SQ5 在沉积模式与相序方面是完全一致的，区别在于 SQ6 海平面上升幅度大，台缘带高差大，高位体系域蒸发岩分布更广。例如，轮探 1 井阿瓦塔尔组钻揭巨厚的石膏地层。

SQ7 相当于下丘里塔格组下部，由海侵体系域与高位体系域构成，海侵体系域形成台缘丘滩障壁，为高位体系域蒸发环境的形成创造了条件，图 3-3-21(c) 主要代表了 SQ7 高位体系域的沉积相平面分布。与 SQ5—SQ6 的显著区别是，SQ7 的蒸发岩分布仅局限在满西凹陷内，向西南、西北两个方向相变为藻白云岩，泥晶结构，颗粒较细；SQ7 完整记录了苗岭统蒸发岩的渐变消失过程，斜坡—盆地相区分布与 SQ6 基本一致。台缘丘滩垂向加积是苗岭统 SQ5—SQ7 最主要的特点。

3. 芙蓉统

1）地层分布

与苗岭统一致，芙蓉统在盆地内分布广泛。不一样的是，苗岭统的地层加厚区分布在满西地区，而芙蓉统地层加厚区主要发育在多期加积、进积、侧向叠置的坡折带，厚度达900m 以上（图 3-3-22）。塔南隆起、柯坪—温宿地区依然表现为薄区特点，体现了对早寒武世两个大型古隆起的继承性。

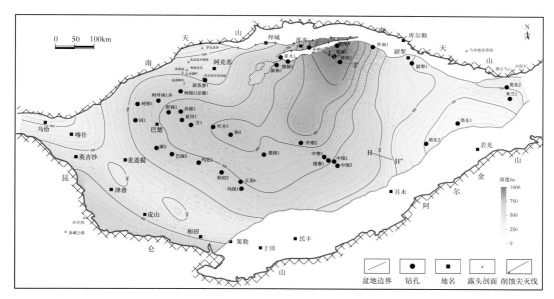

图 3-3-22　寒武系芙蓉统残余地层厚度图

2）地震地质充填模型

芙蓉统在塔西台地内由下丘里塔格组中—上段构成，岩性变化比较小，主要以厚层结晶白云岩为主；在塔东盆地区由突尔沙克塔格群构成，岩性以石灰岩为主。芙蓉统分为三个三级层序（SQ8—SQ10），可以见到三期台缘带迁移变化（图 3-3-23）。

SQ8 以 SPICE 碳同位素异常为显著标志，测井曲线表现为低平 GR 特点（图 2-3-14），代表了规模性的海平面下降，地震剖面上可见 SQ8 在台缘带表现为大范围进积特点，与大规模海退特征吻合；台缘带及台地内部皆为白云岩，已被轮南、古城地区多个钻孔证实；在斜坡区与盆地区相变为石灰岩，被尉犁 1 井、库南 1 井与孔探 1 井证实。

SQ9 相对 SQ8 海平面明显升高，是芙蓉统内 GR 值最高的时期，地震剖面上表现为平行强反射特点，强反射之上发育较弱的台地边缘相。SQ9 在台地内以白云岩为主，城探 1 井钻揭该层序台缘带，以白云岩为主，但不排除轮东地区以石灰岩为主，斜坡—盆地相区以石灰岩为主，已被库南 1 井证实。

SQ10 在盆地区保留完整，在台地内，特别是在 SQ8 台缘带之上可能被削蚀。轮探 1 井与塔深 1 井钻揭该层序台地相白云岩；古城地区城探 2 井钻揭该套层序台地边缘丘滩体也以白云岩为主；库南 1、尉犁 1 与塔东 2 等钻孔揭示斜坡—盆地相区以石灰岩、泥灰岩为主。

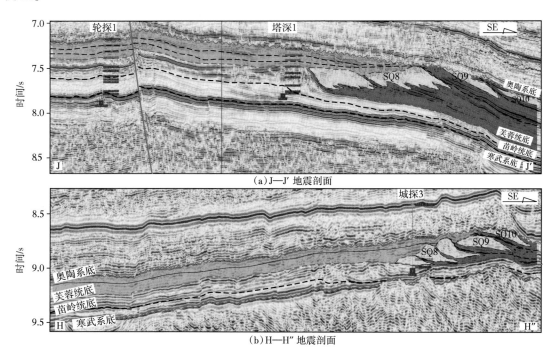

（a）J—J′ 地震剖面

（b）H—H″ 地震剖面

图 3-3-23　寒武系芙蓉统层序充填模型图（测线位置如图 3-3-22 所示）

3）沉积相

第二统、苗岭统沉积后，古地貌特征发生了重大变化，主要表现为两点：一是西高东低分异愈发明显；二是塔西台地经历了填平补齐沉积作用后地貌变得十分平坦。与早—中寒武世沉积相图对比，晚寒武世沉积相显著变化是蒸发岩消失（图 3-3-24）。芙蓉统在海退条件下，台地快速扩张，至寒武纪末期，塔西台地分布面积达到峰值。

SQ8—SQ10 除了在台缘可区分外，不论在盆地相区还是在台地相区，层序界面地震识别难度极大，因此本节中将芙蓉统作为一个沉积相编图单元考虑。塔南隆起向南迁移，塔南隆起内主要为半局限台地分布区；巴楚、塔中及塔北地区为半局限台地—开阔台地相沉积区；满西地区继承台地洼地相分布；塔东地区为继承性盆地相区。在斜坡—盆地相区，芙蓉统受库尔勒斜坡控制（图 3-3-24），库尔勒斜坡内向盆地方向，芙蓉统均匀减薄，在轮南地区表现为"窄台缘、宽斜坡"特点；至古城区，表现为"窄台缘、窄斜坡"特点。

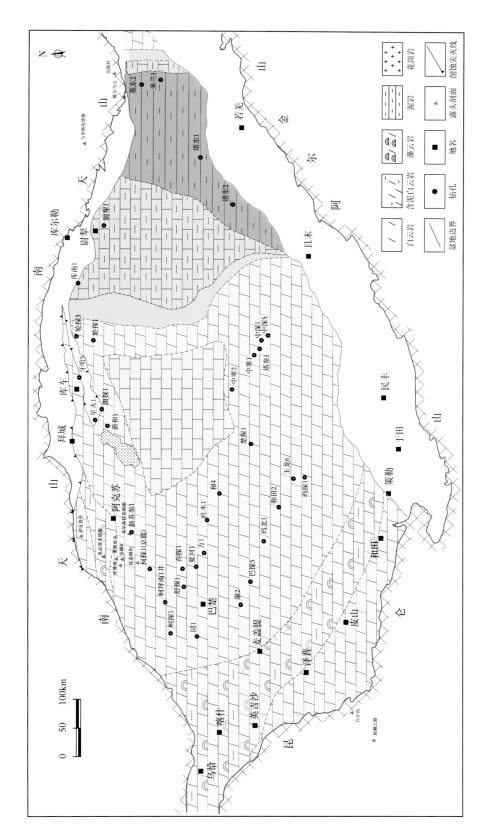

图 3-3-24 寒武系芙蓉统沉积相图

参 考 文 献

陈刚，汤良杰，余腾孝，等，2015. 塔里木盆地巴楚—麦盖提地区前寒武系不整合对基底古隆起及其演化的启示 [J]. 现代地质，29（3）：576-583.

陈永权，严威，韩长伟，等，2019. 塔里木盆地寒武纪/前寒武纪构造—沉积转换及其勘探意义 [J]. 天然气地球科学，30（1）：39-50.

陈永权，严威，韩长伟，等，2015. 塔里木盆地寒武纪—早奥陶世构造古地理与岩相古地理格局再厘定：基于地震证据的新认识 [J]. 天然气地球科学，26（10）：1831-1843.

崔海峰，田雷，张年春，等，2016a. 塔西南坳陷南华纪—震旦纪裂谷分布及其与下寒武统烃源岩的关系震 [J]. 石油学报，37（4）：430-438.

崔海峰，刘江丽，田雷，等，2018. 塔西南坳陷震旦纪末古构造格局及其油气意义 [J]. 中国石油勘探，23（4）：67-75.

杜金虎，潘文庆，2016. 塔里木盆地寒武系盐下白云岩油气成藏条件与勘探方向 [J]. 石油勘探与开发，43（3）：327-339.

冯许魁，刘永彬，韩长伟，等，2015. 塔里木盆地震旦系裂谷发育特征及其对油气勘探的指导意义 [J]. 石油地质与工程，29（2）：5-10.

冯增昭，鲍志东，吴茂炳，等，2006. 塔里木地区寒武纪岩相古地理 [J]. 古地理学报，8（4）：427-439.

高林志，郭宪璞，丁孝忠，等，2013. 中国塔里木板块南华纪成冰事件及其地层对比 [J]. 地球学报，34（1）：39-57.

管树巍，吴林，任荣，等，2017. 中国主要克拉通前寒武纪裂谷分布与油气勘探前景 [J]. 石油学报，（1）：9-22.

郭召杰，张志诚，贾承造，等，2000. 塔里木克拉通前寒武纪基底构造格架 [J]. 中国科学：D辑 地球科学，30（6）：568-575.

郭召杰，张志诚，刘树文，等，2003. 塔里木克拉通早前寒武纪基底层序与组合：颗粒锆石 U—Pb 年龄新证据 [J]. 岩石学报，19（3）：537-542.

何登发，贾承造，李德生，等，2005. 塔里木多旋回叠合盆地的形成与演化 [J]. 石油与天然气地质，26（1）：64-77.

何金有，邬光辉，徐备，等，2010. 塔里木盆地震旦系—寒武系不整合面特征及油气勘探意义 [J]. 地质科学，45（3）：698-706.

何金有，徐备，孟祥英，等，2007. 新疆库鲁克塔格地区新元古代层序地层学研究及对比 [J]. 岩石学报，23（7）：1645-1654.

贾承造，1997. 中国塔里木盆地构造特征与油气 [M]. 北京：石油工业出版社.

李怀坤，陆松年，王惠初，等，2003. 青海柴北缘新元古代超大陆裂解的地质记录：全吉群 [J]. 地质调查与研究，26（1）：27-37.

李勇，陈才，冯晓军，等，2016. 塔里木盆地西南部南华纪裂谷体系的发现及意义 [J]. 岩石学报，32（3）：825-832.

刘伟，张光亚，潘文庆，等，2011. 塔里木地区寒武纪岩相古地理及沉积演化 [J]. 古地理学报，13（5）：529-538

陆松年，李怀坤，陈志宏，等，2004. 新远古时期中古古大陆与罗迪尼亚超大陆的关系 [J]. 地学前缘，11（2）：515-523.

陆松年，郝国杰，相振群，2016. 前寒武纪重大地质事件 [J]. 地学前缘，23（6）：140-155.

马世鹏，汪玉珍，方锡廉，1991. 西昆山北坡陆台盖层型元古代宇的基本特征 [J]. 新疆地质，9（3）：59-70.

倪新锋，陈永权，王永生，等，2020. 塔里木盆地轮南地区深层寒武系台缘带新认识及盐下勘探区带：基于岩石学、同位素对比及地震相的新证据［J］.海相油气地质,25(4):289-302.

权小康,2017.塔里木盆地西部南华系地层特征及沉积演化［D］.西安:西安石油大学.

任荣,管树威,吴林,等,2017.塔里木新元古代裂谷盆地南北分异及油气勘探启示［J］.石油学报,38(3):255-266.

石开波,蒋启财,刘波,等,2017b.塔里木盆地东北缘库鲁克塔格地区寒武纪—奥陶纪沉积特征及演化［J］.岩石学报,33(4):1204-1220.

石开波,刘波,姜伟民,等,2018.塔里木盆地南华纪—震旦纪构造—沉积格局［J］.石油与天然气地质,39(5):862-877.

石开波,刘波,刘红光,等,2017a.塔里木盆地东北缘库鲁克塔格地区新元古代构造—沉积演化［J］.地学前缘,24(1):297-307.

石开波,刘波,田景春,等,2016.塔里木盆地震旦纪沉积特征及岩相古地理［J］.石油学报,37(11):1343-1360.

石开波,2017.塔里木盆地南华纪—震旦纪构造—沉积演化及油气地质意义［D］.北京:北京大学.

孙崇仁,喇继德,李璋荣,等,1997.青海省岩石地层［M］.武汉:中国地质大学出版社.

田雷,崔海峰,刘军,等,2016.塔西南坳陷早、中寒武世岩相古地理格局分析［J］.东北石油大学学报,40(6):5,18-25,95.

童勤龙,卫魏,徐备,2013.塔里木板块西南缘新元古代沉积相和冰期划分［J］.中国科学:D辑 地球科学,43(5):703-715.

王树洗,1982.青海全吉群的几个叠层石群及其地层意义［J］.西北地质,15(4):1-10.

王向利,高小平,刘幼骐,2010.塔里木盆地南缘铁克里克断隆结晶基底特征［J］.西北地质,43(4):95-112.

王毅,1999.塔里木盆地震旦系—中泥盆统层序地层分析［J］.沉积学报,17(3):414-421.

王云山,庄庆兴,史从彦,等,1980.柴达木北缘的全吉群［M］.天津:天津科学技术出版社,214-229.

吴林,管树威,任荣,等,2016.前寒武纪沉积盆地发育特征与深层烃源岩分布:以塔里木新元古代盆地与下寒武统烃源岩为例［J］.石油勘探与开发,43(6):905-915.

吴林,管树威,杨海军,等,2017.塔里木北部新元古代裂谷盆地古地理格局与油气勘探潜力［J］.石油学报,38(4):375-385.

吴永良,2010.塔里木盆地震旦系沉积体系及岩相古地理特征研究［D］.成都:成都理工大学.

熊益学,陈永权,关宝珠,等,2015.塔里木盆地下寒武统肖尔布拉克组北部台缘带展布及其油气勘探意义［J］.沉积学报,33(2):408-415.

闫磊,李洪辉,曹颖辉,等,2018.塔里木盆地满西地区寒武系台缘带演化及其分段特征［J］.天然气地球科学,29(6):807-816.

杨海军,陈永权,潘文庆,等,2021.塔里木盆地南华纪—中寒武世构造沉积演化及其盐下勘探选区意义［J］.中国石油勘探,26(4):84-98.

杨瑞东,罗新荣,张传林,等,2010.新疆库鲁克塔格地区晚古元古代兴地塔格群沉积特征及其碳同位素研究［J］.西北地质,43(1):37-43.

杨维文,郑玉壮,邓建,等,2014.新疆西昆仑阿喀孜花岗岩地球化学特征及时代意义［J］.新疆地质,32(2):141-146.

杨鑫,李慧莉,张仲培,等,2017.塔里木新元古代盆地演化与下寒武统烃源岩发育的构造背景［J］.地质学报,91(8):1706-1719.

杨鑫,徐旭辉,陈强路,等,2014.塔里木盆地前寒武纪古构造格局及其对下寒武统烃源岩发育的控制作用［J］.天然气地球科学,25(8):1164-1171.

杨永剑,刘家铎,田景春,等,2011.塔里木盆地寒武纪层序岩相古地理特征［J］.天然气地球科学,22(3):450-459.

杨云坤，石开波，刘波，等，2014. 塔里木盆地西北缘震旦纪构造—沉积演化特征［J］. 地质科学，49（1）：19-29.

杨芝林，钟端，黄志斌，等，2016. 塔里木盆地周缘前寒武系剖面测量和试油地质评价［R］. 塔里木油田内部报告.

张传林，杨淳，沈家林，等，2003. 西昆仑北缘新元古代片麻状岗岩锆石 SHRIMP 年龄及其意义［J］. 地质论评，19（3）：239-244.

张光亚，宋建国，1998. 塔里木克拉通盆地改造对油气聚集和保存的控制［J］. 地质论评，44（5）：511-521.

张海军，王训练，王勋，等，2016. 柴达木盆地北缘全吉群红藻山组凝灰岩锆石 U—Pb 年龄及其地质意义［J］. 地学前缘，23（6）：202-218.

张录易，邱树玉，华洪，等，1993. 晚前寒武纪管状化石与叠层石共生的特征及其意义［J］. 河北地质学院学报，16（4）：315-321.

赵宗举，罗家洪，张运波，等，2011. 塔里木盆地寒武纪层序岩相古地理［J］. 石油学报，32（6）：937-948.

周肖贝，2015. 塔里木盆地深层结构特征及其早期构造古地理格局重建［D］. 北京：北京大学.

朱光有，陈斐然，陈志勇，等，2016. 塔里木盆地寒武系玉尔吐斯组优质烃源岩的发现及其基本特征［J］. 天然气地球科学，27（1）：8-21.

朱航，王鹏飞，赵伟，2020. 新疆库鲁克塔格地区新元古代南华纪与震旦纪冰期划分与研究［J］. 吉林地质，39（1）：24-27.

Barbarin B, 1999. A review of the relationships between granitoid types, their origins and their geodynamic environments［J］. Lithos, 46: 605-626.

Bonin B, 2007. A-type granites and related rocks: evolution of a concept, problems and prospects［J］. Lithos, 97: 1-29.

Chappell B W, Bryant C J, Wyborn D, 2012. Peraluminous I-type granites［J］. Lithos, 153: 142-153.

Chappell B W, 1999. Aluminium saturation in I-type and S-type granites and the characterization of fractionated haplogranites［J］. Lithos, 46: 535-551.

Ge Rongfeng, Zhu Wenbin, Wilde S A, et al, 2014. Neoproterozoic to Paleozoic long-lived accretionary orogeny in the northern Tarim Craton［J］. Tectonics, 33（3）: 302-329.

Ge Rongfeng, Zhu Wenbin, Wu Hailin, et al, 2012b. The Paleozoic northern margin of the Tarim Craton: Passive or active?［J］. Lithos, 142-143（6）: 1-15.

Ge Rongfeng, Zhu Wenbin, Zheng Bihai, et al, 2012a. Early Pan-African magmatism in the Tarim Craton: Insights from zircon U-Pb-Lu-Hf isotope and geochemistry of granitoids in the Korla area, NW China［J］. Precambrian Research, 212-213（8）: 117-138.

Guo Zhaojie, Yin An, Robinson A, et al, 2005. Geochronology and geochemistry of deep-drill-core samples from the basement of the central Tarim basin［J］. Journal of Asian Earth Sciences, 25（1）: 45-56.

Harris N, Pearce J, Tindle A, 1986. Geochemical characteristics of collision-zone magmatism［J］. Geological Society of London, Special Publications, 19, 67-81.

He Jingwen, Zhu Wenbin, Ge Rongfeng, et al, 2014b. Detrital zircon U-Pb ages and Hf isotopes of Neoproterozoic strata in the Aksu area, northwestern Tarim Craton: Implications for supercontinent reconstruction and crustal evolution［J］. Precambrian Research, 254: 194-209.

He Jingwen, Zhu Wenbin, Ge Rongfeng, 2014a. New age constraints on Neoproterozoic diamicites in Kuruktag, NW China and Precambrian crustal evolution of the Tarim Craton［J］. Precambrian Research, 241（1）: 44-60.

Hoffman P F, Li Zhengxiang, 2009. Apalaeogeographic context for Neoproterozoic glaciation［J］. Palaeogeogrpahy,

Palaeoclimatology, Palaeoecology, 277: 158-172.

Kemp A I S, 2003. Granitic perspectives on the generation and secular evolution of the continental crust [J]. Treatise on Geochemistry, 3: 382-397.

Li Zhenxiang, Bogdanova S V, Collins A S, et al, 2008. Assembly, configuration, and break-up history of Rodinia: A synthesis [J]. Precambrian Research, 160(1-2): 179-210.

Pearce J A, 1996. Sources and settings of granitic rocks [J]. Episodes, 19: 120-125.

Pearce J A, Harris N W, Tindle A G, 1984. Trace element discrimination diagrams for the tectonic interpretation of granitic rocks [J]. Journal Petrology, 25: 956-983.

Turner S A, 2010. Sedimentary record of Late Neoproterozoic rifting in the NW Tarim Basin, China [J]. Precambrian Research, 181(1-4): 85-96.

Whalen J B, Currie K L, Chappell B W, 1987. A-type granites-geochemical characteristics, discrimination and petrogenesis [J]. Contributions to Mineralogy and Petrology, 95: 407-419.

Xiao Shuhai, Bao H, Wang Haifeng, et al, 2004. The Neoproterozoic Quruqtagh Group in Eastern Chinese Tianshan: evidence for a post-Marinoan glaciation [J]. Precambrian Research, 130(4): 1-26.

Xu Bei, Jian Oing, Zheng Haifei, et al, 2005. U-Pb zircon geochronology and geochemistry of Neoproterozoic volcanic rocks in the Tarim Block of northwest China: implications for the breakup of Rodinia supercontinent and Neoproterozoic glaciations [J]. Precambrian Research, 136(2): 107-123.

Xu Bei, Xiao Shuhai, Zou Haibo, et al, 2009. SHRIMP zircon U-Pb age constraints on Neoproterozoic Quruqtagh diamictites in NW China [J]. Precambrian Research, 168(3-4): 247-258.

Xu Bei, Zou Haibo, Chen Yan, et al, 2013. The Sugetbrak basalts from northwestern Tarim Block of northwest China: Geochronology, geochemistry and implications for Rodinia breakup and ice age in the Late Neoproterozoic [J]. Precambrian Research, 236(5): 214-226.

Yang Haijun, Wu Guanghui, Kusky T M, et al, 2018. Paleoproterozoic assembly of the North and South Tarim terranes: New insights from deep seismic profiles and Precambrian granite cores [J]. Precambrian Research, 305: 151-165.

Zhang Chuanlin, Li Huaikun, Santosh M, et al, 2012. Precambrian evolution and cratonization of the Tarim Block, NW China: Petrology, geochemistry, Nd-isotopes and U-Pb zircon geochronology from Archaean gabbro-TTG-potassic granite suite and Paleoproterozoic metamorphic belt [J]. Journal of Asian Earth Sciences, 47(1): 5-20.

Zhang Chuanlin, Zou Haibo, Santosh M, et al, 2014. Is the Precambrian basement of the Tarim Craton in NW China composed of discrete terranes? [J]. Precambrian Research, 254: 226-244.

Zhu Guangyou, Yan Huihui, Chen Weiyan, et al, 2020. Discovery of Cryogenian interglacial source rocks in the northern Tarim, NW China: Imolications for Neoproterozoic paleoclimatic reconstructions and hydrocarbon exploration [J]. Gondwana Reserach, 80: 370-384.

第四章 烃源岩分布与生烃潜力

第一节 南华系烃源岩分布与生烃潜力

南华系在盆地内部主体埋藏深度为9000~16000m，目前仅尉犁1井钻揭南华系特瑞艾肯组，大多数钻孔所在的中央隆起与塔北隆起内不发育南华系，确定南华系烃源岩主要依据野外露头。前人已在多个露头发现南华系烃源岩（Zhu et al.，2019；朱光有等，2020）；塔里木油田也多次对露头烃源岩进行测量并取样分析，取得了一些实测成果（杨芝林等，2016）。本章主要通过搜集整理前人分析数据，填充在第二章年代框架或地层等时对比框架内，通过地震手段，恢复烃源岩分布，探讨其生烃潜力。

一、烃源岩普查

参与统计的地质点包括库鲁克塔格区、柯坪—乌什区与铁克里克区，露头点分布如图2-1-1所示，野外露头剖面地层划分、烃源岩总有机碳含量数据来自塔里木油田两期野外项目研究成果（黄智斌等，2009；杨芝林等，2016）以及朱光有等报道的数据（朱光有等，2018，2020）。尉犁1井数据来自中国石化西北油田分公司，数据统计表见表4-1-1，对比如图4-1-1所示。

库鲁克塔格北区恰克马克铁什露头剖面南华系阿勒通沟组发育少量烃源岩。照壁山组发育11.6m厚灰绿色泥岩，TOC在0.05%~0.11%之间，不发育烃源岩。阿勒通沟组发育87m厚灰绿色泥岩，黄智斌等（2009）实测TOC在0.03%~0.99%范围内（$N=23$）；朱光有等（2018）实测TOC为0.07%~0.51%（$N=21$），存在烃源岩发育潜力。黄羊沟组发育44.6m厚灰色泥岩，黄智斌等（2009）实测TOC在0.04%~0.06%范围内（$N=2$）；朱光有等（2018）实测TOC为0.08%~0.25%（$N=2$），不发育烃源岩。特瑞艾肯组发育55.4m厚暗色灰绿色泥岩，黄智斌等（2009）实测TOC在0.05%~0.10%范围内（$N=3$）；朱光有等（2018）实测TOC为0.11%（$N=1$），不发育烃源岩。

库鲁克塔格南区雅尔当山露头剖面南华系黄羊沟组发育规模有效烃源岩。黄羊沟组发育390m厚灰黑色硅质泥岩，黄智斌等（2009）实测TOC在0.01%~0.48%范围内（$N=23$）；朱光有等（2018）实测TOC在0.1%~1.4%范围内（$N=7$）；朱光有等（2020）针对黄羊沟组灰黑色泥岩加密测试，TOC变化在0.8%~3.7%之间（$N=63$），平均为1.9%，中值为1.6%，达到优质烃源岩水平。特瑞艾肯组发育174m厚深灰绿色含冰碛砾泥岩，黄智斌等（2009）实测TOC在0.01%~0.11%范围内（$N=26$）；朱光有等（2018）实测TOC为0.09%~0.11%（$N=11$），不发育烃源岩。

柯坪—乌什地区尤尔美那克露头南华系未见烃源岩。西方山组发育302m厚灰绿色泥岩，黄智斌等（2009）实测TOC在0.05%~0.14%范围内（$N=9$）；Zhu等（2019）实测TOC在0.03%~0.08%范围内（$N=20$），不发育烃源岩。东巧恩布拉克组见8.4m厚灰绿色泥岩，

表 4-1-1　野外露头与钻孔华南系烃源岩普查表

注：库鲁克塔格地区包括恰克马克铁什露头、雅尔当山露头、尉犁 1 井；柯坪—乌什地区为尤尔美那克露头；铁克里克地区为新藏公路露头。

系	统	组	恰克马克铁什露头 泥岩厚度/m①	恰克马克铁什露头 TOC/%①	恰克马克铁什露头 TOC/%②	雅尔当山露头 泥岩厚度/m①	雅尔当山露头 TOC/%①	雅尔当山露头 TOC/%②	雅尔当山露头 TOC/%④	尉犁1井 泥岩厚度/m	尉犁1井 TOC/%	尤尔美那克露头 组	尤尔美那克露头 泥岩厚度/m	尤尔美那克露头 TOC/%③	尤尔美那克露头 TOC/%②	新藏公路露头 组	新藏公路露头 泥岩厚度/m	新藏公路露头 TOC/%③	新藏公路露头 TOC/%②
南华系	上南华统	特瑞艾肯组	55.4	0.05~0.10 (N=3)	0.11 (N=1)	174	0.01~0.11 (N=26)	0.09~0.11 (N=11)	—	76▼	0.23~1.62 (N=16)	龙尔美那克组	0	0.04~0.05 (N=7)	—	雨塘组	31	0.02~0.04 (N=2)	0.04~0.07 (N=3)
南华系	中南华统	黄羊沟组	44.6	0.04~0.06 (N=2)	0.08~0.25 (N=2)	390	0.01~0.48 (N=23)	0.1~1.4 (N=7)	0.8~3.7 (N=63)	—	—	（无数据，灰色）				克里西组	143	0.05~0.17 (N=7)	0.03~0.46 (N=9)
南华系	中南华统	阿勒通沟组	87	0.03~0.99 (N=23)	0.07~0.51 (N=21)	12.5 (40)	—	—	—	—	—	冬屋组	0	—	—	波四段	—	—	—
南华系	中南华统	照壁山组	11.6	0.05~0.11 (N=2)	—	—	—	—	—	—	—	牧羊滩组	6	0.04 (N=1)	—	波三组	—	—	—
南华系	下南华统	贝义西组	—	—	—	—	—	—	—	—	—	东巧恩布拉克组	8.4	0.03 (N=1)	—	波二段	—	—	—
南华系												西方山组	302	0.05~0.15 (N=9)	0.03~0.08 (N=20)	波一段	88	0.05~0.06 (N=2)	0.05~0.06 (N=3)
南华系																牙拉古孜组	39	—	—

注：▼代表未钻穿。

①资料来自黄智斌等（2009）。

②资料来自朱光有等（2018）。

③资料来自杨芝林等（2016）。

④资料来自 Zhu 等（2019）。

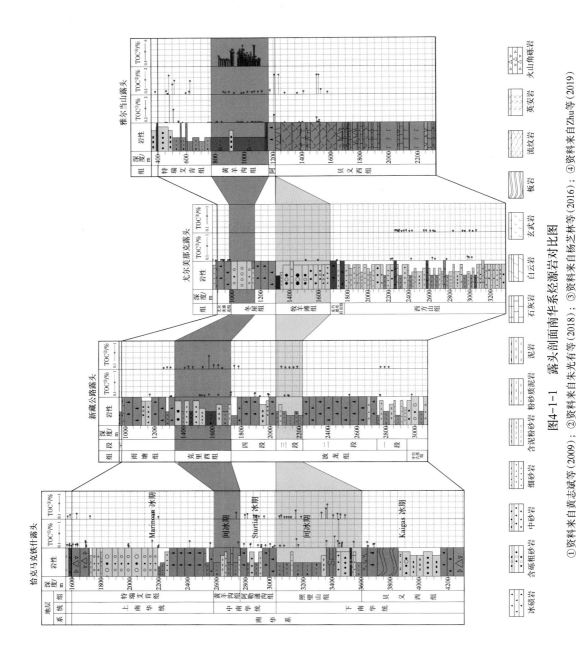

图4-1-1 露头剖面南华系烃源岩对比图

① 资料来自黄志斌等（2009）；② 资料来自朱光有等（2018）；③ 资料来自杨芝林等（2016）；④ 资料来自Zhu等（2019）

148

实测 TOC 为 0.03%（黄智斌等，2009）。牧羊滩组见 6m 厚灰绿色泥岩，TOC 为 0.04%（N = 1；黄智斌等，2009）。尤尔美那克组与冬屋组不发育暗色泥岩，实测 TOC 在 0.04% ~ 0.05% 之间（N = 7；黄智斌等，2009）。

　　铁克里克区新藏公路露头剖面南华系未见烃源岩。波龙组一段发育 88m 厚灰绿色泥岩，实测 TOC 达不到烃源岩标准。牙拉古孜组发育 39m 厚褐色泥岩。克里西组见灰绿色泥岩 143m，黄智斌等（2009）实测 TOC 在 0.05% ~ 0.17% 范围内（N = 7）；朱光有等（2018）实测 TOC 在 0.03% ~ 0.46% 之间（N = 3）。雨塘组见灰绿色泥岩 31m，黄智斌等（2009）实测 TOC 在 0.02% ~ 0.04% 范围内（N = 2）；朱光有等（2018）实测 TOC 在 0.04% ~ 0.07% 范围内（N = 3），达不到烃源岩标准。

　　盆地覆盖区尉犁 1 井钻揭南华系特瑞艾肯组 76m，实测 TOC 在 0.23% ~ 1.62% 之间（n = 16），平均为 0.66%，其中 TOC 大于 1% 的样品仅 2 件，整体评价为差烃源岩。

　　南华系已落实的烃源岩与潜在烃源岩主要发育在三套冰碛岩的两个间冰期内（图 4-1-1）。在 Marinoan 冰期与 Sturtian 冰期之间发育一套烃源岩，典型代表是雅尔当山露头剖面黄羊沟组，与新藏公路露头剖面克里西组可等时对比，后者泥岩含量与 TOC 也明显高于上、下地层。在 Sturtian 冰期与 Kaigas 冰期之间的间冰期内发育一套潜在的烃源岩，恰克马克铁什露头剖面照壁山组泥岩含量与 TOC 也明显高于上、下地层（图 4-1-1）。考虑塔里木克拉通南华系从裂陷到坳陷的沉积演化过程，黄羊沟组沉积期为最大海泛期，应该是南华系烃源岩的主要层位。

二、烃源岩有机质类型特征

　　有机质类型是决定烃源岩生烃潜力大小的因素之一，是评价烃源岩的质量指标（刘光祥，2005）。国内外有机质类型划分较多，如干酪根镜检、氯仿沥青"A"组分和岩石热解参数等。由于南华系烃源岩成熟度普遍偏高，沥青反射率 >1.3%，一般分析母质类型的常用方法和指标如元素分析、热解分析、烃类组成、正构烷烃分布特征、红外光谱等用来判别有机质类型都不太有效，因此主要采取干酪根镜检等资料作为划分生油岩母质类型的依据。参考钟小莉等著《有机地球化学分析方法及其应用》一书，按下列分类表进行类型划分（表 4-1-2）。

表 4-1-2　烃源岩有机质类型划分标准表（三类四分法）

参　　　数		I 型 （腐泥型）	II 型		III 型 （腐殖型）
			II$_1$ 型 （腐泥—腐殖型）	II$_2$ 型 （腐殖—腐泥型）	
岩石热解参数	氢指数/(mg·g^{-1})	>700	350 ~ 700	150 ~ 350	<150
	降解潜率/%	>70	30 ~ 70	10 ~ 30	<10
干酪根镜检	腐泥组+壳质组/%	>70 ~ 90	50 ~ 70	10 ~ 50	<10
	镜质组/%	<10	10 ~ 20	20 ~ 70	>70 ~ 90
	类型指数	>80 ~ 100	40 ~ 80	0 ~ 40	0
干酪根 δ^{13}C/‰		<-30	-30 ~ -28	-28 ~ -25	>-25

　　库鲁克塔格北区恰克马克铁什剖面阿勒通沟组野外样品干酪根腐泥组含量在68% ~ 80% 之间，平均为 70%，干酪根类型指数为 28 ~ 60，平均为 40，干酪根碳同位素为

−32.1‰～−23.2‰，平均为−27.2‰，有机质主要来自藻类，综合分析认为有机质类型为腐泥—腐殖型。照壁山剖面阿勒通沟组干酪根镜检腐泥组含量在68%～69%之间，干酪根类型指数为36，干酪根碳同位素为−29.1‰，有机质主要来自藻类，综合分析认为有机质类型为腐泥—腐殖型。

库鲁克塔格南区雅尔当山剖面硅质岩及黑色泥岩干酪根镜检腐泥组含量在85%～88%之间，平均为86.5%，干酪根类型指数为70～76，干酪根碳同位素为−29.1‰～−27.2‰，有机质主要来自藻类，综合分析认为有机质类型为腐泥型。黄羊沟组上部烃源岩干酪根镜检腐泥组含量在64%～85%之间，平均为68.3%，干酪根类型指数为24～70，平均为36.5，有机质类型为腐泥—腐殖型。下部黑色泥质岩干酪根镜检腐泥组含量在61%～91%之间，平均为76.6%，干酪根类型指数为22～82，干酪根碳同位素为−32.1‰～−32‰，有机质主要来自藻类，综合分析认为有机质类型为腐泥型。据朱光有等（2020）研究，黄羊沟组烃源岩在显微镜下泥质含量与有机质含量均较高，岩石微细纹层发育（图4-1-2a、b），是一套静水还原环境的沉积产物；缓慢的沉降使得有机质能在水体中充分降解腐泥化，因此形态保存好的有机质不多；有机岩石学照片显示，有机质以腐泥组和固体沥青为主，偶见海相镜状体（图4-1-2）。腐泥组以来源于蓝细菌降解形成的无定形体为主，含少量单细胞浮游藻类、红藻囊果等藻类体。固体沥青沿微裂缝和粒间孔隙充填，局部见到线叶植物，海相镜状体可能与该类线叶植物有关。岩石热解分析结果显示，有机质处于高—过成熟阶段，有机质已经生气，所以热解 S_2 峰较低，导致氢指数低，有机质类型判断

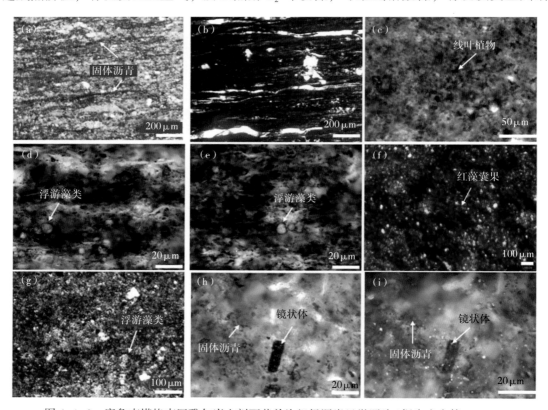

图4-1-2　库鲁克塔格南区雅尔当山剖面黄羊沟组烃源岩显微照片（据朱光有等，2020）

不清楚（图4-1-3），根据镜检结果与同位素结果，南华系黄羊沟组烃源岩属于Ⅰ—Ⅱ₁型有机质。

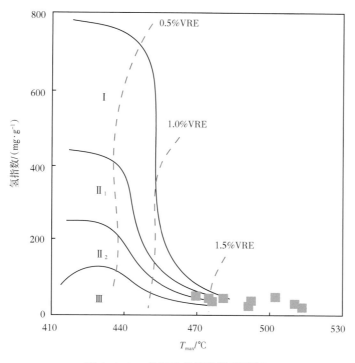

图4-1-3　南华系有机质类型图版

三、烃源岩发育模式

如图4-1-1所示，南华系最有可能发育烃源岩的层位在中南华统上部，对应黄羊沟组、克里西组与冬屋组，处于Sturtian与Marinoan两个全球性冰期之间的间冰期，时代上与扬子板块大塘坡组烃源岩一致。大塘坡组黑色页岩广泛分布于中上扬子区的南华纪裂陷盆地内，以黔东—湘西一带深水沉积为主，TOC最高可达5%，厚度约40m，R_o普遍在3.0%以上（谢增业等，2017；赵文智等，2019）。塔里木盆地南华系烃源岩生烃母质、有机质类型与烃源岩富烃机制尚未有深入研究，前人研究认为塔里木克拉通与扬子克拉通在南华纪古纬度相似，板块相邻（周肖贝等，2012）；因此可以认为塔里木盆地黄羊沟组烃源岩与扬子板块大塘坡组的富烃机制一致或相似。

扬子克拉通南华系大塘坡组烃源岩富烃机制研究程度相对较高，赵文智等（2019）探讨了元古宇烃源岩发育主控因素，指出活跃的大气环流和天文旋回驱动上升洋流和陆表径流提供营养源，海洋表层氧化水体为生物勃发提供适宜生存环境；大陆裂谷的火山活动和陆地风化作用向海洋注入大量营养物质，导致低等生物繁盛；海洋深部广泛的厌氧水体为有机质保存创造了良好条件。真核生物的出现，使得烃源岩生烃母质构成呈多样性，有效提升了油气生成潜力。郑海峰等（2019）认为大塘坡组温暖湿润气候是导致这一时期藻类大量繁殖的前提条件，适宜的盐度、充足的阳光、丰富的矿物为藻类的繁殖提供了便利，偏还原的水体环境是有机质能够保存在沉积岩中的关键因素。谢增业等（2017）认为大塘坡组页岩为高丰度过成熟腐泥型优质烃源岩，低盐度还原环境下藻类和细菌微生物是主要生源构成，烃源岩主要发育在南华纪裂陷之中。

在生物繁盛条件与生烃母质特点方面，塔里木盆地黄羊沟组与扬子板块大塘坡组一致，与扬子板块不同的是塔里木盆地南华系地质结构与保存条件的特性；事实上，在烃源岩发育层位确定的条件下，影响烃源岩的主要因素是沉积背景。与扬子地台相似，塔里木盆地南华系也表现出裂陷—坳陷沉积特点（吴林等 2017；任荣等，2017；管树巍等，2017；石开波等，2018；田雷等，2016；陈永权等，2019；杨海军等，2021）。根据第三章论述，南华纪早期沉积模式分为断陷湖盆沉积体系、中—晚期为坳陷盆地扇三角洲—陆棚/深湖沉积体系，黄羊沟组发育在中—晚南华世间冰期内，表现为扇三角洲—滨浅湖—半深湖—深湖沉积体系特点（图 3-1-2）。

从模式上升到模型需要高精度的地震剖面与准确的层位厘定。图 4-1-4 是轮南—古城坡折带处的寒武系底拉平地震剖面，南华系表现为裂陷—坳陷沉积特点。根据第二章南华系地层组合论证，底部为断陷扩张期的冲积扇、火山岩，其上为三套冰碛岩夹两套间冰期滨岸—陆棚相碎屑岩。冰碛岩为冰筏运移沉积物，由大量坠石与原始沉积岩构成，由于坠石沉积速率大，所以成层性差，地震响应以弱反射为主；而间冰期滨岸相砂岩、陆棚相/深湖相泥岩会表现出明显的成层性，地震反射应该以平行强反射为主要特征，相比砂岩而言，泥岩沉积区成层性更强，地震反射振幅更强。根据岩性组合特点与正演地震反射特征，南华系表现为"三强三弱"的地震反射结构，底部的火山岩及冲积扇表现为强反射特点，而三套冰碛岩表现为三套弱反射，两套间冰期沉积则表现为两套平行强反射特点，据此建立了南华系地震解释模型，黄羊沟组烃源岩发育在顶部的强振幅平行反射中（图 4-1-4a）。借鉴扬子克拉通南华系大塘坡组富烃模式（赵文智等，2019），结合南华系裂陷结构，建

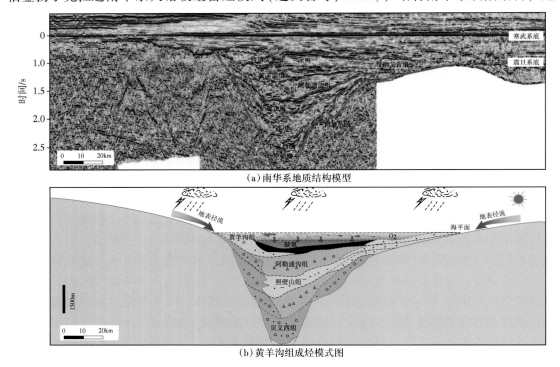

（a）南华系地质结构模型

（b）黄羊沟组成烃模式图

图 4-1-4　南华系地质结构模型与黄羊沟组成烃模式图

立塔里木克拉通南华系黄羊沟组成烃模式（图4-1-4b），间冰期气候温暖湿润，大量的陆源输入带来P、Si等营养元素，浮游藻类大量繁殖，死亡后在氧化还原界面之下的缺氧环境中以暗色泥岩为载体保留下来。

四、烃源岩分布与生烃潜力

1. 烃源岩分布

以图4-1-4为指导根据二维地震资料解释南华系烃源岩厚度，结果发现南华系烃源岩并非是广泛分布的，而是分布在孤立的洼陷内。以满参1井附近的南华系裂陷为例，该裂陷二维地震资料控制程度高，测网密度基本上达到4km×4km，南华系解释比较可靠。解释结果表明，南华系表现为孤立裂陷—坳陷性质，满参1井区南华系分布面积约5800km²；黄羊沟组强反射发育在坳陷沉积期地貌低部位，向高部位振幅减弱，可能已相变为滨岸相砂岩；仅强振幅区为黄羊沟组烃源岩，其分布范围比裂陷小，面积为1870km²，最厚约500m（图4-1-5）。

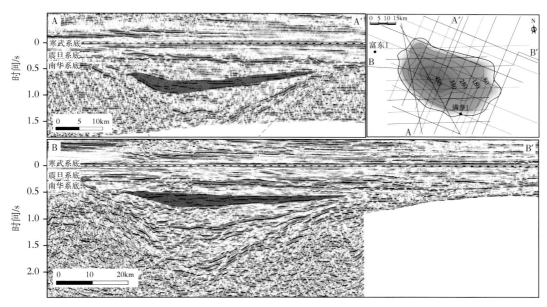

图4-1-5　满参1井区南华系黄羊沟组烃源岩厚度及地震反射特征图

以孤立裂陷思路指导满加尔凹陷区南华系的解释，参考满参1井南华系厚度与烃源岩厚度的比例关系，根据该比例关系计算塔里木盆地南华系黄羊沟组烃源岩厚度图，烃源岩发育面积为7.2×10⁴km²，厚度为0～500m（图4-1-6）。满加尔凹陷区比较落实，发育8个孤立生烃凹陷，分布面积约为2.4×10⁴km²；阿瓦提—塔北—塔中地区尽管地震剖面上震旦系之下局部存在南华系的影子，但是不存在上述"三强三弱"的地震反射特征，因此不能确定是否发育烃源岩，根据勘探有利原则推测存在南华系烃源岩（等值线用虚线）；麦盖提斜坡区由于寒武系之下多次波发育，南华系是否存在尚且存疑，根据南华系分布认识，推测发育该套烃源岩（等值线用虚线）。

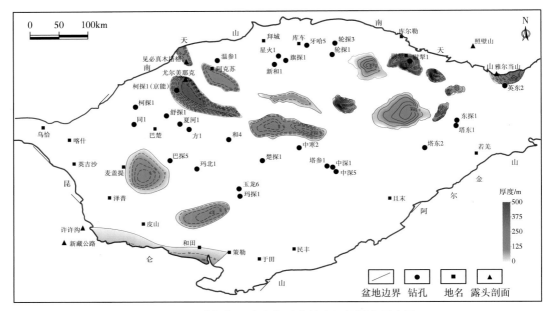

图 4-1-6　满加尔凹陷南华系黄羊沟组烃源岩厚度图

2. 成熟度与生烃潜力

库鲁克塔格北区恰克马克铁什剖面阿勒通沟组烃源岩样品沥青反射率为 1.12%～1.96%，平均为 1.71%，热解 T_{max} 范围为 372～498℃，平均为 445℃，干酪根颜色为褐黑色—黑色，综合分析烃源岩有机质成熟度为高成熟期。照壁山剖面阿勒通沟组烃源岩经分析有机质成熟度为高—过成熟。朱光有等（2020）报道了库鲁克塔格南区雅尔当山剖面南华系黄羊沟组烃源岩地球化学数据。总有机碳含量主要分布在 0.23%～2.82% 之间，平均为 1.66%，烃源岩热解分析 $S_1 + S_2$ 值主要分布在 0.0839～1.1851mg/g 之间，平均为 0.2969mg/g；沥青反射率 R_o 在 1.28%～1.60% 之间，说明有机质演化进入高成熟时期，9 块烃源岩抽提的氯仿沥青 "A" 含量分布在 0.0023%～0.0223% 之间，平均为 0.00768%。族组分中，饱和烃含量占 10.4%～15.8%，芳香烃占 6.0%～10.5%，非烃占 63.2%～77.2%，沥青质占 5.3%～14.2%；Pr/Ph 值在 1.2 左右，Pr/（Pr+Ph）值在 0.55 左右。这套烃源岩的生烃母质主要为早期的细菌、藻类等微生物。

本节根据实测数据点标定与埋藏深度的推算，认为目前沙漠覆盖区南华系黄羊沟组烃源岩 R_o 普遍高于 3.0%，均为过成熟阶段。根据烃源岩总有机碳含量、厚度与沥青反射率，通过模拟计算塔里木盆地南华系生烃强度最大约为 $500×10^4 t/km^2$，平均为 $170×10^4 t/km^2$。

第二节　震旦系烃源岩分布与生烃潜力

如第二章与第三章所述，塔里木盆地出露震旦系的露头发育在柯坪—乌什区、库鲁克塔格区与铁克里克区；盆地内钻揭震旦系钻孔主要分布在塔北隆起与北部坳陷，塔北隆起内温参 1、新和 1、旗探 1、轮探 1、轮探 3、塔深 5 等井钻揭震旦系；塔东地区尉犁 1、孔探 1、英东 2 等井钻揭震旦系；柯坪—巴楚隆起西部柯探 1、柯坪南 1、同 1 等 9 个钻孔钻揭震旦系（图 3-2-3）。巴楚隆起东部—塔中隆起多个钻孔震旦系缺失（中深 1、中深 5、中寒 1、楚探 1、玉龙 6、玛探 1、和田 2、玛北 1、巴探 5 等井）。

一、烃源岩普查

参与统计的地质点包括库鲁克塔格区、柯坪—乌什区与铁克里克区露头，烃源岩 TOC 数据来自塔里木油田两期野外项目研究成果（黄智斌等，2009；杨芝林等，2016），以及朱光有等（2018）报道的数据。覆盖区内乔探 1、柯探 1、轮探 3、尉犁 1、孔探 1、英东 2 等井参与了统计，数据来源于中国石油塔里木油田与中国石化西北油田。确定震旦系烃源岩发育层位主要是依据野外露头，井下仅英东 2 井水泉组见有效烃源岩。

库鲁克塔格北区恰克马克铁什露头发现水泉组烃源岩。恰克马克铁什剖面水泉组见 173.87m 厚暗色泥岩，TOC 含量为 0.07%~1.0%（$N=9$；黄智斌等，2009）；朱光有等（2018）报道复测结果 TOC 含量为 0.46%~0.92%（$N=4$），进一步落实该套层序发育烃源岩。育肯沟组发育 121.71m 厚深灰色泥岩，两个研究实测 TOC 含量均达到烃源岩标准（表 4-2-1）。扎摩克提组发育 6.5m 厚灰色粉砂质泥岩，黄智斌等（2009）在扎摩克提组上部薄层灰黑色硅质岩实测 TOC 含量达 0.92%，但规模有限。

库鲁克塔格南区雅尔当山露头剖面整体不发育泥岩，水泉组仅见暗色泥岩 1.5m，育肯沟组见泥岩 6m。黄智斌等（2009）年在水泉组实测 TOC 数据 3 个，其中 1 件样品 TOC 含量达 3.67%；朱光有等（2018）在水泉组实测 TOC 含量结果为 0.07%~1.37%，同样只有一个样品达标（图 4-2-1）。黄智斌等（2009）获得育肯沟组 TOC 含量范围在 0~0.94% 之间（$N=4$），只有一件样品达标；朱光有等（2018）在育肯沟组实测样品 5 件，TOC 含量变化在 0.11%~1.0% 之间，有 3 件样品 TOC 含量超过 0.5%。扎摩克提组不发育暗色泥岩。

杨芝林等（2016）实测乌什—柯坪地区尤尔美那克剖面、什艾日克露头剖面与萨瓦普齐剖面震旦系并对烃源岩进行了普查，未见规模烃源岩。尤尔美那克剖面暗色泥岩少，总有机碳含量在 0.03%~0.14%（$N=33$）之间，震旦系各组分析测试样品均未达到烃源岩有机质丰度下限；萨瓦普齐露头震旦系分析测试样品也均未达到烃源岩有机质丰度下限，TOC 含量变化在 0.02%~0.19% 之间（$N=10$）；什艾日克露头剖面震旦系分析测试样品 11 件，TOC 含量变化在 0.03%~0.61% 之间，其中苏盖特布拉克组顶部灰绿色泥岩实测样品 4 件，两件有机质丰度达标，因此提出苏盖特布拉克组顶部发育一套烃源岩。朱光有等（2018）复测苏盖特布拉克组顶部灰绿色泥岩总有机碳含量，TOC 含量在 0.06%~0.75% 之间，仅有 2m 左右灰绿色泥岩 TOC 含量超过 0.5%，非有效烃源岩（图 4-2-1）。

铁克里克地区新藏公路露头剖面覆盖严重，震旦系出露不完整，虽然多个冲沟出露震旦系，但是剖面点转换连接实测时地层是否连续出现问题，也导致不同研究者测量 TOC 归位在杨芝林等（2016）的地层柱状图上出现分歧，杨芝林等（2016）发现的库尔卡克组中—下段烃源岩有机质丰度达标数据点 2 个，可能与朱光有等（2018）报道的库尔卡克组上段底部发现的 1 个 TOC 含量达标的层系是同一层；所以新藏公路露头剖面不发育震旦系烃源岩，有限的达标数据也只能作为参考。

盆地覆盖区钻孔仅在英东 2 井发现震旦系烃源岩。乔探 1 井奇格布拉克组 TOC 含量变化在 0.12%~0.32% 之间（$N=14$），柯探 1 井奇格布拉克组 TOC 含量变化在 0.02%~0.6% 之间（$N=16$），TOC 含量大于 0.5% 的样品 2 件，占比 12%。轮探 3 井钻揭汉格尔乔克组冰碛砾岩厚度为 54m，TOC 含量变化在 0.01%~0.65% 之间（$N=12$），TOC 含量大于 0.5% 的样品 3 件，占比 25%；水泉组钻揭泥岩厚度为 42m，石灰岩厚度为 16m，实测 TOC 含量变化在 0.12%~0.67% 之间（$N=30$），TOC 含量大于 0.5% 的样品 3 件，占比 10%。尉犁 1 井钻揭汉格尔乔克

表 4-2-1　露头区烃源岩总有机碳含量分析统计表

地层 系	统	组	库鲁克塔格地区 恰克马克铁什露头 泥岩厚度/m①	TOC/%①	TOC/%②	雅尔当山露头 泥岩厚度/m①	TOC/%①	TOC/%②	柯坪—乌什地区 什艾日克露头 组	泥岩厚度/m③	TOC/%③	TOC/%②	铁克里克地区 新藏公路露头 组	泥岩厚度/m③	TOC/%③	TOC/%②
震旦系	上震旦统	汉格尔乔克组	0	—	—	0	—	—								
震旦系	上震旦统	水泉组	173.87	0.07~1.0 (N=9)	0.46~0.92 (N=4)	1.5	0~3.67 (N=3)	0.07~1.37 (N=3)	奇格布拉克组	0	0.05~0.05 (N=2)	0.05~0.24 (N=6)	克孜苏胡木组	0	0.03~0.11 (N=6)	0.04~0.05 (N=2)
震旦系	下震旦统	育肯沟组	121.71	0.08~0.28 (N=3)	0.07~0.23 (N=7)	6	0~0.94 (N=4)	0.11~1.0 (N=5)	苏盖特布拉克组	9.5	0.04~0.61 (N=8)	0.09~0.75 (N=8)	库尔卡克组	140	0.04~0.86 (N=11)	0.06~0.86 (N=8)
震旦系	下震旦统	扎摩克提组	6.5	0.08~0.92 (N=13)	0.1~0.2 (N=6)	0	—	—								

①资料来自黄智斌等（2009）。
②资料来自朱光有等（2018）。
③资料来自杨芝林等（2016）。

156

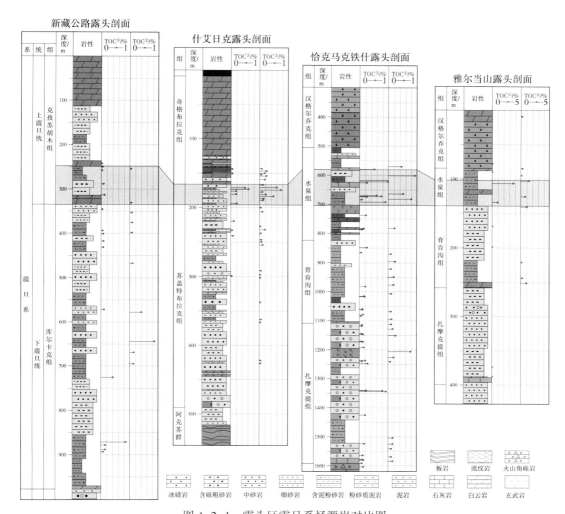

图 4-2-1　露头区震旦系烃源岩对比图

①资料来自黄智斌等（2019）；②资料来自朱光有等（2018）；③资料来自杨芝林等（2016）

组冰碛砾岩厚度为108m，TOC含量变化在0.01%~1.13%之间（$N=35$），TOC大于0.5%的样品10件，占比31%；钻揭水泉组厚度为94m，TOC含量变化在0.04%~0.86%之间（$N=23$），TOC含量大于0.5%的样品4件，占比17.4%。孔探1井钻揭汉格尔乔克组冰碛砾泥岩厚度为50m，TOC含量变化在0.06%~1.04%之间（$N=8$），TOC含量大于0.5%的样品3件，占比37.5%；英东2井是盆地内唯一的震旦系烃源岩发现井，其4847~4875m井段实测TOC在2.4%~3.8%之间，平均为3.2%（$N=6$）。

有限的资料表明，震旦系烃源岩只可能发育在上震旦统下部（图4-2-1）。由于实测地表露头相距离远、相变快，所以不同露头的等时对比存在问题，也就是说目前在各露头区命名的岩石地层单位等时性很差。根据第二章地层层序研究结果，震旦系最大海泛面位于上震旦统底部，在恰克马克铁什露头水泉组见到的烃源岩可能与什艾日克露头苏盖特布拉克组顶部总有机碳达标的灰绿色泥岩等时；在铁克里克区，该套烃源岩可能发育在克孜苏胡木组下部。另一方面，震旦系底部为库鲁克塔格运动形成的不整合，震旦系经历海侵—滨岸沉积体系至碳酸盐岩缓坡—台地沉积体系，海平面表现为上升与下降的完整一级旋回，最大海平面发育在上震旦统下部，是烃源岩发育的优势层系，具备规模烃源岩形成基础，其他层系尽管也有 TOC 达标的层段，但放在一级海平面旋回的背景下不可能发育规模有效烃源岩。

二、烃源岩有机质类型特征

震旦纪是菌藻类植物繁盛时期，生油母质主要来源于藻类。库鲁克塔格北区恰克马克铁什剖面水泉组烃源岩样品干酪根镜检腐泥组含量分布在 76%~81% 之间，平均为 78%，干酪根类型指数为 52~62，干酪根碳同位素为 −30.8‰~−27.1‰，平均为 −28.9‰，有机质主要来自藻类，综合分析认为有机质类型为腐泥—腐殖型。库鲁克塔格北区照壁山剖面水泉组烃源岩样品干酪根腐泥组含量分布在 72% 左右，干酪根类型指数为 44，干酪根碳同位素为 −29.1‰，综合分析认为有机质类型为腐泥—腐殖型。库鲁克塔格南区雅尔当山剖面水泉组烃源岩样品干酪根镜检腐泥组含量分布在 45%~55% 之间，平均为 50%，干酪根类型指数为 10，干酪根碳同位素为 −29.2‰~−27.2‰，平均为 −28.3‰，综合分析认为烃源岩有机质类型为腐泥—腐殖型（杨芝林等，2016）。岩石热解分析结果显示，有机质处于高—过成熟阶段，热解 S_2 峰较低，导致氢指数低，有机质类型判断不清楚（图 4-2-2）。

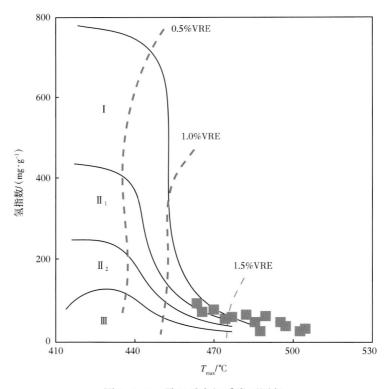

图 4-2-2　震旦系有机质类型图版

三、烃源岩发育模式

尽管塔东地区尉犁 1 井与英东 2 井汉格尔乔克组部分井段 TOC 大于 0.5%，但考虑到冰碛岩段沉积速率高、有机质富集条件低，不具备规模有效烃源岩发育潜力，震旦系最有

158

可能发育规模有效烃源岩的层位在水泉组、苏盖特布拉克组顶部与克孜苏胡木组下部（图 4-2-1），处于震旦系第四阶，对应 DOUNCE 或 SHURAM 碳同位素负漂移，沉积时限在 560—551Ma（图 2-2-10；Zhu et al.，2007），处于震旦纪海平面最高位置（图 2-2-15）。与扬子地台对比，塔里木盆地震旦系水泉组相当于陡山沱组三段—四段（周传明等，2019），其烃源岩与华南陡山沱组四段广泛发育的黑色页岩烃源岩近等时（张道亮等，2019；王文之等，2019；朱光有等，2021）。

因野外露头暗色泥岩 TOC 不高，钻孔内也没有揭示规模有效烃源岩，关于塔里木盆地震旦系烃源岩的富烃机制与模式，并没有得到广泛关注；因此，震旦系水泉组烃源岩的发育模式可参考扬子地台陡四段烃源岩发育模式。朱光有等（2021）认为陡二段烃源岩形成于海侵背景下的贫氧环境，陡四段烃源岩形成于海退背景下的缺氧滞留环境；多细胞藻类和疑源类是主要有机质母源；台地相烃源岩主要发育在陡四段，斜坡相烃源岩在陡二段和陡四段均发育。张道亮等（2019）提出成烃生物类型多样，以浮游藻类为主，有机质类型好，主要为Ⅰ—Ⅱ₁ 型；烃源岩现今热演化程度高，处于过成熟热演化生气阶段；陡山沱组烃源岩整体形成于缺氧—贫氧环境。王文之等（2019）认为陡山沱组富有机质的泥页岩主体沉积于次氧化—还原水体环境，烃源岩有机质富集受控于沉积环境与沉积速率，自下而上随沉积速率增大，有机质逐渐富集；有机质富集还与热液活动与间冰期的海平面升降有关。

事实上，尽管塔里木盆地震旦系仅在汉格尔乔克组发育一套冰碛岩，但从全球尺度上看，水泉组烃源岩还是发育在间冰期内，处于 Gaskiers 冰期与"罗圈冰期"之间（周传明等，2019）。间冰期温暖潮湿的背景利于多细胞藻类大量繁盛，半深海次氧化—贫氧环境为有机质保存形成条件，是烃源岩富集的主要原因，其成烃模式与南华系黄羊沟组可能并没有本质性区别（图 4-1-4）。

四、烃源岩分布与生烃潜力

1. 烃源岩分布

从震旦系构造古地理图（图 3-2-3）上可以看出，塔里木盆地可能发育震旦系烃源岩的区域主要分布区在满加尔坳陷、阿瓦提凹陷、满西凹陷、乌什凹陷、麦盖提凹陷、和田坳陷。乌什凹陷内萨瓦普齐露头震旦系厚度为 681m，未见有效烃源岩；阿瓦提凹陷尤尔美那克剖面震旦系厚度为 894m，未见有效烃源岩，什艾日克露头震旦系厚度为 482m，苏盖特布拉克组顶部混积岩段仅少数样品 TOC 超过 0.5%，整体烃源岩不发育。和田坳陷内新藏公路露头剖面震旦系厚度为 976m，未见有效烃源岩。只有在库鲁克塔格区恰克马克铁什露头震旦系厚度大于 1000m，发育 TOC 不太高的差烃源岩（图 4-2-1）。震旦系厚度增加的主要特点是下震旦统碎屑岩厚度增加，因此，震旦系总厚度代表了震旦系沉积期的古地貌，因此可以根据震旦系厚度（图 3-3-4）、地震反射特征与地质点对比研究震旦系烃源岩分布。

麦盖提凹陷内震旦系厚度一般低于 100m（图 3-3-4），仅发育奇格布拉克组，不可能发育规模有效烃源岩。阿瓦提凹陷内，震旦系向西变厚，尤尔美那克露头不发育有效烃源岩，阿瓦提凹陷内古地貌高于该露头，故也不具备规模烃源岩的发育条件。唯有满加尔坳陷内，震旦系厚度可高达 1500m 左右，可能在最大海平面（水泉组沉积期）发育烃源岩。

从第二章、第三章震旦系层序地层与沉积研究成果来看，下震旦统表现为海侵的特点，以粗碎屑沉积为主，向上粒度变细。满加尔坳陷内震旦系由扎摩克提组、育肯沟组、水泉组与汉格尔乔克组构成，扎摩克提组由砾岩、砂岩组成，育肯沟组由砂泥岩组成，水泉组表现为石灰岩与泥岩互层特征，汉格尔乔克组由冰碛砾岩组成，底部填平补齐，水泉组如果发育烃源岩，其应该表现出强反射特征（图4-2-3），英东2井震旦系水泉组烃源岩表现为平行强反射地震特征。

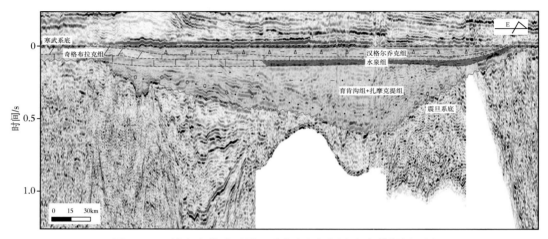

图4-2-3 满加尔坳陷区震旦系水泉组烃源岩发育特征剖面图

根据强反射的分布可以大致推断出震旦系水泉组的烃源岩分布（图4-2-4）。水泉组烃源岩主要分布在轮南—古城坡折带以东，面积约 $3.3 \times 10^4 \mathrm{km}^2$，厚度最厚达 200m。

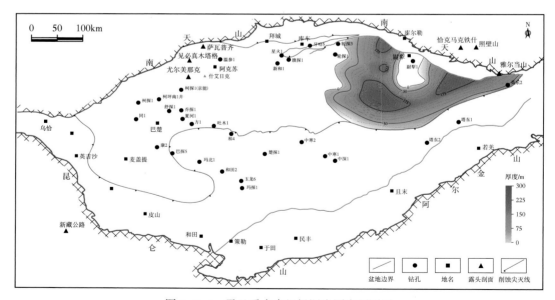

图4-2-4 震旦系水泉组烃源岩厚度预测图

2. 成熟度与生烃潜力

库鲁克塔格露头北区烃源岩热解分析 $T_{\max}$ 分布范围为 442~504℃，平均为 478℃，干酪根颜色为棕色—棕褐色；朱光有等（2020）测得水泉组 R_o 主要分布在 1.37%~1.93%之间（图4-2-5），综合分析认为烃源岩处于高成熟阶段。库鲁克塔格露头南区烃源岩热解 T_{max} 分布范围为 $382\sim539℃$，平均为 $464℃$，干酪根颜色为褐黑色，综合分析认为烃源岩处于高成熟阶段。在尉犁1、孔探1等井区温度在 $140℃$，但实测 R_o 达到 $1.9\%\sim2.0\%$；根据现今水泉组的温度预测，南部温度最高可达 $260℃$，R_o 在 3% 以上。

烃源岩分布区内，按露头给定平均值 1.0%，根据厚度图与 R_o 等值线图，通过盆地模拟生烃量为 200×10^8t，有一定的生烃潜力。

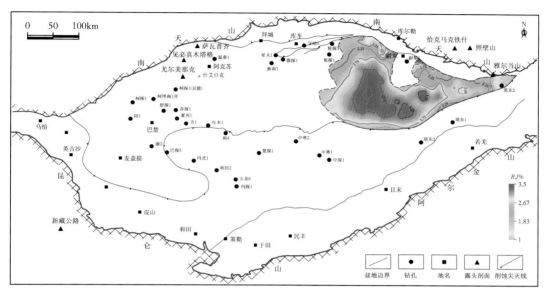

图4-2-5　震旦系水泉组烃源岩现今 R_o 等值线图

第三节　寒武系烃源岩分布与生烃潜力

露头或钻孔揭开寒武系的地质点较多，露头剖面分布在库鲁克塔格区、阿克苏—乌什地区，近40余个揭开下寒武统钻孔主要分布在柯坪隆起、巴楚隆起、塔中隆起、塔东隆起、塔北隆起。大量的露头与钻孔证实寒武系玉尔吐斯组为台盆区重要的生烃层系（朱光有等，2016）。除了玉尔吐斯组以外，是否还发育其他层系烃源岩、寒武系烃源岩的分布及生烃潜力是本节重点探讨的问题，所用的资料主要是覆盖区钻孔资料、露头资料。

一、烃源岩普查

1. 纽芬兰统

根据第二章论述，塔里木盆地寒武系纽芬兰统在盆地中西部沉积了玉尔吐斯组烃源岩，在东部沉积了西山布拉克组烃源岩，两者沉积时间一致，对应 SSQ1，但沉积环境不同。

1）野外露头

塔里木盆地寒武系露头主要出露在库鲁克塔格区和柯坪—乌什区，铁克里克区露头未见寒武系出露。朱光有等（2016）报道了柯坪—乌什区大量露头玉尔吐斯组有效烃源岩实测 TOC 数据，包括什艾日克、肖尔布拉克、苏盖特布拉克、于提希、萨瓦普齐（库瓦提）剖面等。昆盖阔坦东沟剖面玉尔吐斯组的黑色泥岩总有机碳含量在 1.16%~16.5% 之间，平均值为 4.66%，为优质烃源岩层。硅质岩总有机碳含量较低，小于 2.0%。玉尔吐斯组总有机碳含量大于 1.0% 的黑色泥岩累计厚度约为 9m。于提希剖面与昆盖阔坦剖面岩性组合具有相似性，地层可对比，总体厚度相当，但黑色泥岩厚度较薄，仅 5m，TOC 含量较昆盖阔坦东沟剖面明显偏低，普遍低于 5%。什艾日克剖面玉尔吐斯组黑色页岩累计厚度为 10m，新鲜面可见沥青砂，油味很浓。总有机碳分析显示，TOC 最高可达 11.5%。萨瓦普齐剖面玉尔吐斯组黑色页岩累计厚度为 7m，TOC 最高达 8.14%。乌什磷矿剖面玉尔吐斯组以灰黑色硅质岩为主，TOC 较低。

库鲁克塔格地区露头剖面寒武系烃源岩发育情况鲜有报道，黄智斌等（2009）实测库鲁克塔格区寒武系露头地层，并对烃源岩发育情况进行了普查；朱光有等（2020）报道了西大山组的烃源岩发育情况。黄智斌等（2009）报道了库鲁克塔格北区西山布拉克组岩性组合与可能的烃源岩发育情况，乌里格孜塔格剖面寒武系西山布拉克组厚约 200m，黑色硅质岩厚 70m，占组厚的 34.5%；黑色硅质泥岩厚 4.5m，占组厚的 2.1%，总有机碳含量高达 1.53%；黑色泥岩厚 44m，占组厚的 21.7%。恰克马克铁什剖面寒武系西山布拉克组厚约 167m，其中硅质岩厚 70m，占组厚的 41.9%；硅质泥岩厚 4m，占组厚的 2.4%；黑色泥岩厚 44m，占组厚的 26%。兴地剖面寒武系西山布拉克组厚约 96m，其中硅质岩厚 72m，占组厚的 75%；硅质泥岩厚 12m，占组厚的 12.5%；灰色泥岩厚 12m，占组厚的 12.5%。黄智斌等（2009）发现库鲁克塔格南区雅尔当山剖面西山布拉克组厚 29m，以一套深灰色粉晶白云岩为主，不具备烃源岩发育条件。黄智斌等（2009）在南区雅尔当山露头所识别出的西山布拉克组白云岩很有可能是汉格尔乔克组盖帽白云岩，西山布拉克组与西大山组凝缩沉积无法分开，也并不能排除该露头剖面西山布拉克组发育烃源岩的可能性。

2）钻孔烃源岩发育情况

据第三章纽芬兰统厚度分布图（图 3-3-7a），盆地内钻揭纽芬兰统的钻孔有 22 个，可大致分为柯坪—巴楚西部区、塔北隆起区、塔中隆起区、塔东地区等四个区；烃源岩发育情况统计结果见表 4-3-1。

表 4-3-1 覆盖区钻孔纽芬兰统烃源岩发育情况统计表

钻孔		地层厚度/m	岩性组合/m				GR/API		TOC/%			R_o/%		
构造区	井名	厚度/m	碳酸盐岩	泥岩	硅质岩	侵入岩	GR	CGR	样品数	最大	平均	样品数	最大	平均
柯坪—巴楚西部	乔探 1	26.7	6.7	7.2	—	12.8	436	72	4	2.55	1.68	—	—	—
	舒探 1	16	9	7	—	—	224	210	6	3.25	1.31	—	—	—
	柯探 1	26	5	6	—	15	534	212	6	0.27	0.22	—	—	—
	柯探 1（京能）	19	15	4	—	—	1483	—	3	4.39	2.31	—	—	—
塔中隆起	中寒 1	34	0	7（泥岩）27（粉砂岩）	—	—	447	—	53	2.94	0.52	—	—	—

钻孔		地层厚度/m	岩性组合/m				GR/API		TOC/%			R_o/%		
构造区	井名		碳酸盐	泥岩	硅质岩	侵入岩	GR	CGR	样品数	最大	平均	样品数	最大	平均
塔北隆起	新和1	35	19	16	—	—	1741.8	140	11	3.92	1.57	3	5.79	5.73
	星火1	33	8	16	9	—	1787		9	9.43	5.1	9	1.77	1.52
	旗探1	47	31	16	—	—	1831		67	24.96	3.1	—	—	—
	轮探1	57	30.5	26.5	—	—	1444	88.2	65	10.63	3.24	8	1.73	1.6
	塔深5	82	43	39	—	—	1190	194	28	9.52	4.56	3	1.61	1.57
	轮探3	33	19.3	7	6.7	—	937	120	117	18.08	6.88	4	1.78	1.53
塔东隆起	孔探1	40		29	11	—	1925	—	77	33.1	6.74	9	2.98	2.46
	英东2	24.8	0	20.3	4.5	—	940	—	4	3.35	2.8	3	2.87	2.83
	塔东1	32		29	3	—	2073	468	18	6.24	4.06	1	2.45	—
	塔东2	27.5	5	22.5	—	—	1540	249	21	8.22	3.39	3	3.31	2.92
	东探1	20	0	20	—	—	2054	109	5	5.44	3.76	—	—	—

柯坪—巴楚西部地区，钻揭玉尔吐斯组钻孔10个，地层厚度变化在6~26m之间，泥岩厚度为4~7m，仅泥岩TOC部分达到烃源岩下限标准，TOC最高为4.39%，发育在京能柯探1井中，整体生烃能力较差。塔中地区仅在隆起区中寒1井钻揭玉尔吐斯组，地层厚34m，岩性特征表现为砂泥岩互层特点，实测的53个热解样品中，仅4件样品TOC含量高于0.5%，非有效烃源岩；中寒2井未钻揭玉尔吐斯组，但从奥陶系的勘探开发效果及寒武系底部强振幅反射特征来看，塔中10号带以北发育规模有效烃源岩。

塔北、塔东地区多个钻孔钻揭玉尔吐斯组优质烃源岩。玉尔吐斯组厚度变化在33~82m之间，以碳酸盐岩和泥岩为主，泥岩厚度变化在16~39m之间，少量钻孔发育硅质岩（也可能是录井中未识别出来），碳酸盐岩与泥质岩TOC含量均超过了0.5%。塔东地区西山布拉克组厚度在20~33m之间，以泥岩为主，硅质含量较台地区明显偏高，碳酸盐岩含量显著降低；TOC含量平均值在3.35%~33.1%，达到优质烃源岩标准（图4-3-1）。塔东1井西山布拉克组烃源岩TOC含量为2.59%~6.24%，平均为4.06%，其中底部高GR段TOC含量为4.68%~6.24%，平均为5.62%；塔东2井西山布拉克组烃源岩TOC含量为0.96%~8.22%，平均为3.39%，其中底部高GR段TOC含量为1.58%~8.22%，平均为5.43%；英东2井西山布拉克组烃源岩TOC含量为1.07%~3.35%，平均为2.8%；孔探1井西山布拉克组烃源岩TOC含量为1.14%~33.1%，平均为6.74%，其中底部高GR段TOC含量为6.9%~33.1%，平均为20.39%；尉犁1井西山布拉克组烃源岩TOC含量为0.63%~3.52%，平均为2.19%，其中底部高GR段TOC含量为1.4%~33.96%，平均为2.71%。旗探1井玉尔吐斯组烃源岩TOC含量为0.51%~24.96%，平均为3.1%，其中底部高GR段TOC含量在5.3%~24.96%，平均为14.1%；轮探1井玉尔吐斯组烃源岩TOC含量为0.5%~10.63%，平均为3.24%，其中底部高GR段TOC含量为2.37%~10.63%，平均为8.17%；轮探3井玉尔吐斯组烃源岩TOC含量为0.54%~18.08%，平均为6.95%，其中底部高GR段TOC含量为0.54%~13.08%，平均为8.49%；星火1井玉尔吐斯组烃源岩TOC含量为1%~9.43%，平均为5.41%（朱传玲等，2014）。

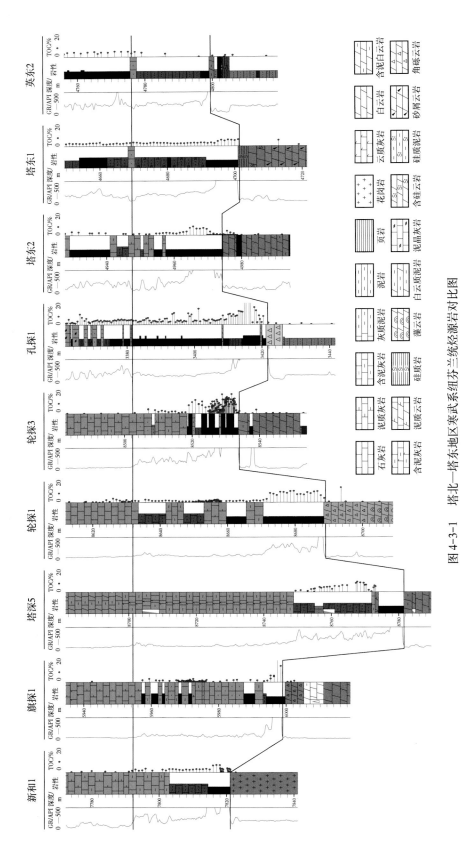

图 4-3-1　塔北—塔东地区寒武系纽芬兰统烃源岩对比图

164

2. 第二统

塔里木盆地中西部寒武系第二统沉积了肖尔布拉克组—吾松格尔组，在东部沉积了西大山组，对应SQ2—SQ4（图2-3-16）。盆地内揭示寒武系第二统的地质点包括柯坪—乌什地区与库鲁克塔格地区露头，钻孔主要分布在柯坪隆起、巴楚隆起、塔中隆起、塔北隆起与塔东地区（图3-3-7）。

1）野外露头

柯坪—乌什区露头肖尔布拉克组与吾松格尔组未见烃源岩，库鲁克塔格区西大山组发育优质暗色泥岩烃源岩（黄智斌等，2009）。

库鲁克塔格北区乌里格孜塔格剖面西大山组厚约97m，其中黑色泥岩厚70m，占组厚的71.7%，灰色泥晶灰岩单层厚10~50cm，累计厚度约2m，占总层厚的2.0%；黑色泥页岩总有机碳含量为0.16%~1.64%，平均为0.63%，氯仿沥青"A"含量为0.0049%~0.0064%，烃源岩热解总烃含量一般为0.05~0.14mg/g，达到了好生油岩标准；黑色石灰岩总有机碳含量为0.03%~0.31%，平均为0.16%，氯仿沥青"A"含量为0.0049%，烃源岩热解总烃含量为0.05~0.2mg/g，为非生油岩。恰克马克铁什剖面西大山组厚约48m，其中灰色石灰岩厚24m，占组厚的50.6%，黑色泥岩厚15m，占组厚的31.4%；黑色泥页岩总有机碳含量为0.17%~0.4%，平均为0.29%，为非生油岩。兴地剖面西大山组厚约54.5m，其中灰色泥岩厚6.2m，占组厚的11.4%，黑色泥岩厚24.2m，占组厚的44%；黑色泥页岩总有机碳含量为1.39%~2.17%，平均为1.78%，达到了好生油岩标准；黑色白云岩总有机碳含量为0.06%~0.14%，平均为0.11%，综合评价为非生油岩。

库鲁克塔格南区雅尔当山剖面西大山组厚约59.7m，其中灰色石灰岩厚8m，占组厚的13.4%；黑色石灰岩厚11.7m，占组厚的19.6%；黑色泥岩厚35.5m，占组厚的59.4%。西大山组黑色泥页岩总有机碳含量为0.17%~0.9%，平均为0.57%，烃源岩热解总烃含量一般为0.04mg/g，综合分析认为西大山组泥页岩达到了好生油岩标准；黑色石灰岩总有机碳含量为0.35%~0.37%，平均为0.36%，烃源岩热解总烃含量一般为0.03~0.20mg/g，综合分析认为黑色石灰岩达到了中等生油岩标准。

2）钻孔烃源岩发育情况

据第三章第二统厚度分布图（图3-3-7b），盆地内钻揭第二统的钻孔有34个，可大致分为柯坪—巴楚—塔中地区、柯探1（京能）—乔探1井区、塔北隆起区与塔东地区。

柯坪—巴楚—塔中地区，第二统肖尔布拉克组与吾松格尔组以白云岩为主，为非烃源岩。

柯探1（京能）—乔探1井区与柯坪露头及柯坪—巴楚—塔中区钻孔揭示的第二统岩性组合完全不同，肖尔布拉克组SQ2相变为泥质灰岩、SQ3相变为泥岩，吾松格尔组下部以石灰岩为主上部以泥晶云岩为主。实测TOC分析结果显示，柯探1（京能）井肖尔布拉克组泥灰岩中发育有效烃源岩，肖尔布拉克组SQ2厚68.6m，以泥质灰岩为主，顶部31.5m实测总有机碳样品30件，TOC变化在1.12%~3.01%之间，平均为2.07%，达到优质烃源岩标准；SQ3厚78.5m，以灰色灰质泥岩为主，实测TOC变化在0.22%~0.92%之间，平均为0.43%，为非有效烃源岩；SQ4下部为石灰岩，上部为泥晶白云岩，尽管未测TOC，但薄片下可见陆源石英碎屑发育，为非烃源岩。

塔北隆起区第二统表现为巨厚碳酸盐岩沉积特点，实测 TOC 在新和 1 井与旗探 1 井肖尔布拉克组发现有效烃源岩，轮探 1 井与轮探 3 井肖尔布拉克组为非烃源岩（图 4-3-2）。新和 1 井肖尔布拉克组与吾松格尔组合计厚度为 515m，下部以泥质灰岩为主，上部以泥晶灰岩为主；其中泥质灰岩段 7650～7740m 井段，TOC 变化在 0.24%～4.21% 之间，平均为 1.24%，中值为 2.23%。但高值段热解数据 S_1 明显高于 S_2，认为数据不可信，采用测井 ΔlgR 计算 7645～7675m 井段孔隙度，最高为 2.02%，平均为 1.02%，为差烃源岩。上部泥晶灰岩段 TOC 实测在 0～1.1% 之间，平均为 0.34%，为非生油岩。旗探 1 井钻揭肖尔布拉克组 305m，肖尔布拉克组顶部被削蚀，缺失吾松格尔组，肖尔布拉克组 TOC 变化在 0.17%～2.09% 之间，其中 5860～5900m 井段 TOC 变化在 0.74%～2.09% 之间，平均为 1.36%，为有效烃源岩；5680～5730m 井段 TOC 变化在 0.36%～1.88% 之间，平均为 1.05%，为有效烃源岩。轮探 1 井肖尔布拉克组 TOC 在 0.12%～0.71% 之间变化，平均为 0.35%，为非烃源岩；轮探 3 井肖尔布拉克组 TOC 变化在 0.06%～1.36% 之间，平均为 0.43%，为非有效烃源岩。

塔东地区第二统西大山组以泥质岩为主，普遍达到优质烃源岩标准（图 4-3-2）。尉犁 1 井西大山组厚度为 90m，以暗色泥岩为主，夹泥灰岩，TOC 变化在 0.21%～4.66% 之间，平均为 1.80%（$N=41$）；孔探 1 井西大山组厚度为 80m，以暗色泥岩为主，夹泥灰岩，TOC 变化在 0.56%～9.82% 之间，平均为 3.67%（$N=116$）；塔东 2 井西大山组厚度为 53m，以暗色泥岩夹泥灰岩为主，TOC 变化在 0.08%～4.88% 之间，平均为 2.49%（$N=16$）；塔东 1 井西大山组厚度为 48m，以泥岩为主夹泥灰岩，TOC 变化在 1.14%～3.52% 之间，平均为 2.35%（$N=32$）；英东 2 井西大山组厚度为 32m，以暗色泥岩为主，TOC 变化在 1.75%～5.21% 之间，平均为 4.23%（$N=14$）。库南 1 井西大山组厚度为 201m，以泥灰岩为主夹钙质泥岩，钙质泥页岩累计厚度为 89m，取心实测 TOC 变化在 0.07%～1.61% 之间，为中等烃源岩。

3. 苗岭统

塔里木盆地寒武系苗岭统在盆地中西部沉积了沙依里克组、阿瓦塔格组与下丘里塔格组中—下段，在东部沉积了莫合尔山组，对应 SQ5—SQ7（图 2-3-17）。盆地内揭示寒武系第三统的地质点与第二统一致（图 3-3-11）。

1）野外露头

柯坪—乌什区露头沙依里克组、阿瓦塔格组及下丘里塔格组未见烃源岩，库鲁克塔格区莫合尔山组发育暗色泥岩，但生烃指标达不到烃源岩标准（黄智斌等，2009）。

乌里格孜塔格剖面莫合尔山组总厚约 140m，其中黑色泥岩厚 16m，占地层总厚的 11%，灰色石灰岩厚 40m，占地层总厚的 28%，黑色石灰岩厚 84m，占地层总厚的 60%；黑色石灰岩和泥晶灰岩总有机碳含量为 0.15%～0.40%，平均为 0.26%，氯仿沥青"A"含量为 0.0063%，烃源岩热解总烃含量一般为 0.04～0.08 mg/g；黑色泥岩总有机碳含量为 0.07%～0.78%，平均为 0.30%。恰克马克铁什剖面莫合尔山组主要以黑色的泥晶灰岩、泥灰岩为主体，组厚约 244m，其中灰色石灰岩厚 21m，占组厚的 8.6%，黑色石灰岩厚 174m，占组厚的 71.2%，黑色泥页岩厚 44m，占组厚的 18.2%；黑色泥岩总有机碳含量为 0.06%～0.81%，平均为 0.31%，氯仿沥青"A"含量为 0.0176%；黑色石灰岩总有机碳含量为 0.03%～0.21%，平均为 0.11%，烃源岩热解总烃含量一般在 0.03～0.14mg/g 之间。兴地剖面莫合尔山组以黑色的泥晶灰岩、泥灰岩为主体，组厚约 296m，其中灰色

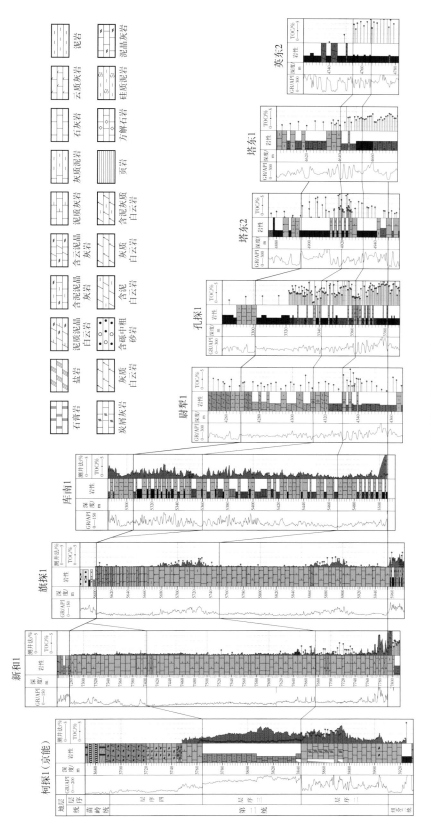

图4-3-2 寒武系第二统烃源岩对比图

167

石灰岩厚 82m，占组厚的 27.7%，黑色石灰岩厚 94m，占组厚的 31.7%，灰色泥岩厚 62m，占组厚的 20.9%，黑色泥岩厚 32.7m，占组厚的 11%；黑色石灰岩和泥晶灰岩总有机碳含量为 0.06%~0.14%，平均为 0.11%，烃源岩热解总烃含量一般在 0.04~0.07mg/g；黑色泥岩总有机碳含量为 0.11%~0.38%，平均为 0.28%，烃源岩热解总烃含量为 0.07mg/g。库鲁克塔格南区雅尔当山剖面莫合尔山组主要以黑色的泥晶灰岩、泥灰岩为主，组厚约 74.8m，其中黑色石灰岩厚 36m，占组厚的 48.2%，黑色泥厚 30.7m，占组厚的 41.0%；黑色石灰岩和泥晶灰岩总有机碳含量为 0.06%~0.67 %，平均为 0.23 %，烃源岩热解总烃含量一般为 0.03~0.04mg/g；黑色泥岩总有机碳含量为 0.05%~1.08%，平均为 0.43%，烃源岩热解分析总烃含量一般为 0.03~0.04mg/g。

2）钻孔烃源岩发育情况

塔西台地区，苗岭统 SQ5 由沙依里克组下膏盐段组成，SQ6 由沙依里克组上碳酸盐岩段与阿瓦塔格组膏盐岩段组成，SQ7 由下丘里塔格组下段构成，以泥晶白云岩、藻白云岩为主，实测 TOC 未达标；塔东地区苗岭统由莫合尔山组构成，岩性以泥灰岩为主，夹泥岩，多口井实测 TOC 达到优质烃源岩标准。

库南 1 井莫合尔山组厚度为 150m，以高 GR 泥灰岩特征为主，取心实测 TOC 在 0.35%~3.48%之间，平均为 1.92%（$N=18$）；测井 ΔlgR 计算 TOC 在 0.34%~3.4%之间，平均为 1.79%（图 4-3-3），达到优质烃源岩标准。尉犁 1 井莫合尔山组厚度为 96m，以泥灰岩为主，夹少量泥云岩，TOC 变化在 0.25%~4.08%之间（$N=48$）。孔探 1 井莫合尔山

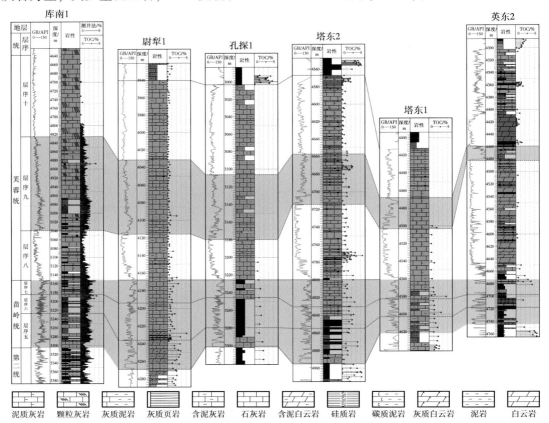

图 4-3-3 塔东地区寒武系苗岭统—芙蓉统烃源岩对比图

组厚度为80m，以泥灰岩为主，TOC变化在0.65%~1.68%之间，平均为1.06%（$N=10$）。塔东2井莫合尔山组厚度为90m，以泥灰岩为主，TOC变化在0.07%~3.33%之间，平均为1.43%（$N=18$）。塔东1井莫合尔山组厚度为65m，TOC变化在0.56%~1.83%之间，平均为1.09%。英东2井莫合尔山组厚度为75m，顶部3件样品测试TOC含量，分别为0.46%、2.55%和3.43%，达到有效烃源岩标准。

4. 芙蓉统

塔里木盆地中西部寒武系芙蓉统沉积了下丘里塔格组上段，东部沉积了突尔沙克塔格群，对应SQ8—SQ10（图2-3-18）。盆地内揭示寒武系芙蓉统的地质点远远高于苗岭统，主要表现在塔北、塔中地区大量钻孔揭开下丘里塔格组，而未揭开阿瓦塔格组（图3-3-14）。

1）野外露头

柯坪—乌什区露头区下丘里塔格组未见关于烃源岩的报道。库鲁克塔格区突尔沙克塔格组烃源岩欠发育（黄智斌等，2009）。

库鲁克塔格北区乌里格孜塔格剖面突尔沙克塔格群一段厚约102m，其中灰色石灰岩厚28m，占地层28%，黑色石灰岩厚35m，占地层34%，灰黑色泥岩厚38m，占地层37%；突尔沙克塔格群二段—三段厚约383m，以黑色泥晶灰岩和瘤状泥晶灰岩为主，夹黑色泥岩。其中灰色石灰岩厚37m，占地层9.6%，黑色石灰岩厚298m，占地层77.8%，黑色泥页岩厚25m，占地层6.4%。黑色石灰岩和泥晶灰岩总有机碳含量为0.01%~0.684%，平均为0.11%，氯仿沥青"A"含量为0.0029%~0.0036%，烃源岩热解总烃含量在0.02~0.08mg/g之间。

恰克马克铁什剖面突尔沙克塔格群厚约211m，以黑色泥晶灰岩和瘤状泥晶灰岩为主，夹黑色泥岩，其中灰色石灰岩厚71m，占地层31%，黑色石灰岩厚145m，占地层64%，黑色泥页岩厚4m，占地层2%。黑色石灰岩和泥晶灰岩总有机碳含量为0.11%~0.13%，平均为0.12%。

兴地剖面突尔沙克塔格群厚约75.7m（未见顶），以黑色泥晶灰岩和瘤状泥晶灰岩为主，夹黑色泥岩，其中灰色石灰岩厚15m，占地层20%，黑色石灰岩厚35m，占地层46.2%，黑色泥页岩厚23m，占地层30.4%。突尔沙克塔格群黑色石灰岩和泥晶灰岩总有机碳含量为0.03%~0.4%，平均为0.16%，烃源岩热解总烃含量一般为0.04mg/g。

库鲁克塔格南区雅尔当山剖面突尔沙克塔格群厚约218.6m，其中灰色石灰岩厚47.8m，占地层21.7%，黑色石灰岩厚51.5m，占地层23.4%，灰色泥岩厚20.4m，占地层9.2%，黑色泥页岩厚53.6m，占地层24.3%。黑色石灰岩和泥晶灰岩总有机碳含量为0.01%~0.36%，平均为0.09%，烃源岩热解分析总烃含量一般在0.04~0.05mg/g之间；黑色泥岩总有机碳含量为0.01%~0.45%，平均为0.08%。

2）钻孔烃源岩发育情况

塔西台地区，芙蓉统由下丘里塔格组中—上段构成，以结晶白云岩和残余颗粒白云岩为主，实测TOC普遍未达标。

塔东地区芙蓉统由突尔沙克塔格群中—下段组成，岩性以石灰岩和泥灰岩为主，局部含钙质泥岩；实测TOC结果表明，突尔沙克塔格群中部高GR段达到中等烃源岩标准（图4-3-3）。库南1井中部高GR段厚155m，以泥灰岩为主，夹黑色页岩，取心段实测TOC变化在0.2%~2.08%之间，平均为1.1%（$N=21$），达到有效烃源岩标准；测井$\Delta \lg R$

计算 TOC>1%的井段厚 78m，TOC 平均为 1.61%。塔东 2 井中部高 GR 段厚 50m，实测 TOC 变化在 0.04%~2.28%之间，平均为 1.16%（N=24）。

二、烃源岩有机质类型特征

1. 生物组合类型

关于寒武系烃源岩生物组合类型已有大量报道。底栖藻类（以红藻为主）和浮游藻类（包括詹氏似鼓囊甲藻、绿藻、光面球藻、小刺球藻、球状甲藻和团藻等）是纽芬兰统的主要生烃母质（胡广等，2014；刘文汇等，2016；Zhu et al.，2018）。胡广等（2014）认为塔里木盆地下寒武统成烃生物以底栖藻类为主，含浮游藻类；盆地东北缘西山布拉克组成烃生物主要以底栖藻类和浮游藻类为主，从底向顶浮游藻类增多底栖藻类减少；盆地西北缘玉尔吐斯组成烃生物以底栖藻类（红藻）为主，仅在个别样品中浮游藻类占主要地位。Zhu 等（2018）在柯坪地区露头玉尔吐斯组发现了大量生物，以多细胞底栖藻类为主，单细胞浮游藻类和小壳类化石也有发现，并见有胚胎化石以及粪球粒等；底栖生物主要包括底栖多细胞藻席、藻丝体残片等，构成了主要的成烃生物（图 4-3-4）。

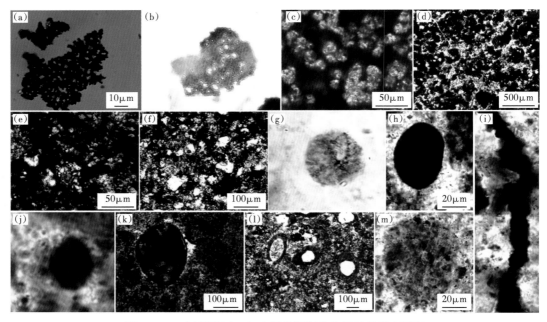

图 4-3-4　柯坪地区玉尔吐斯组烃源岩生烃母质类型图版

（a）多细胞底栖藻类残体，已炭化，既有网眼，又有微孔，微孔可能是胞间联系的残留，干酪根薄片，于提希剖面；（b）多细胞底栖藻类残体，发育许多圆孔，整体具网状结构，干酪根薄片，于提希剖面；（c）多细胞底栖藻类，什艾日克剖面；（d）多细胞底栖藻类，什艾日克剖面；（e）多细胞藻类残体，于提希剖面；（f）多细胞藻类残体，于提希剖面；（g）球状疑源类，于提希剖面；（h）球状疑源类，昆盖阔坦剖面；（i）丝状体，于提希剖面；（j）小刺球藻，于提希剖面；（k）胚胎，什艾日克剖面；（l）小壳化石断面，什艾日克剖面；（m）粪球粒，昆盖阔坦剖面

干酪根碳同位素可用于辅助判断生物类型。刘文汇等（2016）通过对塔里木盆地西北与东北缘露头剖面烃源岩生物组合与干酪根碳同位素统计分析，提出以底栖藻类为主的烃源岩干酪根 $\delta^{13}C<-34‰$，以浮游藻类为主的烃源岩干酪根 $\delta^{13}C>-30‰$，处于 $-34‰~$

−30‰之间的既有底栖藻类，又有浮游藻类。

统计覆盖区钻孔钻揭的烃源岩干酪根碳同位素可以发现两个规律，一是塔西台地区δ¹³C要低于塔东盆地区；二是自纽芬兰统到芙蓉统δ¹³C呈现升高趋势（图4-3-5），揭示了塔西台地区特别是玉尔吐斯组底部烃源岩生物类型以底栖藻类为主，塔东地区以浮游藻类为主；而第二统—芙蓉统烃源岩生物组合均以浮游藻类为主，这体现了寒武纪的海侵过程，玉尔吐斯组沉积期尽管泥岩含量高，但并不是寒武系最大海泛面，雅尔当山露头剖面西山布拉克组存在大量的底栖藻类（刘文汇等，2016）就是非常有力的证据。

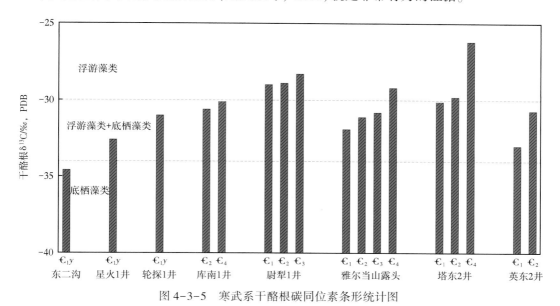

图4-3-5 寒武系干酪根碳同位素条形统计图

2. 有机质类型

判定有机质类型的方法包括镜检、干酪根碳同位素与热解氢指数。黄智斌等（2009）通过对库鲁克塔格北区乌里格孜塔格剖面、恰克马克铁什剖面与南区雅尔当山剖面采用镜检方法与同位素分析方法开展了寒武系有机质类型分析，认为库鲁克塔格南、北区西山布拉克组和西大山组有机质类型都是腐泥型，莫合尔山群在南区是腐泥型，在北区以腐泥—腐殖型为主，突尔沙克塔格群在南、北区都是腐泥—腐殖型。

库鲁克塔格北区乌里格孜塔格剖面西山布拉克组干酪根腐泥组含量在80%~85%之间，平均为83%，干酪根类型指数为60~70，干酪根碳同位素为−31.7‰~−29.5‰，平均为−30.6‰，综合分析有机质类型为腐泥型。西大山组干酪根腐泥组含量在81%~92%之间，平均为87%，干酪根类型指数为62~84，平均为73，干酪根碳同位素为−31.7‰~−29.6‰，平均为−30.8‰，综合分析有机质类型为腐泥型。莫合尔山组干酪根腐泥组含量在75%~91%之间，平均为83.6%，干酪根类型指数为50~82，平均为67.2，干酪根碳同位素为−29.8‰~−26.6‰，平均为−28.3‰，综合分析有机质类型为腐泥—腐殖型。突尔沙克塔格群干酪根腐泥组含量在68%~88%之间，平均为78.6%，干酪根类型指数为36~76，平均为57.2，干酪根碳同位素为−28.8‰~−28.0‰，平均为−28.2‰，综合分析有机质类型为腐泥—腐殖型。库鲁克塔格北区恰克马克铁什剖面西山布拉克组干酪根腐泥组含量占91%，干酪根类型指数为82.0，干酪根碳同位素为−31‰，综合分析有机质类型为腐泥型。西大山组干酪根腐泥组含量为 88%，干酪根类型指数为 76，干酪根碳同位素为 −32.8‰，综合分析有机质类型为腐泥型。莫合尔山组干酪根腐泥组含量在 72%~81% 之间，平均为 76.5%，干酪根类型指数为 44~62，平均为 53.0，干酪根碳同位素为 −31.7‰~−30.6‰，平均为 −31.1‰，综合分析有机质类型为腐泥型。突尔沙克塔格组干酪根腐泥组含量为 85%，干酪根类型指数为 70，干酪根碳同位素为 −29‰，综合分析有机质类型为腐泥—腐殖型。库鲁克塔格南区雅尔当山剖面西山布拉克组干酪根腐泥组含量为 52%，干酪根类型指数为 4，综合分析有机质类型为腐泥型。西大山组干酪根腐泥组含量在 85%~94% 之间，平均为 90.7%，干酪根类型指数为 70~88，平均为 81.3，干酪根碳同位素为 −31.6‰~−31.4‰，平均为 −31.5‰，综合分析有机质类型为腐泥型。莫合尔山组干酪根腐泥组在 91%~95% 之间，平均为 92.7%，干酪根类型指数为 82~90，平均为 85.3，干酪根碳同位素为 −32.1‰~−31.5‰，平均为 −31.7‰，综合分析有机质类型为腐泥型。突尔沙克塔格群干酪根腐泥组含量在 72%~89% 之间，平均为 79.7%，干酪根类型指数为 44~78，平均为 59.3，干酪根碳同位素为 −29‰~−28.7‰，平均为 −28.8‰，综合分析有机质类型为腐泥—腐殖型。

塔里木油田对寒武系烃源岩钻孔开展了大量的热解分析工作，包括轮探 1、旗探 1、新和 1、轮探 3 等井，也包括塔东地区塔东 2、英东 2、库南 1 等井，还搜集了尉犁 1 井数据。如图 4-3-6 所示，轮探 1 与轮探 3 井成熟度过高无法判识有机质类型，但旗探 1 井热演化程度不高，氢指数较高，大量的数据点落在 I 型—II$_1$ 型有机质范围内（图 4-3-6a）。

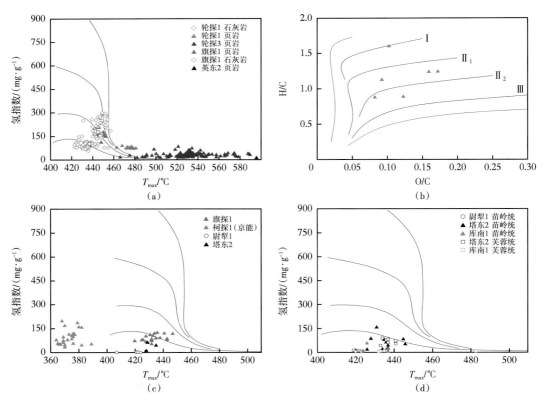

图 4-3-6　寒武系烃源岩有机质类型判识图

同时对轮探 1 井进行干酪根元素分析（图 4-3-6b），因烃源岩处于高—过成熟阶段，可热降解的有机质大多已裂解成气，导致热解分析中 S_2 峰很小，致使氢指数偏小，评价的有机质类型偏低。综合判断纽芬兰统玉尔吐斯组、西山布拉克组烃源岩有机质类型为Ⅰ型—Ⅱ₁型。

同样，塔东地区不论纽芬兰统（对应西山布拉克组；图 4-3-6a），还是第二统（对应西大山组；图 4-3-6c）、苗岭统（对应莫合尔山组）与芙蓉统（对应突尔沙克塔格群；图 4-3-6d），因烃源岩处于高—过成熟阶段，热解数据不能判定有机质类型（朱光有等，2022），有机质类型判断以镜检与同位素分析为准。根据塔东 2 井全岩和干酪根镜检结果，烃源岩有机显微组分主要是藻类体、无定形体、镜状体和动物有机碎屑等，次要组分为固体沥青。藻类体主要是已微粒化或部分镜状体化的层状藻类。镜状体主要来源于藻类或含纤维素的先驱生物经历成烃作用以后的固体残余物。TOC 大于 1.0% 的烃源岩中藻类+无定形体+镜状体数量一般大于 70%，反映其有机质类型主体具有Ⅰ型或Ⅱ型有机质的特点。从干酪根碳同位素看，塔东 2 井寒武系干酪根碳同位素为−29.5‰～−25.2‰，平均值为−26.79‰，塔东 1 井寒武系干酪根碳同位素平均值为−29.39‰，依据干酪根碳同位素划分有机质类型的标准（干酪根碳同位素小于−28‰为Ⅰ型，在−28‰～−25‰之间为Ⅱ型），塔东地区寒武系烃源岩为Ⅰ—Ⅱ型有机质。

三、烃源岩发育模式

岩层中的烃类富集主要受生烃母质、古生产力、古沉积环境、古氧化还原环境控制。藻类是早古生代最主要的成烃生物，按照生活习性，它们可以分为底栖藻类和浮游藻类，对比而言，底栖藻类生烃能力强于浮游藻类（胡广等，2014；刘文汇等，2016；朱光有等，2018）；底栖藻类主要生活在海岸带，成带状分布，主要受光的强度、海底环境等因素控制；浮游藻类主要生活在表层水体，它们在不同海域的分布主要受藻体大小和风浪强度控制，浮游藻类可以普遍发育（刘文汇等，2016）。古沉积环境及海盆的开放程度控制氧化还原条件，浅水氧化环境有机质无法保存；深水区在洋流发育情况下也为氧化环境（赵文智等，2019），有机质无法保存，在相对闭塞环境下，因仅有浮游藻类，可以发育中等偏差烃源岩。由于寒武系各统古生产力、古沉积环境都在变化，所以富烃要素与富烃模式也不同。

1. 纽芬兰统富烃要素

1）古生产力

泥岩中有机质的富集需要沉积环境提供充足的有机碳来源，即海水需要有较高的初级生产力水平，而生物活动所需的营养元素在持续高效的新陈代谢和生物化学降解过程中必不可少。P 元素不仅是生物代谢过程中最关键的营养元素之一，还是许多海洋生物骨骼的组成部分，可随着生物消亡后进入沉积物中，因而被广泛地应用于判断古生产力水平。

塔北地区轮探 1 井、旗探 1 井和塔东地区塔东 1 井、塔东 2 井等四口井的下寒武统玉尔吐斯组黑色页岩段 P 含量整体较高，表现出较高的生产力水平，但由于黑色页岩中陆源碎屑较多，会对识别古生产力水平造成误差，为了除去陆源碎屑的影响，P/Al 或 P/Ti 相比 P 的绝对含量更能代表古海洋的初级生产力，P/Al 越高则古生产力越强。塔北地区P/Al 较高，轮探 1 井玉尔吐斯组黑色页岩段 P/Al 平均值为 582×10^{-4}，旗探 1 井 P/Al 平均值为 495×10^{-4}，塔东地区 P/Al 较低，塔东 1 井西山布拉克组黑色页岩段 P/Al 平均值为

265×10⁻⁴，塔东 2 井 P/Al 平均值为 290×10⁻⁴，说明塔北地区玉尔吐斯组沉积环境的古生产力比塔东地区西山布拉克组高。

沉积岩中 Ba 元素有生物来源和海水来源（王志宏等，2020）。低等生物在生命活动中吸收海水中的 Ba 并将其转化为生物来源 Ba，最终与有机质一起埋藏。生物来源 Ba 的含量能够在一定程度上反映古生产力的大小，含量越高则古生产力越强（王鹏万等，2017）。生物来源 Ba 的计算校准公式为 $Ba_{生源}=Ba_{总}-Al_{总}×(Ba/Al)_{碎屑}$，其假设除了陆源碎屑 Ba 以外沉积物中所有过量 Ba 均为生物来源，其中（Ba/Al）$_{碎屑}$ 为陆源硅铝酸盐平均值（McLennan，1989；Bohacs et al.，2005；Li et al.，2017），此处以 PAAS 为标准计算。结果显示，塔北地区轮探 1 井、旗探 1 井和塔东地区塔东 1 井、塔东 2 井等四口井的下寒武统底部黑色页岩段中的生物来源 Ba 含量变化较大，且塔北地区黑色页岩段生物来源 Ba 含量明显高于塔东地区。其中轮探 1 井生物来源 Ba 含量为 3467~19934μg/g，平均为 7735μg/g；旗探 1 井生物来源 Ba 含量为 2911~16301μg/g，平均为 6015μg/g；塔东 1 井生物来源 Ba 含量为 494~1173μg/g，平均为 589μg/g；塔东 2 井生物来源 Ba 含量为 816~1016μg/g，平均为 911μg/g，说明塔北地区玉尔吐斯组沉积环境的古生产力比塔东地区西山布拉克组高。

四口井的下寒武统底部黑色页岩中 P/Al、生物来源 Ba 含量和 TOC 整体呈正相关（图 4-3-7），表明有机质富集明显受古生产力的控制，古生产力越强，有机质富集程度越高。

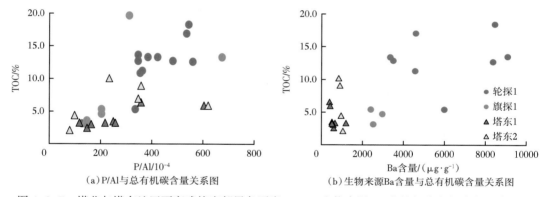

（a）P/Al与总有机碳含量关系图　　（b）生物来源Ba含量与总有机碳含量关系图

图 4-3-7　塔北与塔东地区下寒武统底部黑色页岩 P/Al、生物来源 Ba 含量与总有机碳含量关系图

关于纽芬兰统高古生产力的成因问题，可能与寒武纪后生动物辐射式爆发有关，而生物的繁盛可能与该期拉张环境下的热液喷流作用有关（陈践发等，2004；胡广等，2014；杨宗玉等，2017）。研究中发现，不论中—上缓坡、台内洼地亚相，还是在外缓坡—陆棚相，玉尔吐斯组底部稳定分布一套高 GR 段泥岩，该段 TOC 指标普遍高于玉尔吐斯组上部（图 4-3-1）。该段厚度为 4~30m，GR 值可达 2000API 以上，但去铀 GR 普遍较低，在 500API 以下，以约 200API 为主（表 4-3-1），表明与高 TOC 相关的高 GR 主要由高 U 含量构成，实测样品 U 含量最高达 136μg/g。

Y、Ho 化学性质稳定，在海水沉积物中 Y/Ho 比值稳定，一般在 28 左右（Bau，1996），但是，现代海底热液通常表现出不同的 Y/Ho 比值特征（Bau et al.，1999；Douville et al.，1999）；Chen 等（2013）报道了通过 Y/Ho 比识别热液白云岩的实例。在实测的轮探 1、旗探 1、塔东 1、塔东 2 等四口井高 GR 段微量元素结果中，U 含量与 Y/Ho 比值呈现明显的线性正相关，并且 Y/Ho 比值普遍在 30 以上（图 4-3-8），揭示塔里木盆地纽芬兰统在张性构造背景下热液喷流极为发育，嗜硫细菌繁盛，导致以之为食的底栖藻类或细菌等生烃母质的繁盛及古生产力的提高。

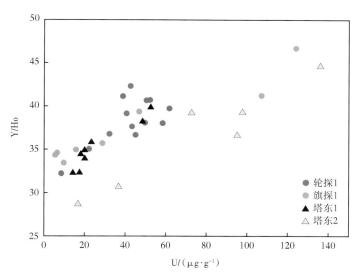

图 4-3-8　玉尔吐斯组高 GR 泥岩 U—Y/Ho 交会图

2）有机质保存环境

有机质能否保存下来还取决于水体的氧化还原条件（胡涛等，2021）。还原条件有利于有机质的保存。元素 Mo、U 在氧化环境中均以高价态的氧化形式存在，具可溶性；在缺氧—还原条件下被还原为低价态，可与其他元素或有机质发生络合，形成不溶于水的化合物而沉淀（汤冬杰等，2015）。但是 U 的沉淀发生往往比 Mo 要早，在 Fe^{3+} 和 Fe^{2+} 的氧化还原界面，U 的富集程度远超过 Mo；在硫化环境中，Mo 的富集程度远超过 U（汤冬杰等，2015；Algeo et al.，2009；Glass et al.，2013）。

Mo/TOC 和 Mo—U 富集系数比值（Mo_{EF}/U_{EF}）被认为是很好的古海洋环境化学条件指标。元素富集系数计算公式为：

$$Mo_{EF} = \frac{Mo_{sample}/Al_{sample}}{Mo_{PAAS}/Al_{PAAS}} \qquad (4-3-1)$$

Mo/TOC 可评估海洋盆地的水体局限程度，Mo_{EF}/U_{EF} 可反映水体的氧化还原条件（Algeo et al.，2006；2008；Tribovillard et al.，2006），对现代和古代多种沉积盆地的研究证明具有很高可靠性。

对现代几种局限程度不同的缺氧—硫化海洋盆地的广泛对比研究表明，沉积物中的Mo/TOC 具有清楚的变化规律（图 4-3-9a；Algeo et al.，2006，2008；Tribovillard et al.，2006）。在较开阔的加拿大 Saanich 海湾，Mo/TOC 为 45；在局限程度较轻的委内瑞拉北部Cariaco 盆地，Mo/TOC 约为 25；在半局限性较强的挪威 Framvaren 峡湾，Mo/TOC 约为 9；在强烈局限的黑海，Mo/TOC 约为 4.5。随着沉积盆地深部水体硫化程度、局限程度增加，沉积样品的 Mo/TOC 曲线斜率变缓，趋于向 x 轴方向靠近，表明强烈局限盆地，由于水体更新缓慢，导致盆地海水的 Mo 亏损，沉积物 Mo 富集程度相对较低，但有机质含量相对较高。而在开阔海洋环境中则情况相反，Mo/TOC 曲线斜率增大，向 y 轴靠近（Sahoo et al.，

2012）。将四口井下寒武统底部黑色页岩段样品的数据投入图4-3-9（a）中，整体上Mo与TOC呈现较好的正相关性，塔北地区轮探1、旗探1两口井样品的Mo/TOC曲线斜率较低，数据点反映沉积环境的局限程度介于Framvaren峡湾和Saanich海湾，可能暗示其形成于一个存在少量海水交换的半局限海湾潟湖环境；塔东地区塔东1井、塔东2井Mo/TOC曲线斜率较大，数据点反映沉积环境的局限程度较弱，可能为开阔海洋沉积环境。

Algeo等（2009）通过现代缺氧盆地研究结果建立的Mo_{EF}—U_{EF}对数图解中可以看出（图4-3-9b），铁锰颗粒传输主要发生在沉积物Mo富集度高于海水Mo—U富集度2倍及以上的地区，弱氧化开阔盆地中U_{EF}大于Mo_{EF}，数据点相对集中于下部，靠近x轴；随着硫化程度增强，数据点向y轴上部移动，表明Mo_{EF}的增多。将四口井下寒武统底部黑色页岩段样品的数据投入图4-3-9（b）中，塔东地区的塔东1井和部分塔东2井数据点反映沉积环境为开阔海洋的硫化环境；塔北地区的轮探1井、旗探1井和塔东地区部分塔东2井的Mo_{EF}/U_{EF}主要为（1.0~3.0）×SW，部分样品的Mo_{EF}/U_{EF}超过3.0×SW（Values in Seawater），指示其可能形成于半局限的硫化环境中，海水中的Mo得不到及时供给导致浓度较低，限制了Mo_{EF}/U_{EF}值像开阔海洋那样持续增加。

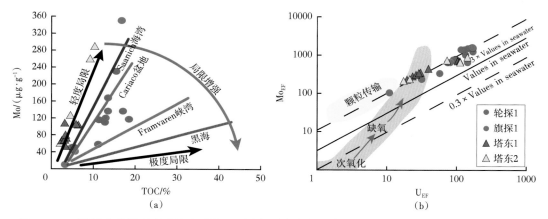

图4-3-9　塔里木盆地下寒武统底部高GR黑色页岩总有机碳含量与Mo含量、U_{EF}与Mo_{EF}关系图

2. 第二统—芙蓉统富烃要素

第二统—芙蓉统在寒武纪生物辐射背景下，普遍生产力比较高，但因处于库鲁克塔格运动后构造稳定沉降期，拉张作用明显减弱，导致热水喷流作用弱，远没有纽芬兰统生物生产力高，所以烃源岩的有机质丰度也远低于纽芬兰统。第二统—芙蓉统烃源岩的发育主要受控于古水深、沉积相以及海盆的开放程度；第二统仍处于相对闭塞的开放环境，烃源岩主要发育在台内潟湖相、缓坡坡折，至陆棚相烃源岩变差；苗岭统至芙蓉统，海盆逐步从闭塞环境演化至开放环境，烃源岩主要发育在斜坡相。

3. 寒武纪富烃模式

寒武系烃源岩的发育主要受控于古生产力、古有机相、古氧化—还原环境与古海盆的开放程度，本节建立了寒武系三种富烃机制（图4-3-10）。

纽芬兰统：处于库鲁克塔格运动后拉张环境，海盆相对闭塞，台内凹陷处于拉张环境，大量的热水喷流控制烃源岩的分布与富集。热液对有机质富集起到两种作用，一是提供营养物质，产生大量的嗜硫细菌，而嗜硫细菌又促进了后生异养生物的繁盛，与表层浮游自养生物与部分底栖自养生物共同构成生烃母质；二是热液喷流作用产生大量的还原金属元素，吸收海水的还原硫沉淀，导致地层海水 SO_4^{2-} 浓度升高与化学跃变层升高，导致烃源岩大面积分布，最富集的烃源岩分布在透光带之上、氧化—次氧化界面之下（图 4-3-10a）。

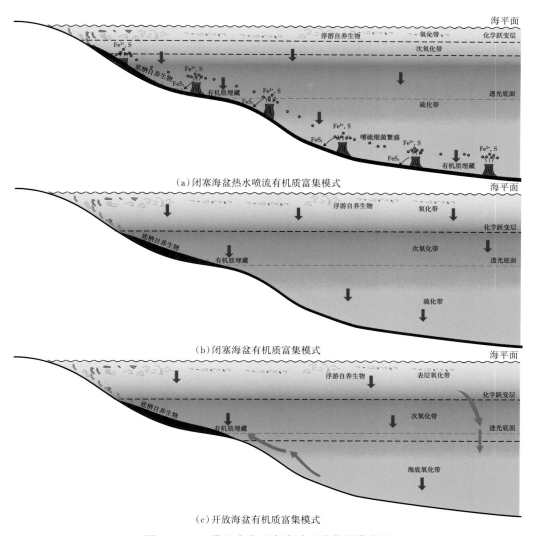

(a) 闭塞海盆热水喷流有机质富集模式

(b) 闭塞海盆有机质富集模式

(c) 开放海盆有机质富集模式

图 4-3-10 塔里木盆地寒武系三种富烃模式图

第二统：海盆仍相对闭塞，热液喷流作用明显减弱，生烃母质主要为浮游自养生物与透光带之上的底栖自养生物，烃源岩的分布主要受控于古水深或古氧化还原条件，烃源岩在氧化—次氧化界面之下均有分布。有差异的是，在透光面之上存在浮游与底栖两类生烃母质，产生的烃源岩厚度与丰度高；而透光面之下，生烃母质仅有浮游自养生物，烃源岩丰度会明显偏低。同时在部分台内凹陷中，也发育次氧化—硫化环境，具备烃源岩发育条件（图 4-3-10b）。

苗岭统—芙蓉统：与第二统相比，海盆由相对闭塞环境逐步演化为相对开放的环境，导致洋流逐渐活跃，海底水体出现了氧化带，海水垂向氧化—还原分层属性已发生明显变化，烃源岩主要发育在次氧化带的斜坡相（图 4-3-10c）。

四、烃源岩分布与生烃潜力

1. 烃源岩地震反射特征

塔北地区旗探1、星火1、新和1、轮探1和轮探3等井钻揭玉尔吐斯组烃源岩。塔深5—轮探1连井地震标定结果表明玉尔吐斯组烃源岩底地震反射为强反射特点，玉尔吐斯组顶表现为一个弱波峰特点，玉尔吐斯组暗色泥岩段顶为最大波谷下部（图4-3-11）。横向差异上，随着玉尔吐斯组厚度与泥岩厚度的差别振幅值与波谷宽度略有不同，轮探1井玉尔吐斯组厚68m，其中底部暗色泥岩段厚18m；而塔深5井玉尔吐斯组厚90m，其中暗色泥岩段厚32m，相比而言，塔深5井寒武系底比轮探1井底振幅略强、上部波谷略宽（图4-3-11），因此玉尔吐斯组内部的波谷宽度应该与玉尔吐斯组厚度呈明显正相关关系。

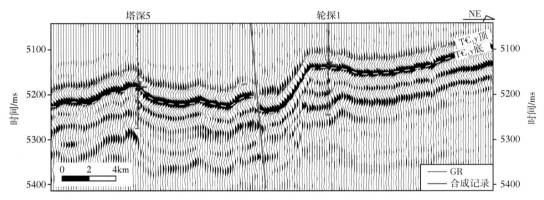

图4-3-11　过塔深5—轮探1井玉尔吐斯组连井标定地震剖面图

玉尔吐斯组强反射特征是由于泥质烃源岩层与上、下层速度差造成的，与上、下层相比，玉尔吐斯组主要体现出低密度、高声波时差特点，换算成速度与波阻抗，则表现为低速度、低阻抗特点；而该特点还是平均后的，仅对玉尔吐斯组底部的泥质烃源岩来说，具有更低的速度与波阻抗值（表4-3-2）。

表4-3-2　玉尔吐斯组及其泥岩段与上、下地层速度和波阻抗数据统计表

层位	旗探1		塔深5		轮探1		轮探3	
	速度/ $m \cdot s^{-1}$	波阻抗/ $(g \cdot cm^{-3}) \cdot$ $(m \cdot s^{-1})$	速度/ $m \cdot s^{-1}$	波阻抗/ $(g \cdot cm^{-3}) \cdot$ $(m \cdot s^{-1})$	速度/ $m \cdot s^{-1}$	波阻抗/ $(g \cdot cm^{-3}) \cdot$ $(m \cdot s^{-1})$	速度/ $m \cdot s^{-1}$	波阻抗/ $(g \cdot cm^{-3}) \cdot$ $(m \cdot s^{-1})$
肖尔布拉克组	6100	16500	5600	15300	6020	16500	6100	16700
玉尔吐斯组	5440	14300	4990	12970	5300	13900	5140	13250
玉尔吐斯组泥岩段	4700	11700	4420	10900	4630	11300	4920	12200
震旦系	5950	16500	5480	15100	6550	18200	6670	18870

库南1井钻揭寒武系斜坡相烃源岩，SQ9发育钙质泥岩烃源岩近200m（图4-3-3）。因库南1井位于孔雀河断裂上盘，地震反射特征不清楚，因此在下盘做虚拟井，将库南1井石灰岩顶面与地震反射Tg5′对应，近似认为上、下盘寒武系岩性组合与烃源岩发育特征一致。在从轮南地区三维经二维连线至库南1井下盘，SQ9烃源岩地震反射轴可从二维解

释到三维，可以见到 SQ9 斜坡相烃源岩地震反射表现为平行强反射特征（图 4-3-12）。SQ9 烃源岩段速度为 5300m/s，上层含泥灰岩速度为 5570m/s，下层石灰岩速度为 5800m/s；低速度特点是呈强反射的原因。

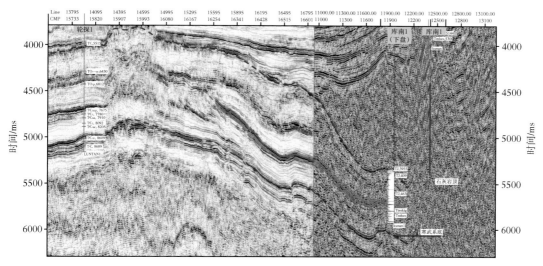

图 4-3-12　过轮探 1—库南 1 三维—二维地震拼接剖面图

以富烃模式为指导，根据玉尔吐斯组烃源岩及斜坡相烃源岩地震反射特征，在过北部坳陷东西向格架线地震剖面上，建立烃源岩解释模型（图 4-3-13）。

2. 烃源岩分布

1）纽芬兰统

寒武系底部强反射特点是玉尔吐斯组低速泥岩的响应，受地震分辨率影响，不论是 4m 还是 40m，强反射的厚度没有本质差别，因此玉尔吐斯组泥质烃源岩厚度成图是主要难点。本节以钻孔烃源岩厚度标定为基础，根据下寒武统厚度、寒武系沉积前隆坳格局编制纽芬兰统烃源岩厚度图（图 4-3-14）。玉尔吐斯组发育四个生烃中心，（1）北部坳陷及周缘生烃中心，多个钻孔钻揭玉尔吐斯组泥质烃源岩，玉尔吐斯组比较落实，发育面积约 $20×10^4 km^2$，泥岩厚度一般为 10~40m，富满地区最厚，推测厚度达 200m；（2）乌什中心地区萨瓦普齐露头解释玉尔吐斯组泥质烃源岩厚 10m 左右，南部见必真木塔格露头不发育烃源岩，作为南边界控制点，推测乌什地区玉尔吐斯组烃源岩分布面积为 $4200km^2$；（3）麦盖提生烃中心，事实上麦盖提斜坡内尚未有钻孔钻揭玉尔吐斯组烃源岩，但基于两点预测该区烃源岩的分布，一是根据构造古地理特征，寒武系沉积前发育麦盖提台内凹陷（图 3-2-5），二是巴什托普油田、和田河气田等分布必须有烃源岩供烃，而自下寒武统肖尔布拉克组至石炭系没有规模有效烃源岩，优质烃源岩只能出现在前寒武系—下寒武统，预测麦盖提斜坡烃源岩主要分布在中西部，预测面积 $2.5×10^4 km^2$；（4）西昆仑生烃中心，该区处于西昆仑洋北斜坡，表现为楔形地震反射特征，推测发育玉尔吐斯组烃源岩，面积约 $2.3×10^4 km^2$。

2）第二统—芙蓉统

根据成烃模式，第二统在缓坡碳酸盐岩台地沉积模式下，烃源岩主要发育在下缓坡—陆棚相，中缓坡台内局限潟湖相也有发育。下缓坡—陆棚相内，寒武系第二统烃源岩在塔东 2 井厚约 50m，塔东 1 井厚约 40m，英东 2 井厚约 30m，尉犁 1 与孔探 1 井厚约 80m，

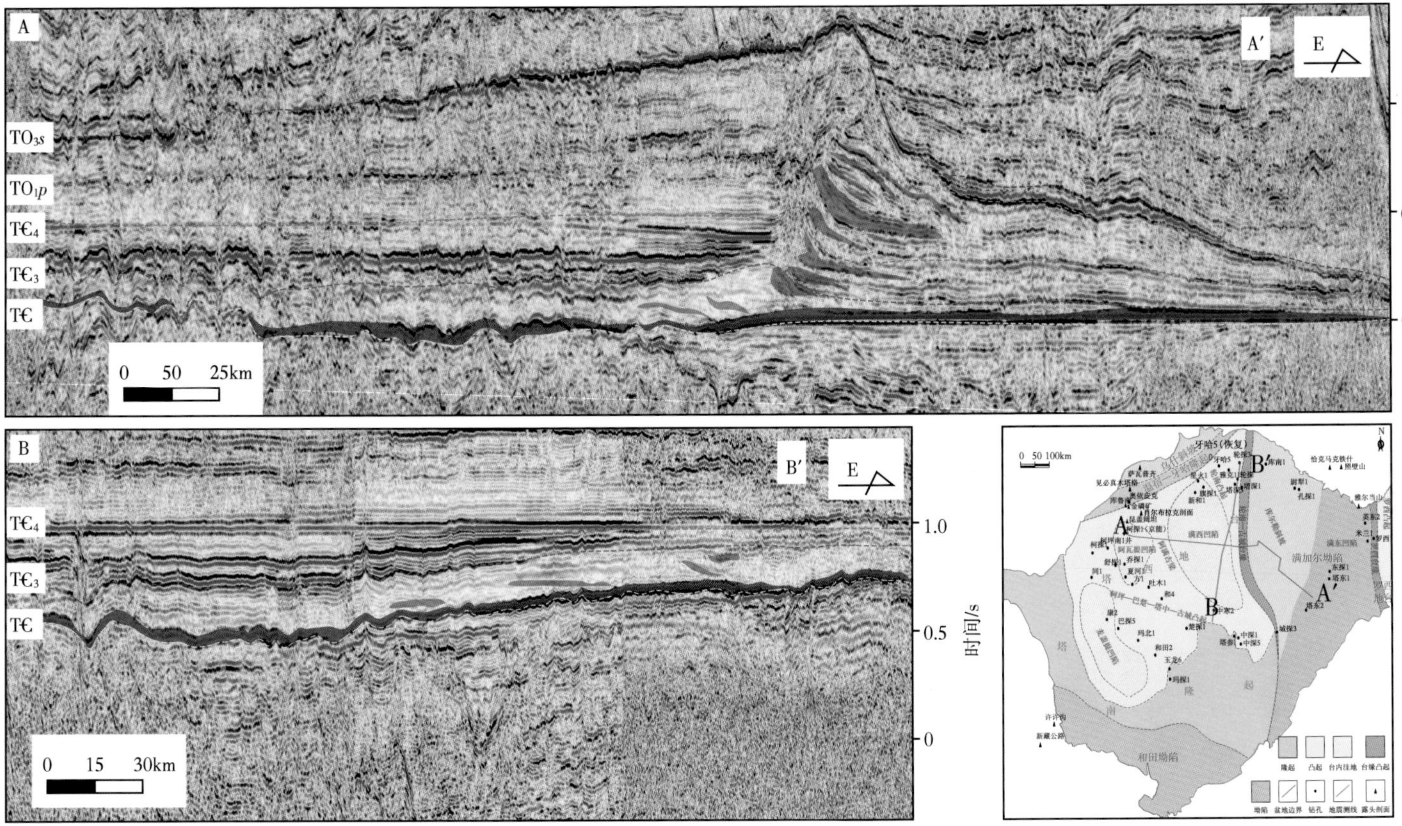

图 4-3-13　北部坳陷寒武系烃源岩地震反射特征图

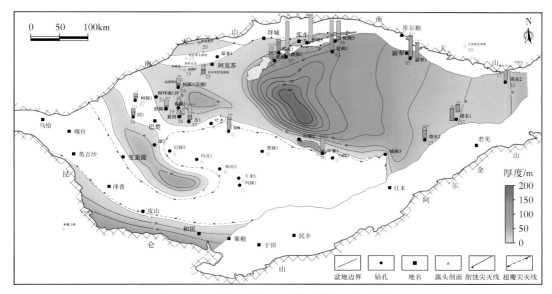

图 4-3-14　塔里木盆地纽芬兰统烃源岩厚度图

库南 1 井厚约 200m；台内潟湖相内，柯探 1（京能）钻揭灰质泥岩烃源岩厚度为 68.6m，旗探 1 井肖尔布拉克组发育烃源岩厚度为 90m。

　　苗岭统在镶边台地沉积体系下，塔东地区尚处于闭塞海盆条件，烃源岩主要发育在斜坡相与陆棚相，而且斜坡相成烃条件优于陆棚相；而在芙蓉统转化为缓坡沉积体系，塔东地区海盆也转换为开放海盆条件，烃源岩主要发育在斜坡相，陆棚相不发育烃源岩（图 4-3-4）。

　　本节将第二统—芙蓉统作为一个生烃层系编制厚度图。根据第二统—芙蓉统烃源岩的地震响应特征（图 4-3-12、图 4-3-13），在第二统—芙蓉统沉积相的控制下，编制了第二统—芙蓉统烃源岩厚度图（图 4-3-15）。该层系主要发育三个生烃中心，最大的生烃坳陷

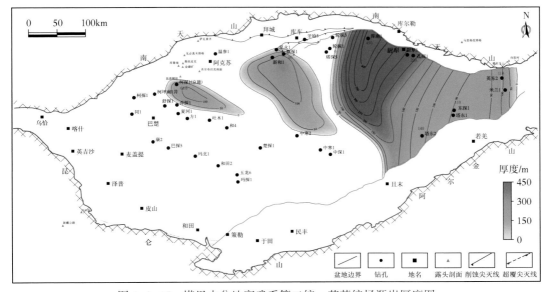

图 4-3-15　塔里木盆地寒武系第二统—芙蓉统烃源岩厚度图

位于轮南—古城斜坡相区—塔东陆棚相区，烃源岩分布面积为 $10.2×10^4km^2$，烃源岩厚度斜坡相区最厚可达 450m，塔东地区在 100m 左右；第二个生烃中心位于满西地区，烃源岩分布面积为 $3.26×10^4km^2$，烃源岩厚度为 50~100m；第三个生烃中心位于阿瓦提凹陷西南部，柯探 1（京能）井及下盘区，烃源岩分布面积约 $1.04×10^4km^2$，烃源岩厚度为 50~100m。

3. 成熟度与生烃潜力

1）成熟度

露头及钻孔寒武系各统实测 R_o 统计数据见表4-3-3。

表4-3-3 典型露头与钻孔实测 R_o 数据统计表

井号或露头	$R_o/\%$			
	纽芬兰统	第二统	苗岭统	芙蓉统
塔东1	(2.45~2.75)/ 2.61（N=2）	2.03（N=1）	(2.67~3.36)/ 3.02（N=3）	(2.11~2.23)/ 2.13（N=4）
塔东2	—	(2.0~2.71)/ 2.33（N=4）	—	(1.94~2.95)/ 2.53（N=20）
英东2	2.93（N=1）	—	2.77（N=1）	(2.19~2.67)/ 2.53（N=5）
尉犁1	(1.27~1.53)/ 1.36（N=3）	(0.97~1.2)/ 1.11（N=3）	(1.11~1.16)/ 1.13（N=2）	(0.90~1.02)/ 0.97（N=3）
孔探1	(2.06~2.98)/ 2.52（N=9）	(1.89~2.34)/ 2.11（N=8）	2.15（N=1）	—
库南1	—	(1.08~2.11)/ 1.92（N=6）	(1.74~1.91)/ 1.79（N=4）	(1.73~2.16)/ 1.92（N=5）
乌里格孜塔格	—	—	(1.86~2.09)/ 1.93	(1.92~2.00)/ 1.95
轮探3	(1.39~1.53)/ 1.46（N=2）	—	—	—
轮探1	(1.45~1.73)/ 1.60（N=8）	1.4（N=1）	—	—
新和1	(5.64~5.79)/ 5.73（N=3）	—	—	—
旗探1	(0.84~0.88)/ 0.86（N=2）	—	—	—
星火1	(1.38~1.78)/ 1.53（N=11）	—	—	—
肖尔布拉克	2.63~2.85	—	—	—
什艾日克	(1.98~2.85)/ 2.52（N=8）	—	—	—
苏盖特布拉克	(1.59~1.69)/ 1.66（N=3）	—	—	—

注：数据格式为（最小值~最大值）/平均值（N=样品数）。

182

库鲁克塔格北区乌里格孜塔格剖面寒武系西山布拉克组干酪根颜色为棕色，烃源岩热解分析 T_{max} 最大峰温为 $423\sim428℃$，综合分析有机质成熟度为高成熟。西大山组干酪根颜色为棕褐色，烃源岩热解分析 T_{max} 最大峰温为 $405\sim437℃$，平均为 $424℃$，综合分析有机质成熟度为高成熟阶段。莫合尔山组干酪根颜色为棕色，烃源岩热解分析 T_{max} 最大峰温为 $383\sim479℃$，平均为 $437℃$；X 衍射 I/S 中的 S 含量为 $31\sim40$，平均为 33.6；牙形石色变指数为 $3\sim4$；沥青反射率为 $1.86\%\sim2.09\%$，平均为 1.93%，综合分析认为有机质成熟度为高成熟阶段。突尔沙克塔格群干酪根颜色为棕褐—棕色，烃源岩热解分析 T_{max} 为 $395\sim508℃$，平均为 $467℃$；沥青反射率为 $1.92\%\sim2.0\%$，平均为 1.95%；牙形石色变指数为 $3\sim4$，综合分析认为有机质成熟度为高成熟阶段。

库鲁克塔格北区恰克马克铁什剖面西山布拉克组烃源岩热解分析 T_{max} 最大峰温为 $442℃$，综合分析有机质成熟度为高—过成熟阶段。西大山组黑色泥岩干酪根颜色为棕褐色，X 衍射分析 I/S 中的 S 含量为 16；烃源岩热解分析 T_{max} 为 $487℃$，综合分析有机质成熟度为高—过成熟阶段。莫合尔山组灰黑色泥晶灰岩烃源岩热解分析 T_{max} 为 $449\sim474℃$，平均为 $461℃$，综合分析有机质成熟度为高成熟阶段。突尔沙克塔格群灰黑色泥晶灰岩干酪根颜色为棕褐色，烃源岩热解分析 T_{max} 为 $486℃$，综合分析有机质成熟度为高—过成熟阶段。

库鲁克塔格南区雅尔当山剖面寒武系西山布拉克组干酪根颜色为棕褐色，烃源岩热解分析 T_{max} 为 $497\sim562℃$，平均为 $529℃$，综合分析有机质成熟度为过成熟阶段。西大山组黑色泥岩干酪根颜色为棕色，烃源岩热解 T_{max} 分布范围为 $408\sim585℃$，平均为 $475℃$，X 衍射分析 I/S 中的 S 含量为 66，综合分析有机质成熟度为高—过成熟阶段。莫合尔山组灰黑色泥晶灰岩干酪根颜色为棕色，烃源岩热解 T_{max} 分布范围为 $416\sim583℃$，平均为 $481℃$，X 衍射分析 I/S 中的 S 含量为 $31\sim41$，平均为 38.5，牙形石色变指数为 2.5，综合分析有机质成熟度为高—过成熟阶段。突尔沙克塔格群灰黑色泥晶灰岩干酪根颜色为棕色—棕褐色，烃源岩热解分析 T_{max} 分布范围为 $449\sim511℃$，平均为 $469℃$，X 衍射分析 I/S 中的 S 含量为 $37\sim51$，平均为 41.7，牙形石色变指数为 $2\sim2.5$，综合分析有机质成熟度为高成熟阶段。

乌什—柯坪地区，肖尔布拉克剖面玉尔吐斯组烃源岩沥青反射率在 $2.63\%\sim2.85\%$ 之间，烃源岩成熟度处于过成熟阶段（焦存礼等，2011）。依据烃源岩热解分析 T_{max} 与沥青反射率对应关系，肖尔布拉克东沟剖面玉尔吐斯组烃源岩沥青反射率在 $2.15\%\sim3.26\%$ 之间，烃源岩成熟度处于过成熟阶段。

实测成熟度数据的钻孔主要分布在塔东地区与塔北地区，塔东地区寒武系各统均有数据，而塔北隆起内仅玉尔吐斯组有实测数据（表4-3-3）。旗探1井是沥青反射率的钻孔，利用玉尔吐斯组烃源岩内固体沥青反射率数据计算得到高总有机碳含量段烃源岩等效镜质组反射率为 $0.84\%\sim0.88\%$，平均为 0.86%；利用烃源岩沥青激光拉曼光谱特征，经公式计算，得到旗探1井玉尔吐斯组烃源岩等效沥青反射率为 0.97%。新和1井是高沥青反射率的钻孔，玉尔吐斯组3件样品实测沥青反射率为 $5.64\%\sim5.79\%$，平均为 5.73，其主要原因是二叠纪花岗斑岩的侵入。轮探1井、轮探3井和星火1井玉尔吐斯组 R_o 均在 1.50% 附近，轮探1井高总有机碳含量段烃源岩沥青反射率为 $1.53\%\sim1.69\%$，平均为 1.61%；轮探3井高总有机碳含量段烃源岩沥青反射率为 $1.39\%\sim1.53\%$，平均为 1.46%；星火1井高总有机碳含量段烃源岩沥青反射率为 $1.38\%\sim1.78\%$，平均为 1.53%。

塔东地区寒武系烃源岩成熟度普遍高于塔北隆起区，但单个钻孔各统的成熟度差异不大。塔东 1 井西山布拉克组烃源岩沥青反射率为 2.45%~2.75%，平均为 2.61%；英东 2 井该层段沥青反射率为 2.93%；孔探 1 井该层段沥青反射率平均为 2.52%。库南 1 井第二统烃源岩沥青反射率平均为 1.92%。

基于钻井揭示的寒武系烃源岩成熟度，参考烃源岩埋深，结合虚拟点热模拟结果，以纽芬兰统、第二统—芙蓉统两个单元编制烃源岩成熟度演化图（图 4-3-16、图 4-3-17）。

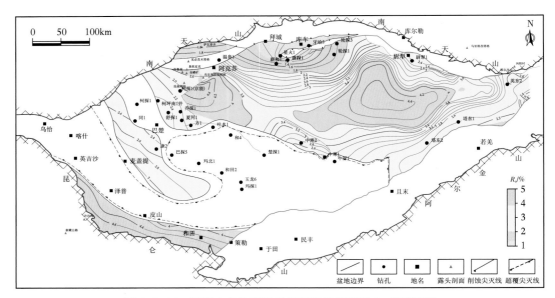

图 4-3-16　塔里木盆地寒武系纽芬兰统烃源岩 R_o 等值线图

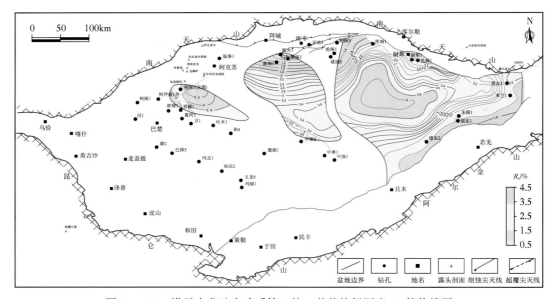

图 4-3-17　塔里木盆地寒武系第二统—芙蓉统烃源岩 R_o 等值线图

2）生烃强度模拟

基于塔里木盆地寒武系纽芬兰统、第二统—芙蓉统烃源岩分布范围、TOC 丰度、烃源岩厚度以及生烃热演化历史分析，类比典型海相 II_1 型烃源岩的生烃潜力（500mg/g），完成寒武系纽芬兰统、第二统—芙蓉统生烃强度图（图 4-3-18、图 4-3-19），并计算寒武系纽芬兰统、第二统—芙蓉统总生烃量，其中纽芬兰统总生烃量约 5800×10^8 t 油当量，第二统—芙蓉统生烃量约 7680×10^8 t 油当量，整体寒武系烃源岩的油气资源当量约为 1.35×10^{12} t 油当量，主力生烃中心位于轮南—古城坡折带两侧。

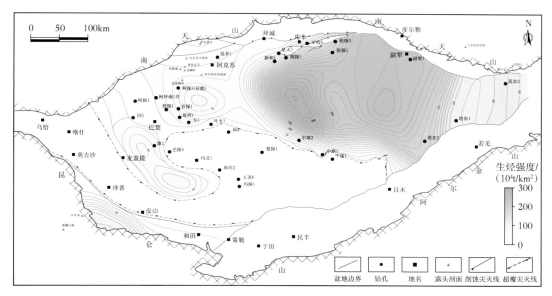

图 4-3-18　塔里木盆地纽芬兰统生烃强度等值线图

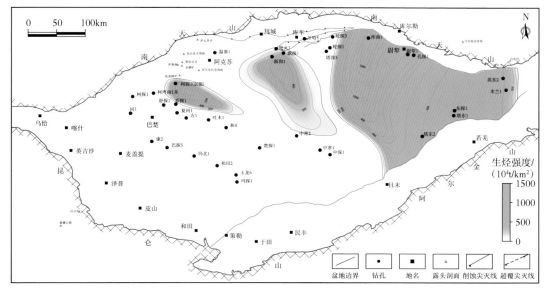

图 4-3-19　塔里木盆地第二统—芙蓉统生烃强度等值线图

参 考 文 献

陈践发，孙省利，刘文汇，等，2004. 塔里木盆地下寒武统底部富有机质段地球化学特征及成因探讨 [J].
　　中国科学：D 辑 地球科学，34：107-113.

陈永权，严威，韩长伟，等，2019. 塔里木盆地寒武纪/前寒武纪构造沉积转换及其勘探意义 [J]. 天然气
　　地球科学，30(1)：39-50.

管树巍，吴林，任荣，等，2017. 中国主要克拉通前寒武纪裂谷分布与油气勘探前景 [J]. 石油学报，
　　(1)：9-22.

胡广，刘文汇，腾格尔，等，2014. 塔里木盆地下寒武统泥质烃源岩成烃生物组合的构造—沉积环境控制
　　因素 [J]. 石油与天然气地质，35(5)：685-695.

胡涛，庞雄奇，姜福杰，等，2021. 陆相断陷咸化湖盆有机质差异富集因素探讨：以东濮凹陷古近系沙三
　　段泥页岩为例 [J]. 沉积学报，39(1)：140-152.

黄智斌，王振华，杨芝林，等，2009. 库鲁克塔格地区石油地质综合研究及库车地区野外地质考察基地建
　　设 [R]. 塔里木油田内部报告.

刘光祥，2005. 中上扬子北缘中古生界海相烃源岩特征 [J]. 石油实验地质，27(5)：490-495.

刘文汇，胡广，腾格尔，等，2016. 早古生代烃源形成的生物组合及其意义 [J]. 石油与天然气地质，37
　　(5)：617-626.

任荣，管树威，吴林，等，2017. 塔里木新元古代裂谷盆地南北分异及油气勘探启示 [J]. 石油学报，38
　　(3)：255-266.

石开波，刘波，姜伟民，等，2018. 塔里木盆地南华纪—震旦纪构造—沉积格局 [J]. 石油与天然气地质，
　　39(5)：862-877.

汤冬杰，史晓颖，赵相宽，等，2015. Mo—U 共变作为古沉积环境氧化还原条件分析的重要指标：进展、
　　问题与展望 [J]. 现代地质，29(1)：1-13.

田雷，崔海峰，刘军，等，2016. 塔西南坳陷早、中寒武世岩相古地理格局分析 [J]. 东北石油大学学
　　报，40(6)：5，18-25，95.

王鹏万，张磊，李昌，等，2017. 黑色页岩氧化还原条件与有机质富集机制：以昭通页岩气示范区 A 井五
　　峰组—龙马溪组下段为例 [J]. 石油与天然气地质，38(5)：933-943.

王文之，肖文摇，和源，等，2019. 四川盆地震旦系陡山沱组烃源岩地球化学特征与有机质富集机制 [J].
　　高校地质学报，25(6)：860-870.

王志宏，丁伟铭，李剑，等，2020. 塔里木盆地西缘下寒武统玉尔吐斯组沉积地球化学及有机质富集机制
　　研究 [J]. 北京大学学报(自然科学版)，56(4)：667-678.

吴林，管树威，杨海军，等，2017. 塔里木北部新元古代裂谷盆地古地理格局与油气勘探潜力 [J]. 石油
　　学报，38(4)：375-385.

谢增业，魏国齐，张健，等，2017. 四川盆地东南缘南华系大塘坡组烃源岩特征及其油气勘探意义 [J].
　　地质勘探，37(6)：1-11.

杨海军，陈永权，潘文庆，等，2021. 塔里木盆地南华纪—中寒武世构造沉积演化及其盐下勘探选区意义
　　[J]. 中国石油勘探，26(4)：68-81.

杨芝林，钟端，黄智斌，等，2016. 塔里木盆地周缘前寒武系剖面测量和石油地质评价 [R]. 塔里木油田
　　内部报告.

杨宗玉，罗平，刘波，等，2017. 塔里木盆地阿克苏地区下寒武统玉尔吐斯组两套黑色岩系的差异及成因
　　[J]. 岩石学报，33(6)：1893-1918.

张道亮，杨帅杰，王伟锋，等，2019. 川东北—鄂西地区下震旦统陡山沱组烃源岩特征及形成环境 [J].
　　石油实验地质，41(6)：821-830.

赵文智，王晓梅，胡素云，等，2019. 中国元古宇烃源岩成烃特征及勘探前景 [J]. 中国科学：D 辑 地球

科学，49：939-964.

郑海峰，宋换新，杨振瑞，等，2019. 湖北神农架地区南华系大塘坡组元素地球化学特征 ［J］. 地球科学与环境学报，41（3）：316-326.

周传明，袁训来，肖书海，等，2019. 中国埃迪卡拉纪综合地层和时间框架 ［J］. 中国科学：D 辑 地球科学，49（1）：7-25.

周肖贝，李江海，傅臣建，等，2012. 塔里木盆地北缘南华纪—寒武纪构造背景及构造—沉积事件探讨 ［J］. 中国地质，39（4）：900-911.

朱传玲，闫华，云露，等，2014. 塔里木盆地沙雅隆起星火 1 寒武系烃源岩特征 ［J］. 石油实验地质，36（5）：626-632.

朱光有，曹颖辉，闫磊，等，2018. 塔里木盆地 8000m 以深超深层海相油气勘探潜力与方向 ［J］. 天然气地球科学，29（6）：755-772.

朱光有，陈斐然，陈志勇，等，2016. 塔里木盆地寒武系玉尔吐斯组优质烃源岩的发现及其基本特征 ［J］. 天然气地球科学，27（1）：8-21.

朱光有，胡剑风，陈永权，等，2022. 塔里木盆地轮探 1 井下寒武统玉尔吐斯组烃源岩地球化学特征与形成环境 ［J］. 地质学报，96：1-16.

朱光有，闫慧慧，陈玮岩，等，2020. 塔里木盆地东部南华系—寒武系黑色岩系地球化学特征及形成与分布 ［J］. 岩石学报，36（11）：3342-3362.

朱光有，赵坤，李婷婷，等，2021. 中国华南陡山沱组烃源岩的形成机制与分布预测 ［J］. 地质学报，95（8）：2553-2574.

Algeo T J, Lyons T W, 2006. Mo-total organic carbon covariation in modern anoxic marine environments, Implications for analysis of paleoredox and paleohydrographic conditions ［J］. Paleoceanography, 21（1）：1-23.

Algeo T J, Maynard J B, 2008. Trace-metal covariation as a guide to water-mass conditions in ancient anoxic marine environments ［J］. Geosphere, 4：872-887.

Algeo T J, Tribovillard N, 2009. Environmental analysis of paleoceanographic systems based on molybdenum-uraniumcovariation ［J］. Chemical Geology, 268（3）：211-225.

Bau M, Dulski P, 1999. Comparing yttrium and rare earths in hydrothermal fluids from the Mid-Atlantic Ridge. implications for Y and REE behavior during near-vent mixing and for the Y/Ho ratio of Proterozoic seawater ［J］. Chemical Geology, 155（1-2）：77-90.

Bau M, 1996. Controls on the fractionation of isovalent trace elements in magmatic and aqueous systems. evidence from Y/ Ho, Zr/Hf, and lanthanide tetrad effect ［J］. Contributions to Mineralogy and Petrology, 123（3）：323-333.

Bohacs K M, Grabowski Jr G J, Carroll A R, et al, 2005. Production, destruction, and Dilution-the Many Paths to source-rock development ［J］. Special Publication, 82：61-101.

Chen Yongquan, Zhou Xinyuan, Jiang Shaoyong, et al, 2013. Types and Origin of Dolostones in Tarim Basin, Northwest China：Petrographic and Geochemical Evidence ［J］. Acta Geologica Sinica（English Edition），87（2）：801-819.

Douville E, Bienvenu P, Charlou J I, et al, 1999. Yttrium and rare earth elements in fluids from various deep-sea hydrothermal systems ［J］. Geochemica et Cosmochimica Acta, 63（5）：627-643.

Glass J B, Chappaz A, Eustis B, et al, 2013. Molybdenum geochemistry in a seasonally dysoxic Mo-limited lacustrine ecosystem ［J］. Geochimica et Cosmochimica Acta, 114：204-219.

Li W H, Zhang Z F, 2017. Paleoenvironment and its control of the formation of oligocene marine source rocks in the deep-water area of the northern south China Sea ［J］. Energy & Fuels, 31（10）：10598-10611.

Mclennan S M, 1989. Rare earth elements in sedimentary rocks：Influence of provenance and sedimentary processes ［J］. Reviews in Mineralogy and Geochemistry, 21（1）：169-200.

Sahoo S K, Planavsky N J, Kendall B, et al, 2012. Ocean oxygenation in the wake of the Marinoan glaciation [J]. Nature, 489 (7417): 546.

Tribovillard N, Algeo T J, Lyons T, et al, 2006. Trace metals as paleoredox and paleo-productivity proxies: An update [J]. Chemical Geology, 232 (1): 12-32.

Zhu Guangyou, Chen Feiran, Wang Meng, et al, 2018. Discovery of the Lower Cambrian high-quality source rocks and deep oil and gas exploration potential in the Tarim Basin, China [J]. AAPG Bulletin, 102 (10): 2123-2151.

Zhu Guangyou, Yan Huihui, Chen Weiyan, et al, 2019. Discovery of Cryogenian interglacial source rocks in the northern Tarim, NW China: Implications for Neoproterozoic Paleoclimatic reconstructions and hydrocarbon exploration [J]. Gondwana Research, 80: 370-384.

Zhu Maoyan, Zhang Junming, Yang Aihua, 2007. Integrated Ediacaran (Sinian) chronostratigraphy of South China [J]. Paleogeography, Palaeoclimatology, Palaeocecology, 254 (1-2): 7-61.

第五章　白云岩类型与成因

第一节　古海水地球化学背景

　　沉积岩的地球化学性质受到沉积原岩与成岩作用的双重控制。同一时代不同沉积岩元素与同位素特征差异，受控于沉积矿物的晶格特征差异，该差异导致了矿物与海水之间的元素同位素的分馏差异；不同地质时期形成的同一种沉积岩地球化学特征差异可能取决于地质历史中古海水的化学组成的变化。在经历成岩作用的沉积岩地球化学研究中，成岩作用前后沉积岩的地球化学特征对比是研究成岩作用过程的重要依据（黄思静等，2007）。在白云石化研究中，一般需要将白云岩地球化学性质与古海水地球化学特征对比来判断沉积/交代流体的性质与来源（Warren，2000；Gasparrini，2006）。因此古海水地球化学组成研究是各种沉积岩地球化学研究的重要基础，常用示踪白云石化流体源的碳氧同位素、锶同位素等方法也需要了解真正从海洋中直接沉淀的碳酸盐岩 $\delta^{18}O$ 与 $^{87}Sr/^{86}Sr$ 值。

　　世界范围内，震旦系—奥陶系大面积发育白云岩，虽然关于白云岩成因的研究取得一定的进展（朱东亚等，2010；Chen et al.，2013），但仍是国际学术界的难题之一。为什么全球范围内震旦系—寒武系发育大量的白云岩层？该时期古海水环境、古温度与古大气 CO_2 分压是什么状态？发生白云岩原生沉积或次生交代的动力学因素之一是离子浓度，准确认识寒武纪—奥陶纪古海水环境，包括 pH 值、CO_3^{2-} 浓度等，对理解大范围发育层状白云岩的理论基础具有重要意义。随着测试技术的进步，硼同位素越来越多地被应用到古环境研究领域，包括古海洋 pH 值与大气 CO_2 含量研究等方面（蒋少涌，2000；Sanyal et al.，2001）；海水的 pH 值主要受控于 H_2CO_3—HCO_3^-—CO_3^{2-} 溶液中的平衡，在海水蒸发过程中，随着 CO_3^{2-} 的消耗，蒸发海水溶液从碱性逐步向中性转化（靳志玲等，2008），因此利用蒸发岩序列硼同位素研究可能是一种有效办法。

一、分析样品与分析结果

　　前人在研究古海水环境与古气候方面，主要利用有孔虫壳体 $\delta^{11}B$ 与 B/Ca 比值再造古海水 pH 值（Foster，2008；乔培军等，2012）。由于寒武系—奥陶系不存在有孔虫钙质壳体，导致该方法对于古生界碳酸盐岩地层研究工作较少。

　　本节选取了塔中 19 井奥陶系蓬莱坝组 2 个纹层状泥晶灰岩与和 4 井中寒武统沙依里克组顶部 6 个含云泥晶灰岩作为样品（图 5-1-1），通过分析常量元素、微量元素、$\delta^{13}C$、$\delta^{18}O$ 与 $^{87}Sr/^{86}Sr$ 比值，恢复从寒武纪—早奥陶世海水中直接化学沉淀的石灰岩地球化学属性。地球化学分析数据见表 5-1-1 和表 5-1-2。样品全岩主量元素含量分析使用南京大学现代分析中心的 XRF 仪器完成，所分析的元素主要包括 Ca、Mg、Al、Fe、Si、K、Na 与烧失量，分析结果以氧化物形式表示，分析精度高于 0.5%。稀土元素含量分析在南京大学国家重点实验室完成，使用仪器为 Finnigan MAT Element Ⅱ 型高精度电感耦合等离子质谱仪（HR-ICPMS），

表 5-1-1　样品全岩主量元素含量分析表

样品号	井段	层位	岩性	$\delta^{18}O$/‰, PDB	$^{87}Sr/^{86}Sr$	Al_2O_3/%	CaO/%	MgO/%	Fe_2O_3/%	K_2O/%	Na_2O/%	SiO_2/%	烧失量/%	总计/%
TZ19-5	3869.56	O_1	纹层状灰岩	-8.5	0.708988±5	0.16	53.20	0.53	0.03	0.08	0.02	5.34	40.90	100.26
TZ19-9	3874.62	O_1	纹层状灰岩	-8.7		0.14	53.53	0.69	0.05	0.07	0.02	4.17	41.18	99.85
H4-73	5346.66	$\in_2$	含云泥晶灰岩	-7.3		0.35	42.32	10.46	0.17	0.22	<0.10	1.71	44.43	99.66
H4-74	5349.42	$\in_2$	含云泥晶灰岩	-7.6	0.708871±3	0.07	43.66	8.63	0.11	0.09	0.34	0.60	46.23	99.73
H4-75	5351.92	$\in_2$	含云泥晶灰岩	-8.0		<0.05	49.53	3.65	0.08	0.07	0.38	0.37	45.56	99.64
H4-76	5352.61	$\in_2$	含云泥晶灰岩	-7.6	0.708894±5	<0.05	45.44	7.62	0.12	0.10	<0.10	0.60	44.69	98.57
H4-77	5355.85	$\in_2$	含云泥晶灰岩	-7.6		0.07	49.44	5.13	0.11	0.13	<0.10	0.64	44.07	99.59
H4-78	5357.57	$\in_2$	含云泥晶灰岩	-8.3		0.06	51.57	2.76	0.13	0.10	0.21	0.65	44.20	99.68

表 5-1-2　样品稀土元素含量分析表

样品号	井段	层位	岩性	La/$\mu g \cdot g^{-1}$	Ce/$\mu g \cdot g^{-1}$	Pr/$\mu g \cdot g^{-1}$	Nd/$\mu g \cdot g^{-1}$	Sm/$\mu g \cdot g^{-1}$	Eu/$\mu g \cdot g^{-1}$	Gd/$\mu g \cdot g^{-1}$	Tb/$\mu g \cdot g^{-1}$	Dy/$\mu g \cdot g^{-1}$	Ho/$\mu g \cdot g^{-1}$	Er/$\mu g \cdot g^{-1}$	Tm/$\mu g \cdot g^{-1}$	Yb/$\mu g \cdot g^{-1}$	ΣREE/$\mu g \cdot g^{-1}$	Mn/Sr/$\mu g \cdot g^{-1}$
TZ19-5	3869.56	O_1	纹层状灰岩	1.65	2.87	0.42	1.14	0.20	0.030	0.150	0.020	0.140	0.030	0.080	0.010	0.060	6.800	0.11
TZ19-9	3874.62	O_1	纹层状灰岩	1.63	2.91	0.40	1.05	0.23	0.030	0.150	0.020	0.140	0.020	0.070	0.010	0.050	6.710	0.07
H4-73	5346.66	$\in_2$	含云泥晶灰岩	0.55	1.16	0.12	0.45	0.09	0.012	0.072	0.008	0.066	0.014	0.032	0.005	0.031	2.610	0.12
H4-74	5349.42	$\in_2$	含云泥晶灰岩	0.38	0.74	0.08	0.30	0.05	0.007	0.038	0.004	0.039	0.009	0.022	0.003	0.018	1.690	0.10
H4-75	5351.92	$\in_2$	含云泥晶灰岩	0.46	0.89	0.09	0.33	0.07	0.009	0.040	0.005	0.034	0.008	0.024	0.004	0.021	1.985	0.05
H4-76	5352.61	$\in_2$	含云泥晶灰岩	0.48	0.94	0.09	0.34	0.06	0.014	0.065	0.007	0.049	0.011	0.031	0.004	0.025	2.116	0.09
H4-77	5355.85	$\in_2$	含云泥晶灰岩	0.60	1.14	0.12	0.41	0.08	0.010	0.069	0.008	0.051	0.011	0.033	0.003	0.022	2.557	0.06
H4-78	5357.57	$\in_2$	含云泥晶灰岩	0.61	1.19	0.13	0.46	0.08	0.010	0.057	0.007	0.058	0.013	0.033	0.004	0.028	2.68	0.04

分析精度高于 5%。样品全岩 $\delta^{18}O$ 与 $^{87}Sr/^{86}Sr$ 分析测试在南京大学内生金属成矿作用研究国家重点实验室完成。$\delta^{18}O$ 值分析采用 Fannigan MAT Delta XP 型连续流质谱仪,自动进样器装置中以 100%分数磷酸与白云岩样品粉末在 70℃条件下反应 2h,生成的 CO_2 气体直接进同位素质谱仪测试氧同位素组成。样品 $^{87}Sr/^{86}Sr$ 分析采用 1mol/L 盐酸溶解,经离子交换树脂纯化(濮巍等,2005),使用 Finnigan Triton TI 型表面热电离质谱仪(TIMS)进行 Sr 同位素比值的测定。采用的标样为美国国家标准与技术研究院的 NBS-987Sr 标准溶液,该标样的 $^{87}Sr/^{86}Sr$ 测试值为 0.710260 ± 8($N=10$)。判断海相石灰岩能否作为古海洋环境的研究对象首先需要评价其成岩作用程度,一般来说,Mn/Sr 比值低于 2.0,$\delta^{18}O_{PDB}$ 值高于 -10‰ 的石灰岩样品可认为成岩作用可以忽略(Kaufman et al.,1993,1995)。本节中所有石灰岩样品的 Mn/Sr 比值变化在 0.04~0.12 之间,样品的 $\delta^{18}O_{PDB}$ 值皆高于 -10‰,因此可认为本节中的石灰岩样品没有受到成岩作用调整而发生化学性质上的改变,可作为古海水成分研究的可靠对象。

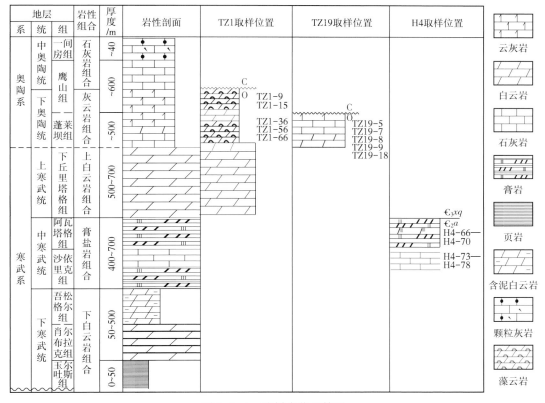

图 5-1-1　取样点位置简图

蒸发岩序列硼同位素、古海水 pH 值与 CO_2 分压研究样品来自钻孔。选择塔中隆起的塔中 1 井下奥陶统潮坪相泥晶白云岩(4 件),代表半局限台地潮间带亚相沉积物。选择位于巴楚隆起的和 4 井阿瓦塔格组盐质白云岩样品(图 5-1-2h)3 件与膏质白云岩样品(图 5-1-2i)1 件,代表蒸发盐湖相沉积物。全岩样品的 B 同位素分析测试采用负离子热电离质谱法(N-TIMS),仪器采用 Fannigan TIMS 质谱仪。样品经化学提纯后,分析 BO_2^- 的硼同位素组成,分析精度误差为 1‰。样品的分析结果采用 $\delta^{11}B$ 表达,标准为美国国家标准与技术研究院(NIST)的 SRM951 硼酸样品。$\delta^{11}B$ 同位素分析结果见表 5-1-3。结果显

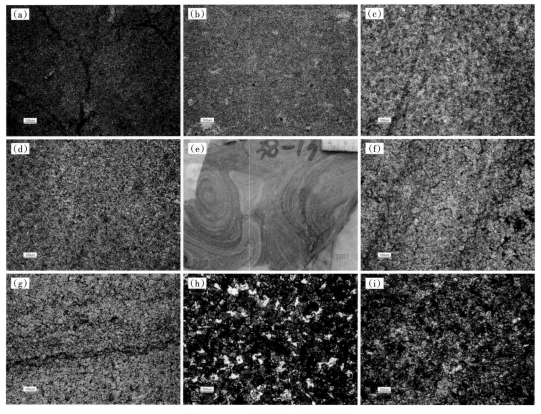

图 5-1-2 样品岩心与薄片照片

（a）TZ19-5，3869.56m；（b）TZ19-9，3874.62m；（c）H4-73，5349.42m；（d）H4-74，5349.42m；
（e）TZ1-56，4554.9m，藻白云岩；（f）TZ1-36，4187.4，泥晶藻白云岩；（g）TZ1-66，4877.2m，
泥晶藻白云岩；（h）H4-66，5926.9m，盐质白云岩；（i）H4-70，5300.4m，膏质白云岩

示，以 TZ1 钻孔为代表的潮坪相泥晶藻白云岩 $\delta^{11}B$ 值变化在 7.5‰～12.6‰ 之间，平均值为 9.4‰；代表蒸发盐湖相的 H4 井 4 件样品 $\delta^{11}B$ 值变化在-4.7‰～-1.8‰ 之间，平均值为-3.3‰（表 5-1-3）。

表 5-1-3 硼同位素分析数据表

样品编号	深度/m	层位	岩性	沉积相	$\delta^{11}B_{SRM951}$/‰
TZ1-9	3801.6	下奥陶统鹰山组	泥晶藻白云岩	潮坪相	8.4
TZ1-36	4187.4	下奥陶统蓬莱坝组	泥晶藻白云岩	潮坪相	9.6
TZ1-56	4554.9	下奥陶统蓬莱坝组	泥晶藻白云岩	潮坪相	7.5
TZ1-66	4877.2	下奥陶统蓬莱坝组	泥晶藻白云岩	潮坪相	8.9
H4-66	5296.9	中寒武统阿瓦塔格组	盐质白云岩	蒸发盐湖相	-4.4
H4-67	5297.8	中寒武统阿瓦塔格组	盐质白云岩	蒸发盐湖相	-2.4
H4-68	5298.4	中寒武统阿瓦塔格组	盐质白云岩	蒸发盐湖相	-1.8
H4-70	5300.4	中寒武统阿瓦塔格组	膏质白云岩	蒸发盐湖相	-4.7

二、寒武纪—早奥陶世海水 $\delta^{18}O_{SMOW}$、$^{87}Sr/^{86}Sr$ 值与稀土元素

1. $\delta^{18}O$

一般来说，水的 $\delta^{18}O$ 值以 SMOW 为标准来表达；碳酸盐岩样品的 $\delta^{18}O$ 值以 PDB 标准来表达。现代海水的 $\delta^{18}O_{SMOW}$ 值在 0 附近；现代海洋中的海相石灰岩的 $\delta^{18}O_{PDB}$ 值也在 0 附近。对于同一个样品，其氧同位素可以用不同的标准来表达，不同标准之间的换算公式如下（Coplen et al.，1983）：

$$\delta^{18}O_{SMOW} = 1.03091\delta^{18}O_{PDB} + 30.91 \qquad (5-1-1)$$

根据式（5-1-1）可计算，现代海相石灰岩的 $\delta^{18}O_{SMOW}$ 值为 30.91‰。因此，标准状态下海水与石灰岩之间的氧同位素分馏为 30.91‰，该分馏值将随着海水温度的升高而降低。研究表明，寒武纪温度与现代温度相当（Chen et al.，2013），因此可假定寒武系—奥陶系海相石灰岩与海水之间的氧同位素分馏也为 30.91‰。由此可推得海水氧同位素值计算公式为：

$$\delta^{18}O_{SMOW} = 1.03091\delta^{18}O_{PDB} \qquad (5-1-2)$$

式中，$\delta^{18}O_{SMOW}$ 代表寒武纪—奥陶纪古海水氧同位素值，‰；$\delta^{18}O_{PDB}$ 代表同时期沉积石灰岩氧同位素值，‰。

本节中，塔中 19 井纹层状灰岩 $\delta^{18}O_{PDB}$ 值变化在 $-8.7‰ \sim -8.5‰$ 之间；然而和 4 井含云泥晶灰岩氧同位素值变化较大，$\delta^{18}O_{PDB}$ 变化在 $-8.3‰ \sim -7.3‰$ 之间。在 $MgO—\delta^{18}O_{PDB}$ 图上，塔中 19 井纹层状灰岩与和 4 井含云泥晶灰岩数据点呈线性正相关关系（图 5-1-3）。$\delta^{18}O_{PDB}$ 值与 MgO 质量分数的正相关关系表明白云石化过程导致了氧同位素值的升高，趋势线在 $\delta^{18}O_{PDB}$ 轴上的截距代表了石灰岩原岩的氧同位素组成。因此寒武系—奥陶系海相泥晶灰岩 $\delta^{18}O_{PDB}$ 值可确定为 $-8.6‰$，计算的海水氧同位素 $\delta^{18}O_{SMOW}$ 值为 $-8.9‰$。

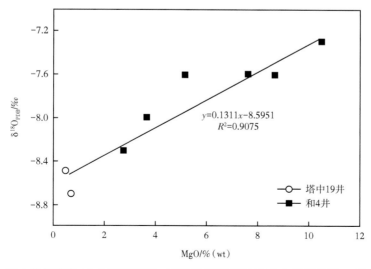

图 5-1-3　和 4 井与塔中 19 井中寒武统—下奥陶统泥晶灰岩 MgO 质量分数—$\delta^{18}O_{PDB}$ 关系图

2. $^{87}Sr/^{86}Sr$

由于 Sr 同位素比值在岩石与流体之间平衡速度很快，因此$^{87}Sr/^{86}Sr$值在海水与沉积石灰岩之间的差别可以忽略（Banner et al.，1990）。测得的 3 个泥晶灰岩样品的$^{87}Sr/^{86}Sr$平均值为 0.708918，可代表中寒武世—早奥陶世海水的$^{87}Sr/^{86}Sr$比值特征。

本节中寒武世—早奥陶世海水 $\delta^{18}O_{PDB}$（-8.9‰）与$^{87}Sr/^{86}Sr$（0.7089）值与前人报道的全球海洋 $\delta^{18}O_{PDB}$、$^{87}Sr/^{86}Sr$ 演化线吻合。Veizer 等（1999）报道了全球寒武系—第四系生物壳体的 $\delta^{18}O_{PDB}$ 与$^{87}Sr/^{86}Sr$ 值在地质史中的演化，中寒武世—早奥陶世 $\delta^{18}O_{PDB}$ 变化在 -10‰~-8‰ 之间，$^{87}Sr/^{86}Sr$ 值变化在 0.7088~0.7093 之间。由于本节样品来源于塔里木盆地，因此本节结果更适合作为塔里木盆地中寒武世—早奥陶世沉积岩研究的基础数据。

3. 稀土元素配分模式

前人的研究表明，沉积岩中稀土元素特征一方面与沉积岩的属性有关，例如磷块岩一般呈中稀土元素富集的"帽"型模式（陈永权等，2005）；另一方面稀土元素特征与海水成分有关，孟宪伟等（2001）曾报道浮游有孔虫钙质壳体成分与海水稀土元素配分模式一致。

本节内中寒武世与早奥陶世石灰岩沉积虽稀土元素总量不同，但皆表现为轻稀土元素富集的右倾模式（图 5-1-4），δCe 异常与 δEu 异常不明显；该特征与张沛等（2005）报道的奥陶系泥岩稀土元素特征相似，可认为是塔里木盆地中寒武世—早奥陶世海水的稀土元素特征。

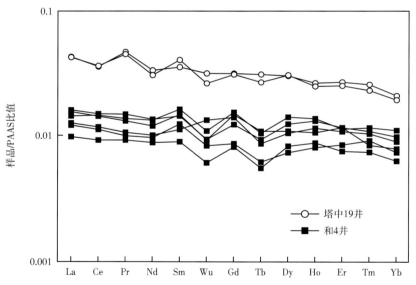

图 5-1-4　和 4 井与塔中 19 井中寒武统—下奥陶统泥晶灰岩稀土元素配分模式图

三、寒武纪—早奥陶世大气 CO_2 分压

1. 海水中三次、四次配位 B 含量与 $\delta^{11}B$ 随 pH 值变化理论基础

海水中硼的存在状态有两种，即三次配位的 B（OH）$_3$ 与四次配位的 B（OH）$_4^-$，液态中硼的存在形态受 pH 值控制，在 B（OH）$_3$ 与 B（OH）$_4^-$ 形式之间转化：

$$B(OH)_3 + H_2O \longrightarrow B(OH)_4^- + H^+$$

$$pH - pK_a = lg([B(OH)_4^-]/[B(OH)_3]) \tag{5-1-3}$$

$$[B(OH)_4^-] + [B(OH)_3] = 100\% \tag{5-1-4}$$

式中，pH 为古海水的 pH 值；pK_a 为硼酸经验电离常数，一般取 8.8。因此溶液中 $[B(OH)_4^-]/[B(OH)_3]$ 与 pH 值呈正相关关系，当 pH 值大于 10 时，则以 $B(OH)_4^-$ 为主；当 pH 值小于 6 时，溶液中硼仅以 $B(OH)_3$ 形式存在；当 pH 值为 7 时，$B(OH)_3$ 占 98.4%。现代海水的 pH 值大约为 8.2，海水中 $B(OH)_3$ 和 $B(OH)_4^-$ 的比例大约为 80% 和 20%。

在 $B(OH)_3$ 与 $B(OH)_4^-$ 形式之间转化过程中，发生硼同位素交换：

$$^{11}B(OH)_3 + {}^{10}B(OH)_4^- \longrightarrow {}^{10}B(OH)_3 + {}^{11}B(OH)_4^- \tag{5-1-5}$$

$$K = [{}^{11}B/{}^{10}B]_4 / [{}^{11}B/{}^{10}B]_3 = \alpha_{4-3} \tag{5-1-6}$$

重硼同位素 ^{11}B 优先富集在三次配位的 $B(OH)_3$ 中，α_{4-3} 小于 1，α_{3-4} 大于 1；三次、四次配位之间的硼同位素分馏随温度、压力、盐度变化而变化，但变化很小（贺茂勇等，2008），可以认为是常数；在常温常压（25℃，1atm）下测定的 α_{3-4} 约为 1.02（Kakihana et al.，1977），因此：

$$1000\ln\alpha_{3-4} = \delta^{11}B_3 - \delta^{11}B_4 = 19.8\text{‰} \tag{5-1-7}$$

2. 三项推理基础

1）海水蒸发过程中酸碱度向中性转化

溶液的 pH 值变化主要与弱酸或弱碱离子有关（乌志明等，2012），弱酸根离子水解造成碱性溶液，弱碱离子水解造成酸性溶液。海水溶液体系 pH 值主要受控于 H_2CO_3—HCO_3^-—CO_3^{2-} 溶液中的平衡（靳志玲等，2008），属于弱酸离子体系，溶液偏碱性。

海水蒸发过程中沉积序列与水溶液离子浓度变化认识已比较成熟，按照溶解度与溶度积常数理论，海水蒸发过程中依次沉淀 $CaMg(CO_3)_2$（白云石）、$CaCO_3$（方解石）、$CaSO_4 \cdot 2H_2O$（石膏）、$NaCl$（石盐）、$MgCl_2 \cdot 6H_2O$（水氯镁石）、$MgSO_4$、KCl、$KCl \cdot MgCl_2 \cdot 6H_2O$（光卤石）；实际上，由于化学动力学因素，$CaMg(CO_3)_2$（白云石）沉淀处于 $CaSO_4 \cdot 2H_2O$（石膏）之后。现代海水溶液中的 Ca^{2+} 浓度为 0.01mol/L，Mg^{2+} 浓度为 0.053mol/L，折算 CO_3^{2-} 含量为 0.0023mol/L，因此在方解石与白云岩沉淀之后，海水溶液中 CO_3^{2-} 已消失殆尽，溶液中阳离子主要为 Na^+、K^+、Mg^{2+}，阴离子主要为 SO_4^{2-} 与 Cl^-，都是强离子，溶液酸碱度呈中性，pH 值接近 7.0。

因此，海水溶液蒸发过程中，随着沉淀物的析出，海水酸碱度由正常 pH 值向中性（pH=7）转化，可以认为当 $NaCl$（石盐）沉积时 pH 值接近 7.0。

2）沉积岩硼同位素代表海水中 $B(OH)_4^-$ 离子的硼同位素组成

Hemming 等（1992，1995）认为海相碳酸盐岩沉积时只从海水中吸收 $B(OH)_4^-$，并采用人工控制 pH 值的方式合成碳酸盐岩矿物，测试沉淀方解石、文石等矿物的 $\delta^{11}B$ 值与 $B(OH)_4^-$ 理论值吻合；Reynaud 等（2001）也通过人工培养手段证实珊瑚的 B 同位素也能如实记录海水中 $B(OH)_4^-$ 的 B 同位素。因此假设沉积岩硼同位素代表海水中 $B(OH)_4^-$ 的硼同位素组成是合理的。

3）中寒武世—早奥陶世海水 δ^{11}B 值变化很小

海水中的 B 驻留时间为 14~20Ma（张伟等，2007），本节分析的样品内中寒武统阿瓦塔格组—下奥陶统时间跨度约 25Ma（505—480Ma），该时间段内无规模性构造运动，可以认为该段时间内古海水 δ^{11}B 值变化很小。

3. 中寒武世—早奥陶世古海水 δ^{11}B 值与 pH 值

1）古海水 δ^{11}B 值

本节中，潮坪相藻白云岩 δ^{11}B 值变化在 7.5‰~12.6‰ 之间，平均值为 9.4‰；而蒸发盐湖相 δ^{11}B 值变化在 -4.7‰~-1.8‰ 之间，平均值为 -3.3‰，比潮坪相低 12.7‰（图 5-1-5），体现了蒸发过程中随 pH 值的降低，B（OH）$_4^-$ 含量降低，δ^{11}B 值降低的特征。

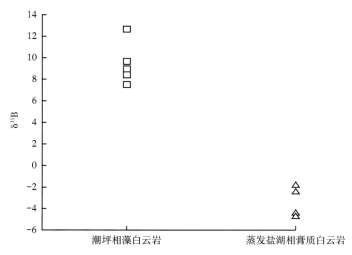

图 5-1-5　塔里木盆地中寒武统蒸发盐湖相与下奥陶统潮坪相藻白云岩 δ^{11}B 数据图

建立在盐质白云岩沉积期 pH 值为 7.0、沉积岩 δ^{11}B 值与海水溶液 B（OH）$_4^-$ 的 δ^{11}B 值相等、中寒武世—早奥陶世海水 δ^{11}B 值变化较小的假设基础上，可计算古海水 δ^{11}B 值。pH 值等于 7，计算溶液中 B（OH）$_3$ 占 98.4%，B（OH）$_4^-$ 占 1.6%；测定的沉积物 δ^{11}B（-3.3‰）代表溶液中四次配位硼 B（OH）$_4^-$ 的 δ^{11}B 值，根据三、四次配位硼的稳定分馏值 19.8‰，计算三次配位 B（OH）$_3$ 的 δ^{11}B 值为 16.5‰；因此获得寒武纪古海水的 δ^{11}B 值为 16.2‰。Joachimski 等（2005）分析了腕足类化石硼同位素组成，认为志留纪—泥盆纪古海洋 δ^{11}B 值比现代海水（39.5‰）低约 10‰，并推测寒武纪海水 δ^{11}B 值与现代相当；本节寒武纪古海水 δ^{11}B 值比现代海水低 23.3‰，推测地质历史中宏观尺度上古海水 δ^{11}B 值呈升高趋势。

2）古海水 pH 值

给定中寒武世—早奥陶世古海水 δ^{11}B 值为 16.2‰，三、四次配位硼同位素稳定分馏值 19.8‰，因此：

$$\delta^{11}B_4 \times [\text{B（OH）}_4^-] + \delta^{11}B_4 \times [\text{B（OH）}_3] = 16.2‰ \qquad (5-1-8)$$

式（5-1-3）、式（5-1-4）、式（5-1-7）和式（5-1-8）共 4 个方程式中有 5 个变量，因

此可建立起 pH 值与 $\delta^{11}B_4$ 之间的关系：

$$\delta^{11}B_4 = 16.2‰ - 19.8‰ / \left[1 + 10^{(pH-pK_a)} \right] \tag{5-1-9}$$

可绘制寒武纪—早奥陶世海水蒸发过程中三、四次配位硼含量与 $\delta^{11}B$ 值随 pH 值变化图（图 5-1-6）。潮间带藻白云岩 $\delta^{11}B$（9.4‰）代表未蒸发的正常海水中四次配位硼 $B(OH)_4^-$ 的 $\delta^{11}B$ 值，根据图 5-1-6 读取 pH 值为 9.1，代表了寒武纪—早奥陶世古海水的 pH 值，比现代海水（pH 值为 8.2）高出 0.9；假设寒武纪—早奥陶世古海水与现代海水溶解无机碳总量不变，古海水的 CO_3^{2-} 是现代海水的 7~8 倍，推测这是大范围发育层状白云岩的主要因素之一。

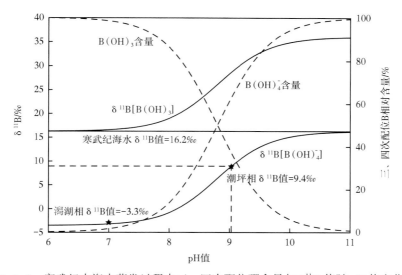

图 5-1-6　寒武纪古海水蒸发过程中三、四次配位硼含量与 $\delta^{11}B$ 值随 pH 值变化图

第二节　白云岩类型与沉积/成岩相

一、塔里木盆地白云岩分类方案与成因指示意义

传统上对白云岩的分类标准通常采用白云石的粒径大小，可将白云岩分为泥晶白云岩、粉晶白云岩、细晶白云岩、中晶白云岩、粗晶白云岩和巨晶白云岩。然后再根据白云石的晶体形态，如自形、半自形、他形，或者晶面特点，如晶面平整、晶面不平整，甚至马鞍状等，或者晶体的截面特征，如亮晶、浑浊、雾心亮边等来进行进一步的划分。这种分类方法很全面，但全部需要利用白云石的显微特征来划分，并不利于野外观察和岩心描述。并且除少量的类型具有成因指示外，如马鞍状白云岩可能表明是一种热液成因（形成温度 >60℃），自形的中—粗—巨晶白云岩可能是交代重结晶成因等，其他的很难指示成因。

在本节中，对于白云岩的分类首先以白云岩样品的岩心观测和接触关系来进行，其次再根据白云石的显微结构来进一步限制并推测白云岩成因。根据这种思路，制定了对塔里木盆地白云岩的分类标准和类型，以成分，白云岩产状，上下层岩性，白云石镜下分布、粒级、晶形、截面特征为依据逐层分类，可将塔里木盆地白云岩类型总结为表5-2-1。

1. 泥质白云岩与白云质泥岩

泥质白云岩与白云质泥岩类型在塔里木盆地塔东地区斜坡—陆棚相与巴楚地区寒武系苗岭统阿瓦塔格组潮上带白云岩中普遍存在。塔东地区白云质泥岩与泥质白云岩在英东2井与米兰1井钻遇，白云岩色泽较黑，泥质含量高；泥质白云岩与白云质泥岩中白云石晶粒普遍以泥晶为主。

2. 白云质灰岩与灰质白云岩

白云质灰岩与灰质白云岩为塔里木盆地奥陶系云灰过渡段地层中普遍存在的岩石类型。岩心样品滴盐酸会产生微弱气泡。根据镜下白云石的分布特征，可将白云质灰岩与灰质白云岩进一步划分为星散状与斑块状两种类型。

星散状白云质灰岩与灰质白云岩中，白云石大部分呈自形细晶，分散、不均匀呈漂浮状发育于泥晶灰岩、泥晶砂屑灰岩或亮晶砂屑灰岩中（图5-2-1a）。白云石往往晶面平整，呈菱形，表面浑浊，也有呈雾心亮边型。有时，白云石核心往往有残余石灰岩存在。代表性的样品可见和4井第16筒和第34筒等，产于井深3307.50~3315.30m，处于下奥陶统鹰山组三段顶部，这几筒岩心其主要岩性为石灰岩，且部分石灰岩白云石化，自上而下由细晶灰岩向泥粉晶灰岩过渡，其中细晶灰岩部分缝合线发育。

图5-2-1 典型白云质灰岩与灰质白云岩显微特征

（a）和4井，3598.3m，单偏光；（b）和4井，4355.45m，单偏光；（c）和4井，3314.2m，单偏光

斑块状白云岩十分常见，在云灰过渡段发育，局部见于石灰岩中，与缝合线或裂隙密切相关。显微镜下，白云石大部分呈自形—半自形、粉晶—细晶—中晶结构，并沿缝合线或裂隙分布或充填于石灰岩之中，常形成网脉状，局部白云石化较强则变成斑团状（图5-2-1b、c）。沿裂隙分布的白云石颗粒较大且含Fe（Mn）白云石较多，并常与硅质、黄铁矿、方解石和闪锌矿等共生，显示热液活动特征。显微镜下研究发现，这类白云石在缝合线或裂隙两侧发育不均匀，与原岩岩性、孔隙度及其中的有机质分布有一定关系。这类白云岩主要是后期交代成因。

3. 白云岩类

按照白云岩的宏观特征，可将白云岩划分为中—薄层互层状白云岩、厚层/块状白云岩与裂缝溶洞充填型白云岩。

1）中—薄层互层状白云岩

中—薄层互层状白云岩指宏观条件下可以见到与其他岩性互层的纹层状、条带状或薄层状的白云岩类型。按照塔里木盆地发现的互层状岩石组合特征，可将中—薄层互层状白

表 5-2-1　塔里木盆地白云岩的逐级分类表

分类依据 类别	成分（Ⅰ）	白云岩构造（Ⅱ）	上下层岩性（Ⅲ）	白云石分布（Ⅳ）	显微特征 粒级（Ⅴ）	晶形（Ⅵ）	截面特征（Ⅶ）	可能成因或成因指示
白云岩	白云质泥岩 泥质白云岩							压实排挤流，Sabkha型沉积
	白云质灰岩 灰质白云岩	×	×	星散状	×	×	×	流体沿粒间孔充填交代
				斑块状	×	×	×	流体沿裂缝充填交代
		中—薄层互层状白云岩	藻纹层白云岩	×	×	×	×	准同生成因
			粒屑白云岩	×	×	×	×	准同生成因
			与膏盐互层	×	×	×	×	准同生成因
			与潮上带泥岩互层	×	×	×	×	准同生成因
			泥粉晶	×	泥粉晶	准同生成因	×	准同生成因
			与石灰岩互层	×	细/中/粗晶	自形、半自形粒状	雾心亮边型	渗透回流，混合水作用
							洁净明亮型	混合水作用
							截面污浊型	无大气水残余
							颗粒残余	渗透回流
							环带型	多期生长
							对角线型	高泥含量，高演化程度
						他形粒状	颗粒聚合	热作用
					不等粒		雾心亮边型	选择性交代，热作用
							洁净明亮型	结晶空间大，热作用
							截面污浊型	高温，高泥原岩
						×		白云石重结晶作用

分类依据 类别	成分（Ⅰ）	白云岩构造（Ⅱ）	上下层岩性（Ⅲ）	白云石分布（Ⅳ）	显微特征			可能成因/成因指示
					粒级（Ⅴ）	晶形（Ⅵ）	截面特征（Ⅶ）	
白云岩	白云岩	厚层/块状白云岩	×	×	泥粉晶	×	×	准同生、排挤流
					细/中/粗晶	自形、半自形粒状	雾心亮边型	渗透回流、混合水作用
							洁净明亮型	混合水作用
							表面污浊型	无大气水残余
							颗粒残余	渗透回流
							环带型	多期生长
							对角线型	高泥含量、高演化程度
						他形粒状	颗粒聚合	热作用
							雾心亮边型	选择性交代、热作用
							洁净明亮型	结晶空间大、热作用
							表面污浊型	高温、高泥原岩
					不等粒	×	×	白云石重结晶作用
		裂缝/溶洞充填型白云岩	×	×	×	×	×	空间结晶

表 5-2-1　塔里木盆地白云岩的逐级分类表

分类依据 成分（I）	白云岩构造（II）	上下层岩性（III）	显微特征 白云石分布（IV）	粒级（V）	晶形（VI）	截面特征（VII）	可能成因或成因指示
白云质泥岩 泥质白云岩	×	×					压实排烃流，Sabkha 型沉积
白云质灰岩 灰质白云岩			星散状	×	×	×	流体沿粒间孔交代
			斑块状	×	×	×	流体沿裂缝交代
		藻纹层白云岩	×	×	×	×	准同生成因
		粒屑白云岩	×	×	×	×	准同生成因
		与膏盐互层	×	×	×	×	准同生成因
		与潮上带泥岩互层	×	×	×	×	准同生成因
		泥粉晶	×	×	准同生成因	×	准同生成因
白云岩	中—薄层互层状白云岩	与石灰岩互层		泥粉晶		雾心亮边型	渗透回流，混合水作用
						洁净明亮型	混合水作用
				细、中粗晶	自形、半自形粒状	截面污浊型	无大气水残余
						颗粒残余	渗透回流
						环带型	多期生长
						对角线型	高泥含量，高演化程度
						颗粒聚集	热作用
					他形粒状	雾心亮边型	选择性交代，热作用
						洁净明亮型	结晶空间大，高泥原岩
						截面污浊型	高温，高泥原岩
				不等粒	×	×	白云石重结晶作用

199

分类依据 类别	成分（Ⅰ）	白云岩构造（Ⅱ）	上下层岩性（Ⅲ）	显微特征 白云石分布（Ⅳ）	粒级（Ⅴ）	晶形（Ⅵ）	截面特征（Ⅶ）	可能成因/成因指示
白云岩	白云岩	厚层/块状白云岩	×	×	泥粉晶	×	×	准同生，排挤流
					细/中/粗晶	自形、半自形粒状	雾心亮边型	渗透回流，混合水作用
							洁净明亮型	混合水作用
							表面污浊型	无大气水残余
							颗粒残余	渗透回流
							环带型	多期生长
						他形粒状	对角线型	高泥含量，高演化程度
							颗粒聚合	热作用
							雾心亮边型	选择性交代，热作用
							洁净明亮型	结晶空间大，热作用
							表面污浊型	高温，高泥原岩
		裂缝/溶洞充填型白云岩	×	×	不等粒	×	×	白云石重结晶作用
					×	×	×	空间结晶

200

云岩划分为藻纹层白云岩、粒屑白云岩、与潮上带泥岩互层的白云岩、与膏盐岩互层的白云岩、与石灰岩互层的白云岩。藻纹层白云岩、粒屑白云岩、与泥岩互层的白云岩、与膏盐岩互层的白云岩皆为泥粉晶白云岩，无法识别出白云石的晶形与截面特征，因此无需将类型再行详细划分；另一方面，此四类白云岩均为沉积或准同生沉积成因，无需进行细分。

（1）藻纹层白云岩。

藻纹层白云岩为两种不同颜色条带白云岩互层，其中颜色较浅者条带较粗，黑色的藻纹呈水平或波状成长则形成藻纹层或叠层石状，这类白云岩保留了较好的原生（准同生）构造（图5-2-2a、b）。显微镜下观察，藻纹层白云石主要都为泥粉晶，成分比较单一。

藻纹层白云岩在塔中1井25～33、35、38、42～43筒次出现，井深在3801.8～4878.46m之间，即在整个奥陶系中下部都有出现。藻纹层白云岩主要为灰褐色泥粉晶云岩，宏观上黑色藻类物质贯穿白色白云岩形成藻纹层，显微镜下为纹层状内碎屑泥粉晶云岩和亮晶砂屑云岩，它们经常呈微细条带水平互层状分布。由于还保存着原生沉积的构造特征，可以认为藻纹层白云岩应该是一种同生沉积白云岩。

（2）粒屑白云岩。

粒屑白云岩指机械搬运沉积的白云岩碎屑颗粒由自生白云石胶结而成的白云岩（图5-2-2c）。典型特征是粒屑结构发育良好，颗粒与粒间填隙物的界限分明，有时可见粒间白云石胶结物呈世代生长特征。

粒屑白云岩可见于塔中1井下奥陶统之中，筒次为TZ1-25。推测粒屑白云岩为高能的潮间相带沉积，相带位于平均高潮面和平均低潮面之间的潮坪上。

（3）与泥岩互层的白云岩。

与泥岩互层的白云岩见于台地区中寒武统阿瓦塔格组—沙依里克组岩层中，在柯坪露头及井下均有发现，以牙哈5井特征最为明显。岩心宏观条件下，为红绿相间的条带状（图5-2-2d）。红色条带成分为泥晶白云岩，绿色条带成分为云质泥岩。显微镜下为粉晶结构，并发育有石膏假晶与陆源碎屑石英颗粒，推测与泥岩互层的白云岩为潮上带Sabkha型沉积白云岩。

（4）与膏盐互层的白云岩或膏质白云岩。

膏质白云岩在和4井30、32筒出现，井深为5078.80～5083.00m和5296.56～5300.80m，即在中寒武统出现。白云岩岩心特征为黑色云岩与白色膏盐层共生或膏盐充填白云岩孔隙形成膏溶角砾云岩（图5-2-2e），岩石结构比较松散。白云岩颜色较深，由白云石、硬石膏等组成。白云石呈粉晶结构，呈纹层状分布；硬石膏呈连晶斑块状或纤细状分布，石膏呈微晶粒状与白云石镶嵌分布。白云石晶间也可见少量石盐。从这些矿物组合和显微特征中可以判断膏质白云岩的形成与潟湖相蒸发浓缩海水有关。

（5）与石灰岩互层的白云岩。

与石灰岩互层的白云岩也出现于塔里木盆地塔中地区下奥陶统云灰过渡段中。通常情况下，奥陶系云灰过渡段中，白云岩层颜色较深，石灰岩层颜色较白（图5-2-2f）。与石灰岩互层的白云岩一般为埋藏交代成因（Mcmanus et al.，1992），但其埋藏交代的温度、空间等信息通过宏观特征无法判断；因此白云石的显微结构，特别是白云质灰岩与灰质白云岩中白云石的镜下分布与结构特征对白云石的成因研究有着重要意义。依据镜下白云石的粒级、晶形与截面特征，可以将与石灰岩互层的白云岩分为泥粉晶白云岩、雾心亮边型

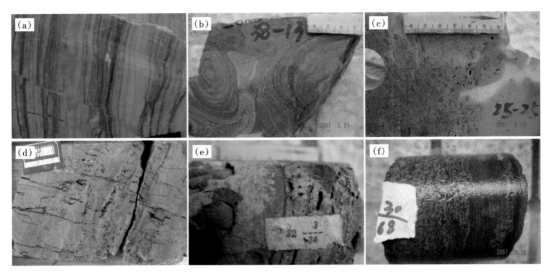

图 5-2-2　互层状白云岩的岩心特征

(a)和(b)藻纹层白云岩；(c)粒屑白云岩；(d)与泥岩互层的白云岩；(e)膏质白云岩；(f)与石灰岩互层的白云岩

(洁净明亮型、截面污浊型、颗粒残余、环带型、对角线型)自形—半自形粒状细/中/粗晶白云岩、颗粒聚合型(雾心亮边型、洁净明亮型、截面污浊型)他形粒状细/中/粗晶白云岩、不等粒白云岩(表5-2-1)，不同显微特征如图5-2-3所示。

选择的研究探井中，与石灰岩互层的白云岩出现在塔中3井、塔中19井、塔中162井、塔参1井、和4井钻遇的下奥陶统蓬莱坝组取心段中，一般情况下，白云岩顺层分布，并有大量的硅化现象。

2)厚层/块状白云岩

厚层/块状白云岩指岩石几乎全部由白云石组成，并且无其他岩性互层的白云岩。块状白云岩在塔里木盆地寒武系普遍发育，特别分布于塔中隆起区与塔北隆起区。塔中隆起与塔北隆起区上寒武统下丘里塔格组白云岩为巨厚层白云岩。柯坪露头剖面肖尔布拉克组与吾松格尔组也发育了厚层白云岩。

对于厚层/块状白云岩来说，其镜下特征同与石灰岩互层的白云岩基本一致。因此采用相同的镜下分类方法与描述方法。依据镜下白云石的粒级、晶形、截面特征，可以将厚层/块状白云岩分为泥粉晶块状白云岩、雾心亮边型(洁净明亮型、截面污浊型、颗粒残余、环带型、对角线型)自形—半自形粒状细—粗晶块状白云岩、颗粒聚合型(雾心亮边型、洁净明亮型、截面污浊型)他形粒状细—粗晶块状白云岩、不等粒块状白云岩等，显微特征如图5-2-3所示。

3)裂缝/溶洞充填型白云岩

裂缝充填型白云岩也就是白云岩脉，是成岩后存在张性裂缝条件下，流体侵入并结晶造成的，这种白云岩脉较周围的白云岩洁净明亮，晶体较粗大。这里的裂缝充填型白云岩特指宏观条件下可识别的白云岩，而存在于微观缝中的结晶白云石则不能称为裂缝充填型白云岩，而属斑块状白云质灰岩或灰质白云岩范围内。裂缝充填型白云岩在塔中1井第32、33、37筒出现，产于井深4184.73~4222.05m 和4478.72~4485.19m 段，属于奥陶系中下部地层。这几筒岩心其主要岩性为泥质泥晶白云岩且部分夹有泥岩成分。

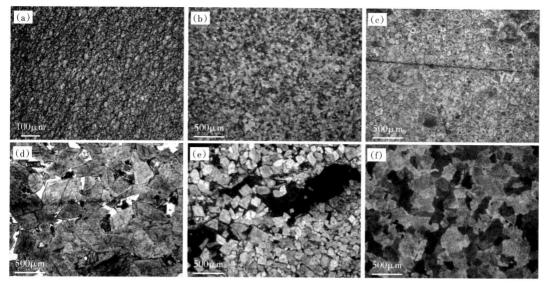

图 5-2-3　白云岩的显微结构特征

（a）塔参 1 井，7123.96m，泥粉晶白云岩（b）塔参 1 井，5077.3m，细晶白云岩；（c）塔参 1 井，5091.9m，
雾心亮边型白云岩；（d）和 4 井，3591.14m，截面污浊型白云岩；（e）和 4 井，3310.3m，洁净明亮型白云岩；
（f）塔参 1 井，5074.65m，颗粒聚合型白云岩

　　溶洞充填型白云岩指充填结晶于溶洞中的白云岩。一般情况下，由于结晶空间较大，溶洞型白云岩晶粒较粗，晶面较洁净明亮。这类白云岩在和 4 井第 29 筒出现，井深为 4924.00~4925.80m，属于晚寒武世沉积；这筒岩心为灰黑色泥晶云岩中充填白色粗晶云岩，自形粒状，表面清洁。

二、白云石化热力学、动力学与沉积/成岩相

　　白云岩的成因问题在国际学术界上已经争论了近半个世纪，到目前为止，仍然是一个科学难题。按照热力学理论计算，现代海水中 $CaMg(CO_3)_2$ 是过饱和的，因此现代海水理应具有沉淀白云石的趋势。事实相反，Land（1998）经过 32 年的研究，在实验室标准状态下（25℃，1atm），按现代海水成分合成白云石没有成功；因此，白云石的沉淀可能是个动力学问题。

1. 原生白云石沉淀与方解石白云石化的热力学

1）白云石溶解变化的热力学特征

方程式：

$$CaMg(CO_3)_2 \longrightarrow Ca^{2+} + Mg^{2+} + 2CO_3^{2-} \qquad (5-2-1)$$

反应平衡时溶度积常数表达式：

$$Ksp = [Ca^{2+}][Mg^{2+}][CO_3^{2-}]^2 \qquad (5-2-2)$$

化学计量白云石溶度积：

$$Ksp = 10^{-17} \qquad (5-2-3)$$

海洋沉淀无序白云石溶度积：

$$Ksp = 10^{-16.5} \tag{5-2-4}$$

海水离子积：

$$[Ca^{2+}][Mg^{2+}][CO_3^{2-}]^2 = 10^{-15.1} \tag{5-2-5}$$

2）白云石化离子方程式及热力学参数

方程式：

$$2CaCO_3 + Mg^{2+} \longrightarrow CaMg(CO_3)_2 + Ca^{2+} \tag{5-2-6}$$

根据白云石溶解电离平衡的溶度积常数与白云石化过程的热力学参数可以计算得到白云石化过程的吉布斯自由能变、焓变与熵变。根据热力学原理，可以得到结论：（1）正常海水具有沉淀白云石的趋势；（2）正常海水条件下，方解石会向白云石方向转化；（3）白云石化过程是放热过程并伴随着体积减小，降低温度或增大压力会促使反应的正向进行（表5-2-2）。

表5-2-2　方解石与白云石热力学参数表

参数	CaCO₃	Mg²⁺	CaMg（CO₃）₂	Ca²⁺
$\Delta_f G_m / (kJ \cdot mol^{-1})$	−1128.76	−456.01	−2163.576	−553.04
$\Delta_f H_m / (kJ \cdot mol^{-1})$	−1206.87	−461.95	−2329.86	−542.96
$S_m / (J \cdot mol^{-1} \cdot K^{-1})$	92.9	−55.2	115.2	−56.43
$V_m / (cm^3 \cdot mol^{-1})$	36.934		64.365	
$\Delta_f G_m^0 / (kJ \cdot mol^{-1})$	−3.086			
$\Delta_f H_m^0 / (kJ \cdot mol^{-1})$	2.87			
$\Delta S_m^0 / (J \cdot mol^{-1} \cdot K^{-1})$	−0.07183			
$\Delta V / \%$	−12.86			

注：离子是在298.15K时水溶液中的标准热力学数据，Ca^{2+}、Mg^{2+}有效浓度（活度）为$1mol \cdot dm^{-3}$；$\Delta_f G_m$代表标准生成吉布斯自由能；$\Delta_f H_m$代表标准生成焓；S_m代表标准熵；V_m代表摩尔体积；$\Delta_f G_m^0$代表反应吉布斯自由能变；$\Delta_r H_m^0$代表反应焓变；ΔS_m^0代表反应熵变；ΔV代表反应发生后体积变化。

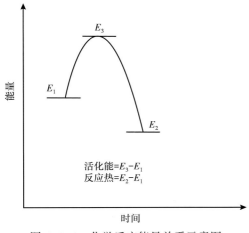

图5-2-4　化学反应能量关系示意图

2. 白云石沉淀动力学分析

根据化学动力学理论，在任何反应中，并不是所有的分子都能参加反应，而是具有一定能量水平的分子（离子）才能参加反应，这些分子称为活化分子，活化分子的平均能量与所有分子的平均能量的差叫作活化能，如图5-2-4所示。反应的发生首先需要克服活化能，因此即便按照热力学原理能够自发进行的反应也未必能够发生，这依赖于反应分子的能量高低与活化能的大小。E_1代表反应物分子的平均能量，E_2代表生成物分子的平均能量，E_3代表活化分子的平均能量。

Lippmann（1982）认为溶液中的 Mg^{2+} 由于离子半径较小会被 H_2O 包围，使得 Mg^{2+} 水合键的强度较 Ca^{2+} 高出 20%。因此，白云石形成反应需要克服的能量比较高，活化能较大。这也是现代海洋中原生白云石沉积很少的可能原因。

克服活化能的方法有两种：（1）升高温度，使分子的平均能量与分子运动的平均速率增加，并因此提高了有效碰撞的几率；（2）提高反应物的浓度，通过提高反应分子的碰撞次数来提高有效碰撞次数。因此海洋中的原生白云石沉淀倾向于发生在高温与高 Mg^{2+} 或 CO_3^{2-} 浓度的环境中。

3. 埋藏过程中白云石"自成熟"机理

1）白云岩埋藏成岩作用过程中金属元素含量与同位素组成再分配证据

顾家裕（2000）总结前人资料发现在白云岩的埋藏过程中，随埋深的增大 Sr 含量减少，Fe、Mn 含量增加。Tucker 等（1990）研究发现白云岩埋藏过程中 Fe、Mn 含量升高。Warren（2000）发现埋藏过程中，白云石向着高有序度方向转化。Qing 等（1994）研究加拿大西部沉积盆地埋藏白云岩发现，同一地层白云岩随埋深的增加，包裹体均一温度变化范围为 92~178℃；锶同位素比值 $^{87}Sr/^{86}Sr$ 变化范围为 0.7081~0.7106。Malone 等（1994）研究发现，随埋藏加深，包裹体均一温度变化从低于 45℃ 到高于 80℃；Sr 含量从 750μg/g 减少到 250μg/g；$MgCO_3$ 含量从 41% 增加到 51.4%。Melezhik 等（2001）研究发现白云岩埋藏演化过程中 Mg/Ca 比值升高，Sr 含量降低，Sr 同位素升高。

前人解释微量元素的含量主要取决于三个方面因素：（1）流体的元素浓度；（2）体系的开放程度；（3）元素在流体与白云石中的分配系数（Warren，2000）。在体系开放条件下，流体的性质与浓度是不断变化的，并且元素在流体与白云石中的分配系数也可以近似为定值，因此第一个和第三个因素实际上并不具有说服力。实际上，白云石元素含量与同位素组成的再分配，是开放体系下埋藏成岩作用过程中必然发生的事件，因此需要一套更系统、更科学的理论来解释这一现象。

2）白云岩埋藏成岩作用过程中金属元素与同位素变迁的理论解释

开放体系下，埋藏压实过程中白云岩将不断地与孔隙流体发生物质交换。根据化学平衡原理，增大反应压力时可逆反应会向着体积减小的方向进行。也就是说在埋藏压实过程中，地层压力逐渐增大，白云石晶格中的大半径阳离子会优先被小半径阳离子取代。因此在埋藏成岩作用过程中，大离子金属元素含量将降低、小离子金属元素含量将升高，这是控制白云岩埋藏过程中元素与同位素特征演化的基本规律。

图 5-2-5 指示了白云石的层状结构，Ca^{2+} 层与 Mg^{2+} 层间隔地出现在 CO_3^{2-} 层中，Mg^{2+} 层中往往会混有大离子半径的 Ca^{2+}，从而导致了白云石的晶胞参数 C_0 值增加。当地层压力增加时，Ca^{2+} 将优先被 Mg^{2+} 取代，导致白云石中 MgO 百分含量逐渐增加、晶胞参数 C_0 值降低。

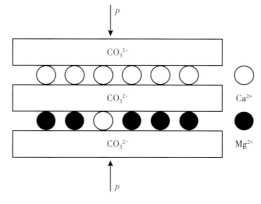

图 5-2-5 白云石层状结构简图
（p 代表地层压力）

205

3）理论控制下的白云岩埋藏成岩作用过程中的地球化学特征变化

（1）Ca^{2+}、Mg^{2+}含量变化。

理论上，无杂质的潮坪蒸发沉积白云岩接近于化学剂量组成（Warren，2000；陈永权等，2008），在埋藏成岩作用过程中只是发生了离子重排，因此Ca^{2+}、Mg^{2+}含量无较大变化。如图5-2-6所示，沉积白云岩落在沉积点附近（$w_{CaO}=30.4\%$，$w_{MgO}=21.7\%$，$Mg/Ca=1$）。

交代白云岩与沉积白云岩不同，交代白云岩中Mg^{2+}是以Ca^{2+}的替代者形式进入晶格，因此随着交代比例的增加，岩石中MgO含量升高，CaO含量降低。假设原岩为纯石灰岩，表达式为$CaCO_3$，交代比例为x（$0 \leqslant x \leqslant 1/2$），则交代岩中$w_{CaO}$、$w_{MgO}$与$Mg/Ca$表达式分别为：

$$w_{CaO}=56(1-x)/[100(1-x)+84x] \tag{5-2-7}$$

$$w_{MgO}=40x/[100(1-x)+84x] \tag{5-2-8}$$

$$Mg/Ca=x/(1-x) \tag{5-2-9}$$

因此，可以根据x的变化得出图5-2-6。交代白云岩MgO含量与CaO含量呈线性负相关关系，MgO含量与Mg/Ca比值呈非线性正相关关系。随着交代比例的增加，交代白云岩化学成分上将无限趋近于沉积点。交代白云岩埋藏压实过程中实际上是交代比例的增加过程，白云岩将越来越富Mg贫Ca，同时Mg/Ca比值趋近于1。

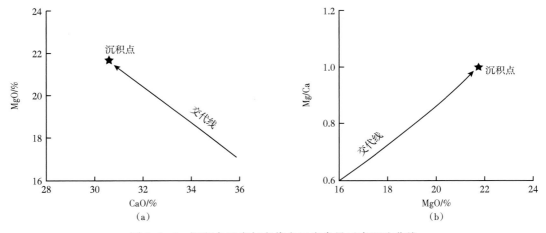

图5-2-6 沉积白云岩与交代白云岩常量元素理论曲线

（2）微量元素含量变化与同位素组成变化。

一般情况下，+2价金属阳离子易于进入白云岩晶格中。表5-2-3列出了一些常用+2价离子的半径参数。依据元素与同位素再分配原理，与常见+2价离子的离子半径，可以得到如下推论：①埋藏压实过程中白云石将向着高Mg、低Ca含量转化；②埋藏压实过程中白云石中的Fe、Mn含量升高，Sr含量降低；③由于[87]Sr半径小于[86]Sr，埋藏压实过程中，[86]Sr优先被取代，导致锶同位素比值[87]Sr/[86]Sr升高。

表 5-2-3　常见+2价离子半径

离子	Ca²⁺	Mg²⁺	Fe²⁺	Mn²⁺	Sr²⁺
半径（Å）	0.99	0.66	0.74	0.8	1.12

（3）有序度变化。

白云石的有序度是针对白云石晶胞的一个概念，是指白云石晶格中各粒子的排列有序程度。有序度的大小是通过白云石晶胞中（015）与（110）晶面的反射峰强度定义的，一般情况下，所说的有序度值指的是峰高比。虽然有序度值是个量化概念，然而有序度数值尚不能利用其影响因素以数学公式的形式表达出来，因此有序度值的讨论只能是讨论其变化与影响因素。

完全有序白云石晶胞中，Ca^{2+} 或 Mg^{2+} 层间插在 CO_3^{2-} 层中，不相互混染，此时有序度值为1.0。随着 Ca^{2+} 出现在 Mg^{2+} 层中数量增多，白云石的有序度降低。白云石在埋藏成岩作用过程中，晶格中 Mg^{2+} 层中混入的 Ca^{2+} 将逐渐被 Mg^{2+} 取代，从而使得有序度增加。同时随着埋藏深度的增加，地层温度也越来越高，导致分子运动速度增加，从而导致白云石有序度加速提高（杨威等，2000；陈永权等，2008）。

4. 白云岩的沉积成岩相

白云岩的成因问题研究，实际上就是对其形成环境的研究。该环境下必须有条件能够克服化学动力学活化能、能够提供足够的 Mg，对于交代型白云岩来说必须解释流体来源与运移路径。原生沉积与次生交代成因观点为早期争论焦点。近年来研究者对白云岩的深入研究已经证明，原生沉积白云岩（准同生交代白云岩）与次生交代成因白云岩已被证明共同存在于自然界中，并提出了几种与潟湖有关的富集 Mg^{2+} 的模式，其中包括蒸发泵模式（Hsü et al.，1973）、毛细管浓缩模式（Warren，1991）、混合过程白云石化模式（Hanshow et al.，1971）等。对于次生交代成因白云岩，前人也提出许多成因模型，Adams 等（1960）提出了卤水回流白云石化模式，这种模式可以解释厚达千米的白云岩的成因，而且后人也发现了支持这种模式的理论上及地质学方面的证据（Shields et al.，1995）；埋藏白云石化与热液白云石化两种交代模式也被提出，并有着各自的矿物结构、岩体构造或矿物组合上的证据（Land，1985；Gregg et al.，1984；Boles，1978；Hardie，1991；Middleton et al.，1993）；近年来，深海盆地极负 $\delta^{13}C$ 白云石的发现（Kelts et al.，1982）使前人注意到了有机物及细菌在白云石形成过程中的作用，通过实验模拟前人在有细菌的辅助条件下成功合成了白云石，也进一步印证了细菌在白云石形成过程中的作用（Vasconcelos et al.，1995；Gunatilaka，1989；Khalaf，1990）。

由于白云岩的成因复杂，可能是沉积成因的，也可能是成岩成因的，或者是沉积与成岩共同作用的产物。正是由于白云岩这种多成因可能的特殊性质，无法应用沉积相的概念对白云岩的成因给予控制。然而，可以引入"沉积/成岩相"的概念对白云岩的形成环境进行分类。白云岩的沉积/成岩相可定义为白云石原生沉积或白云石化所处的环境。综合国内外学者对白云岩成因模式的总结，可将白云岩的沉积/成岩相分类归纳为表 5-2-4。

表 5-2-4　白云岩沉积/成岩相分类

沉积/成岩相	近地表沉积相	潮坪—潟湖蒸发沉积相
		环礁潜流面沉积相
		深水沉积相
	埋藏成岩相	与渗透回流相关的浅埋成岩相
		与排挤流相关的浅埋成岩相
		与裂缝、缝合线相关的深埋成岩相
		与溶洞、顺层岩溶或表生岩溶潜流带相关的深埋成岩相

1）近地表沉积相

近地表沉积相指发生白云岩沉积或交代过程所在的表生地质环境，地表环境下白云岩的形成以沉积为主。按水域由浅至深的顺序，可将近地表沉积相划分为潮坪—潟湖蒸发沉积相、环礁潜流面沉积相与深水沉积相，其空间分布如图 5-2-7 所示。

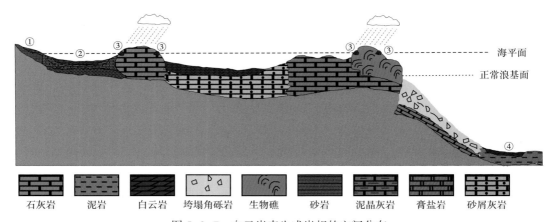

| 石灰岩 | 泥岩 | 白云岩 | 垮塌角砾岩 | 生物礁 | 砂岩 | 泥晶灰岩 | 膏盐岩 | 砂屑灰岩 |

图 5-2-7　白云岩表生成岩相的空间分布
①—潮坪蒸发沉积相；②—潟湖蒸发沉积相；③—环礁潜流面蒸发沉积相；④—深水沉积相

（1）潮坪—潟湖蒸发沉积相。

尽管现代海洋中的白云石沉积物较少，研究者们依然在 Sabkha 与 Coorong 发现了原生白云岩沉淀，并提出了与蒸发浓缩相关的多种白云岩成因模式（Warren，1991；Illing et al.，1993；Wenk et al.，1993；Warren，2000）。海水蒸发浓缩过程中，$CaCO_3$ 成分将首先沉淀，其次沉淀 $CaSO_4$，最后沉淀盐岩与钾岩。石膏沉淀后，Ca^{2+} 含量大大减少，Mg/Ca 增加，提高了 Mg^{2+} 与 CO_3^{2-} 有效碰撞几率，为白云石的形成提供了条件。

与蒸发浓缩相关的白云石有如下特点：①规模小，一般不超过 1m 厚度；②与膏盐岩伴生，或发育于膏岩层上部（Sabkha）或邻近膏盐岩沉积（Coorong）；③白云石有序度低，并随埋藏加深向高有序度转化；④显微镜下，白云石主要为泥粉晶结构，并可能含有陆源石英碎屑。

（2）环礁潜流面沉积相。

20 世纪 70 年代，混合水白云石化模型被提出用于解释石灰岩潜流面白云岩（Hanshow et al.，1971），此模型后来被用于解释环礁潜流面白云岩成因（Sears et al.，1980）。近年来，此模型一度遭到了否定，因为在"淡水—海水混合带"模型中，只有海水体积占混合水体积的 30%~42% 这一狭小区间内，白云石才能沉淀（Hardie，1987）。另一方面，也存在少量"淡水—海水混合带"模型的支持性证据，Magaritz 等（1980）曾报道过第四纪碳酸质砂岩潜流面中发育有微晶白云石胶结物。

然而不论成因如何，环礁潜流面白云岩确实存在。环礁潜流面白云岩发生在海平面相对稳定期，因而规模较小。混合水模型控制的环礁潜流面白云岩显微镜下应具有颗粒较小、颗粒截面清洁等特征，同时由于存在淡水的加入，此类白云岩地球化学具有低 $\delta^{13}C$、低 $\delta^{18}O$ 等大气水特征。

（3）深水沉积相。

深海硫酸盐还原带是又一个有利于白云岩沉积的区域（Garrison et al.，1984；Baker et al.，1985；Compton et al.，1986）。深水相白云岩的沉淀是以硫酸根氧化有机质、上涌的甲烷气体或细菌使局部 CO_3^{2-} 浓度增大的方式克服反应活化能。反应方程如下（Baker et al.，1981）：

$$SO_4^{2-} + Organic \longrightarrow CO_3^{2-} + H_2S \qquad (5-2-10)$$

$$SO_4^{2-} + CH_4 \longrightarrow CO_3^{2-} + H_2S + H_2O \qquad (5-2-11)$$

通常条件下，与有机质相关的白云岩形成在还原盆地中，这种环境可能是弧后滞流盆地，也可能是深水洋盆，或者是洋底沉积物成岩环境（硫酸盐还原界面以上，<40mbsf）。反应生成的 CO_3^{2-} 具有低的 $\delta^{13}C$（Malone et al.，1994），这是此类型白云岩的显著识别标志，另外一个重要的识别标志是其通常与黄铁矿伴生。

2）埋藏成岩相

埋藏沉积成岩相指白云石沉积或白云石化过程发生在地表以下的某种环境。在深埋藏条件下，高温可提高反应物的平均能量，从而降低反应活化能。相比于提高反应物浓度来说，温度的提高对白云石沉淀或白云石化作用更为有效。因此在深埋藏条件下，不仅孔隙流体能够沉淀白云石充填岩石孔隙，而且岩石原有的方解石也会被交代为白云石。

白云岩的埋藏成岩相必须满足以下两个条件：（1）存在富镁流体；（2）存在流体运移通道。这两个条件中"流体运移通道"是更重要的，也是划分埋藏成岩相的主要依据。综合前人的研究结果，埋藏沉积成岩相可划分为与渗透回流相关的浅埋成岩相、与缝合线相关的深埋成岩相、与裂缝相关的深埋成岩相以及与溶洞、顺层岩溶或表生岩溶潜流带相关的深埋成岩相。

（1）与渗透回流相关的浅埋成岩相。

卤水回流白云石化模式首次被 Adams 等（1960）提出用于解释与潟湖相连的礁滩相白云岩的白云石化过程。其核心内容是潟湖蒸发产生高盐度、高密度卤水，并取代原生孔隙水，渗透向高孔渗条件的石灰岩，从而发生了白云石化作用。此模型可以解释规模较大的白云岩层的成因问题。与渗透回流相关的浅埋成岩相白云岩的形成依赖于以下两个条件：①靠近潟湖；②存在高孔渗条件的石灰岩。一般条件下，发生卤水回流浅埋藏白云石化的原岩主要为砾屑、砂屑、生屑灰岩或高能鲕粒滩相石灰岩。生成的白云岩多具有砂屑残余、鲕粒溶孔、雾心亮边等显微结构。

（2）与排挤流相关的浅埋成岩相。

压实排挤流白云石化模式是由 Land（1985）提出。核心思想是泥岩或泥质灰岩在埋藏压实作用过程中由伊利石向蒙脱石转化，同时释放出 Mg^{2+}，导致共生灰质成分发生白云石化作用。此种白云石化模式的 Mg^{2+} 来源于黏土矿物转化所释放的 Mg^{2+}、有机质与植物叶绿素分解释放的 Mg^{2+} 等（顾家裕，2000；沈昭国等，1995）。此模型中，由于白云石的生长空间较小，形成的白云岩一般为自形粒状泥粉晶白云岩。

（3）与裂缝、缝合线相关的深埋成岩相。

与裂缝、缝合线相关的交代白云岩是埋藏白云石化的一种模式，流体进入白云石化体系中主要依靠裂缝。根据前人研究，流体沿裂缝侵入的动力学机理可能包括生长断层对地层流体的排挤作用、造山带的推覆作用、后造山地层弯曲所产生的相同地层流体的不同重力势能作用等（Mcmanus et al.，1992）。此种模型控制下的白云岩一般呈斑块状，镜下白云石沿裂缝或缝合线分布。Mg^{2+} 可能有多种来源，主要包括蒸发卤水、淋滤地层的卤水、盆地循环热卤水或深部热液（Kahle，1965；Warren，2000；Middleton et al.，1993）。由于不同的成岩温度与流体来源，与裂缝相关的深埋成岩相白云岩有着多种可能的岩石学特征。成岩温度高，白云石一般呈他形粒状（马鞍状）出现；低温条件下与裂缝相关的深埋成岩相白云岩呈自形粒状，沿裂缝以斑块状形式分布于石灰岩原岩之中。

（4）与溶洞、顺层岩溶或表生岩溶潜流带相关的深埋成岩相。

与溶洞、顺层岩溶或表生岩溶潜流带相关的深埋成岩相强调的是白云石结晶空间巨大。此类白云岩以中—粗晶白云岩为主，白云岩结晶一般不会将空间完全充填，岩石在成岩过程中可能垮塌破碎形成角砾，宏观条件下溶洞充填的白云岩呈白色，垮塌后呈花斑状。

根据白云石化过程中流体的运移方向可将沿裂缝成因划分为底蚀型与顶侵型两种模式。流体向下运移遇隔水层后横向流动并发生白云石化称为底蚀型白云石化模式，由于压力作用下流体向上运移遇隔水层后横向流动发生白云石化称为顶侵型白云石化模式（图5-2-8）。底蚀型白云石化模式形成的白云岩呈自形粒状、粗晶结构，粒间可能充填硬石膏等卤水标志矿物；顶侵型白云石化模式形成的白云岩多呈他形粒状结构，节理面弯曲，呈马鞍状。两种模型控制的白云岩类型在中西部台地区蓬莱坝组中皆有分布，如塔中19井蓬莱坝组白云岩由顶侵型白云石化模式控制，和4井蓬莱坝组白云岩则由底蚀型白云石化模式控制。

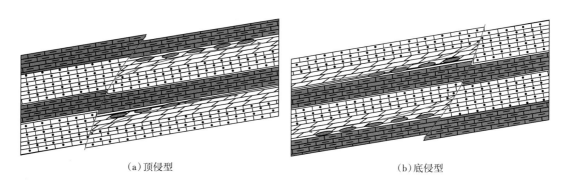

(a)顶侵型　　　　　　　　　　　　　　(b)底侵型

图5-2-8　沿裂缝交代型与埋藏岩溶空间结晶型白云岩流体运移模式图

第三节 塔里木盆地下古生界白云岩典型类型与成因分析

一、典型白云岩岩石学特征

基于岩石构造、颜色和显微结构，本节在塔里木盆地寒武系白云岩内识别出 6 种典型的白云岩类型，各类型岩石学特征见表 5-3-1。

表 5-3-1 塔里木盆地典型白云岩类型岩石学特征对比表

类型		颜色	构造	结构		
				粒级	晶形	截面特征
Type-1	暗红色薄层状含泥粉晶白云岩	暗红色	层状	泥粉晶	—	—
Type-2	膏质粉—细晶白云岩	灰色	角砾状	细晶	自形粒状	污浊
Type-3	雾心亮边型自形粒状白云岩	灰白色	块状	细晶	自形粒状	雾心亮边
Type-4	灰黑色含泥薄层状白云岩	灰黑色	层状	泥粉晶	—	—
Type-5	针孔状自形粒状粗晶白云岩	灰白色	块状	粗晶	自形粒状	污浊
Type-6	斑马状他形粒状粗晶白云岩	灰白色	斑马状	粗晶	他形粒状	污浊或清洁

（1）Type-1 暗红色薄层状含泥粉晶白云岩（PMSD）。

Type-1 白云岩普遍存在于塔西台地区中寒武统沙依里克组与阿瓦塔格组内，在吾松格尔组与下丘里塔格组内也有分布。这种白云岩多呈现出条带状构造，红色的白云岩条带与绿色的泥质条带互层（图 5-3-1a），可识别性强。显微镜下，Type-1 白云岩表现为泥粉晶结构特征，泥质含量高则表现为暗色条带（图 5-3-2a）。

（2）Type-2 膏质粉—细晶白云岩（GSFD）。

Type-2 白云岩通常存在于塔西台地区中寒武统潟湖沉积相区，白云岩中含石膏与石盐等蒸发岩矿物。受水基钻井液的溶蚀作用，Type-2 白云岩岩心通常呈膏溶角砾构造（图 5-3-1b）；显微镜下，白云石呈自形粒状细晶结构，可见纤状硬石膏与正方形盐岩矿物（图 5-3-2b）。

（3）Type-3 雾心亮边型自形粒状白云岩（CCFD）。

塔里木盆地中，Type-3 白云岩广泛存在于上寒武统中，白云岩表现为块状构造，见少量溶蚀孔（图 5-3-1c），显微镜下可见雾心亮边型晶体结构（图 5-3-2c）。

（4）Type-4 灰黑色含泥薄层状白云岩（GMSD）。

Type-4 白云岩仅见于罗西斜坡带上，白云岩呈灰黑色，泥质含量高，岩心上可见粒序层理与斜层理（图 5-3-1d），反映了斜坡内的机械堆积特征。显微镜下，Type-4 白云岩表现为泥晶结构（图 5-3-2d）。

（5）Type-5 针孔状自形粒状粗晶白云岩（ECD）。

塔西台地区内，针孔状自形粒状粗晶白云岩普遍存在于上寒武统下丘里塔格组—下奥陶统蓬莱坝组内。Type-5 白云岩手标本常呈针孔状构造，微孔隙极其发育（图 5-3-1e）；显微镜下，Type-5 白云岩呈现自形粗晶结构（图 5-3-2e），晶体截面较浑浊，晶间孔隙极为发育。

图 5-3-1　塔里木盆地寒武系典型白云岩类型岩心照片

（a）Type-1 暗红色薄层状含泥粉晶白云岩；（b）Type-2 膏质粉—细晶白云岩；（c）Type-3 雾心亮边型
自形粒状白云岩；（d）Type-4 灰黑色含泥薄层状白云岩；（e）Type-5 针孔状自形粒状粗晶白云岩；
（f）Type-6 斑马状他形粒状粗晶白云岩

（6）Type-6 斑马状他形粒状粗晶白云岩（XCD）。

Type-6 白云岩见于罗西斜坡上，塔西台地区分布极少。Type-6 白云岩手标本呈现斑马状构造（图 5-3-1f）；显微镜下，呈现他形粒状粗晶结构，裂缝带内晶体稍自形，晶体截面浑浊，含燧石（图 5-3-2f）。

212

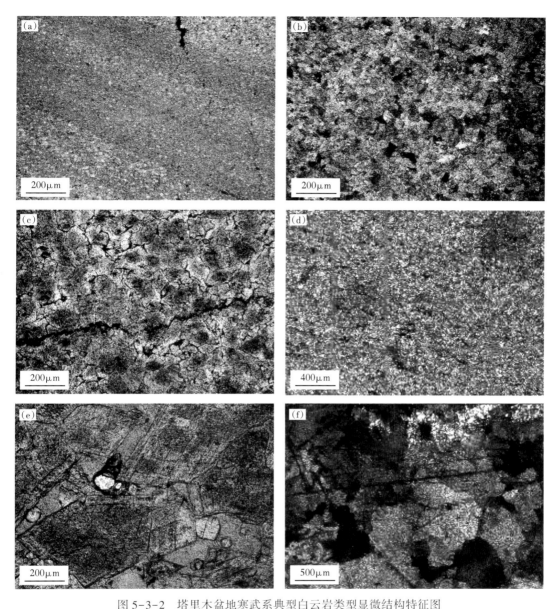

图5-3-2 塔里木盆地寒武系典型白云岩类型显微结构特征图

(a)Type-1 暗红色薄层状含泥粉晶白云岩；(b) Type-2 膏岩质粉—细晶白云岩；(c)Type-3 雾心亮边型
自形粒状白云岩；(d)Type-4 灰黑色含泥薄层状白云岩；(e)Type-5 针孔状自形粒状粗晶白云岩；
(f)Type-6 斑马状他形粒状粗晶白云岩

二、地球化学分析方法与分析结果

1. 分析方法

1）元素含量分析方法和样品有序度分析

白云岩全岩样品的主量元素含量分析使用南京大学现代分析中心的 XRF 仪器完成，分析精度高于 0.5%。全岩微量元素和稀土元素含量分析在南京大学国家重点实验室完成，使用仪器为 Finnigan MAT Element II 型高精度电感耦合等离子质谱仪（HR-ICPMS），分析精度高于 5%。电子探针分析在南京大学国家重点实验室完成，仪器型号为 JEOL JXA-8800，电子束直径为 3μm，加速电压 15kV，电流 15nA，误差校正采用 JEOL 仪器提供的 ZAF 软件。

白云岩的有序度在南京大学国家重点实验室的 Bede-D1 型 X 射线衍射仪上分析完成。

2) 全岩样品 C、O 同位素分析

白云岩样品的全岩 C—O 同位素分析测试在南京大学内生金属成矿作用研究国家重点实验室完成。仪器采用 Fannigan MAT Delta XP 型连续流质谱仪，自动进样器装置中以 100% 质量分数磷酸与白云岩样品粉末在 70℃ 条件下反应 2h，生成的 CO_2 气体直接进同位素质谱仪测试碳氧同位素组成。

3) Sr 同位素分析

白云岩样品粉末用 1mol/L 盐酸室温下溶解，溶解后离心分离，取上层清液经离子交换树脂对 Sr 元素进行分离纯化，具体分离流程可见濮巍等（2005）文章。最后分离纯化好的样品使用南京大学的 Finnigan Triton TI 型表面热电离质谱仪（TIMS）进行 Sr 同位素比值的测定。采用的标样为美国国家标准与技术研究院的 NBS-987Sr 标准溶液，本节中该标样的 $^{87}Sr/^{86}Sr$ 测试值为 0.710260±0.00008（$N = 10$）。

2. 分析结果

实验中，仅对 Type-3 进行了电子探针微区常量元素分析，分析结果见表 5-3-2；白云岩全岩样品地球化学分析结果见表 5-3-3；另外为了对比白云石化前后的地球化学性质差异，本节从 X4 井中寒武统选了两个石灰岩样品一起做了系统的地球化学分析测试，分析结果见表 5-3-3。

表 5-3-2　Type-3 雾心亮边型白云岩电子探针微区元素分析数据表

白云岩	1 号		2 号		3 号		4 号		5 号		6 号	
位置	核部	边部	核部	边部	核部	边部	核部	边部	核部	边部	核部	边部
CaO/%	31.78	37.90	31.34	33.36	33.83	32.08	32.40	33.17	30.32	31.20	31.16	32.08
MgO/%	22.34	17.85	21.10	20.43	22.80	21.73	23.34	21.78	20.79	20.84	22.18	20.97
SiO_2/%	0.02	—	0.27	0.01	0.03	0.02	—	0	0.01	0.02	—	0.06
Al_2O_3/%	0.02	—	0.08	0.02	0.04	0.02	0.02	0.05	0.01	0.02	0.01	0.03
FeO/%	0.04	0.04	0.01	0.04	0.01	0.04	0.03	0.04	0.01	0.01	0	0.01
K_2O/%	—	—	—	0	0.02	0.01	0.01	—	0.01	—	—	0.01
Na_2O/%	0.15	0.01	0.02	—	0.15	0.06	—	0.01	—	0.01	0.05	0.20
BaO/%	0.07	0.07	0.02	0.01	—	0.04	0.06	0.06	0.01	0.05	0.03	0.04
F/%	0.14	0.02	—	0.10	—	0.09	0.02	—	0.01	0.11	0.08	0.07
Mg/Ca	0.99	0.66	0.94	0.86	0.95	0.95	1.01	0.92	0.96	0.94	1.00	0.92

1) 中寒武统泥晶灰岩地球化学特征

分析结果表明，选择的石灰岩样品 MgO 含量变化在 1.57% ~ 2.32% 之间，Al、Fe、Na、Si 含量很低，岩石为较纯的 $CaCO_3$ 成分。两个样品 $\delta^{13}C$、$\delta^{18}O$、$^{87}Sr/^{86}Sr$ 数值差异较小，平均值分别为 -0.55‰、-8.35‰、0.708970。PAAS 标准化稀土元素配分图中，表现为平缓右倾模式（图 5-3-3）。

表 5-3-3　塔里木盆地寒武系白云岩与石灰岩全岩样品元素、同位素、有序度地球化学分析数据表

样品	深度/m	岩性	CaO/%	MgO/%	SiO₂/%	Al₂O₃/%	Fe₂O₃/%	Na₂O/%	La/μg·g⁻¹	Ce/μg·g⁻¹	Pr/μg·g⁻¹	Nd/μg·g⁻¹	Sm/μg·g⁻¹	Eu/μg·g⁻¹	Gd/μg·g⁻¹	Tb/μg·g⁻¹	Dy/μg·g⁻¹	Ho/μg·g⁻¹	Er/μg·g⁻¹	Tm/μg·g⁻¹	Yb/μg·g⁻¹	Lu/μg·g⁻¹
X1-1	5803.5	PMSD	19.38	13.31	25.22	6.33	2.76	0.11	5.88	10.85	2.24	8.20	1.77	0.33	1.30	0.21	1.23	0.23	0.61	0.071	0.40	0.059
X1-2	5804.8		14.65	10.97	33.71	8.86	3.28	0.13	5.33	11.50	2.32	7.84	1.60	0.30	1.13	0.19	1.03	0.20	0.50	0.058	0.35	0.047
X1-3	5808.6		18.34	12.73	28.09	6.57	2.40	0.09	8.27	19.74	3.19	10.94	2.37	0.44	1.74	0.27	1.55	0.29	0.69	0.081	0.46	0.064
X1-4	5809.9		26.02	16.35	13.74	2.57	1.28	0.04	6.42	15.17	2.54	7.57	1.49	0.31	1.06	0.19	0.90	0.23	0.44	0.077	0.42	0.061
X1-5	5837.2		21.13	14.19	21.99	5.08	0.95	0.09	3.73	9.59	1.55	5.02	1.16	0.21	0.88	0.14	0.75	0.16	0.37	0.042	0.23	0.033
X1-6	5840.5		21.35	14.02	21.62	6.62	0.93	0.07	4.67	9.21	1.80	5.43	1.40	0.28	1.08	0.17	0.97	0.20	0.48	0.060	0.36	0.049
X2-1	5078.9	GSFD	28.97	22.15	2.81	0.42	0.39	0.11	1.95	3.29	0.52	1.48	0.27	0.05	0.17	0.03	0.17	0.03	0.09	0.010	0.05	0.008
X2-2	5296.9		27.31	17.43	0.38	0.18	0.12	13.03	0.42	0.87	0.12	0.33	0.06	0.02	0.04	0.01	0.04	0.01	0.02	0.003	0.02	0.002
X2-3	5297.7		28.28	17.54	0.37	0.22	0.15	12.76	0.49	0.73	0.11	0.32	0.06	0.01	0.04	0.01	0.03	0.01	0.02	0.002	0.02	0.002
X2-4	5298.3		28.34	18.41	0.19	0.18	0.12	12.16	0.55	0.80	0.11	0.31	0.05	0.01	0.04	0.01	0.03	0.01	0.02	0.003	0.02	0.001
X2-5	5299.3		36.21	1.44	0.25	0.14	0.08	16.41	1.65	2.14	0.27	0.72	0.10	0.03	0.07	0.01	0.05	0.01	0.02	0.003	0.02	0.002
X2-6	5300.4		35.81	12.41	0.87	0.17	0.15	0.29	1.31	2.05	0.28	0.70	0.10	0.02	0.07	0.01	0.07	0.01	0.04	0.004	0.02	0.002
X3-1	5073.7	CCFD	30.45	18.92	3.48	1.11	0.57	0.03	1.52	3.85	0.46	1.30	0.24	0.05	0.17	0.03	0.16	0.04	0.09	0.019	0.10	0.016
X3-2	5076.4		30.39	19.20	4.20	0.92	0.32	0.03	1.20	2.18	0.35	0.96	0.17	0.03	0.13	0.01	0.16	0.03	0.10	0.013	0.08	0.010
X3-3	5083.1		30.79	19.53	3.46	0.80	0.28	0.05	1.26	2.37	0.36	0.99	0.18	0.03	0.13	0.02	0.15	0.03	0.08	0.010	0.07	0.009
X3-4	5085.5		30.71	18.94	3.27	0.86	0.33	0.05	1.94	3.56	0.51	1.39	0.25	0.05	0.18	0.03	0.19	0.04	0.11	0.014	0.08	0.011
X3-5	5093.4		32.36	20.06	1.77	0.20	0.15	0.02	0.93	2.17	0.24	0.75	0.13	0.02	0.10	0.02	0.09	0.02	0.05	0.009	0.05	0.008
X3-6	5104.2		32.31	18.94	3.18	0.27	0.19	0	1.64	3.21	0.44	1.22	0.23	0.04	0.16	0.03	0.18	0.04	0.10	0.012	0.09	0.012
X5-1	4419.3	GMSD	30.78	20.09	2.77	0.45	0.53	0	1.63	3.44	0.39	1.46	0.27	0.05	0.24	0.03	0.24	0.06	0.16	0.025	0.13	0.017
X5-2	4419.5		30.48	18.83	3.86	0.74	0.61	0.01	2.87	5.76	0.62	2.19	0.40	0.08	0.36	0.04	0.30	0.07	0.19	0.025	0.14	0.016
X5-3	4422.1		29.82	20.09	3.00	0.54	0.56	0	1.77	4.07	0.48	1.71	0.33	0.06	0.27	0.02	0.22	0.05	0.12	0.020	0.11	0.010
X5-4	4423.7		32.36	21.67	2.02	0.26	0.43	0.01	1.34	2.76	0.29	1.04	0.18	0.04	0.17	0.02	0.14	0.03	0.09	0.012	0.07	0.006
X5-5	4424.4		29.83	19.88	2.85	0.49	0.51	0	1.50	3.39	0.38	1.44	0.25	0.05	0.23	0.04	0.19	0.04	0.12	0.016	0.09	0.010
X5-6	4427.1		29.55	19.59	3.64	0.63	0.56	0	1.77	4.13	0.47	1.82	0.38	0.06	0.30	0.04	0.29	0.05	0.15	0.021	0.12	0.014
X3-9	5349.0	ECD	32.30	20.53	0.52	0.14	0.11	0.02	0.51	0.92	0.12	0.35	0.06	0.01	0.05	0.01	0.05	0.01	0.03	0.003	0.02	0.002
X3-10	5351.1		32.36	20.83	0.48	0.15	0.12	0.03	0.59	1.07	0.14	0.40	0.08	0.01	0.05	0.01	0.05	0.01	0.03	0.004	0.02	0.003
X3-11	5352.0		32.38	20.57	0.55	0.15	0.10	0.03	0.67	1.23	0.16	0.43	0.09	0.01	0.06	0.01	0.07	0.01	0.04	0.005	0.03	0.004
X3-12	5352.4		32.09	20.87	0.69	0.16	0.13	0.03	0.49	0.94	0.13	0.34	0.06	0.01	0.05	0.01	0.05	0.01	0.03	0.003	0.02	0.003
X3-13	5579.1		30.84	20.23	2.35	0.71	0.25	0.04	2.00	3.78	0.51	1.43	0.24	0.04	0.17	0.03	0.19	0.04	0.11	0.015	0.08	0.013
X3-14	5579.4		31.84	20.61	0.52	0.38	0.28	0.03	1.91	3.46	0.46	1.27	0.22	0.04	0.17	0.03	0.17	0.04	0.11	0.014	0.10	0.013
X5-10	4586.5	XCD	29.98	20.55	0.68	0.16	0.67	0.67	2.96	7.53	0.92	3.59	0.68	0.15	0.55	0.06	0.38	0.07	0.17	0.018	0.09	0.008
X5-10	4586.8		30.05	20.63	0.66	0.12	0.58	0.53	1.63	3.45	0.40	1.68	0.37	0.08	0.33	0.06	0.25	0.05	0.13	0.013	0.07	0.006
X5-12	4587.2		29.35	20.22	2.00	0.15	0.55	0.58	1.48	3.86	0.52	2.21	0.55	0.11	0.48	0.05	0.38	0.08	0.19	0.022	0.11	0.011
X5-13	4587.5		29.97	20.57	0.62	0.14	0.62	0.14	1.74	3.80	0.47	1.89	0.43	0.08	0.38	0.04	0.34	0.07	0.19	0.022	0.11	0.011
X4-1	5523.7		30.68	20.19	0.65	0.11	1.05	0	4.32	8.67	0.86	3.28	0.52	0.16	0.39	0.04	0.27	0.06	0.17	0.021	0.11	0.010
X4-2	5524.6		30.17	20.40	1.01	0.13	0.63	0	1.87	3.23	0.37	1.57	0.32	0.07	0.30	0.04	0.23	0.05	0.15	0.019	0.10	0.010
X4-3	5656.7	石灰岩	54.70	1.57		0.04	0.088	0.176	2.99	4.47	0.40	1.52	0.30	0.07	0.30	0.04	0.28	0.06	0.18	0.021	0.09	0.012
X4-4	5658.1		53.80	2.32		0.242	0.517	0.191	4.10	6.22	0.52	2.09	0.36	0.08	0.43	0.06	0.39	0.09	0.26	0.039	0.17	0.024

续表

样品	深度/m	岩性	Mn/μg·g⁻¹	Rb/μg·g⁻¹	Ba/μg·g⁻¹	Th/μg·g⁻¹	U/μg·g⁻¹	Mo/μg·g⁻¹	V/μg·g⁻¹	Nb/μg·g⁻¹	Sr/μg·g⁻¹	Ti/μg·g⁻¹	Y/μg·g⁻¹	$\delta^{13}C_{PDB}$/‰	$\delta^{18}O_{PDB}$/‰	87Sr/86Sr	有序度
X1-1	5803.5	PMSD	285.56	7.36	19.70	2.56	0.19	0.03	5.82	0.05	71.07	47.24	6.43	0.4	-4.4	0.712333	0.59
X1-2	5804.8		146.38	10.76	27.74	3.78	0.32	0.02	12.82	0.05	56.81	61.51	5.01	0.7	-5.5		0.67
X1-3	5808.6		171.82	8.10	34.89	3.59	0.23	0.02	6.83	0.03	67.21	45.85	6.58	0.7	-6.5		0.61
X1-4	5809.9		260.99	6.43	38.07	1.78	0.28	0.03	7.82	0.05	87.44	61.05	5.50	0.4	-5.8	0.711767	0.54
X1-5	5837.2		152.17	3.31	59.27	2.51	0.37	0.05	6.66	0.01	66.78	6.53	3.65	-0.6	-6.1		0.52
X1-6	5840.5		140.44	2.99	13.04	2.10	0.24	0.04	5.06	0.01	44.15	8.27	4.37	-0.3	-5.9	0.711122	0.57
X2-1	5078.9		58.52	1.52	12.35	0.08	0.75	3.17	2.63	0.01	290.54	8.68	0.95	0.2	-7.9	0.709300	0.65
X2-2	5296.9		41.59	0.93	38.77	0.12	2.72	0.41	2.25	0.03	58.10	9.31	0.22				0.92
X2-3	5297.7	GSFD	39.08	0.65	2.79	0.07	0.29	0.21	1.82	0.01	79.36	5.52	0.19	0.9	-6.4	0.708949	0.82
X2-4	5298.3		39.96	0.55	82.38	0.07	0.36	0.31	1.95	0.01	57.83	5.64	0.20	0.9	-6.3		0.77
X2-5	5299.3		18.17	0.67	9.18	0.03	0.57	0.05	1.57	0.01	677.62	1.71	0.28				
X2-6	5300.4		26.91	1.41	2.08	0.07	0.30	0.50	1.53	0.01	1105.12	10.89	0.41	0.7	-9.0		0.75
X3-1	5073.7		84.75	1.09	8.08	0.71	1.11	1.45	12.01	0.02	96.31	5.84	1.11	-1.6	-6.9	0.708977	0.59
X3-2	5076.4		34.19	0.34	8.89	0.55	0.24	0.62	7.35	0	114.15	2.03	0.84	-1.4	-7.5		0.47
X3-3	5083.1	CCFD	44.12	0.31	71.88	0.38	0.20	1.35	5.91	0	93.67	3.87	0.79	-1.6	-7.1	0.708923	0.51
X3-4	5085.5		59.39	0.29	49.02	0.39	0.26	0.42	4.03	0	100.94	2.81	1.09	-1.9	-6.8		0.55
X3-5	5093.4		47.03	0.53	4.19	0.22	0.93	1.59	5.98	0.02	117.80	5.54	0.70	-2.0	-7.1	0.708863	0.60
X3-6	5104.2		35.41	0.23	9.55	0.37	0.28	0.31	2.39	0	145.06	3.84	0.97	-1.8	-6.7	0.708869	0.44
X5-1	4419.3		368.15	0.92	8.98	0.18	0.56	0.34	6.66	0.01	89.97	4.20	1.88	1.3	-9.3	0.710110	0.63
X5-2	4419.5		296.48	4.55	12.25	0.66	0.72	0.57	29.51	0.01	114.27	13.79	2.12	1.8	-7.9		0.64
X5-3	4422.1	GMSD	284.62	4.33	16.41	0.52	0.70	0.68	11.29	0.02	68.22	12.75	1.59	1.2	-8.1	0.710440	0.68
X5-4	4423.7		161.70	0.59	6.59	0.15	0.41	0.28	5.14	0.01	70.04	4.10	1.17	1.2	-7.5		0.66
X5-5	4424.4		217.07	2.82	10.21	0.37	0.58	0.61	7.44	0.01	81.67	8.51	1.31	1.1	-8.2		0.70
X5-6	4427.1		184.06	3.22	21.56	0.49	0.56	0.66	13.11	0.02	83.90	11.35	1.77	1.2	-8.3	0.709657	0.63
X3-9	5349.0		25.43	0.04	8.99	0.11	0.69	0.75	1.84	0	74.94	7.22	0.29	-2.4	-6.7		0.61
X3-10	5351.1		36.25	0.08	12.99	0.07	0.17	0.57	3.74	0	75.99	2.03	0.34	-2.1	-9.2	0.708938	0.56
X3-11	5352.0	ECD	28.42	0.09	42.82	0.13	0.35	0.37	2.36	0.03	59.52	3.78	0.39	-2.1	-9.4		0.57
X3-12	5352.4		30.33	0.08	24.22	0.11	0.37	1.25	1.53	0.01	92.03	8.34	0.28	-2.5	-6.6	0.708987	0.40
X3-13	5579.1		30.11	0.45	16.35	0.36	0.81	3.93	2.35	0	70.70	5.15	1.11	-1.4	-5.9		0.58
X3-14	5579.4		27.72	0.31	3.08	0.21	0.69	1.45	2.10	0	70.79	3.89	1.05	-1.5	-5.9		0.66
X5-10	4586.5		1115.71	0.12	28.10	0.02	0.35	0.21	3.16	0	32.93	0.62	2.94	0.8	-12.5		0.86
X5-10	4586.8		733.92	0.11	12.99	0.02	0.57	0.13	2.78	0	40.15	1.14	2.16	0.7	-12.7		0.97
X5-12	4587.2	XCD	808.18	0.10	8.79	0.02	0.58	0.06	3.00	0	33.35	1.70	3.08	0.8	-12.3		0.98
X5-13	4587.5		824.40	0.20	5.57	0.03	0.87	0.34	8.57	0.01	32.07	1.99	2.81	0.9	-12.2	0.719830	0.80
X4-1	5523.7		2783.50	0.16	19.49	0.04	0.12	0.05	2.01	0	43.52	0.66	2.46	1.6	-13.7		0.82
X4-2	5524.6		955.26	0.35	36.09	0.05	1.07	0.11	1.09	0	45.61	1.51	2.45	2.0	-13.4	0.710210	0.70
X4-3	5656.7	石灰岩	67.49	0.54	79.68	0.08	3.09	0.37	4.01	0	609.12	2.04	2.46	-0.6	-8.2	0.708920	
X4-4	5658.1		87.35	0.24	148.01	0.21	2.42	0.21	6.02	0	549.14	1.89	4.51	-0.5	-8.5	0.709020	

注：PMSD—Type-1 暗红色含泥粉晶白云岩；GSFD—Type-2 膏质粉—细晶白云岩；CCFD—Type-3 雾心亮边型细晶白云岩；GMSD—Type-4 深灰色含泥粉晶白云岩；ECD—Type-5 自形粒状粗晶白云岩；XCD—Type-6 他形粒状粗晶白云岩。

2）Type-1 白云岩地球化学特征

Type-1 白云岩全岩表现为高 SiO_2（13.74%~33.71%）、Al_2O_3（2.57%~8.86%）、Fe_2O_3（0.93%~3.28%）含量，低 CaO 与 MgO 含量，平均值分别为 20.14% 与 13.6%。Type-1 白云岩呈现出最高平均 $\delta^{18}O$ 值（-4.4‰），明显高于石灰岩；$\delta^{13}C$ 值变化较大，在-0.6‰~0.7‰区间内；$^{87}Sr/^{86}Sr$ 比值明显高于石灰岩，平均值为 0.7117；有序度数值变化在 0.52~0.67 之间，平均值为 0.58；稀土元素配分图上，Type-1 白云岩表现出"帽型"特征（图 5-3-3），被解释为与高 Fe_2O_3 含量有关（陈永权等，2008）；石灰岩标准化的微量元素蛛网图上，Type-1 白云岩较石灰岩明显贫 Sr、Ba、U、Mo 等金属元素（图 5-3-4）。

3）Type-2 白云岩地球化学特征

Type-2 白云岩全岩元素含量差异较大，CaO 含量变化区间为 27.31%~36.21%、MgO 含量变化区间为 1.44%~22.15%、Na_2O 含量变化在 0.11%~16.41%区间内。数据表明，Type-2 岩石中矿物成分多，至少包括石膏、石盐、光卤石等矿物。Type-2 白云岩 $\delta^{13}C$ 值变化在 0.2‰~0.9‰之间；$\delta^{18}O$ 值变化在-9.0‰~-6.3‰之间，平均值为-7.4‰，略高于

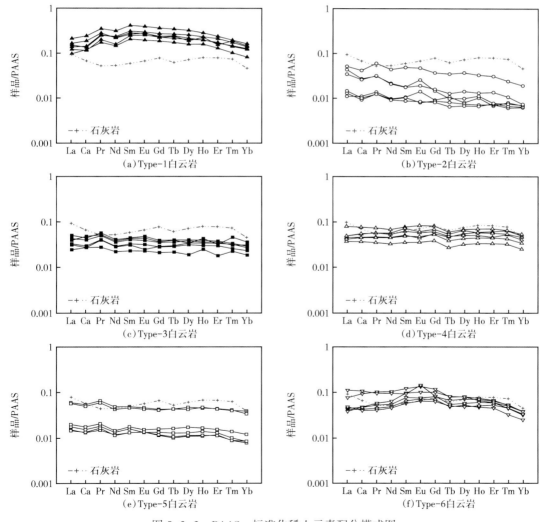

图 5-3-3　PAAS—标准化稀土元素配分模式图

石灰岩样品；$^{87}Sr/^{86}Sr$ 比值变化在 0.7089~0.7093 之间，与石灰岩相当。白云岩有序度值变化在 0.65~0.92 之间，平均值为 0.78。稀土元素配分图上，Type-2 白云岩表现出与海水一致的右倾模式（图 5-3-3）；石灰岩标准化的微量元素蛛网图上，Type-2 白云岩较石灰岩明显贫 Sr、Ba、U 等金属元素（图 5-3-4）。

4）Type-3 白云岩地球化学特征

Type-3 白云岩全岩 CaO 与 MgO 含量变化小，变化区间分别为 30.39%~32.36% 与 18.92%~20.06%，SiO_2 含量变化在 1.77%~4.2% 之间。对于石灰岩，Type-3 白云岩表现出相对高的 $\delta^{18}O$ 值特征（-7.5‰~-6.7‰，平均值为 -7.0‰）、相似的 Sr 同位素特征（0.7088~0.7090）。与 Type-1 和 Type-2 白云岩相比，Type-3 白云岩表现出低有序度特征，有序度值变化在 0.44~0.6 之间，平均值为 0.53。稀土元素配分模式图上，Type-3 白云岩表现出与海水一致的右倾特征（图 5-3-3）；石灰岩标准化的微量元素蛛网图上，Type-3 白云岩也表现出明显贫 Sr、Ba、U 等金属元素特征（图 5-3-4）。

电子探针分析结果显示，Type-3 白云岩雾心 MgO 含量高于亮边，雾心 MgO 含量平均为 22.1%，亮边 MgO 含量平均为 20.6%。雾心 CaO 含量低于亮边，雾心 CaO 含量平均为 31.8%，亮边 CaO 含量平均为 33.3%；Na_2O 含量虽然较低（<0.2%），但多数颗粒也表现出核部高于边部的特点；其他元素，例如 SiO_2 与 Al_2O_3，含量变化很小。

5）Type-4 白云岩地球化学特征

Type-4 白云岩 CaO 含量变化在 29.55%~30.78% 之间，MgO 含量变化在 18.83%~21.67% 之间，SiO_2 含量变化在 2.026%~3.8% 之间，其他常量元素含量低。Type-4 白云岩 $\delta^{13}C$ 值变化在 1.1‰~1.8‰ 之间；$\delta^{18}O$ 值变化在 -9.3‰~-7.5‰ 之间，平均为 -8.2‰，与石灰岩样品一致；$^{87}Sr/^{86}Sr$ 比值变化在 0.7097~0.7104 之间，高于石灰岩。白云岩有序度值较稳定，变化在 0.63~0.68 之间，平均为 0.66。稀土元素配分图上，Type-4 白云岩表现出与海水一致的右倾模式（图 5-3-3）；石灰岩标准化的微量元素蛛网图上，Type-4 白云岩也表现出明显贫 Sr、Ba、U 等金属元素（图 5-3-4）。

6）Type-5 白云岩地球化学特征

Type-5 白云岩 CaO 含量变化在 30.84%~32.38% 之间，MgO 含量变化在 20.23%~20.87% 之间，其他常量元素含量低。Type-5 白云岩 $\delta^{13}C$ 值变化在 -2.5‰~1.4‰ 之间；$\delta^{18}O$ 值变化在 -9.4‰~-5.9‰ 之间，平均为 -7.3‰，略高于石灰岩样品；$^{87}Sr/^{86}Sr$ 比值变化在 0.7097~0.7104 之间，高于石灰岩。白云岩有序度值较低，变化在 0.4~0.66 之间，平均为 0.57。稀土元素配分图上，Type-5 白云岩表现出与海水一致的右倾模式（图 5-3-3）；石灰岩标准化的微量元素蛛网图上，Type-5 白云岩也表现出明显贫 Sr、Ba、U 等金属元素（图 5-3-4）。

7）Type-6 白云岩地球化学特征

Type-6 白云岩 CaO 含量变化在 29.35%~30.68% 之间，MgO 含量变化在 20.19%~20.63% 之间，SiO_2 含量变化在 0.52%~2.00% 之间，Fe_2O_3 含量较高，变化在 0.53%~1.05% 之间。Type-6 白云岩 $\delta^{13}C$ 值变化在 0.7‰~2.0‰ 之间；$\delta^{18}O$ 值变化在 -13.7‰~-12.3‰，平均为 -12.9‰，远低于石灰岩样品；$^{87}Sr/^{86}Sr$ 比值变化在 0.7102~0.7198 之间，高于石灰岩。白云岩有序度值较稳定，变化在 0.70~0.98 之间，平均为 0.86。Type-6 白云岩表现出与其他白云岩类型完全不同的稀土元素特征，具有 MREE 富集与明显的 Eu 正异常特点（图 5-3-3）。石灰岩标准化的微量元素蛛网图上，Type-6 白云岩也表现出明显贫 Sr、Ba、U 等金属元素（图 5-3-4）。

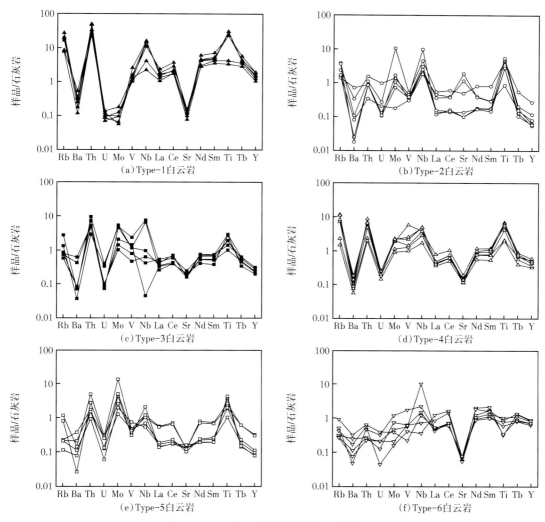

（a）Type-1白云岩

（b）Type-2白云岩

（c）Type-3白云岩

（d）Type-4白云岩

（e）Type-5白云岩

（f）Type-6白云岩

图 5-3-4　石灰岩标准化微量元素蛛网图

3. 讨论

1）岩石结构构造与成因

一般情况下，白云岩的结构构造与白云岩成因之间有着本质的关系，除了一些粗晶白云岩外，许多白云岩保存了原生沉积结构构造可以反映其原岩沉积相（Braithwaite et al.，1997；Dravis et al.，1985）。

岩石构造方面，Type-1 白云岩呈现出薄互层状，红色的粉晶白云岩薄层指示其可能形成于氧化且低水动力条件的潮坪环境；Type-2 白云岩的膏溶角砾结构指示其形成环境为潟湖环境（Patterson et al.，1982）；Type-2 和 Type-5 白云岩表现出块状构造，岩石呈灰白色，泥质含量低，表明原岩形成于高水动力环境中；灰黑色、薄层状、具有粒序层理构造的 Type-4 类型白云岩原岩形成于存在碎屑流的斜坡还原条件下；Type-6 类型白云岩具有斑马状构造特征，与前人报道的热液白云岩完全一致（Swennen et al.，2003；Gasperissoni，2006），指示 Type-6 白云岩的形成可能与热液有关。

白云石晶形与结晶温度有关，自形晶白云石一般结晶温度不超过50℃，而他形晶白云石结晶温度一般高于50℃（Gregg et al.，1984）。6种白云岩类型中，仅Type-6具有他形晶结构，指示了较高的结晶温度；其他白云岩类型结晶温度不超过50℃。

白云石晶体大小主要受控于晶核数量与白云岩结晶动力特征（Warren，2000）。但是，不能低估结晶空间对晶体大小的影响，薄片中常见裂缝或溶洞中白云石晶体比较粗大，晶体粒级较大可能形成于开放体系中，可能与裂缝或岩溶形成的开放空间有关。本节中Type-5和Type-6两种类型白云岩白云石晶体粗大，可能形成于开放空间中。

显微镜下，白云石晶体的截面呈污浊、清洁或雾心亮边特征（陈永权等，2010）。雾心亮边特征被认为代表多世代结晶的产物（Land et al.，1975，Sibley，1980），而污浊或清洁的截面特征则是单一期次结晶的产物。本节中，Type-3白云岩表现出雾心亮边特征，体现了多世代结晶的产物；其他类型则是单一世代结晶的产物。

2）流体源

前人提出了多种与白云岩形成相关的流体，包括正常海水（Mazzullo et al.，1995）、蒸发海水（Behrens et al.，1972；Mackenzie，1981）、大陆卤水（Von der Borch et al.，1975）、混合水（Magaritz et al.，1980；Cander，1994）、热液（Schrijver et al.，1996；Gasparini et al.，2006）与压实排挤流体（Bethke，1986；Harrison et al.，1991）等，其中海水被认为是 Mg^{2+} 最富的天然库，大规模的白云石化皆与海水有关。热液流体是一种特殊的概念，仅强调流体温度高于地层温度，其流体源可以是海水、大气水、岩浆水、变质水、地层水，也可以是上述流体的任意比例的混合。压实排挤流体被定义为盆地相泥岩在早成岩压实过程中所排出的水（Middleton et al.，1993），其高 Mg^{2+} 含量是从黏土矿物转化与植物叶绿素降解中获得，压实排挤流体本质上还是海水。

（1）O、Sr同位素与流体源。

前人研究表明，碳同位素组成变化受很多因素影响，不适宜作为白云石化流体示踪剂（陈永权，2008）。氧同位素组成主要受温度与流体源的控制（Land，1985；Gasparini et al.，2006）；不同流体源的 $\delta^{18}O$ 值不同，在相同的地质时间内，$\delta^{18}O$ 值呈现蒸发海水>正常海水≈压实排挤流>大气水的规律。本节中，Type-1白云岩表现出最高的 $\delta^{18}O$ 值（图5-3-5），平均 $\delta^{18}O$ 值较石灰岩高4‰，符合蒸发海水特征；Type-6白云岩表现出最低的 $\delta^{18}O$ 特征，可能与高的结晶温度有关，高温可以降低白云石与流体之间的氧同位素分馏，导致白云石

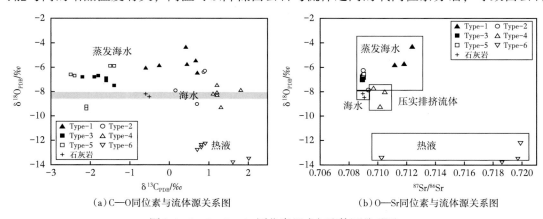

（a）C—O同位素与流体源关系图　　　　（b）O—Sr同位素与流体源关系图

图5-3-5　C—O—Sr同位素组成与流体源关系图

低 $\delta^{18}O$ 特征；其他白云岩类型 Type-2、Type-3、Type-4 和 Type-5 的 $\delta^{18}O$ 值与石灰岩相近，可能与正常海水有关。

$^{87}Sr/^{86}Sr$ 比值主要受控于流体源，但海水蒸发作用不会对 $^{87}Sr/^{86}Sr$ 比值产生影响。岩浆水 $^{87}Sr/^{86}Sr$ 比值较低，但岩浆水、地层水经连续的淋滤富钾火成岩矿物或黏土矿物可导致地层热水 $^{87}Sr/^{86}Sr$ 比值升高（Gasparini et al.，2006）。本节中，Type-2、Type-3 与 Type-5 等三种白云岩类型表现出与石灰岩一致的 $^{87}Sr/^{86}Sr$ 比值特征（图 5-3-5），表明其流体源可能为蒸发海水、压实排挤流体或正常海水；Type-6 白云岩表现出的高 $^{87}Sr/^{86}Sr$ 比值可能与热液流体有关；Type-1 与 Type-4 两种类型白云岩高 $^{87}Sr/^{86}Sr$ 比值可能与白云岩自身的高黏土含量有关，实验过程中，黏土矿物中高 $^{87}Sr/^{86}Sr$ 比值的 Sr 元素被同时淋滤出来，导致较高的混合 $^{87}Sr/^{86}Sr$ 比值。

（2）微量稀土元素与流体源。

Fe、Mn 元素已被证明易于富集在热液流体中（Schrijver et al.，1996），同时易于富集在泥岩中（陈永权等，2008）。在 Fe—Mn 相关关系图解中，Type-1、Type-4 和 Type-6 展现出较富的 Fe、Mn 含量，而 Type-2、Type-3 与 Type-5 表现出较贫的 Fe、Mn 含量（图 5-3-6）。Type-1 与 Type-4 所表现的高 Fe、Mn 含量可能与高黏土含量有关，而 Type-6 所展现的高 Fe、Mn 含量可能与热液有关。

Y、Ho 化学性质稳定，在海水沉积物中 Y/Ho 比值稳定，一般在 28 左右（Bau，1996），但是，现代海底热液通常表现出不同的 Y/Ho 比值特征（Bau et al.，1999；Douville et al.，1999）。Type-1、Type-2、Type-3 与 Type-5 等四种白云岩类型 Y/Ho 比值变化在 24~34 之间，与海水沉积物一致；Type-6 白云岩类型表现出一致的高 Y/Ho 比值，表明其与热液有关；Type-4 白云岩类型 Y/Ho 比值介于两者之间，可能有少量热液的混入。

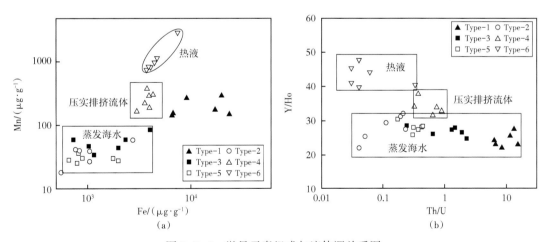

图 5-3-6　微量元素组成与流体源关系图

（3）Type-3 白云岩类型不同结晶世代的流体源。

地质流体中，海水具有较高的 Mg/Ca 比值，现代海水 Mg/Ca 比值为 5.2，而陆表淡水河流中 Mg/Ca 比值较低（现代河流水为 0.44；Warren，2000）。雾心亮边型白云岩微量元素含量分析结果表明，雾心亮边型细晶白云岩的核部 Mg/Ca 比值高于边部（图 5-3-7），可能同海水与淡水的混合作用有关。

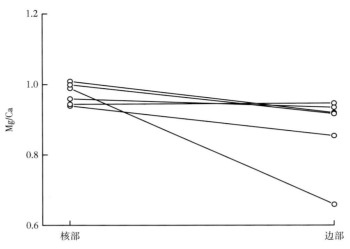

图 5-3-7　Type-3 白云岩核部与边部元素含量变化图

另一方面，Na_2O 含量是体现交代流体盐度的最直接反映，交代流体为海水时，Na_2O 含量高；反之，交代流体为大气淡水时，Na_2O 含量低。本节中，Na_2O 含量上的"核高边低"特征，指示了亮边白云石化过程中的流体盐度更低，可能为大气水参与的结果。

根据岩石学分析，雾心亮边型白云石结晶过程分为雾心阶段与亮边阶段，因此雾心阶段白云石化流体可能为蒸发海水，亮边阶段白云石化流体可能为海水与大气水的混合，并且从核部向边部白云石化混合水中大气淡水成分逐渐增多。同时，大量大气水直接参与白云石化过程，表明该变化发生在前成岩期或早成岩期，埋藏较浅。

3）结晶动力学

（1）沉积成因？交代成因？

白云岩成因问题虽然已经研究了近 200 年，但是对于白云岩成因问题依然存在着许多争论。原生沉积成因与次生交代成因观点为早期争论焦点（Warren，2000）。随着近年来 Sabkha 型蒸发白云岩的发现证实了有"原白云石"的存在（Hanshow et al.，1971；Hsü et al.，1973；Warren，1990）。然后又有"准同生白云岩"（Syndepositional Dolomite）概念被提出来维护白云岩的交代论。因此自然界是否存在直接沉淀的白云石，即"原白云石"，目前尚没有定论。

地球化学特征有可能对白云石的结晶方式给予指示。对于交代白云石来说，Mg^{2+} 以替换 Ca^{2+} 的方式进入白云石晶格，随着交代比例的增加，CaO 含量降低，MgO 含量增加，CaO 与 MgO 含量变化关系计算见式（5-2-7）至式（5-2-9）。

式（5-2-7）至式（5-2-9）中，x 代表交代比例，当交代比例为 0.5 时，晶体为化学计量白云石，此时 CaO 含量为 30.4%，MgO 含量为 21.7%。本节中，Type-3—Type-6 四种类型白云岩数据点沿交代线分布，指示了交代成因特征。

Type-1 白云岩样品数据点完全偏离交代线（图 5-3-8），贫 CaO 与 MgO 含量是由于 Type-1 白云岩黏土矿物等杂质含量高造成；但是，Type-1 白云岩 Mg/Ca 比值接近 1.0，表明 Type-1 白云岩（扣除杂质）更接近化学计量白云石组成。

Sabkha 型潮上带白云岩被认为是最可能的原生沉积白云岩，现代的潮上带白云岩被报道为富镁方解石或贫镁白云石（Sibley et al.，1994；Calvo et al.，1995；Warren，2000；

Suzuki et al.，2006）。但是，地质年代较老的潮上带白云岩也被报道更接近化学计量白云石组成（Warren，2000；Font et al.，2006）。理论上，沉积成因白云岩是从水溶液中直接沉淀出 CaMg（CO_3）$_2$，Mg^{2+} 与 Ca^{2+} 应为 1:1 的比例进入沉淀物中，因此本节中 Type-1 白云岩可能为原生沉积成因白云岩。Type-3—Type-6 四种类型白云岩数据点落在交代线上，为白云石化成因；Type-2 膏质白云岩因含石膏，其 Mg/Ca 不反映白云岩组成，故未在图 5-3-8 中统计。

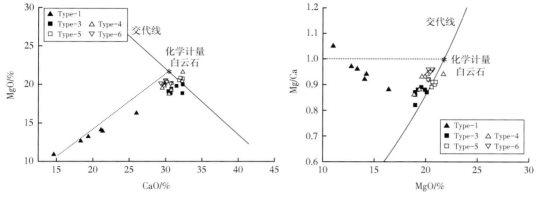

图 5-3-8　各白云岩类型元素含量协变关系图

（2）氧化还原环境。

前人的研究已证实一些氧化还原环境敏感金属元素，例如 Mo 与 U，更倾向于富集在还原环境中（Lewan et al.，1982；Anderson et al.，1989；Arthur et al.，1994；Wignall，1994）。因此 U、Mo 的含量可指示白云岩结晶过程所处环境的氧化还原条件，U、Mo 富集则指示还原环境，贫 U、Mo 则指示氧化环境。在 U—Mo 含量图解中（图 5-3-9），Type-1白云岩表现出贫 U、Mo 特征，指示其形成于氧化环境，与潮上带环境匹配；其他白云岩类型则表现出富 U、Mo 特征，指示其为还原环境，可能为深水环境或埋藏环境。

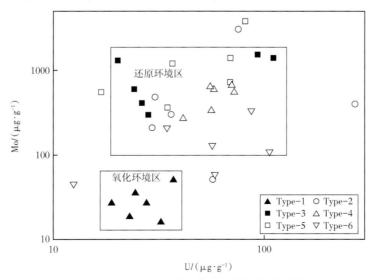

图 5-3-9　U、Mo 含量与氧化还原环境关系图

(3)结晶温度与结晶速度。

晶形对结晶温度具有很好的指示意义，他形粒状晶体一般形成于高于 50℃ 的环境（Gregg et al.，1984）。氧同位素也与温度有关，高温环境可导致较负的 $\delta^{18}O$ 值。此外，白云石有序度对结晶温度也有一定的指示意义，高温可造成白云石晶体分子排列更加有序，有序度值较高，完全理想白云石晶格，有序度值为 1.0。本节中，Type-6 白云岩类型表现出他形晶结构、负 $\delta^{18}O$ 特征和高有序度值，表明其结晶温度较高；相同样品白云石包裹体均一温度 125~145 ℃ 已被前人报道（刘永福等，2008）。

白云石有序度不仅与结晶温度有关，也与结晶速度有关。结晶温度越高，白云石有序度值越高；结晶速度越慢，白云石有序度值越高。本节中，Type-2 和 Type-4 白云岩类型有序度平均值相对较高（0.78 与 0.66），指示其缓慢的结晶速度；Type-1 白云岩类型有序度值最低，指示潮上带环境蒸发速率快、白云石结晶快（Patterson et al.，1982）；Type-3 和 Type-5 白云岩类型表现出的低有序度值，指示了快速的交代过程。

4. 成因模式与结论

基于以上讨论，塔里木盆地内 6 种典型白云岩类型的成因模式可以得到初步的结论，成因模式如图 5-3-10 所示。

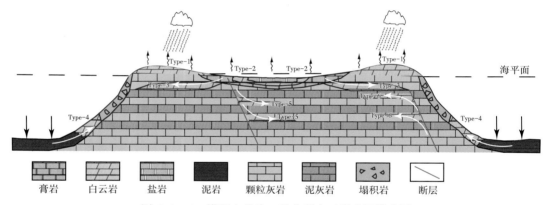

图 5-3-10　塔里木盆地 6 种典型白云岩成因模式图

Type-1 类型白云岩形成于潮上带蒸发环境，风暴或潮汐将海水带到潮上坪，蒸发泵作用导致海水浓缩，沉淀石膏，并形成 Mg^{2+}/Ca^{2+} 比值较高的卤水，直接沉淀白云石晶体或交代未成岩的方解石/文石矿物形成白云石。潮上带水动力小（氧化环境），因此形成暗红色薄层状含泥白云岩。

Type-2 类型白云岩形成于潟湖环境，潟湖水缓慢蒸发，形成石膏沉淀，导致溶液中 Mg^{2+}/Ca^{2+} 比值升高，可直接沉淀白云石晶体或交代未成岩的方解石/文石矿物形成白云石。潟湖水相对封闭，为还原环境，沉积速率低。

Type-3 类型白云岩形成于前成岩期或成岩作用早期，结晶分为两个世代，雾心阶段与亮边阶段。早期雾心阶段交代流体可能为蒸发海水，亮边阶段交代流体有大气水的参与。Type-3 类型白云岩形成环境相对还原，交代速度快。

Type-4 类型白云岩形成于深水斜坡还原环境，形成时间为早成岩期或成岩早期，交代流体为压实排挤流体；由于流体流速慢，白云石化时间长。

Type-5 与 Type-6 两种类型白云岩皆形成于埋藏条件下、开放环境中，3 种差异导致了截然不同的两种白云岩类型与白云岩分布：（1）交代温度，Type-5 类型白云岩交代温度低，形成自形粒状晶体，Type-6 类型白云岩交代温度高，形成他形粒状晶体；（2）交代流体，Type-5 类型白云岩交代流体为海水或调整型海水，而 Type-6 类型白云岩交代流体为热液流体；（3）流体流向，Type-5 类型白云岩交代流体运移方向为从上向下，白云石化发育位置位于非渗透层之上，而 Type-6 类型白云岩交代流体运移方向为从下向上，白云石化发育位置位于非渗透层之下，可形成优质储盖组合。

参 考 文 献

陈永权，杨海军，2010. 塔里木盆地塔中地区上寒武统三种截面特征白云石的岩石地球化学特征与成因研究［J］. 沉积学报，28（2）：209−218.

陈永权，赵葵东，等，2008. 塔里木盆地塔中 1 井藻纹层白云岩与竹叶状白云岩成因：基于岩石学、元素与同位素地球化学的厘定［J］. 地质学报，82（6）：826−834.

陈永权，赵葵东，等，2008. 塔里木盆地中寒武统泥晶白云岩红层的地球化学特征与成因探讨［J］. 高校地质学报，14（4）：283−294.

陈永权，2009. 白云岩埋藏成岩作用过程中的金属元素与同位素再分配规律与受控因素［J］. 海相油气地质，14（3）：65−67.

顾家裕，2000. 塔里木盆地下奥陶统白云岩特征及成因［J］. 新疆石油地质，21（2）：120−122.

黄思静，Qing H，胡作维，等，2007. 四川盆地东北部三叠系飞仙关组碳酸盐岩成岩作用和白云岩成因的研究现状和存在问题［J］. 地球科学进展，22（5）：495−503.

蒋少涌，2000. 硼同位素及其地质应用研究［J］. 高校地质学报，6（1）：1−16.

靳志玲，李树生，朱国梁，2008. 缓冲溶液对人工海水 pH 值的影响［J］. 盐业与化工，37（5）：14−17.

贺茂勇，马云麒，王秀芳，等，2008. B 同位素分馏系数 α_{4-3} 的研究进展［J］. 盐湖研究，16（3）：57−63.

刘永福，殷军，孙雄伟，2008. 塔里木盆地东部寒武系沉积特征及优质白云岩储层成因［J］. 天然气地球科学，19（1）：126−132.

濮巍，高剑峰，赵葵东，等，2005. 利用 HIBA 和 BCTA 快速分离 Sm—Nd、Rb—Sr 方法［J］. 南京大学学报，41（4）：445−450.

乔培军，王婷婷，翦知湣，2012. 利用有孔虫壳体 B/Ca 比值再造古海水 pH 值及［CO_3^{2-}］的潜力［J］. 地球科学进展，27（6）：686−693.

沈昭国，陈永武，郭建华，1995. 塔里木盆地下古生界白云石化成因机理及模式探讨［J］. 新疆石油地质，16（4）：319−324.

乌志明，崔香梅，郑绵平，2012. 盐湖卤水蒸发浓缩过程中 pH 值变化规律研究［J］. 无机化学学报，28（2）：297−301.

杨威，王清华，刘效曾，2000. 塔里木盆地和田河气田下奥陶统白云岩成因［J］. 沉积学报，18（4）：544−548.

张伟，刘丛强，赵志琦，2007. 运用硼同位素进行古气候重建的研究进展［J］. 地球与环境，35（1）：19−25.

Adams J F, Rhodes M L, 1960. Dolomitization by seepage refluxion［J］. AAPG. Bulletin, 44：1912−1920.

Anderson R F, Fleisher M Q, LeHuray A, 1989. Concentration, oxidation state, and particulate flux of uranium in the black sea［J］. Geochemica Et Cosmochimica Acta, 53：2215−2224.

Arthur M A, Sageman B B, 1994. Marine black shales：depositional mechanisms and environments of ancient deposits［J］. Annual Review of Earth and Plantetary Sciences, 22：499−551.

Baker P A, Burns S J., 1985. Occurrence and formation of dolomite in organic−rich continental margin sediments

［J］. AAPG Bulletin, 69: 1917-1930.

Baker P A, Kastner M, 1981. Constraints on the formation of sedimentary dolomite ［J］. Science, 213 (4504): 214-216.

Bau M, Dulski P, 1999. Comparing yttrium and rare earths in hydrothermal fluids from the Mid-Atlantic Ridge: implications for Y and REE behavior during near-vent mixing and for the Y/Ho ratio of Proterozoic seawater ［J］. Chemical Geology, 155: 77-90.

Bau M, 1996. Controls on the fractionation of isovalent trace elements in magmatic and aqueous systems: evidence from Y/ Ho, Zr/Hf, and lanthanide tetrad effect ［J］. Contributions to Mineralogy and Petrology, 123: 323-333.

Behrens E W, Land L S, 1972. Subtidal Holocene dolomite, Baffin Bay, Texas ［J］. Journal of Sedimentary Petrology 42: 155-161.

Bethke C M, 1986. Inverse hydrologic analysis of the distribution and origin of Gulf Coast-type geopressured zones ［J］. Journal of Geophysical Research, 91: 6535-6545.

Boles J R, 1978. Active ankeritic cementation in the subsurface Eocene of southwest Texas ［J］. Contributiors to Mineralogy and Petrology, 68: 13-22.

Braithwaite C J R, Rizzi G, 1997. The geometry and petrogenesis of hydrothermal dolomites at Navan, Ireland ［J］. Sedimentology, 44: 421-440.

Calvo J, Jones B F, Bustillo M, 1995. Sedimentology and Geochemistry of carbonates from lacustrine sequences from Madrid basin, centrel Spain ［J］. Chemical Geology, 123: 173-191.

Cander H S, 1994. An example of mixing-zone dolomite, middle Eocene Avon Park Formation, Floridan Aquifer system ［J］. Journal of Sedimentary Research, 64: 615-629.

Chen Yongquan, Zhou Xinyuan, Jiang Shaoyong, et al, 2013. Types and Origin of Dolostones in Tarim Basin, Northwest China: Petrographic and Geochemical Evidence ［J］. Acta Geologica Sinica (English Edition), 87 (2): 467-485.

Choquette W, Cox A, Meyers W J, 1992. Characteristics, distribution and origin of porosity in shelf dolostones: Burlington-Keokuk Formation (Mississippian), U. S. Mid-Continent ［J］. Journal of Sedimentary Petrology, 62: 167-189.

Compton J S, Siever R, 1986. Diffusion and mass balance of Mg during early dolomite formation, Monterey Formation ［J］. Geochimica et Cosmochimica Acta, 50 (1): 125-135.

Douville E, Bienvenu P, Charlou J I, et al, 1999. Yttrium and rare earth elements in fluids from various deep-sea hydrothermal systems ［J］. Geochemica et Cosmochimica Acta, 63: 627-643.

Dravis J, Yurewicz D A, 1985. Enhanced carbonate petrography using fluorescence microscopy ［J］. Journal of Sedimentary Research, 55: 795-804.

Font E, Nédélec A, Trinedade R I F, 2006. Chemostratigraphy of the Neoproterozoic Mirassol d'Oeste cap dolostones (Mato Grosso, Brazil): An alternative model for Marinoan cap dolostone formation ［J］. Earth and Planetary Science Letters, 250: 89-103.

Fookes E, 1995. Development and eustatic control of an Upper Jurassic reef complex (Saint Germain-de-Joux, eastern France) ［J］. Facies, 33: 129-149.

Font E, Nédélec A, Trinedade R I F, 2006. Chemostratigraphy of the Neoproterozoic Mirassol d'Oeste cap dolostones (Mato Grosso, Brazil): An alternative model for Marinoan cap dolostone Formation ［J］. Earth and Planetary Science Letters, 250: 89-103.

Foster G L, 2008. Seawater pH, pCO_2 and ［CO_3^{2-}］ variations in the Caribbean Sea over the last 130 kyr: A boron isotope and B/Ca study of planktic foraminifera ［J］. Earth and Planetary Science Letters, 271: 254-266.

Garrison R E, Graham S A, 1984. Early diagenetic dolomites and the origin of dolomite-bearing breccias, lower

Monterey formation, Arroyo Seco, Monterey County, California [C]. In: Garrison R E, Kastner M, Zenger D H(Eds), Dolomites of the Monterey Formation and Other Organic-Rich Units. Los Angeles: SEPM Publications, 87-101.

Gasparrini M, 2006. Massive hydrothermal dolomites in the southwestern Cantabrian Zone (Spain) and their relation to the Late Variscan evolution [J]. Marine and Petroleum Geology, 23: 543-568.

Gregg J M, Sibley D F, 1984. Epigenetic dolomitization and the origin of xenotopic dolomite texture [J]. Journal of Sedimentary Petrology, 54: 908-931.

Gunatilaka A, 1989. Spheroidal dolomites. origin by hydro-carbon seepage [J]. Sedimentology, 36 (4): 701-710.

Gasparrini M, Bechstädt T, Boni M, 2006. Massive hydrothermal dolomites in the southwestern Cantabrian Zone (Spain) and their relation to the Late Variscan evolution [J]. Marine and Petroleum Geology 23: 543-568.

Hanshow B B, Back W, Deike R G, 1971. A geochemical hypothesis of dolomitization by ground water [J]. Economy Geology, 66: 710-724.

Hardie L A, 1991. On the significance of evaporites [J]. Annual Reviews of Earth Planetary Sciences 19: 131-168.

Hardie L A, 1987. Dolomitization: a critical view of some current views [J]. Journal of Sedimentary. Research, 57 (1): 166-183.

Harrison W J, Summa L L, 1991. Paleohydrology of the Gulf of Mexico Basin [J]. American Journal of Science, 291: 109-176.

Hemming N G, Hanson G N, 1992. Boron isotopic composition and concentration in modern marine carbonates [J]. Geochimica et Cosmochimica Acta, 56: 537-543.

Hemming N G, Reeder R J, Hanson G N, 1995. Mineral-fluid partitioning and isotopic fractionation of boron in synthetic calcium carbonate [J]. Geochimica Cosmochimica Acta, 59(2): 371-379.

Hsü K J, Schneider J, 1973. Progress report on dolomitization hydrology of Abu Dhabi Sabkhas, Arabian Gulf [M]. New York: Springer, 409-422.

Illing L V, Taylor J C M, 1993. Penecontemporaneous dolomitization in Sabkha Faishakh Qatar - evidence from changes in the chemistry of the interstitial brines [J]. Journal of Sedimentary Research, 63(6): 1042-1048.

Jia C Z, 1997. The structural characteristics of Tarim Basin, China (In Chinese) [M]. Beijing: Petroleum Industry Publishing House, 205-389.

Joachimski M M, Simon L, Geldern R V, et al, 2005. Boron isotope geochemistry of Paleozoic brachiopod calcite: Implications for a secular change in the boron isotope geochemistry of seawater over the Phanerozoic [J]. Geochimica. et Cosmochimica. Acta, 69(16): 4035-4044.

Kahle C F, 1965. Possible roles of clay minerals in the formation f dolomite [J]. Journal of Sedimentary Research, 35: 448-453.

Kakihana H, Kotaka M, Satoh S, et al, 1997. Fundamental studies on the ion-exchange separation of boron isotopes [J]. Bulletin of Chemistry Society Japan, 50(1): 158-163.

Kaufman A J, Jacobsen S B, Knoll A H, 1993. The Vendian record of Sr and C isotopic variations in seawater: implications for tectonics and paleoclimate [J]. Earth Planetarg Science Letters, 120: 409-430.

Kaufman A J, Knoll A H, 1995. Neoproterozoic variations in the C-isotopic composition of seawater: stratigraphic and biogeochemical implications [J]. Precambrian Research, 73: 27-49.

Kelts K R, Mackenzie J A, 1982. Diagenetic dolomite formation in Quaternary anoxic diatomaceous muds of Deep Sea Drilling Project Leg 64, Gulf of California [J]. Initial Reports of Deep Sea Drilling Project, 64 (2): 553-569.

Khalaf F I, 1990. Occurrence of phreatic dolocrete within Tertiary clastic deposits of Kuwait, Arabian Gulf [J].

Sedimentary Geology, 68 (3): 223–239.

Land L S, Salem M, Morrow D, 1975. Paleohydrology of ancient dolomites: Geochemical evidence [J]. American Association of Petroleum Geologists Bulletin, 59: 1602–1625.

Land L S, 1985. The origin of massive dolomite [J]. Journal of Geological Education, 33: 112–125.

Land L S, 1998. Failure to precipitate dolomite at 25℃ from dilute solution despite 1000-fold oversaturation after 32 years [J]. Aquatic Geochemistry, 43 (4): 361–368.

Lewan M D, Maynard J B, 1982. Factors controlling enrichment of vanadium and nickel in the bitumen of organic sedimentary rocks [J]. Geochemica et Cosmochimica Acta, 46: 2547–2560.

Lippmann F, 1982. Stable and metastable solubility diagrams for the system $CaCO_3$–$MgCO_3$–H_2O at ordinary temperatures [J]. Bulletin de Mineralogie, 105: 273–279.

Mackenzie J, 1981. Holocene dolomitzation of calcium carbonate sediments from the coastal sabkhas of Abu Dhabi, U. A. E [J]. Journal of Geology, 89: 185–198.

Magaritz M, Goldenberg L, Kafri U, et al, 1980. Dolomite formation in the seawater– freshwater interface [J]. Nature, 287: 622–624.

Malone M J, Baker P A, Burns S J, 1994. Recrystallization of Dolomite: evidence from the Monterey Formation_ (Miocene), California [J]. Sedimentology, 41 (6): 1223–1239.

Mazzullo S J, Bischoff W D, Teal C S, 1995. Holocene shallow subtidal dolomitization by near-normal seawater, northern Belize [J]. Geology, 23: 341–344.

McManus A, Wallace M W. 1992, Age of Mississippi Valley type sulfides determined using cathodoluminesence cement stratigraphy, Lennard Shelf, Canning Basin, Western Australia [J]. Economic Geology, 87: 189–193.

Melezhik V A, Gorokhov I M, Fallick A E, et al, 2001. Strontium and carbon isotope geochemistry applied to dating of carbonate sedimentation: An example from high-grade rocks of the Norwegian Caledonides [J]. Precambrian Research, 108: 267–292.

Middleton K, Coniglio M, Sherlock R, et al, 1993. Dolomitization of Middle Ordovician carbonate reservoirs, southwestern Ontario [J]. Bulletin of Canadian Petroleum Geology, 41 (2): 150–163.

Patterson R J, Kinsman J J, 1982. Formation of diagenetic dolomite in a coastal sabkha along Arabian (Persian) Gulf [J]. AAPG Bulletin, 66: 28–43.

Qing H, Mountjoy E W, 1994. Formation of coarsely crystalline, hydrothermal dolomite reservoirs in the Presquile Barrier, Western Canada Sedimentary Basin [J]. AAPG Bulletin, 78 (1): 55–77.

Reynaud S, Hemming N G, Juillet-Leclerc A, et al, 2004. Effect of pCO_2 and temperature on the boron isotopic composition of the zooxanthellate coral Acropora sp. [J]. Coral Reefs, 23 (4): 539–546.

Sanyal A, Bijma J, SperoH, et al, 2001. Empirical relationship between pH and the boron isotopic composition of Globigerinoides sacculifer: Implications for the boron isotope paleo-pH proxy [J]. Paleoceanography, 16 (5): 515–519.

Schrijver K, Williams-Jones A E, Bertrand R, et al, 1996. Genesis and controls of hydrothermal dolomitization In sandstones in Applachian thrust belts, Quebec, Canada: Implications for associated galena-barite mineralization [J]. Chemical Geology, 129: 257–279.

Sears S O, Lucia F J, 1980. Dolomitization of Northern Michigan Niagara Reefs by Brine Refluxion and Freshwater Seawater Mixing [M]. Los Anqeles: SEPM Publications, 215–235.

Shields M J, Brady P V, 1995. Mass balance and fluid flow constraints on regional-scale dolomitization, Late Devonian, Western Canada Sedimentary Basin [J]. Bulletin of Canadian Petroleum Geology, 43 (4): 371–392.

Sibley D F, 1980. Climatic control of dolomitization, Seroe Domi Formation (Pliocene), Bonaire, N. A [M]. In: Zenger D H, Dunham J B, Ethington R. L (Eds.), Concepts and Models of Dolomitization. Los Angeles:

SEPM Publications, 247-258.

Sibley D F, Nordeng S H, Borkowski M L, 1994. Dolomitization kinetics in hydrothermal bombs and natural settings [J]. Journal of Sedimentary Research, 64: 630-637.

Sun S Q, 1995. Dolomite reservoirs: Porosity evolution and reservoir characteristics [J]. American Association of Petroleum Geologists Bulletin, 79: 186-204.

Suzuki Y, Iryu Y, Inagaki S, 2006. Origin of atoll dolomites distinguished by geochemistry and crystal chemistry: Kita-daito-jima, northern Philippine Sea [J]. Sedimentary Geology, 183: 181-202.

Swennen R, Vandeginste V, Ellam R, 2003. Genesis of zebra dolomites (Cathedral Formation: Canadian Cordillera Fold and Thrust Belt, British Columbia) [J]. Journal of Geochemical Exploration, 78: 571-577.

Tucker M, Wright V P, 1990. Carbonate Sedimentology [M]. Oxford: Blackwell Scientific Publications, 482.

Vasconcelos C, Mackenzie J A, Bernasconi S, et al, 1995. Microbial Mediation as a possible mechanism for natural dolomite formation at low temperatures [J]. Nature, 377(654): 220-222.

Veizer J, Ala D, Azmy K, 1999. $^{87}Sr/^{86}Sr$, $\delta^{13}C$ and $\delta^{18}O$ evolution of Phanerozoic seawater [J]. Chemical Geology, 161: 59-88.

Von der Borch C C, Lock D, Schwebel D, 1975. Ground-water formation of dolomite in the Coorong region of South Australia [J]. Geology, 3: 283-285.

Wardlaw N C, Cassan J, 1978. Estimation of recovery efficiency by visual observation of pore systems in reservoir rocks [J]. Bulletin of Canadian Petroleum Geology, 26: 572-585.

Wardlaw N C, McKellar M, Yu L, 1988. Pore and throat size distributions determined by mercury porosimetry and by direct observation [J]. Carbonates Evaporites, 3: 1-15.

Wardlaw N C, 1976. Pore geometry of carbonate rocks as revealed by pore casts and capillary pressure [J]. American Association of Petroleum Geologists Bulletin, 60: 245-257.

Warren J K, 1990. Sedimentology and mineralogy of dolomitic Coorong lakes, South Australia [J]. Journal of. Sedimentary Research, 60 (6): 843-858.

Warren J K, 2000. Dolomite: Occurrence, evolution and economically important associations [J]. Earth-Science Reviews, 52: 1-81.

Wenk H R, Hu M, Frisia S, 1993. Partially disordered dolomite: Microstructural characterization of Abu Dhabi sabkha carbonates [J]. American Mineralogist, 78(7): 769-774.

Wignall B, 1994. Black shales [M]. Oxford: Claredon Press, 127.

Woody R E., Gregg J M, Koederitz L F, 1996. Effect of texture on the petrophysical properties of dolomite-evidence from the Cambrian-Ordovician of southeastern Missouri [J]. American Association of Petroleum Geologists Bulletin, 80: 119-132.

Zenger D H, Dunham J B, Ethington R L, 1980. Concepts and models of dolomitization [M]. Los Angeles: SEPM Publications, 320.

Zhu Dongya, Jin Zhijun, Hu Wenxuan, 2010. Hydrothermal Recrystallizing and hydrocarbon reservoir implications in lower Ordovician Tarim basin [J]. Science in China, 40(2): 156-170.

第六章 白云岩储层

第一节 白云岩储集空间类型

一般情况下，储层类型以储集空间为划分标准，储集空间的研究是储层研究的基础。经典的白云岩储集空间的划分与命名采用的是 Lucia（1983）的方案，该方案将白云岩孔隙型储集空间划分为颗粒内孔、孤立孔洞与连通孔洞三种类型，铸模孔、粒内孔、晶内孔、遮蔽孔等则分属在三种类型之中（表6-1-1）。前人对塔里木盆地下古生界白云岩的储集空间研究总结出晶间孔、晶内孔、晶间溶孔、粒间孔、残余粒内孔、溶蚀孔洞、铸模孔、格架孔、构造缝、压溶缝和溶缝等类型（郑剑锋等，2013，2015；焦存礼等，2011；黄文辉等，2012；张学丰等，2011；倪新锋等，2017）。石油行业对孔隙（Pore）、孔洞（Vug）、洞穴（Cave）的尺寸也有相应标准，洞穴定义为直径大于0.5m的储集空间；孔洞定义为直径在2~500mm之间的储集空间；孔隙的直径一般小于2mm。本节通过对塔里木盆地70余口钻遇白云岩的井及野外露头的大量岩心、薄片的观察和描述，系统地梳理了储集空间类型，并参照 Lucia（1983）的方案与石油行业标准，将白云岩中的储集空间分为组构选择性储集空间与非组构选择性储集空间。组构选择性储集空间包括藻格架孔、粒间溶孔、粒内溶孔、晶间孔、晶间溶孔、膏模孔等；非组构选择性储集空间包括溶蚀孔洞、洞穴、溶塌角砾孔、裂缝等。与 Lucia（1983）方案相比，本节方案更多地强调了成因差别，可以与成储机理研究有机结合（表6-1-1）。

表6-1-1 白云岩储层储集空间分类方案

Lucia（1983）			本书
颗粒内孔	粒内孔		粒内溶孔
	晶内孔		—
孤立孔洞	铸模孔		膏模孔
	颗粒间孔	粒间孔	粒间溶孔
		晶间孔	晶间孔、晶间溶孔
		化石间孔	—
	粒间微孔		—
	遮蔽孔		藻格架孔
连通的孔洞	裂缝		裂缝
	溶蚀扩大孔		溶蚀孔洞
	洞穴		洞穴
	角砾孔		溶塌角砾孔
	窗格孔		

一、组构选择性储集空间

1. 藻格架孔

藻格架孔主要是藻格架中的硬石膏、方解石等矿物溶解形成的溶孔和保存下来的部分原生孔，主要发育在上震旦统奇格布拉克组及下寒武统肖尔布拉克组—吾松格尔组中，多见藻格架孔被硬石膏、方解石等矿物充填。显微镜下藻白云岩多呈层状或泡沫状，结构完整，孔隙形态与藻格架相关，呈顺层扁平状，大小通常在 0.2~5mm 之间，岩心上观察具有方向性和成层性（图6-1-1）。对舒探1井藻白云岩样品开展CT表征分析，样品直径约25mm，扫描分辨率为16μm。CT表征结果显示藻格架孔顺层发育特征明显，孔隙度为6.08%，孔隙数量为4430个（最大半径为257.7μm，最小为3.762μm，平均为32.36μm），喉道数量为4720个（最大半径为153.7μm，最小为3.316μm，平均为24.83μm），连通体积占比为71.63%。定量分析结果反映孔喉分异较大，横向上连通性较好，垂向上连通性相对较差（图6-1-2）。藻格架孔型白云岩储层往往具有中孔低渗的特征。

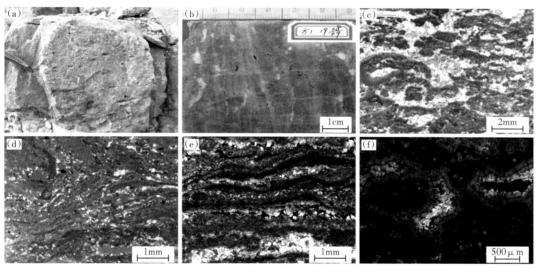

图6-1-1　藻格架孔特征

（a）什艾日克剖面，奇格布拉克组，第95层，藻白云岩中发育顺层藻格架孔；（b）方1井，4600.5m，肖尔布拉克组，深灰色藻白云岩，藻格架孔具有成层性，硬石膏顺层不连续分布，岩心；（c）苏盖特布拉克剖面，肖尔布拉克组，藻格架白云岩，铸体薄片，单偏光；（d）肖西沟剖面，奇格布拉克组，第32层，叠层石纹层间藻格架孔，铸体薄片，单偏光；（e）舒探1井，肖尔布拉克组，藻白云岩，暗色藻粘结纹层间发育顺层孔隙，孔内充填沥青和自形亮晶白云石，铸体薄片，单偏光；（f）方1井，4603.3m，肖尔布拉克组，藻白云岩，格架孔被方解石及石膏部分充填，岩石薄片，正交偏光

2. 粒间溶孔

粒间溶孔是具有完整颗粒形态的白云石颗粒间的孔隙，形态不规则，孔径小于颗粒，但具有较好的连通性，通常孔隙会被亮晶方解石、白云石半充填，颗粒主要由粉晶白云石构成，未受到明显的压实作用（图6-1-3）。以肖尔布拉克剖面上寒武统的一个颗粒白云岩样品为例，由于粒间孔大小普遍在150μm内且相对均质，故采用3mm直径样品在0.9μm分辨率下进行三维CT表征（图6-1-3），结果表明孔隙度为7.73%，孔隙数量为

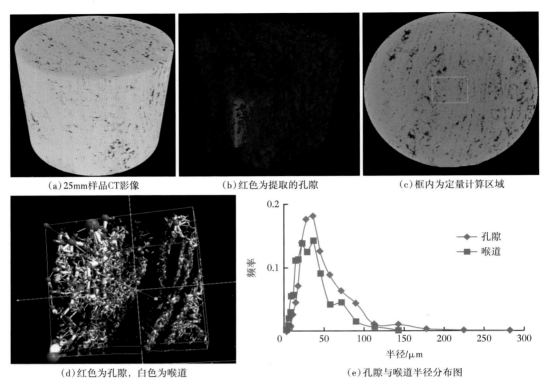

(a)25mm样品CT影像　　　　(b)红色为提取的孔隙　　　　(c)框内为定量计算区域

(d)红色为孔隙，白色为喉道　　　　(e)孔隙与喉道半径分布图

图6-1-2　舒探1井(1885.6m，肖尔布拉克组)藻格架白云岩储层CT特征

23575个(最大半径为49.77μm，最小为0.897μm，平均为20.19μm)，喉道数量为30291个(最大半径为39.53μm，最小为0.897μm，平均为14.52μm)，连通体积占比为64.68%。此结果反映了粒间溶孔型白云岩中孔隙极其发育，并且具有较高的连通性，是非常好的储集空间。粒间溶孔在各地层中均有发育，是规模颗粒滩储层重要的孔隙类型。

3. 粒内溶孔

粒内溶孔是颗粒部分或全部被溶解而形成的孔隙，当完整的颗粒全部被溶解就可以形成颗粒铸模孔，通常鲕粒、文石质生物碎屑最易被溶解，形态相对规则，大小在0.1～0.5mm之间，孔隙的载体为粉晶白云岩，胶结物通常也是粉晶白云岩(图6-1-4)。以肖尔布拉克剖面上寒武统的一个颗粒白云岩样品为例，与粒间孔相似，由于粒内孔大小普遍在100μm内且均质发育，故也采用3mm直径样品在0.9μm分辨率下进行三维CT表征(图6-1-4)，结果表明孔隙度为7.08%，孔隙数量为22930个(最大半径为71.10μm，最小为0.897μm，平均为26.51μm)，喉道数量为30005个(最大半径为56.47μm，最小为0.897μm，平均为20.09μm)，连通体积占比为13.02%。此结果反映了粒内溶孔型白云岩中虽然微孔隙极其发育，但多为孤立的孔隙，具有高孔低渗的特征。与粒间溶孔相似，粒内溶孔在各地层中均有发育，但数量比粒间溶孔少，是规模颗粒滩储层次要的孔隙类型。

4. 晶间孔

晶间孔是具有较好形态的自形—半自形白云石晶体之间的孔隙，显微镜下呈多边形(图6-1-5)，一般小于白云石晶体，但部分会略大于白云石晶体，主要发育于上寒武统—下奥陶统的细—粗晶白云岩中，而中—下寒武统发育相对较少。为了更好地表征晶间孔型

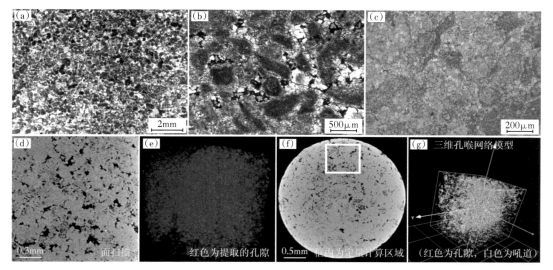

图 6-1-3　粒间溶孔特征

（a）苏盖特布拉克剖面，肖尔布拉克组上段，藻砂屑白云岩，粒间溶孔发育，铸体薄片，单偏光；（b）舒探 1 井，
1886.0m，肖尔布拉克组，藻砂屑白云岩，粒间孔隙中半充填亮晶白云石和沥青，铸体薄片，单偏光；

（c）牙哈 10 井，6396.92m，沙依里克组，藻砂屑白云岩，粒间溶孔发育，铸体薄片，单偏光；

（d）—（g）粒间溶孔型颗粒白云岩 CT 三维成像表征

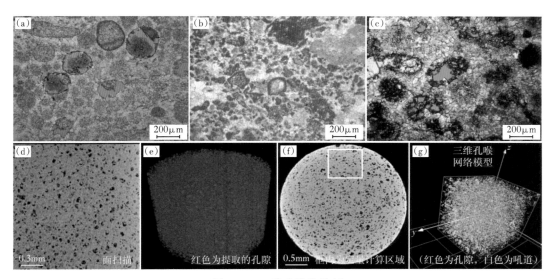

图 6-1-4　粒内溶孔特征

（a）牙哈 7X-1 井，5833m，阿瓦塔格组，颗粒白云岩，发育铸模孔，铸体薄片，单偏光；（b）英买 36 井，
5618.73m，下丘里塔格组，亮晶砂屑白云岩，粒内溶孔发育，铸体薄片，单偏光；（c）塔中 1 井，3584.4m，
鹰山组，残余砂屑细晶白云岩，发育粒内溶孔、铸模孔；（d）—（g）粒内溶孔型颗粒白云岩孔隙 CT 三维成像表征

白云岩储层的孔喉结构，以巴楚地区永安坝剖面蓬莱坝组的一个细晶白云岩样品为例，对其进行 CT 三维成像（图 6-1-5），并提取孔喉结构参数。由于其孔隙大小普遍在 $200\mu m$ 之内且相对均质，故用毫米钻机采集 3mm 直径样品，选择在 $0.9\mu m$ 分辨率下进行扫描，以获得更高分辨率的微观孔喉结构特征参数，结果表明孔隙度为 4.15%，孔隙数量为 5173

个（最大半径为 106.53μm，最小为 0.897μm，平均为 49.86μm），喉道数量为 12598 个（最大半径为 71.773μm，最小为 0.713μm，平均为 34.29μm），连通体积占比为 48.81%。此结果反映了岩石表面晶间孔看似分布不均，但内部微孔隙发育，并且具有较好的渗透性。晶间孔不但是较好的油气储集空间，同时也是成岩后期流体的运移通道，为储集空间的进一步改造奠定了基础。晶间孔是塔里木盆地下古生界最常见也是最重要的储集空间之一。

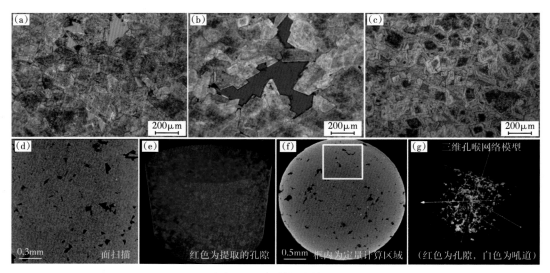

图 6-1-5　晶间孔特征

(a)塔中 243 井，5718.83m，下丘里塔格组，中晶白云岩，可见颗粒幻影，晶间孔发育，晶体以半自形为主，
孔隙周围晶体较自形，铸体薄片，单偏光；(b)轮深 2 井，6855.69m，下丘里塔格组，中—粗晶白云岩，
晶体呈自形—半自形镶嵌状分布，雾心亮边结构，晶间孔少量发育，孔径大于晶径，铸体薄片，单偏光；
(c)英买 321 井，5379.88m，蓬莱坝组，中—细晶白云岩，自形白云石发育雾心亮边结构，晶间残余
晶间孔；(d)—(g)晶间孔型细晶白云岩孔隙 CT 三维成像表征

5. 晶间溶孔

晶间溶孔是后期溶蚀流体进入白云石晶间孔后，沿途溶蚀了部分白云石晶体所形成的，显微镜下孔隙呈港湾状，白云石边缘具有明显溶蚀痕迹（图 6-1-6），岩心上表现为不规则的溶孔，大小在 0.3~2mm 之间（郑剑锋等，2015），一般大于白云石晶体。由于溶蚀孔洞多为早期孔隙改造的结果，故发育这种孔隙的白云岩通常都具有很好的物性，在上震旦统—下奥陶统各个层位都有发育，在下寒武统肖尔布拉克组与上寒武统—下奥陶统最为发育，是塔里木盆地重要的白云岩储集空间之一。此外，这种孔隙中常常会见到晚期流体作用的"副矿物"，如石英、亮晶方解石、沥青及鞍状白云石、萤石等热液矿物。

6. 膏模孔

膏模孔是岩石中的硬石膏被溶解所形成的铸模孔，大小与沉淀的硬石膏颗粒有关，为膏质溶蚀后残余的溶孔，因而部分保留石膏的原始晶形，可见较大的浑圆状、粒状或短柱状石膏溶孔与较小的长条状—针状石膏溶孔。岩心上表现为蜂窝状的孤立孔隙（图 6-1-7a），大小一般在 0.1~1mm 之间，孔隙发育的载体为红褐色的(含膏)泥晶白云岩；微观分析上可见具有孤立的溶孔特征（图 6-1-7b—d）。为了更好地表征膏模孔型白云岩储层的孔喉结构，以牙哈 10 井含膏泥晶白云岩样品为例，对其进行 CT 三维扫描（图 6-1-7），并提

图 6-1-6　晶间溶孔特征

（a）舒探 1 井，1916.83m，肖尔布拉克组，粉细晶云岩，白云石晶体较自形、洁净，晶间溶孔大量发育，
蓝色铸体，单偏光；（b）康 2 井，5496.29m，肖尔布拉克组，细晶白云岩，残余颗粒结构，晶间溶孔
大量发育，溶孔大小不一，铸体薄片，单偏光；（c）塔参 1 井，6418.93m，下丘里塔格组，细晶
白云岩，晶间溶孔发育，铸体薄片，单偏光

取孔喉结构参数。本次为不规则样品，选择在 9μm 分辨率下进行扫描，以获得更高分辨率的微观孔喉结构特征参数，结果表明孔隙度为 4.2%，孔隙数量为 10480 个（最大半径为377.6μm，最小为 4.043μm，平均为 36.58μm），喉道数量为 33143 个（最大半径为271.4μm，最小为 3.034μm，平均为 24.07μm），连通体积占比为 15.8%。工业 CT 表征膏模孔分布相对均匀且孤立，孔喉连通性差，微裂缝发育，为弱连通孔隙。膏模孔型白云岩储层往往具有中孔低渗的特征，一般在中寒武统中最为常见。

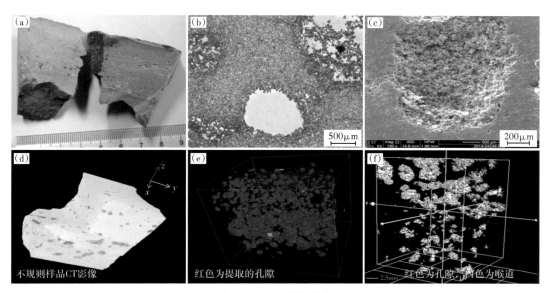

图 6-1-7　膏模孔特征

（a）牙哈 10 井，6210.6m，阿瓦塔格组，泥—粉晶白云岩，膏模孔大量发育，顺层分布，分布相对均匀；（b）样品
同（a），铸体薄片，单偏光；（c）样品同（a），扫描电镜；（d）—（f）膏模孔型泥晶白云岩孔隙 CT 三维成像表征

二、非组构选择性储集空间

1. 溶蚀孔洞

溶蚀孔洞由多个白云石晶体部分或全部溶解而形成，其发育多与沿裂缝的后期扩溶改造有关，形态不规则，可在岩心上识别，为早期孔隙扩溶或沿裂缝的后期扩溶改造，大小

一般在 2mm 以上，可达到厘米级（图 6-1-8）。同晶间溶孔一样，发育溶蚀孔洞的白云岩通常具有较好的物性，一般在断层或裂缝型地层中最为常见。为了更好地表征溶蚀孔洞型砂屑白云岩储层的孔喉结构，以中深 5 井沙依里克组砂屑白云岩样品为例，对其进行 CT 三维成像（图 6-1-8），并提取孔喉结构参数。本次在常规岩心上钻取 25mm 直径样品，选择在 9μm 分辨率下进行扫描，以获得更高分辨率的微观孔喉结构特征参数，结果表明孔隙度为 12.63%，孔隙数量为 6977 个（最大半径为 831μm，最小为 4.192μm，平均为 39.04μm），喉道数量为 44127 个（最大半径为 529.4μm，最小为 3.524μm，平均为 50.91μm），连通体积占比为 98.8%。工业 CT 表征溶蚀孔洞、裂缝—孔洞不规则发育，非均质性强，裂缝与孔洞伴生，孔喉连通性较好。溶蚀孔洞型白云岩储层往往具有中高孔中渗的特征，在各颗粒白云岩地层中最为常见。

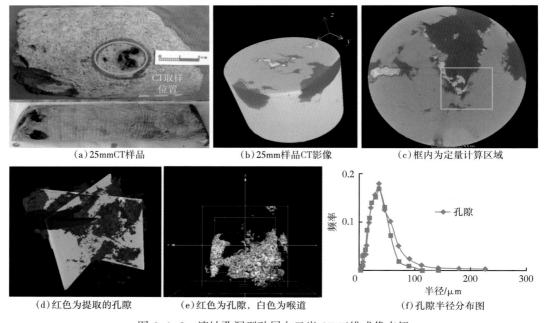

(a) 25mmCT 样品　　　　　(b) 25mm 样品 CT 影像　　　　　(c) 框内为定量计算区域

(d) 红色为提取的孔隙　　　　(e) 红色为孔隙，白色为喉道　　　　(f) 孔隙半径分布图

图 6-1-8　溶蚀孔洞型砂屑白云岩 CT 三维成像表征

2. 洞穴

洞穴的定义为大小大于 0.5m 的储集空间。塔里木盆地内鲜见洞穴型白云岩储层，但在白云岩潜山区，还是存在大型洞穴，一般通过间接标志和方法来判断，如洞穴角砾、地下暗河沉积物、钻井过程中突然出现的放空、大量漏失钻井液与钻时加快等现象，例如玉北 1-2X 井放空 1.6m。成像测井上由于溶蚀孔洞及充填物电阻率低，故静态电成像测井图像一般表现为黑色—棕色高导特征，而围岩因电阻率高，电成像测井图像颜色较浅，多呈浅棕—亮黄色（图 6-1-9）。洞穴是一个复杂的孔隙体系，未充填或半充填的洞穴固然是非常重要的储集空间，但洞穴充填物为支撑的储集空间，包括充填过程中形成的储集空间和埋藏过程中受埋藏流体、热液改造形成的储集空间，既包含继承原岩的孔隙，也有新形成的孔隙（洞穴埋藏后的垮塌可以导致围岩角砾岩化和裂缝的发育）。

3. 溶塌角砾孔

溶塌角砾孔是岩石中的膏盐层整体被溶解从而导致上覆白云岩层垮塌所形成的，区别

236

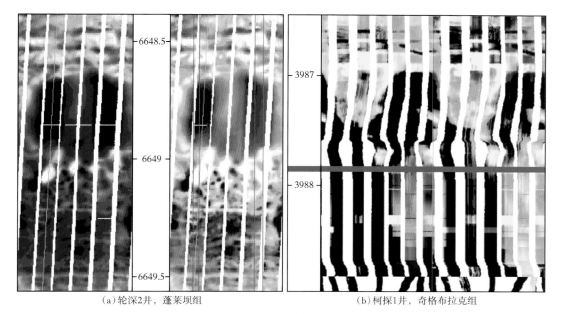

(a)轮深2井，蓬莱坝组　　　　　　　　　　(b)柯探1井，奇格布拉克组

图6-1-9　洞穴特征

于构造角砾，溶塌角砾要小得多，孔隙也要小得多，通常在0.5~2mm之间（图6-1-10），孔隙发育的载体也为（含膏）泥晶白云岩。发育溶塌角砾孔的白云岩储层往往具有很好的物性，但在塔里木盆地上震旦统—下奥陶统却相对少见，常见于苗岭统潜山岩溶白云岩储层中。

图6-1-10　溶塌角砾孔特征

（a）牙哈7X-1井，5834.31m，阿瓦塔格组，泥晶白云岩，溶塌角砾砾间孔隙发育，铸体薄片，单偏光；（b）牙哈10井，6210.40m，阿瓦塔格组，角砾状细晶白云岩，溶塌角砾砾间孔隙发育，铸体薄片，单偏光；（c）英买321井，5350.13m，蓬莱坝组，泥晶白云岩，溶塌角砾砾间孔隙发育，铸体薄片，单偏光

4. 裂缝相关的储集空间

与石灰岩相比，白云岩性脆，更易产生裂缝，形成裂缝型储集空间。裂缝型储集空间自身的孔隙度不大，但决定储层的渗流能力。裂缝对白云岩储层的改造作用体现在两个方面，一方面是沿裂缝易发生次生溶蚀作用，产生大量的溶蚀孔洞，增大储层物性；另一方面是裂缝自身对储层的渗透率具有强烈的建设性作用，因此裂缝对塔里木盆地深层白云岩储层非常关键，可强烈改善储层物性。裂缝既是主要的渗流通道，又是主要的储集空间，

该类型表现为较低的基质孔隙度与较高的渗透率特征。

塔里木盆地上震旦统—下奥陶统白云岩中裂缝包括构造缝、溶蚀缝和压溶缝。构造缝一般为0.1~5mm，形状规则、缝壁平直、延伸较远，缝中往往还能见到亮晶方解石、白云石、沥青及黄铁矿等矿物，有时多条构造缝会相互切割（图6-1-11a），据此可用来辅助判断构造运动期次。构造裂缝往往是溶蚀流体介质的储运通道，对碳酸盐岩储集性能改善起到重要作用。溶蚀缝是原有的缝合线、构造缝被各种成岩流体溶蚀改造而成，呈不规则带状或串状分布（图6-1-11b），溶蚀缝的形成不仅可以扩大空间，同时也改善了油气运移的条件。压溶缝一般为0.01~0.1mm，主要为沿缝合线发生溶蚀作用，有时会形成许多断续、串状溶孔，溶蚀强烈时会形成溶蚀缝，多呈锯齿状、波状和不规则状，常被沥青、有机质充填或半充填（图6-1-11c），压溶缝虽然可以作为储集空间的一种，但不能形成规模（高岗，2013）。塔里木盆地潜山区和断裂发育带是裂缝型白云岩储层的发育区，如山1井就发育较好裂缝型白云岩储层。

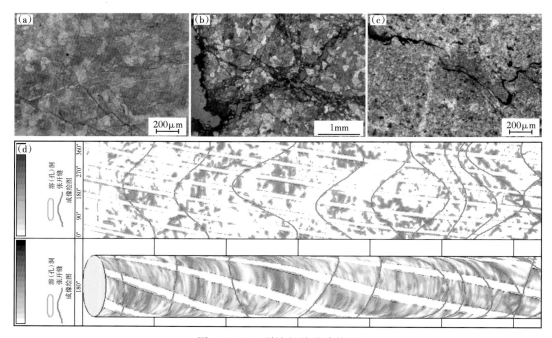

图6-1-11　裂缝相关孔隙特征

(a)塔中243井，5721.30m，下丘里塔格组，网状微裂缝使岩石破碎，铸体薄片，单偏光；(b)阿果依剖面，蓬莱坝组，第一渗流带发育的溶蚀缝，铸体薄片，单偏光；(c)塔中75井，4821.18m，下丘里塔格组，泥—粉晶白云岩，岩石较致密，缝合线发育，中段局部溶蚀扩大，铸体薄片，单偏光；(d)中深1井，肖尔布拉克组，成像测井识别出的裂缝与相关溶蚀孔洞

第二节　白云岩储层发育的主控因素

自"十二五"以来，塔里木盆地下古生界白云岩储层研究取得了长足的进步，核心在于储层描述、成储控制因素与平面展布方面，形成了一系列具有共识性的成果：高能丘滩相是白云岩储层发育的物质基础，准同生期大气淡水溶蚀作用是储层形成的关键，构造裂

缝与埋藏热液改善储层，准同生期白云石化使得储层能够有效保持等（赵文智等，2014；郑剑锋等，2013，2014，2020；沈安江等，2019）。

既不同于砂岩颗粒支撑成储，白云岩的孔隙以溶蚀成储为主，无溶蚀、不储层；也不同于石灰岩储层强烈的非均质性，白云岩储层虽然也表现为横向非均质特征，但局部裂缝—孔洞发育情况下也可以形成相对均质储层。本质上，白云岩储层仍属于致密储层，如果没有次生岩溶与构造破裂，白云岩的基质孔渗是极低的，孔隙度普遍低于 1.0%，渗透率低于 0.1mD。作为致密碳酸盐岩储层，岩溶作用是最重要的建设性要素，同时作为致密储层，构造破裂作用对储层的重要贡献也绝不可忽视。因此，本节将控储要素总结为"高能相带基础、三级岩溶叠加构造破裂作用控储，白云石化有利于孔隙保持"（图6-2-1），高能相带叠加层序界面岩溶作用控制形成孔洞型储层；高能相带叠加裂缝形成孔洞—裂缝型储层；层序界面叠加构造破裂及单独的构造破裂作用形成裂缝型储层；三要素叠加形成最优质的裂缝—孔洞型储层（图6-2-1）。

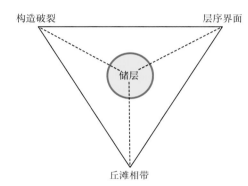

储层类型 因素	构造破裂	层序界面	丘滩相带
构造破裂	裂缝型储层		
层序界面	裂缝型储层	×	
丘滩相带	孔洞—裂缝型储层	孔洞型储层	×

图6-2-1 "三要素"控储简图

一、白云石化

理论上，从 2mol 方解石（$CaCO_3$）到 1mol 白云石[$CaMg(CO_3)_2$]，质量减少 16g，岩石密度由 2.7g/cm^3 增加到 2.8g/cm^3，计算岩石骨架体积降低了 13% 左右，在总体积不变的情况下，孔隙度增加 13% 左右；前提条件是封闭体系，体积不变，但白云石化流体，也就是 Mg^{2+} 源要充分，只发生 Mg^{2+} 取代 Ca^{2+} 的化学反应，不能溶解，这样的条件过于苛刻，不具有代表性。前人研究基本否认了这个仅存在于理论上的可能性，Lucia 等（1994，2004）提出白云石化过程将伴随着结晶充填作用，对提高石灰岩的储层物性没有本质的帮助，但白云岩优异的抗压实压溶性质，能够使其在深埋环境中仍保存很好的孔隙。

塔里木盆地上震旦统—下奥陶统主流的白云石化作用主要有萨布哈白云石化作用、渗透回流白云石化作用、混合水白云石化作用、埋藏—压实白云石化作用、构造热液白云石化作用等，主要形成萨布哈白云岩储层、渗透回流白云岩储层、埋藏白云岩储层、热液白云岩储层、白云岩潜山储层等 5 种类型。但总的来说，不管有多少种白云石化作用，不外乎发生于两大阶段：（1）准同生—浅埋藏阶段，包括萨布哈白云石化作用、渗透回流白云石化作用等，准同生阶段的蒸发泵白云石化作用和浅埋藏阶段渗透回流白云石化作用都与蒸发环境相关，白云石化作用速度快、时间短，形成的白云岩晶粒细，并且往往保留原岩结构，主要形成相控型白云岩储层以及层控型白云岩储层；（2）中—深埋藏阶段，包括埋藏—压实白云石化作用、构造热液白云石化作用，该阶段白云石化作用相对缓慢，形成的白云岩晶粒较粗，往往为细晶级以上，局部残留部分原岩结构，主要形成断控型白云岩储层。白云石化对孔隙的改造作用主要体现在成孔的建设性或破坏性以及孔隙的保持两个方面。

1. 白云石化在成孔中的作用探讨

在塔里木盆地下古生界碳酸盐岩储层研究中，会发现一个规律，即白云岩储层一般要优于石灰岩储层。对蓬莱坝组岩心或露头物性统计数据表明，内幕白云岩平均孔隙度明显高于内幕石灰岩平均孔隙度，白云岩平均孔隙度为 1.52%（$N=99$），而石灰岩平均孔隙度为 0.86%（$N=158$）；同时内幕白云岩中孔隙度大于 2.0% 的数据占全部数据的百分比明显高于内幕石灰岩相应的百分比，其中白云岩占 25%，石灰岩占 3%。多口井证实中—下奥陶统内幕白云岩储层普遍优于石灰岩储层。例如，古城 6 井 2012 年在奥陶系鹰山组深层获得工业气流井，鹰三段产层的岩性就是灰质白云岩，测井解释云质含量曲线与孔隙度曲线具有明显的相关性（图 6-2-2）；塔中北斜坡地区塔中 162 井、中古 1 井、中古 9 井分别在蓬莱坝组、鹰山组钻揭白云岩储层。这样，能否得到"白云石化是增孔成储的重要原因"的结论？

通过岩石学与地球化学分析，不难发现，上述古城 6 井、中古 1 井、中古 9 井相关的白云岩均来自热液白云石化。显微镜下可见古城 6 井产层段白云岩呈他形粒状结构，晶面呈镶嵌状曲面接触，同时伴有大量的硅化现象（图 6-2-2）；碳酸盐岩碳氧同位素分析结果显示 $\delta^{18}O_{PDB}$ 普遍低于 $-11.5‰ \sim -8‰$（$N=17$），表现为明显的热液白云石化特征。塔中地区奥陶系多口井钻揭的白云岩储层也与热液有关，中古 1 井在鹰一段钻揭白云岩储层，有深灰色白云岩与白色白云岩脉体两种产状，均表现为他形粒状粗晶结构，白云石具有弯曲解理面与波状消光特征（图 6-2-3a）；塔中 162 井蓬莱坝组钻揭云灰岩，可见有热液重晶石（图 6-2-3b）；中古 9 井鹰一段白云石可见明显的弯曲解理面与波状消光（图 6-2-3c），证实为热液白云石化成因。热液沿裂缝侵入，交代石灰岩产生细晶云岩，同时在裂缝空间中结晶粗晶结构白云石胶结充填裂缝，这个过程中，起到决定性作用的是先存裂缝及伴生孔隙，热液进入反应体系后发生了交代作用与重结晶作用，虽然不排除热液交代产生的增孔作用，但对早期先存裂缝的充填作用可能对储层的破坏性更大。

另一方面，假设"白云石化是增孔成储的重要原因"成立，那么白云岩占统治地位的下丘里塔格组应该具有很好的储层发育条件；事实上，不论野外露头还是井下，下丘里塔格组白云岩储层均欠发育。以塔参 1 井下丘里塔格组为例，塔参 1 井下丘里塔格组顶部取心 6 筒，岩性以细晶白云岩为主，岩心上见大量的裂缝以及少数沿裂缝发育的溶蚀孔洞（图 6-2-3d），铸体薄片分析结果显示储集空间以裂缝为主（图 6-2-3e）。前人的研究表明白云石化发生在准同生期，流体为蒸发渗透回流卤水（陈永权等，2010）。取柱塞样品 75 个做常规物性实验，结果显示，孔隙度小于 1.5% 的样品数为 70 个，占比 93.3%；孔隙度大于 1.5% 的 5 个样品孔隙度为 1.6%~2.2%，平均为 1.9%。测试水平渗透率样品 66 件，其中 47 件样品水平渗透率小于 1mD，19 件样品渗透率大于 1mD，大于 1mD 样品占比 29%，体现出较好的渗流能力，低孔高渗符合裂缝储层特点（图 6-2-3f）。因此，准同生—浅埋藏阶段白云石化不能本质性增孔；中—深埋藏阶段的热液白云石化会造成局部增孔、局部减孔，是由溶蚀与沉淀作用而非白云石化作用造成。

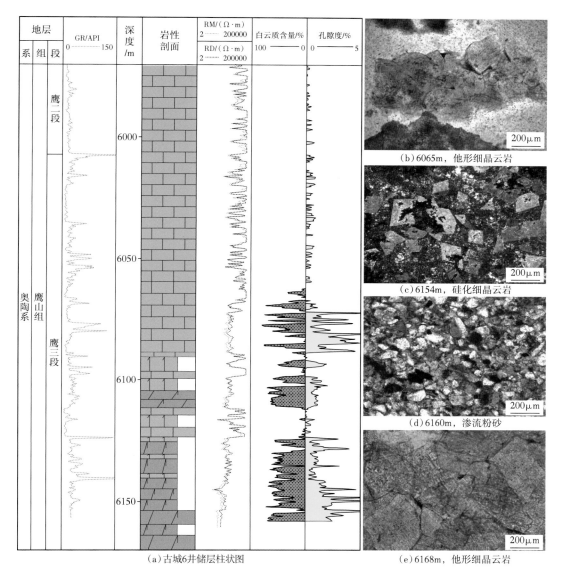

（a）古城6井储层柱状图

（b）6065m，他形细晶云岩

（c）6154m，硅化细晶云岩

（d）6160m，渗流粉砂

（e）6168m，他形细晶云岩

图 6-2-2　古城 6 井储层柱状图与薄片照片

2. 白云石化在孔隙保持中的作用探讨

Halley 等（1983）发现白云岩随埋深增加的压实减孔效应比石灰岩慢（图 6-2-4a）。Lucia（1999）发现"人类世"石灰岩孔隙度高于白云岩，随着白云石含量升高，孔隙度没有本质性地变化，但古生界白云岩往往比石灰岩具有更高的孔隙度（图 6-2-4b）。赵文智等（2018）提出白云岩储层孔隙类型及发育程度与白云石化存在一定的相关性，但白云石化对孔隙形成的直接贡献有所夸大，规模白云岩储层中的孔隙主要来自对原生孔隙的继承和表生溶蚀，部分来自埋藏溶蚀，早期白云石化有利于孔隙的保存，而不能本质性地增孔。

另外，白云岩的抗压实导致几乎不产生压溶产物（缝合线主要见于石灰岩中，在白云岩中少见），缺乏埋藏胶结的物源，这是早期与蒸发环境相关白云岩中缺乏胶结物而使先

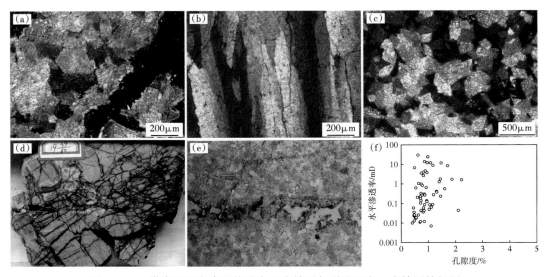

图 6-2-3　塔中地区奥陶系热液白云岩储层与裂缝型白云岩储层特征图

（a）中古 1 井，鹰山组，6400m，粗晶鞍状白云石脉，正交光；（b）塔中 162 井，5977.18m，重晶石，正交光；
（c）中古 9 井，6264m，鞍状白云石，波状消光，晶间孔、晶间溶孔发育；（d）—（f）塔参 1 井，下丘里塔格组，
岩心、薄片照片与孔渗交会图

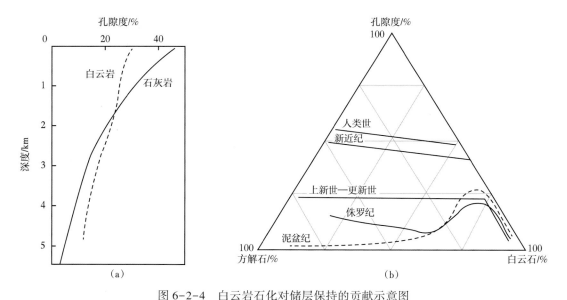

图 6-2-4　白云岩石化对储层保持的贡献示意图

（a）佛罗里达州白云岩与石灰岩孔隙度随深度变化关系（据 Halley et al.，1983）；
（b）不同地质时代碳酸盐岩矿物组成与孔隙度的关系图（据 Lucia，1999）

存孔隙得到保存的重要原因之一。白云岩的脆性特征容易产生脆性裂缝也是白云岩的储层物性普遍好于石灰岩的重要原因之一。

二、岩相

岩相及其组合是白云岩储层形成的物质基础，已被学术界广泛认可（赵文智等，2012，2015）。所有组构选择性孔隙均与岩相有关，藻丘相易形成藻架孔，颗粒滩相可形成粒间

溶孔、粒内溶孔和晶间溶孔等，含石膏结核的泥晶白云岩受溶蚀可产生膏模孔。

笔者团队曾两次针对柯坪露头区肖尔布拉克组开展野外建模，探讨了岩相与储层发育的关系。李保华等（2015）通过阿克苏—乌什苏盖特布拉克露头区多个剖面开展肖尔布拉克组岩相描述与储层评价，统计结果显示：（1）Ⅰ类储层发育在颗粒白云岩和微生物礁白云岩中，泥粉晶白云岩、结晶白云岩和藻白云岩不发育Ⅰ类储层；（2）颗粒白云岩中，Ⅰ类储层占33%，Ⅱ类储层占39%，储层总比例高达72%；（3）微生物礁白云岩中，Ⅰ类储层占7%，Ⅱ类储层占25%，储层总比例为32%；（4）结晶白云岩中，Ⅱ类储层比例达到67%，说明白云石重结晶作用对储层具有改善作用；（5）泥粉晶白云岩和藻白云岩主要为非储层，所占比例分别为80%和97%（图6-2-5a）。这说明颗粒白云岩在肖尔布拉克组的储层中具有至关重要的地位，颗粒滩储层物性好、厚度大、在台缘带上的分布范围广，是肖尔布拉克组中不可或缺的储层类型。微生物礁具有一定规模，但其物性一般，对肖尔布拉克组的储层具有一定贡献，但远不及颗粒滩。结晶白云岩中Ⅱ类储层所占比例虽然很高，但是，由于其在整个肖尔布拉克组中所占比例极低，结晶白云岩对肖尔布拉克组储层的贡献甚微。

郑剑锋等（2020）对肖尔布拉克露头区7条剖面肖尔布拉克组开展实测、描述与储层建模研究，分8种岩石类型探讨岩相与储层发育的关系。对7条剖面的507个物性样品按岩相进行分类统计（表6-2-1，图6-2-5b），其中肖下一亚段层纹石白云岩的最大孔隙度、平均孔隙度分别为2.74%和1.41%，肖下二亚段层纹石白云岩的最大孔隙度、平均孔隙度分别为8.90%和3.07%；凝块石白云岩的最大孔隙度、平均孔隙度分别为8.06%和2.80%；藻砂屑白云岩的最大孔隙度、平均孔隙度分别为9.52%和2.58%，泡沫绵层石白云岩的最大孔隙度、平均孔隙度分别为10.92%和4.70%；核形石白云岩的最大孔隙度、平均孔隙度分别为5.25%和3.02%；叠层石白云岩的最大孔隙度、平均孔隙度分别为4.15%和2.21%；粒泥白云岩的最大孔隙度、平均孔隙度分别为1.54%和1.02%。数据表明，肖尔布拉克组孔隙度和岩相具有较好的相关性，泡沫绵层石孔隙度最高，肖下二亚段层纹石、凝块石、核形石、藻砂屑孔隙度次之，叠层石孔隙度相对一般，肖下一亚段层纹石白云岩和粒泥白云岩孔隙度差，总体表现出较强的岩石组构选择性。

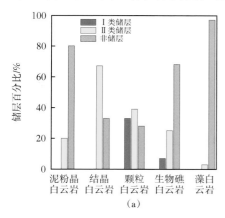
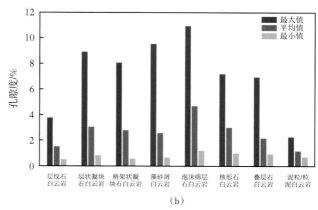

图6-2-5 柯坪露头区肖尔布拉克组岩相与储层发育情况统计图

（a）乌什苏盖特露头区，肖尔布拉克组（据李保华等，2015）；（b）肖尔布拉克露头区，
肖尔布拉克组（据郑剑锋等，2020）

表 6-2-1　肖尔布拉克露头区不同岩相孔隙度统计

岩相	孔隙度/%			渗透率/mD		
	最大	平均	最小	最大	平均	最小
层纹石白云岩	3.78	1.53	0.54	10.985	1.231	0.007
层纹石白云岩(肖下二亚段)	8.90	3.07	0.86	147.836	7.373	0.001
凝块石白云岩	8.06	2.80	0.61	231.800	3.780	0.004
藻砂屑白云岩	9.52	2.58	0.70	39.560	1.375	0.004
泡沫绵层石白云岩	10.92	4.70	1.22	7.047	0.256	0.007
核形石白云岩	7.18	3.02	1.02	39.560	1.375	0.004
叠层石白云岩	6.94	2.18	0.95	0.162	0.026	0.003
粒泥白云岩	2.27	1.19	0.73	0.009	0.006	0.003

三、岩溶

塔里木盆地上震旦统—下奥陶统白云岩储层分布具有明显的成层性，"无溶蚀不储层"，即在有利岩相的基础上，岩溶作用是规模成储的关键条件。这里所说的岩溶是广义岩溶概念，既包含喀斯特，也包含层间岩溶以及埋藏岩溶；岩溶的类型与传统石灰岩岩溶没有本质区别，不过是可溶岩由石灰岩变为了白云岩而已。岩溶类型可以按照岩溶发育位置分为潜山岩溶、层间岩溶、礁滩体岩溶和埋藏岩溶(热液、有机酸)，也可以按相对于可溶岩岩溶作用的时间来划分，分为同生岩溶、风化壳岩溶与埋藏岩溶(韩剑发等，2006；陈景山等，2007；倪新锋等，2010；孙崇浩等，2012；杨海军等，2012；王招明等，2010，2015)，这些岩溶类型在塔里木盆地下古生界白云岩中同样存在。

1. 同生岩溶

同生岩溶作用发生于同生或准同生大气成岩环境中。受次级沉积旋回和海平面升降变化的控制，潮坪、颗粒滩、生物礁等浅水碳酸盐岩沉积体，尤其是在海退和向上变浅的沉积序列中，伴随海平面暂时性相对下降，时而出露海面或处于淡水透镜体内，受到富含 CO_2 的大气淡水的淋溶，形成大小不一、形态多样的各种孔隙。由于大气淡水选择性的溶蚀作用通常发生于文石、高镁方解石等不稳定矿物转变为稳定的低镁方解石之前，因此，碳酸盐岩中的粒内溶孔、铸模孔等组构选择性溶孔一般被视为碳酸盐岩发生同生或准同生岩溶作用的主要识别标志之一(陈景山等，2007)。

本章第一节所述的组构选择性储集空间中，藻格架孔(图6-1-1)、粒内溶孔(图6-1-4)、粒间溶孔(图6-1-3)、膏模孔(图6-1-7)均为同生岩溶阶段形成的储集空间，也有部分晶间孔、晶间溶孔或溶蚀扩大孔洞为同生期大气水岩溶作用的产物。苏盖特布拉克剖面肖尔布拉克组丘滩体白云岩晶间溶孔(图6-2-6a、b)，轮南—古城坡折带塔深1井(图6-2-6c)、城探1井台缘丘滩体孔洞型白云岩储层(图6-2-6d)以及中寒1井肖尔布拉克组针孔状白云岩储层(图6-2-6e)皆为同生岩溶作用的结果。中寒1井针孔状白云岩之上发育褐色泥岩夹砂岩(图6-2-6f)，指示该套白云岩储层发育在向上变浅的序列中，海平面下降导致了岩溶作用的发生。

2. 风化壳岩溶

风化壳岩溶的发育与重大的海平面下降或构造运动造成的陆地大面积暴露有关，常常是地层学中的主要不整合面(陈景山等，2007)。牙哈、英买力地区前白垩纪寒武系白云

图 6-2-6　同生岩溶成储作用

（a）和（b）柯坪露头区，苏盖特布拉克剖面，肖尔布拉克组丘滩体，手标本与薄片照片；（c）塔深 1 井，吾松格尔组台缘丘滩体白云岩孔洞型储层；（d）城探 1 井，下丘里塔格组，台缘丘滩体白云岩孔洞型储层；（e）中寒 1 井，肖尔布拉克组 SQ2 顶部针孔状白云岩储层；（f）中寒 1 井，肖尔布拉克组 SQ3 顶部风化面沉积的褐色泥岩与砂岩

岩潜山，塔中东部塔中 1 井、中古 58 井前石炭纪白云岩潜山以及麦盖提斜坡—玛东冲断带前石炭纪白云岩潜山已经发现多个油气田/藏，充分证明了风化壳岩溶对白云岩的成储作用（张德民等，2016；谢会文等，2017；王晓雪等，2020）。王晓雪等（2020）报道了塔中东部潜山上寒武统白云岩潜山储层模型，提出潜山岩溶作用是形成优质储层的主要原因，根据阿合奇县阿果依剖面，建立了残丘叠加裂缝控储的白云岩潜山储层发育模型（图 6-2-7）。

　　早古生代风化壳岩溶成储的典型代表是震旦系顶面的风化壳岩溶成储作用。野外露头岩溶储层建模结果表明，风化壳岩溶影响厚度在 100m 左右，岩溶纵向分带性明显，表层岩溶带厚 30~40m，岩性为角砾状白云岩，蜂窝状溶蚀孔洞发育，方解石半—全充填，见大型溶洞；垂直渗流带厚约 30~40m，基质孔洞不发育，垂直层面裂缝发育，裂缝被多期泥质充填，裂缝周缘见溶蚀扩大孔隙；水平潜流带厚近 30m，顺层发育溶蚀孔洞，孔隙度为 2%~8%（图 6-2-8a）。

　　塔克拉玛干沙漠覆盖区多个钻孔钻揭该套岩溶风化壳，柯探 1 井（京能）在距离震旦系顶面约 50m 处放空 2.5m；旗探 1 井震旦系顶部风化壳取心为角砾状白云岩；轮探 3 井在震旦系—寒武系界限处取到岩心，奇格布拉克组风化壳为角砾状白云岩，奇格布拉克组中发育大量的古溶洞，并被玉尔吐斯组暗色泥页岩充填（图 6-2-8b）。在震旦系顶面古岩溶作用下，奇格布拉克组顶面稳定发育一套白云岩风化壳储层。

3. 埋藏岩溶

　　埋藏岩溶作用指碳酸盐岩在中—深埋藏阶段主要与埋藏成岩作用相联系的溶蚀现象及过程，尤其是与有机质热演化过程中伴生的有机酸溶蚀碳酸盐矿物有关，有人也称之为深部溶蚀作用、热水岩溶作用、深部岩溶作用、埋藏期岩溶作用和构造期岩溶作用等（陈景山等，2007）。根据前人研究，埋藏条件下流体流动的动力学机理可能包括生长断层对地层流体的排挤作用、造山带的推覆作用、后造山地层弯曲所产生的相同地层流体的不同重力势能作用等（McManus et al.，1992）。Chen 等（2013）在研究塔里木盆地下古生界白云石

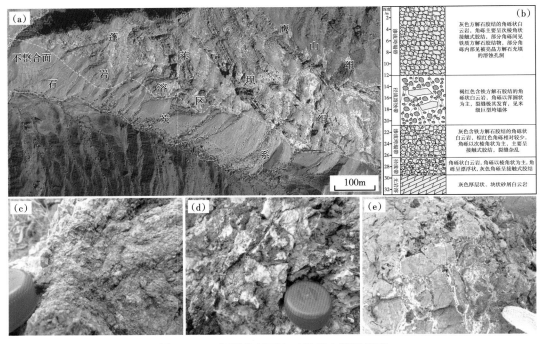

图 6-2-7　阿果依剖面白云岩潜山储层模型

（a）地表露头卫片与地层分布；（b）实测岩溶储层柱状图；（c）褐色角砾状白云岩，角砾呈棱角状，见溶洞
内充填方解石，渗流垮塌带；（d）浅灰色角砾状白云岩，角砾呈次棱角状，砾间被含铁方解石充填，渗流
垮塌带；（e）褐红色含铁方解石胶结的角砾状白云岩，角砾呈棱角状，砾间充填红色的含铁方解石
与细粒白云岩，径流溶蚀带

化过程中发现两种埋藏条件下形成的白云岩，并通过地球化学示踪其流体源与交代温度，提出埋藏白云石化分为"顶蚀型"与"底侵型"两种模式，前者即常说的热液交代白云石化，流体自深向浅运移，在断裂破碎带附近及致密盖层覆盖下的高孔石灰岩层发生白云石化与重结晶作用；而后者是在近地表埋藏条件下，流体自上向下运移，在裂缝带及高孔渗石灰岩中发生溶蚀、白云石化与白云岩重结晶作用。

埋藏条件下热液岩溶是成储、成矿的重要因素。潘文庆等（2009，2012）通过大量的野外露头资料开展岩石学与地球化学研究，认为热液水—岩反应可以规模增孔成储，提出热液成储模式；丁茜等（2019）报道了塔里木盆地发育富镁、富氟与富硫三种热液，分别产生热液白云石化、萤石与硬石膏的沉淀，提出热液对储层有建设性作用，储层具有分带性。热液流体沿断裂或裂缝向上运移并交代可以产生上千立方米规模的白云岩，白云岩通常是粗结晶的，鞍状白云石是这种白云石化的常见产物，它交代和填充孔洞。热液白云石化与断层或断裂相关，形成的白云岩体要么是垂直柱状的，要么局限在某些特定的地层中。热液白云岩是一系列热液矿床的宿主岩体，例如盆地热水喷流沉积型矿床（SEDEX）、密西西比河谷型矿床（MVT）等（图 6-2-9）。

但是热液成储的观点一直没有工业化应用，原因之一是一部分学者的反对，认为根据物质守恒理论，水—岩反应会在局部发生溶蚀，也会发生局部沉淀，但总体热液侵入裂缝等储集空间，对体系来说是物质的增加，所以储层反而会变差；另一方面，热液成储将导致储层没有层位性，这对油气勘探造成非常大的困难。

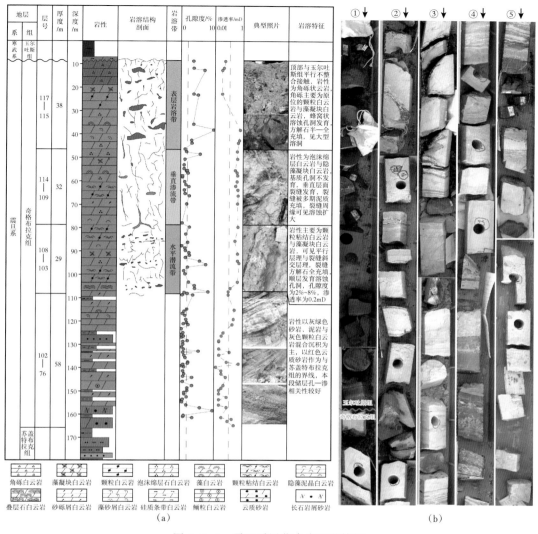

图 6-2-8 震旦系风化壳岩石学特征

（a）柯坪地区什艾日克露头剖面震旦系奇格布拉克组岩溶储层柱状图；（b）轮探 3 井取心宏观照片，从①向⑤深度加大

（a）鞍状白云岩沉淀和交代与平移　　　（b）与热液白云石化相关的矿床和
断层相关的动力学示意图　　　　　　　　油气聚集空间关系示意图

图 6-2-9　热液岩溶成储模式图（据 Davies et al.，2006）

四、构造破裂

构造裂缝对储层的控制作用主要发生在成岩后，在构造运动影响下形成破碎带或裂缝空间；构造裂缝对储层的贡献不在于孔隙度增加，而是储层渗透性的明显改善。裂缝发育程度的影响因素有很多，包括岩性、层厚、褶皱曲率、距离主干断裂的距离等。

在其他条件相近的情况下，如构造环境、层厚等，不同类型的岩石构造裂缝发育程度的差异大于同类型岩石构造裂缝发育程度的差异。同类型的岩石构造裂缝发育程度的差异，主要体现在其内部的结构上，如粒径的差异、胶结物的差异等；就粒径而言，粒径越大，构造裂缝相对越发育。地层越薄在同等构造应力强度下产生的裂缝密度越大。褶皱对构造裂缝的影响主要表现在曲率上，无论是背斜还是向斜，在转折端地层的曲率均相对较大，在两翼地层的曲率均相对较小。在对褶皱区域裂缝的实际测量中发现，转折端的构造裂缝发育，而两翼的构造裂缝相对不发育，受构造作用影响相对较小。除褶皱外，断层也是影响构造裂缝发育情况的一个重要因素，靠近断层的地方，构造裂缝发育；远离断层的地方，构造裂缝发育程度与未受断层影响区构造裂缝发育情况相似。

断层对构造裂缝的影响可以分为断控带和区域裂缝带，断控带受断层影响较大，靠近断层，构造活动强烈，构造裂缝发育；区域裂缝带，受断层的影响较小，靠近断层和远离断层，构造裂缝发育程度相差不大。

第三节　典型白云岩储层成储模式与储层分布

既然早期白云石化不能本质性地增孔成储，则无岩溶不储层，没有规模性的岩石组分溶解就无法产生规模性的储集体，因此规模白云岩储集体均与岩溶有关。根据岩溶作用类型，分为同生岩溶白云岩储层、潜山岩溶白云岩储层与埋藏岩溶白云岩储层等三类，塔里木盆地下古生界以前两类为主。

一、同生岩溶白云岩储层

同生岩溶白云岩储层是在海平面下降情况下，白云岩滩体暴露，并经大气降水淋滤岩溶而形成储层。一般情况下，碳酸盐岩台地有缓坡稳斜型、缓坡远端变陡型与镶边型等三种，在海平面下降情况下，镶边碳酸盐岩台地同生岩溶主要发育在台地边缘，局部发育在膏云坪与潮缘丘滩相，但由于台缘带的障壁作用，后者可溶岩发育程度相对较低，导致同生岩溶作用相对较低（图6-3-1a）。不论是缓坡稳斜型，还是缓坡远端变陡型，在海平面下降时，同生岩溶作用主要发生在潮缘丘滩带（图6-3-1b、c）。因此，本节将同生岩溶白云岩储层分为礁滩体白云岩储层与潮缘丘滩白云岩储层两种类型。

1. 礁滩体白云岩储层

轮南—古城坡折带是塔里木盆地寒武纪—奥陶纪持续发育的台缘带。塔里木盆地寒武系10个层序中，肖尔布拉克组SQ2为缓坡碳酸盐岩台地沉积，主要发育潮缘丘滩白云岩储层；SQ3—SQ10以镶边碳酸盐岩台地模式为主，同生岩溶白云岩储层主要发育在台缘带及礁后滩中（图6-3-2）。轮探3井、塔深1井钻揭SQ4礁滩体白云岩储层，城探3井钻揭SQ7白云岩储层，城探1井钻揭SQ8—SQ9白云岩储层，城探2井钻揭SQ9—SQ10白云岩储层（图6-3-3，图6-3-5）。

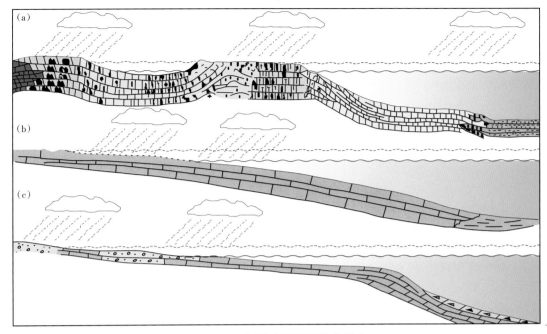

图 6-3-1　同生岩溶储层发育模式

(a)镶边台地同生岩溶模式（据 Armstrong，1974）；（b)稳斜型缓坡台地同生岩溶模式（据 Read，1985）；

(c)远端变陡型缓坡台地同生岩溶模式（据 Read，1985）

轮探 1 井揭示 SQ3（相当于肖尔布拉克组上段），岩性以颗粒白云岩为主，代表了 SQ3 礁后滩相沉积岩；测井解释发育 Ⅱ 类储层 11m/2 层，孔隙度为 3.1%~3.5%，发育 Ⅲ 类储层 40m/3 层，以裂缝—孔洞型储层为主。

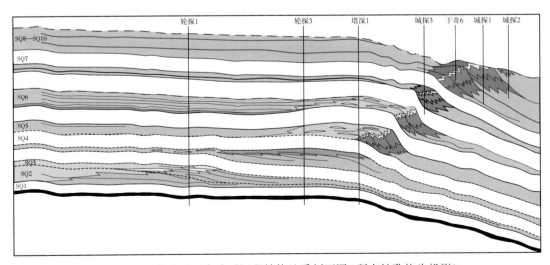

图 6-3-2　轮南地区寒武系沉积结构地质剖面图（所有钻孔均为投影）

塔深 1 井在 SQ4（相当于吾松格尔组）取心（第五筒）以粉晶白云岩为主，从地震反射特征来看代表礁前翼沉积；实测全直径岩心孔隙度为 9.1%，水平渗透率达 4.16mD（云露等，2008）。发育大量杂乱孤立不规则孔洞（直井一般大于10mm，最大30mm）以及顺层状、似层状孔洞（图6-3-3a；曹自成等，2020）。轮探3井钻揭的SQ4以细晶白云岩为主，针状溶蚀孔洞发育（图6-3-3b、c），实测7个柱塞样氦孔隙度为3.1%~7.7%，平均为5.4%；两个实测渗透率，有缝合线发育的样品渗透率达164mD，没有缝合线样品水平渗透率为0.15mD。

塔深1井在SQ5（相当于沙依里克组）取心（第四筒）揭示岩性以藻粘结岩与颗粒白云岩为主，代表礁核的微生物建造（图6-3-3d—f）。实测全直径岩心孔隙度为3.7%，水平渗透率达34.14mD（云露等，2008）。储集空间类型以藻架孔、粒间孔和溶蚀孔洞为主，溶蚀孔洞的发育特征与第五筒相似（曹自成等，2020）。

城探3井钻揭的SQ7（相当于下丘里塔格组底部层序）取心以藻粘结球粒—砂屑细晶云岩为主，见藻丛生结构。实测物性结果表明，SQ7具有高孔低渗特点，孔隙度变化在1%~6.3%之间，平均为2.3%（$N=43$），水平渗透率值在0.03~3.35mD之间，中值为0.85mD。裂缝、溶蚀孔洞较发育，局部溶蚀强，以次生孔隙为主（图6-3-3g—i）。

于奇6井钻揭的SQ8取心3筒，顶部第3筒取心见大量角砾状白云岩，基质以细晶白云岩为主，胶结物含泥质、方解石及少量燧石。于奇6井SQ8直接被奥陶系不整合覆盖，因此顶部发育长期的暴露，发育优质白云岩储层。储集空间以粒间溶孔、角砾间孔、针状溶孔和溶蚀孔洞为主（图6-3-3j）。

城探1井在SQ9取心2筒，岩性以颗粒残余白云岩为主，以藻白云岩为辅（张君龙等，2021a，2021b）；岩心及井壁取心实测物性数据表明，孔隙度为0.6%~5.1%，平均为1.9%，渗透率0.03~3.24mD，中值为0.1mD，表现出中孔特低渗特点；岩心上见与裂缝有关的次生溶孔，原生溶蚀孔洞欠发育（图6-3-3k）。

城探2井在SQ10取心1筒，岩性以灰黑色泥粉晶白云岩为主，孔隙欠发育（图6-3-3l）；实测孔隙度为0.5%~1.1%，平均为0.8%，渗透率平均为0.07mD。整体储层不发育。

关于轮南—古城台缘带的成储机理，研究者的意见趋于统一。朱东亚等（2012）认为塔深1井白云岩中发育的溶蚀孔洞储层是在同生期暴露，遭受大气降水岩溶的结果，在后期埋藏过程中，白云岩进一步受到了热液流体的改造作用，对已有的岩溶储集空间进行充填破坏。曹自成等（2020）认为孔洞型白云岩储集空间的形成与准同生期地表成岩事件有关。王珊等（2020）与闫博等（2021）分别对城探1井区礁滩体白云岩储层进行研究，一致认为高能相带是规模成储的基础，准同生期大气降水暴露溶蚀和白云石化是成储的关键。

高能相带、准同生期暴露均受古地貌与生物丘滩体沉积结构的控制，因此轮南—古城坡折带礁滩体白云岩储层本质上受控于丘滩体沉积结构与层序界面海退暴露（图6-3-4）。

2. 潮缘丘滩白云岩储层

塔里木盆地内下古生界白云岩同生岩溶形成的潮缘丘滩白云岩储层最有代表性的是发育在肖尔布拉克组中的准层状规模储层。以塔中地区为例，塔中4口井均钻揭了肖尔布拉克组白云岩储层，白云岩储层稳定发育在SQ2中上部（图6-3-6）。白云岩储层以藻砂屑白云岩为主，岩心上可见有明暗相间的藻纹层，薄片上轻易可见砂屑等颗粒结构，白云石以粉—细晶结构为主，组合成颗粒幻影结构（图6-3-7）。

中寒1井肖尔布拉克组取心2筒，进行全直径常规物性测试，孔隙度范围在1.8%~19.7%之间，平均为9.2%，中值为7.4%（$N=14$）；水平渗透率在0.02~9.22mD之间，

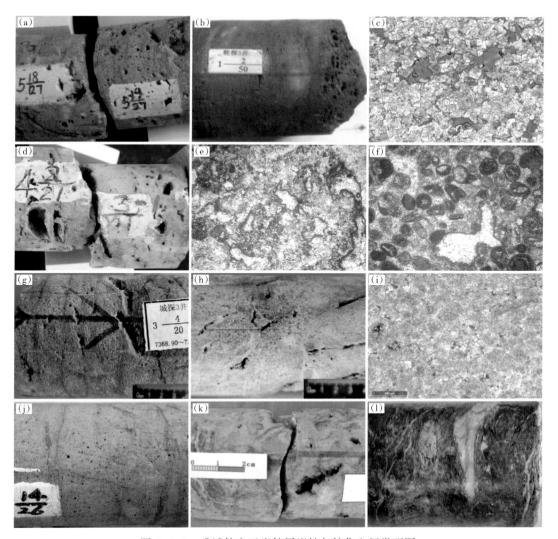

图 6-3-3　礁滩体白云岩储层岩性与储集空间类型图

(a)塔深 1 井，第五筒，SQ4（相当于吾松格尔组）；(b)和(c)轮探 3 井，第五筒，SQ4（相当于
吾松格尔组）；(d)—(f)塔深 1 井，第四筒，SQ5（相当于沙依里克组）；(g)—(i)城探 3 井，
第三筒，SQ7（相当于下丘里塔格组底部层序）；(j)于奇 6 井，第三筒，SQ8（相当于下丘里
塔格组 SPICE 正异常层序）；(k)城探 1 井，SQ9；(l)城探 2 井，SQ10

垂直渗透率在 0.01~225mD 之间，平均为 21.5mD，中值为 1.9mD；CT 扫描计算孔隙度在 1.3%~16.6% 之间，平均为 6.1%，中值为 4.0%（$N=18$）。中寒 2 井肖尔布拉克组取心 1 筒，全直径常规物性实验 3 件次，孔隙度在 2.4%~3.0% 之间，水平渗透率为 0.04~17.4mD，垂直渗透率为 0.005~0.67mD；柱塞样氦孔隙度分析样品 11 件次，孔隙度在 0.9%~3.0% 之间，平均为 2.0%，其中孔隙度大于 2.0% 的样品 6 件，占比 55%；水平渗透率在 0.01~1.49mD 之间，平均为 0.18mD，中值为 0.03mD。

中深 1 井肖尔布拉克组测井解释发育 Ⅰ 类储层 1m/1 层，孔隙度为 12.6%；发育 Ⅱ 类储层 19m/3 层，孔隙度为 6.7%~9%，平均为 8.17%。中深 5 井肖尔布拉克组发育 Ⅱ 类孔洞型储层 10.5m/3 层，孔隙度为 3.5%~3.9%；发育 Ⅲ 类储层 6.5m/1 层，孔隙度为

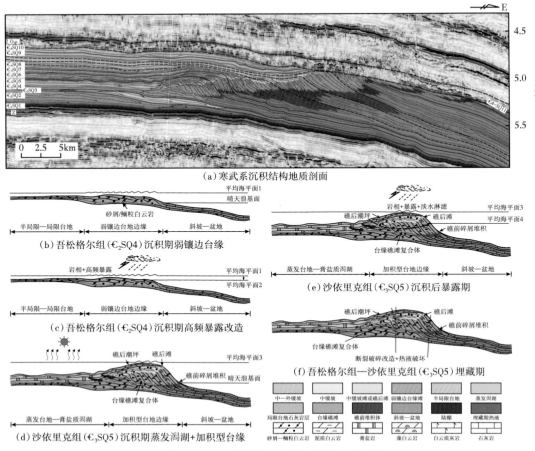

(a) 寒武系沉积结构地质剖面

(b) 吾松格尔组 (∈₂SQ4) 沉积期弱镶边台缘

(c) 吾松格尔组 (∈₂SQ4) 沉积期高频暴露改造

(d) 沙依里克组 (∈₃SQ5) 沉积期蒸发潟湖+加积型台缘

(e) 沙依里克组 (∈₃SQ5) 沉积后暴露期

(f) 吾松格尔组—沙依里克组 (∈₃SQ5) 埋藏期

图 6-3-4　礁滩体白云岩储层发育模式图

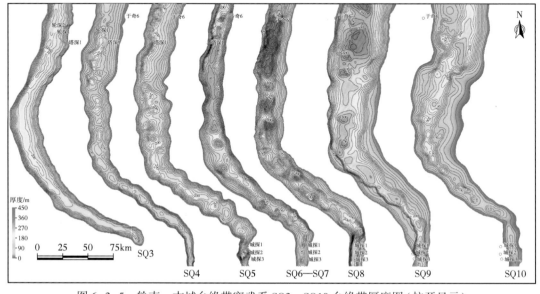

图 6-3-5　轮南—古城台缘带寒武系 SQ3—SQ10 台缘带厚度图 (拉开显示)

2.7%。中寒1井肖尔布拉克组发育Ⅱ类储层14.5m/4层，孔隙度为4.3%~6.3%，平均为5.3%；发育Ⅲ类储层17.5m/2层，孔隙度为2.6%~2.9%，平均为2.74%。中寒2井测井解释肖尔布拉克组发育Ⅱ类储层6.5m/2层，孔隙度为3%~3.2%；发育Ⅲ类储层39.5m/6层，孔隙度为1.3%~1.8%，测试过程中产水170m³/d，表明地层有较高的供液能力。

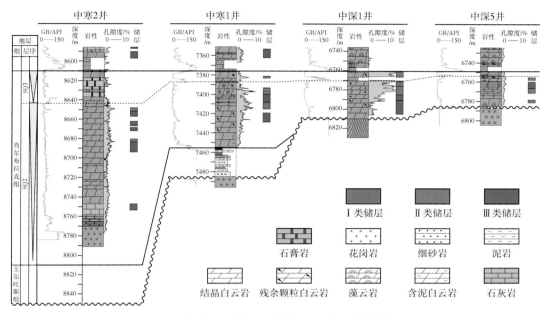

图6-3-6　中寒2—中寒1—中深1—中深5井储层对比图

塔中地区下寒武统肖尔布拉克组白云岩储层储集空间类型微观可见藻架孔、粒间溶孔和粒内溶孔，体现出典型的同生岩溶特点。岩心可见溶蚀孔洞与针状溶孔（图6-3-7），电成像可见层状溶蚀孔洞与沿裂缝发育的溶蚀孔洞，表明晚期构造破裂作用改造了储层。同生岩溶控制了储层的层状发育，而次生构造破裂改造控制了局部的非均质性。

肖尔布拉克组同生岩溶作用可以从取心与地震剖面上清晰地看到证据。中寒1井第三筒心位于肖尔布拉克组SQ3底部的高GR段，取心见明显的褐色泥岩，含有多个砂质条带，作为肖尔布拉克组SQ2与SQ3层序界面的明显标志。从过中寒1井—顺南的三维地震剖面可见（图6-3-8），中寒1井肖尔布拉克组（SQ2准层序组1）全剖面发育，但在顺南三维区准层序组1之上，吾松格尔组之下又发育一套前积反射体（SQ2准层序组2），事实上根据下寒武统沉积结构模型（图6-3-8），这样的准层序组还有很多。也就是说因为海平面持续下降，产生了进积的多个准层序组，在准层序组2沉积后，准层序组1持续暴露，这也解释了中央隆起肖尔布拉克组储层发育的原因。

将图6-3-9AA′地震剖面按地质时间序列可拆解为三个过程：（1）SQ2准层序组2沉积期，中寒2井所代表的准层序组1在接受暴露溶蚀作用；（2）在SQ2准层序组3—5沉积期，准层序组1—2接受暴露溶蚀作用；（3）SQ3沉积期，因SQ2的填平补齐作用，台地类型转化为镶边台地模式，形成台地边缘及礁后滩体，SQ2的同生岩溶作用终止（图6-3-9）。前两个过程是成储过程，也是白云石化的重要阶段，自第三个过程之后进入埋藏阶段，经历早成岩阶段、晚成岩阶段与深成阶段，经历构造破裂作用与热液溶蚀作用使局部储层变好、局部储层充填，形成了储层的非均质性特点。

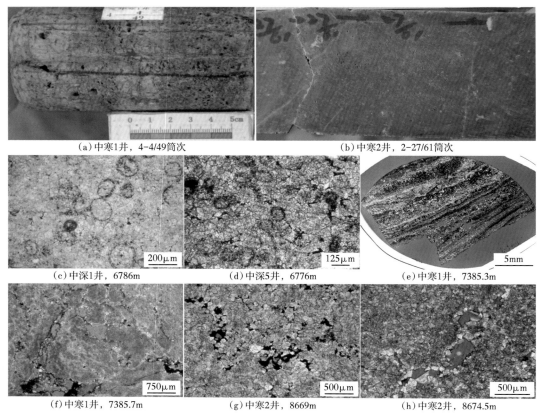

(a)中寒1井，4-4/49筒次 　　　　　　　　(b)中寒2井，2-27/61筒次

(c)中深1井，6786m 　　(d)中深5井，6776m 　　(e)中寒1井，7385.3m

(f)中寒1井，7385.7m 　　(g)中寒2井，8669m 　　(h)中寒2井，8674.5m

图 6-3-7　塔中地区肖尔布拉克组岩心与薄片照片

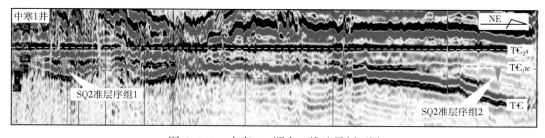

图 6-3-8　中寒 1—顺南三维地震剖面图

在肖尔布拉克组 SQ2 各准层序中，沉积水深最浅、暴露时间最长的区域位于中央隆起边缘，而且越靠近隆起越早沉积的准层序组发育储层的条件越好，随着准层序组 1 至准层序组 5 的方向储层变差，新和 1 井代表准层序组 3 的位置，肖尔布拉克组下段以石灰岩为主；轮探 1 井 SQ2 为石灰岩，SQ3 高位体系域发育白云岩礁后滩。根据肖尔布拉克组 SQ2、SQ3 沉积相图，SQ2 层序白云岩储层主要分布在柯坪—巴楚—塔中—古城北地区，面积近 $12×10^4 km^2$（图 6-3-10）。

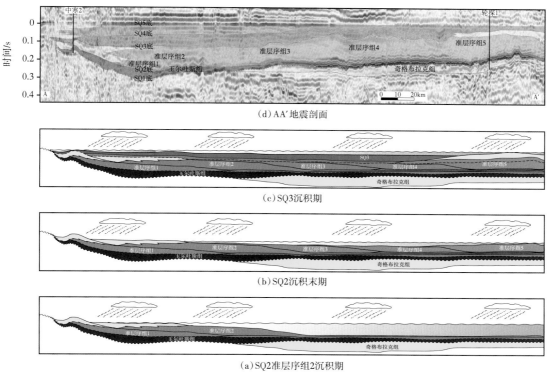

（d）AA'地震剖面

（c）SQ3沉积期

（b）SQ2沉积末期

（a）SQ2准层序组2沉积期

图 6-3-9　肖尔布拉克组成储模式

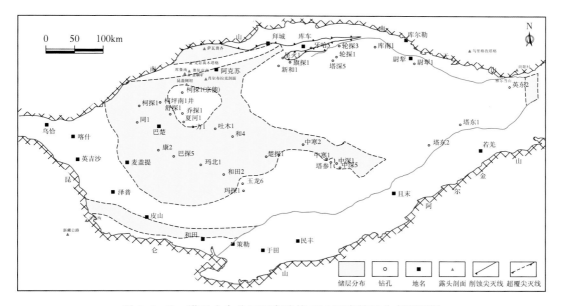

图 6-3-10　塔里木台盆区下寒武统 SQ2 层序储层分布预测图

二、潜山岩溶白云岩储层

与同生岩溶不同的是，潜山岩溶是因为构造运动产生了地层抬升剥蚀与岩溶作用，构造运动及其对应的角度不整合是潜山岩溶的本质特征。塔里木盆地白云岩潜山主要角度不整合由地层抬升剥蚀造成，例如英买32油田、中古58凝析气田，但是也发育类似于同生岩溶的小角度不整合或平行不整合潜山，例如寒武系覆盖下的震旦系潜山。

角度不整合型白云岩潜山包括隆起型白云岩潜山与逆冲断块型白云岩潜山两种，两者差异在于形成潜山的构造机制，前者是由基底隆升形成，白云岩潜山可以是震旦系—奥陶系；后者是由滑脱逆冲形成的，白云岩潜山只能是盐上白云岩潜山（上寒武统—下奥陶统）。本节以英买32潜山、中古58潜山与震旦系潜山为例分别论述三类白云岩潜山白云岩储层发育模式与分布。

1. 隆起型白云岩潜山——以英买32井区下丘里塔格组白云岩潜山为例

1）岩性特征

英买32井区寒武系—奥陶系白云岩储层的主要岩石类型有白云岩和灰质白云岩。上寒武统白云岩储层主要由中—细晶白云岩、残余砂屑细晶白云岩和粉晶白云岩组成，为半局限台地的台内滩沉积；下奥陶统蓬莱坝组白云岩储层也以结晶白云岩为主，含少量灰质白云岩。

2）物性特征

英买32井区寒武系潜山油藏储层发育在上寒武统，其孔洞发育段的面孔率一般为3%~12%。常规物性分析结果表明，孔隙度分布范围为0.29%~11.36%，主要分布于0~4%，平均孔隙度为3.33%；渗透率分布范围为0.009~26.7mD，主要分布于0.01~1mD，平均渗透率为2.59mD。在3个含裂缝样品中，平均孔隙度为3.19%，与其他样品的孔隙度相近，渗透率明显高于其他样品，达26.9mD。英买32井区裂缝发育，岩心破碎严重，岩心收获率仅为19.9%，实际常规物性分析取样只能钻取相对完整、相对致密的岩心部分；因此，这些样品的物性数据仅能代表岩石基质微孔的孔隙度和渗透率，实际储层物性要好于物性分析结果。测井解释有效储层孔隙度为1.76%~13.9%，主要分布范围为4%~10%，加权平均孔隙度为7.47%，可能更接近于地下真实特征。

3）储集空间类型

裂缝及溶蚀孔洞是主要的储集空间。储集空间以小型溶蚀孔洞、孔隙和裂缝组成（图6-3-11）。钻井过程中钻井液漏失较普遍，但未发生钻具放空现象，表明不发育大型洞穴储层。根据岩心孔洞的观察统计，溶蚀孔洞主要为中小型溶蚀孔洞。孔洞主要沿水平溶缝、网状溶缝呈串珠状分布，孔洞直径主要分布于2~6mm的区间内。储层主要发育在细—粉晶白云岩、细晶白云岩中，面孔率一般为3%~12%。镜下观察可见，储集空间主要为白云石晶间孔、晶间溶孔和石膏铸模孔。孔隙呈多角状、不规则椭圆状。孔径大小约0.01~2mm，在中—细晶白云岩和泥—粉晶白云岩中皆有不同程度的发育，这些孔隙是组成本区储层主要的基质孔隙类型。奥陶系储层中溶蚀孔洞也较发育，它们常为硅质、方解石和泥质充填—半充填。裂缝可分为构造裂缝和溶蚀缝。岩溶期前的构造缝多见有白云石、石英和陆源碎屑充填物或经受了岩溶作用改造发育成溶缝和溶蚀孔洞。岩溶期后的构造缝多为有效的构造缝，缝中的充填物较少，呈半充填—未充填，形成于印支期—喜马拉雅期。

图 6-3-11　英买 32 井区白云岩潜山储层储集空间图

(a)英买 32 井,下丘里塔格组,沿裂缝发育的溶蚀孔洞;(b)英买 33 井,下丘里塔格组,溶蚀孔洞;

(c)英买 322 井,奥陶系蓬莱坝组,沿裂缝发育的溶蚀孔洞;(d)英买 32 井,下丘里塔格组铸体薄片,

晶间溶孔发育;(e)英买 33 井,下丘里塔格组铸体薄片,溶蚀孔洞;(f)英买 321 井,裂缝

英买 32 井区寒武系白云岩储层的毛细管压力曲线形态可分为大孔中喉型、中小孔细喉型、小孔细喉型等 3 种类型,所反映的总体孔隙结构特征是:(1)储集空间以中小型溶洞和溶缝为主;(2)在孔隙结构特征上表现为中小型溶洞和细小的晶间孔、晶间溶孔并存,孔隙分选性差;(3)大孔和溶洞之间主要靠裂缝沟通,渗透性好;(4)基质小孔、微孔之间的喉道细小,主要靠微裂缝沟通;(5)储集岩石中裂缝网络发育。

4)储层发育模式与分布

根据岩石类型与储集空间类型,英买 32 白云岩潜山储层的形成主要与潜山岩溶作用有关,岩性对白云岩潜山储层的孔隙类型存在一定的影响,大气水溶蚀对储层的形成具有重要的控制作用;裂缝的发育,叠加热液等流体改造后,使得储集空间进一步扩大。根据南北向地质结构可以将英买 32 白云岩潜山成储过程分为三个阶段。

(1)前中生代埋藏成岩阶段:晚奥陶世被巨厚的桑塔木组沉积覆盖;志留系沉积前,塔北隆起隆升,英买力地区处于塔北隆起的南斜坡,上奥陶统被削蚀,志留系不整合覆盖在蓬莱坝组之上;二叠纪前,塔北隆起再次活动,剥蚀了泥盆系—石炭系,二叠系不整合覆盖在志留系之上(图 6-3-12)。

(2)中生代构造造山与表生岩溶阶段:中生代初期,温宿、轮台凸起的强烈隆升将塔北的中生界与库车中生界分隔。英买力凸起的主控断裂为牙哈断裂(图 6-3-12),英买 32 井区处于英买力凸起南斜坡,古生界自北向南剥蚀,星火 1 井以北形成震旦系白云岩潜山,英买 36 井区—星火 1 井区形成中—下寒武统膏泥岩与石灰岩潜山,英买 32 井区形成上寒武统白云岩潜山。强烈的构造抬升产生大量的走滑断裂、逆冲断裂与裂缝,在表生大气水溶蚀作用下,形成裂缝扩溶的相关孔隙,形成裂缝—孔洞型白云岩潜山储层(图 6-3-12)。

(3)燕山—喜马拉雅期二次埋藏与热液改造阶段:英买 32 潜山被白垩系舒善河组泥岩披覆覆盖,古近纪至今持续沉降与深埋;本阶段构造运动较弱,对潜山白云岩储层影响不

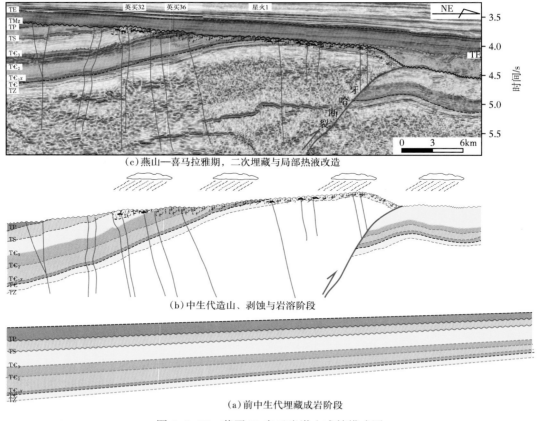

（c）燕山—喜马拉雅期，二次埋藏与局部热液改造

（b）中生代造山、剥蚀与岩溶阶段

（a）前中生代埋藏成岩阶段

图 6-3-12　英买 32 白云岩潜山成储模式图

大，仅部分热液流体沿裂缝运移至潜山白云岩储层，并对储层进行改造，产生局部溶蚀与局部充填，进一步加剧储层的非均质性（图 6-3-12）。

2. 逆冲断块型白云岩潜山储层——以中古 58 井区下丘里塔格组白云岩潜山为例

1）岩性特征

通过岩心观察与薄片鉴定，认为研究区下丘里塔格组岩石类型主要为砂屑白云岩（占34%）、细晶白云岩（占 29.6%）和粉晶白云岩（占 28.7%），含少量泥晶白云岩（占3.7%）、藻白云岩（占 2.1%）和中晶白云岩（占 1.9%）。

2）物性特征

根据塔中东部潜山塔中 25 构造带 3 口井、61 块岩心小柱塞样品实测的数据分析，孔隙度范围为 0.196%~3.19%，平均孔隙度为 1.65%，渗透率范围为 0.00046~19.2mD，平均渗透率为 1.31mD；孔隙度小于 2% 的样品占 73.8%，2%~4% 的样品约占 26.2%；渗透率小于 0.01mD 的样品占 49%，0.01~1mD 的样品占 33.3%，大于 1mD 的样品仅占17.7%。依据研究区 3 口井、20 块全直径岩心物性统计分析，平均孔隙度为 1.55%，垂向渗透率平均值为 0.155mD，侧向渗透率平均值分别为 0.04mD 与 0.02mD，垂向渗透率比侧向渗透率大一个数量级，表明储层垂向微裂缝沟通，储层非均质性及各向异性强。

塔中东部潜山塔中 25 构造带测井孔隙度主峰区分布在小于 2% 的范围内，占 63.8%，孔隙度大于 5% 的仅占 1%，平均孔隙度为 1.56%；双孔介质测井渗透率主峰为 0.1~1mD，占 59.5%，大于 1mD 的占 26%，整体平均渗透率为 0.15mD。

中古 58 井上寒武统下丘里塔格组开展了 2 次压力恢复测试，采用井储+表皮+三区复合储层解释模型，分析结果表现如下：中古 58 井的表皮系数为 2.59；Ⅰ 区半径为 21.7m，测试渗透率为 0.48mD；Ⅱ 区半径为 65m，测试渗透率为 0.25mD；Ⅲ 区半径为 231m，测试渗透率为 0.39mD；探测范围内未见到储层边界响应特征且外围渗透率具有变好的趋势，但整体上还是表现出低渗（<0.5mD）的特点。

综合岩心小柱塞样品、全直径样品物性分析、测井物性解释与测试物性分析特征，研究区内上寒武统下丘里塔格组白云岩的孔隙度和渗透率均较低，储层物性表现出低孔低渗的特点。

3）储集空间

根据岩心、铸体薄片与成像测井资料，得出中古 58 井区潜山白云岩储层储集空间类型主要有孔洞、孔隙与裂缝等三类。

孔洞：孔洞直径范围为 2~50mm，呈蜂窝状，分布较均匀，洞中常见玉髓或石英晶体充填，主要发育在砂屑白云岩、中晶白云岩和细晶白云岩内，面孔率一般为 3%~12%（图 6-3-13a）。

孔隙：孔隙是组成研究区储层主要的基质孔隙类型。岩心与铸体薄片上可见沿裂缝发育的溶蚀孔，孔径范围为 0.01~2mm，主要为白云石晶间孔、晶间溶孔，孔隙呈多角状、不规则椭圆状，晶体越粗大，溶孔和晶间孔的孔径也越大，白云石以自形—半自形为主，晶间孔隙中常见硅质半充填—全充填，面孔率为 1%~3.1%（图 6-3-13b、c）；在成像测井图像上呈不规则暗色斑点状（图 6-3-13d）。

裂缝：裂缝是碳酸盐岩重要储集空间，也是主要的渗流通道。通过对 3 口井共 23.63m 岩心的观察与描述，本区发育多期裂缝，高角度裂缝斜切岩心，规模较大，延伸较远，裂缝开度一般为 0.1~3mm，方解石半充填—全充填（图 6-3-13e）；可见晚期裂缝切割早期裂缝的现象（图 6-3-13f）。多期裂缝相互切割形成网状缝（图 6-3-13g），沿着裂缝发生溶蚀形成扩溶缝（图 6-3-13g）与溶蚀孔洞（图 6-3-13h），揭示沿着裂缝发生溶蚀作用，溶蚀孔洞的分布与裂缝有一定相关性。成像测井分析表明，中古 58、中古 582 和中古 61 井上寒武统下丘里塔格组裂缝发育，以中古 58 井为例，全井裂缝线密度为 0.76 条/m，裂缝集中段裂缝线密度高达 9 条/m。研究区裂缝均以高角度—直立缝为主，倾角为 60°~80°（图 6-3-13i）。

4）储层发育模式与储层分布

潜山岩溶作用是形成优质储层的主要原因。从研究区储集空间类型与孔隙结构特征来看（图 6-3-11），上寒武统下丘里塔格组白云岩储层晶间孔不发育，表明准同生期岩溶储层不发育；白云岩储层主要由与裂缝相关的溶蚀作用所形成的溶蚀孔洞为主，主要与潜山期岩溶作用有关。对比中深 1 井所代表的上寒武统内幕白云岩，潜山区的中古 58 井、中古 582 井与中古 61 井储层发育率明显增多。中深 1 井上寒武统白云岩测井解释以低孔隙度为主，孔隙度小于 1.5% 的占 89.32%；中古 58 井、中古 582 井与中古 61 井上寒武统白云岩孔隙度较高，以 2%~4% 为主，分别占 59.2%、50% 与 45%。因此，潜山风化壳溶蚀作用是形成优质储层的重要原因。裂缝及相关溶蚀是潜山白云岩储层形成的关键因素。基于岩心观察、铸体薄片及 CT 扫描分析，研究区上寒武统潜山白云岩储层形成与裂缝存在较大关联性，沿着裂缝发生溶蚀作用现象明显。

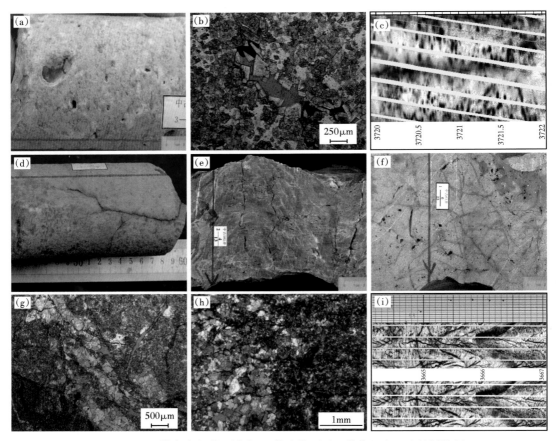

图 6-3-13　塔中东部潜山塔中 25 构造带下丘里塔格组白云岩储层特征

(a)溶洞，洞径约 2cm，被石英半充填，粉晶白云岩，中古 58 井，3619.73m，下丘里塔格组，岩心样品；(b)溶孔，孔隙被硅质、白云石半充填，细晶白云岩，中古 61 井，3549.91m，下丘里塔格组，岩心铸体薄片，单偏光；(c)溶孔，孔隙呈现出不规则暗色斑块，中古 61 井，3720～3721.9m，成像测井；(d)高角度裂缝，中古 582 井，下丘里塔格组，岩心照片；(e)高角度裂缝，未充填，缝宽约 0.1～3mm，粉晶白云岩，中古 582 井，3626.15m，下丘里塔格组，岩心滚扫照片；(f)两期微裂缝，晚期裂缝切割早期裂缝，中古 61 井，3550.95m，粉晶白云岩，下丘里塔格组，岩心滚扫照片；(g)网状微裂缝，沿裂缝发生扩溶，亮晶砂屑白云岩，中古 582 井，3626.27m，下丘里塔格组，铸体薄片照片；(h)微裂缝，沿裂缝形成溶蚀孔洞，亮晶砂屑白云岩，中古 582 井，3625.91m，下丘里塔格组，岩心铸体薄片；单偏光；(i)高角度裂缝发育区，中古 58 井，3665.2～3666.8m，成像测井

　　形成单面山潜山的原动力是滑脱逆冲断裂造山作用，因此滑脱逆冲断裂造山作用是导致单面山白云岩潜山储层的主要控制因素，也将控制单面山白云岩潜山储层的空间展布。有别于隆起型白云岩潜山，冲断带单面山白云岩潜山形成时的构造应力更加集中，导致滑脱逆冲断层和伴生反冲断层之间的裂缝更加发育，所形成的白云岩储层主要发育在逆冲断裂、反冲断裂与风化面夹持的三棱柱状体内；因此可以预测冲断带单面山白云岩潜山储层的主要特点是平面窄带、剖面三角块、立体三棱柱状体（图 6-3-14）。

　　根据第一章各不整合形成的古地质图，隆起型的白云岩潜山主要围绕温宿—西秋—英买力—牙哈—提尔根中生代古隆起边缘分布。单面山白云岩潜山储层主要发育在麦盖提斜坡—玛东冲断带—塔中东部冲断带一线（图 6-3-15）。

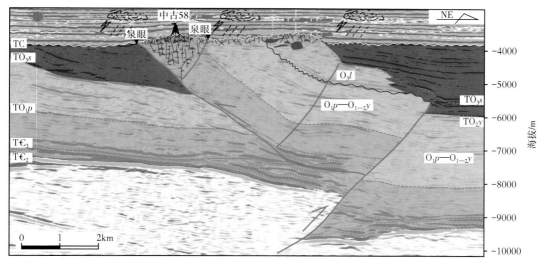

图 6-3-14　中古 58 井区下丘里塔格组白云岩潜山储层发育模式图

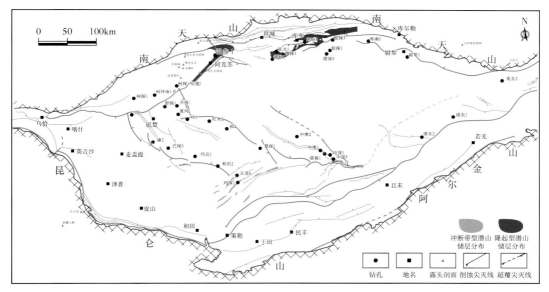

图 6-3-15　塔里木盆地下古生界白云岩潜山分布图

3. 假整合型白云岩潜山——以震旦系奇格布拉克组岩溶风化壳为例

塔里木盆地上震旦统奇格布拉克组普遍发育有效的白云岩储层（图 6-3-16），前人以柯坪露头区奇格布拉克组为例开展了储层描述与成因机理研究工作（严威等，2019；郑剑锋等，2021a，2021b）。

塔北隆起内新和 1、旗探 1、轮探 1、轮探 3 与塔深 5 井钻揭震旦系—寒武系组合，在重新分层之后，将柯坪—巴楚西部地区原肖尔布拉克组下段划分到震旦系之后，已有 16 个钻孔钻揭奇格布拉克组。这些钻孔印证了柯坪露头发现的奇格布拉克组顶部的岩溶风化壳，并在奇格布拉克组顶部普遍发育储层。

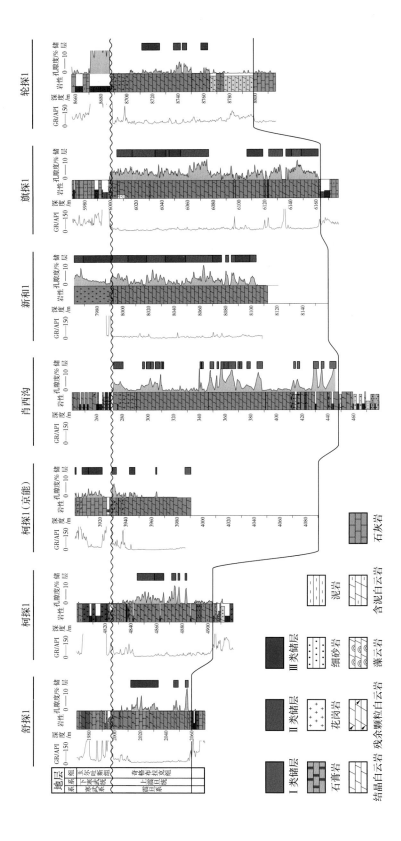

图 6-3-16　钻孔震旦系储层对比图

1）岩性特征

奇格布拉克组白云岩储层岩性主要为叠层石白云岩、凝块石白云岩、泡沫绵层石白云岩、藻砂屑/鲕粒白云岩和岩溶角砾白云岩；叠层石、凝块石、泡沫绵层石三种微生物岩占比最大，含少量泥岩、粉砂岩、泥质白云岩。肖西沟露头奇格布拉克组可分为4段，奇一段以中—薄层状叠层石白云岩、鲕粒白云岩、粘结颗粒白云岩、泥质白云岩、砂岩和泥岩互层为主，整体呈黄灰色、褐灰色等氧化色。奇一段具有明显的旋回性，主要发育由泥岩、粉砂岩与颗粒白云岩、叠层石白云岩构成的旋回，以及由水平—微波状叠层石与丘状叠层石构成的旋回。单旋回厚度为0.4~1m，通常旋回上部厚度较大且整体旋回的厚度向上逐渐变大，3~5个相同岩相旋回构成一个高一级旋回，该特征是奇一段野外划分的主要依据。奇二段整体以灰色中层状叠层石白云岩、凝块石白云岩为主，夹中—薄层状粘结颗粒白云岩。奇二段同样具有旋回性，主要发育由水平—微波状叠层石与丘状叠层石构成的旋回和粘结颗粒白云岩、凝块石白云岩与丘状叠层石构成的旋回。单旋回厚度为0.5~2m，旋回上部略厚于下部。奇三段整体以深灰色—灰色中—厚层状凝块石白云岩（2~6m）和泡沫绵层石白云岩（1.6~7.2m）为主，两者互层发育。自下而上，泡沫绵层石白云岩占比逐渐增大，上部见较多毫米—厘米级窗格孔顺层发育，孔隙被多期白云石胶结，构成花边构造。奇三段较奇二段颜色更深且单层厚度更大，但岩相组合却更简单，表现为凝块石与泡沫绵层石互层组合的特点，见花边构造，肉眼可见溶蚀孔洞。奇四段为一套岩溶角砾白云岩，整体缺乏层状特征，10~50cm大小的缝洞体非常发育，被鞍状白云石、巨晶方解石充填或半充填。角砾主要由深灰色—灰色凝块石白云岩和泡沫绵层石白云岩组成，指示其与奇三段沉积期具有相同的沉积环境（图6-3-17）。

盆地内取心结果显示，震旦系奇格布拉克组主要以凝块石、藻叠层石白云岩为主，含少量结晶白云岩。方1井钻揭奇格布拉克组25m，取心1筒，以凝块石白云岩为主，含少量粉晶白云岩；牙哈5井奇格布拉克组顶部取心1筒，岩性同样以凝块石白云岩为主。轮探1井岩屑薄片和轮探3井、旗探1井取心薄片可见明显的藻凝块石结构（图6-3-18）。

2）物性特征

严威等（2019）通过对肖西沟和什艾日克剖面183个孔渗数据进行分析，得出上震旦统白云岩孔隙度分布区间为0.08%~13.7%，平均孔隙度为2.9%。其中不小于4.5%的占20.2%，2.5%~4.5%的占19.1%，小于2.5%的占60.7%。渗透率分布区间为0.004~0.82mD，平均渗透率为0.01mD，其中0.01~1mD占84.2%；小于0.01mD占15.8%，属于中孔低渗型白云岩储层（图6-3-19）。

奇格布拉克组纵向上发育三个储层段。顶部储层段为奇四段岩溶角砾白云岩储层，以Ⅱ类储层为主。肖西沟剖面该段储层平均孔隙度为3.3%，平均渗透率为0.12mD，厚度为25.8m。什艾日克剖面该段储层平均孔隙度为4.8%，平均渗透率为0.23mD，厚度为37m。需要指出的是，由于岩溶角砾岩段主要表现为"大缝大洞"特征，较好的储层无法通过柱塞尺度的孔渗反映，而且能够取样的位置多是溶洞周缘储层欠发育的围岩，因此测量的物性较地层真实情况偏小。中部储层段奇三段以凝块石和泡沫绵层石为主的白云岩储层，以发育Ⅰ类储层为主。肖西沟剖面该段储层平均孔隙度为4.7%，平均渗透率为0.09mD，厚度为49.7m；什艾日克剖面该段储层平均孔隙度为4.8%，平均渗透率为0.28mD，厚度为21.5m。底部储层段为奇一段—奇二段颗粒白云岩、叠层石白云岩储层。肖西沟剖面该段储层平均孔隙度为 5.1%，平均渗透率为 0.02mD，厚度为 26m，什艾日克剖面该段储层平均孔隙度为 5.7%，平均渗透率为 0.06mD，储层厚度为 9.6m。

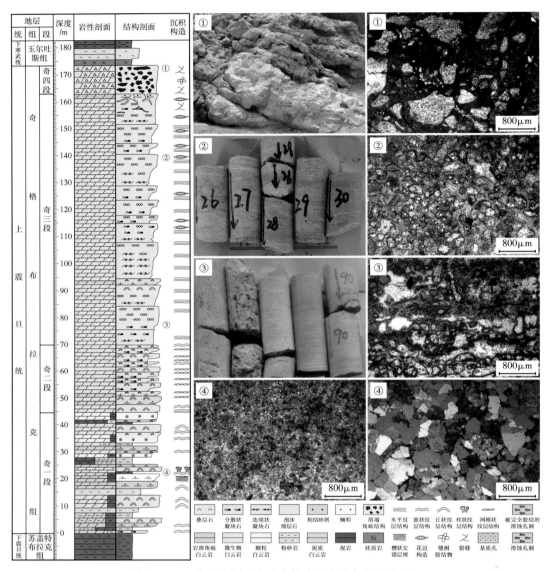

图 6-3-17　肖西沟剖面奇格布拉克组岩性与沉积特征图

　　覆盖区内，方 1 井奇格布拉克组顶部取心 1 筒，以泡沫状藻白云岩为主，石膏充填早期孔洞十分普遍，导致孔渗较低；实测孔隙度 19 件次，孔隙度范围在 0.65%~2.54% 之间，平均为 1.38%；渗透率为 0.01~11mD，平均为 2.6mD，中值为 1.02mD，表现为低孔中渗特点。旗探 1 井奇格布拉克组顶部取心 1 筒，以角砾状白云岩为主，实测全直径孔渗 2 件次，孔隙度为 0.83%~1.65%，垂直渗透率为 0.35~12.5mD，水平渗透率为 5.23~99.2mD，表现为低孔高渗的特点；实测柱塞物性 16 件次，孔隙度为 0.68%~7.29%，平均为 2.32%，实测渗透率样品 10 件次，渗透率 0.03~398mD，平均为 41mD，中值为 1.59mD。

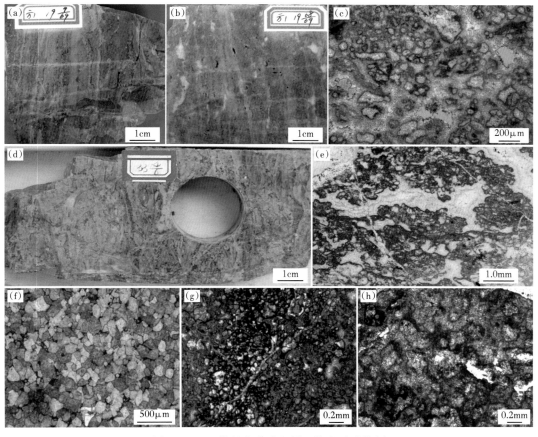

图 6-3-18　塔里木盆地上震旦统白云岩特征

（a）和（b）方 1 井，4598.2~4606.8m，奇格布拉克组，泡沫状藻白云岩；（c）方 1 井，4606.6m，奇格布拉克组，铸体薄片照片，泡沫状藻白云岩；（d）和（e）牙哈 5 井，奇格布拉克组，泡沫状藻白云岩；（f）轮探 3 井，8534m，汉格尔乔克组盖帽白云岩，细—中晶白云岩；（g）旗探 1 井，6004m，奇格布拉克组，泡沫状藻白云岩；（h）轮探 1 井，8750m，奇格布拉克组，泡沫状藻白云岩

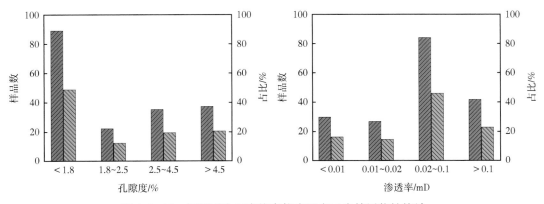

图 6-3-19　柯坪露头区奇格布拉克组白云岩储层物性统计

轮探 3 井在汉格尔乔克组取心 1 筒，实测柱塞水平渗透率 19 件次，渗透率在 0.01~71.8mD 之间，中值为 0.74mD；实测全直径孔渗分析 2 件次，孔隙度为 1.9% 和 2.0%，垂直渗透率为 0.02mD 和 0.09mD，水平渗透率为 0.02mD 和 0.17mD，表现为低孔低渗特点。塔东地区英东 2 井在汉格尔乔克组盖帽白云岩中取心 1 筒，岩性为灰色泥晶白云岩，实测孔隙度为 0.5%~1.1%，平均为 0.9%，渗透率为 0.005~4.9mD，中值为 0.03mD，表现出特低孔特低渗特点。

测井解释结果表明，地层相对较厚的地区储层发育条件较好。巴楚隆起西部，方 1 井、吐木 1 井钻揭奇格布拉克组较薄，前者为 26m，测井解释发育 Ⅱ 类储层 3.9m/1 层，孔隙度为 2.3%。乔探 1 井钻揭奇格布拉克组 87m，测井解释发育 Ⅱ 类储层 9m/4 层，发育 Ⅲ 类储层 22m/3 层，平均孔隙度为 2.8%。柯探 1 井钻揭奇格布拉克组 83m，测井解释发育 Ⅱ 类储层 20m/4 层，发育 Ⅲ 类储层 9m/2 层，孔隙度为 1.7%~6.1%，平均为 3.5%。塔北中部多口井钻揭奇格布拉克组良好储层，新和 1 井钻揭奇格布拉克组 120m（未穿），测井解释发育 Ⅱ 类储层 59.5m/6 层，发育 Ⅲ 类储层 48.5m/4 层，孔隙度为 1.4%~5.2%，平均为 3.36%。旗探 1 井钻揭奇格布拉克组 226.5m，测井解释发育 Ⅱ 类储层 73m/6 层，发育 Ⅲ 类储层 48m/5 层，孔隙度为 1.9%~7.8%，平均为 4.5%，该井段测试出大水，表明储层发育。

3）储集空间类型

基于露头、柱塞和薄片观察，共识别出微生物格架（溶）孔、粒间（溶）孔、粒内（溶）孔、溶蚀孔洞、窗格孔、晶间溶孔、微孔隙、溶洞和溶缝等 9 种储集空间类型。

微生物格架（溶）孔：组构选择性溶蚀孔隙，主要发育于具有格架结构的微生物岩中，叠层石和凝块石在堆积过程中都能形成格架孔，并因短暂暴露受到准同生期大气淡水溶蚀作用。在什艾日克、肖西沟、苏盖特布拉克、昆盖阔坦 4 条剖面的奇格布拉克组各段都有发育。微生物格架（溶）孔孔径主要在 0.05~3mm 之间，形态不规则，大小差异大，局部空间被细粒白云石半充填（图 6-3-17）。

粒间/粒内（溶）孔：粒间（溶）孔和粒内（溶）孔都是组构选择性溶蚀孔隙，由于研究区鲕粒、内碎屑颗粒和粘结颗粒主要发育于奇一段—奇二段，因此该类孔隙也主要发育于奇一段—奇二段，并在什艾日克、肖西沟、苏盖特布拉克、昆盖阔坦等 4 条剖面中发育。粒间/粒内（溶）孔孔径主要在 0.01~0.5mm 之间，通常粒间（溶）孔要比粒内（溶）孔大，孔隙在岩石中分布相对均匀（图 6-3-17）。

溶蚀孔洞：溶蚀孔洞也是组构选择性溶蚀孔隙，是岩石初始孔隙受到准同生期大气淡水溶蚀作用，进一步扩溶后形成的大于 2mm 的空间，是肉眼可见的孔隙。该类型主要发育于粘结颗粒、凝块石、泡沫绵层石中，因此在什艾日克、肖西沟、苏盖特布拉克、昆盖阔坦等 4 条剖面的奇格布拉克组各个段都有发育。溶蚀孔洞主要有近圆形和扁平状两种形态，前者一般均匀分布，后者一般顺层分布（图 6-3-17）。

窗格孔：窗格孔的发育与藻类活动有关，通常由藻纹层间蓝绿藻纹层腐烂或干化收缩形成的孔隙；具有顺层分布的特点，但连续性较好，发育规模比鸟眼孔大。该类型主要发育于奇三段上部—奇四段的凝块石、泡沫绵层石中，在什艾日克、肖西沟、苏盖特布拉克、昆盖阔坦等 4 条剖面都有发育。

晶间溶孔：根据局部残留的原岩结构幻影可以分析晶间溶孔是原岩孔隙的继承与调整的结果，因此也是组构选择性溶蚀孔隙，孔隙边缘及内部几乎未见任何胶结物。该类型主要发育于奇四段的粘结颗粒岩、凝块石、泡沫绵层石中，在什艾日克和昆盖阔坦剖面少量发育，主要发育在苏盖特布拉克剖面，孔隙发育段达40余米。晶间溶孔的大小和形态与初始孔隙相关，主要有扁平状溶孔（0.5~2mm）和相对均匀的溶蚀孔洞（0.05~0.5mm）两种形态（图6-3-18）。

溶洞：溶洞主要发育在奇四段不整合面之下10~20m范围，5cm至数米大小，主要为沿裂缝形成的大溶洞及受岩溶作用而垮塌的角砾间溶洞，也可以是初始孔洞进一步扩溶的溶洞，溶洞被白云石、方解石、硅质和泥质等充填或半充填。该类储集空间在什艾日克和肖西沟剖面中最发育（图6-3-17）。

溶缝：溶缝主要发育在什艾日克和肖西沟剖面奇三段顶—奇四段，为受构造运动影响的构造缝及构造溶蚀缝，其内部常被白云石、方解石、硅质和泥质等充填或半充填。厘米级溶缝以高角度最常见，局部微裂缝表现为网状，主要为构造缝，扩溶不明显。溶缝是9类储集空间中占比最少的，其对储层的贡献也较小，但对渗透率的改善有重要作用（图6-3-18）。

4）储集控制因素与平面分布

奇格布拉克组白云岩储层发育受到有利沉积相带、高频暴露和角度不整合面的共同控制，在优势相带发育的基础上，主要叠加3期建设性储层成岩作用（严威等，2019），分别是准同生期溶蚀作用、震旦纪末期风化壳岩溶作用以及晚海西期埋藏热液溶蚀作用。

对叠层石白云岩、凝块石白云岩和泡沫绵层石白云岩等3种最常见的微生物岩，以及粘结颗粒白云岩和鲕粒白云岩等2种与微生物相关的颗粒白云岩的物性进行统计，叠层石白云岩的孔隙度范围为0.89%~7.2%，平均值为2.15%；凝块石白云岩的孔隙度范围为0.62%~6.53%，平均值为3.13%；泡沫绵层石白云岩的孔隙度范围为0.64%~13.72%，平均值为4.74%；粘结颗粒白云岩的孔隙度范围为1.05%~10.26%，平均值为2.89%；鲕粒白云岩的孔隙度范围为0.68%~4.73%，平均值为1.88%。分析可见，岩相与孔隙度具有较好的相关性，泡沫绵层石白云岩平均孔隙度最高，凝块石白云岩和粘结颗粒白云岩次之，叠层石白云岩和鲕粒白云岩则相对一般，但局部也能构成优质储层。微生物白云岩成储过程可以分为四个阶段。

（1）奇格布拉克组沉积期：塔深5井以西发育潮间带—潮下高能带沉积环境，向东相变为外缓坡白云岩、外缓坡石灰岩与陆棚相泥岩（图6-3-20）。间歇性海平面下降形成第一期同生岩溶。

（2）汉格尔乔克组沉积期：由于冰期作用，海平面下降，导致在高部位奇格布拉克组暴露，遭受大气水溶蚀作用，形成组构选择性溶孔，并发生白云石化作用，对储层的形成与后期保存有着非常重要的作用（图6-3-20）。

（3）柯坪运动表生期：前寒武纪柯坪运动导致地层的掀斜，台地区奇格布拉克组普遍遭受剥蚀作用，风化壳受到岩溶作用，产生大量的溶孔、溶缝和溶洞等，部分溶洞垮塌，形成垮塌角砾岩，这期是奇格布拉克组成储最为关键的时期（图6-3-20）。

（4）埋藏期：伴随着二叠纪广泛的岩浆侵入和热液活动，深部热液受到下部第一套致密层的遮挡，对震旦系的底部储层段进行了热液溶蚀叠加改造，热液在局部溶蚀，在另一部位沉淀，会导致储层非均质性变强。

因此，震旦系奇格布拉克组白云岩风化壳储层主要受控于柯坪运动，围绕塔南古隆起与温宿—牙哈古隆起分布，分布面积近$19×10^4km^2$（图6-3-21）。

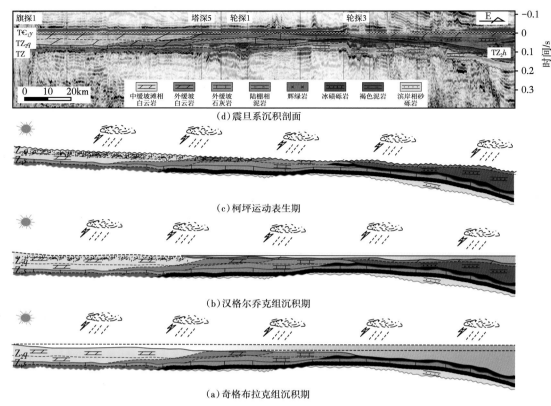

图 6-3-20　震旦系奇格布拉克组假整合型白云岩潜山岩溶储层发育模式

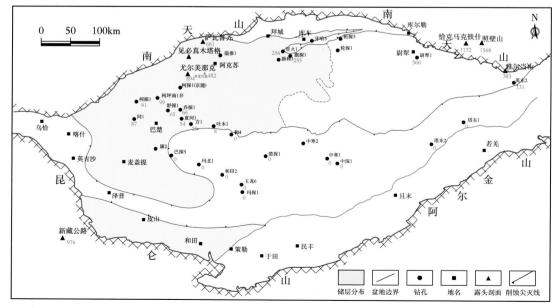

图 6-3-21　塔里木盆地上震旦统储层分布预测图

三、埋藏岩溶白云岩储层——以罗西斜坡芙蓉统为例

埋藏热液岩溶形成的白云岩储层在埋藏岩溶一节中做了简要说明，英东 2 井、米兰 1 井寒武系芙蓉统具有热液白云岩特征已被多次报道（刘永福等，2008；张霭等，2009；Chen et al.，2013），本节以英东 2 井、米兰 1 井为例，对埋藏岩溶白云岩储层予以探讨。

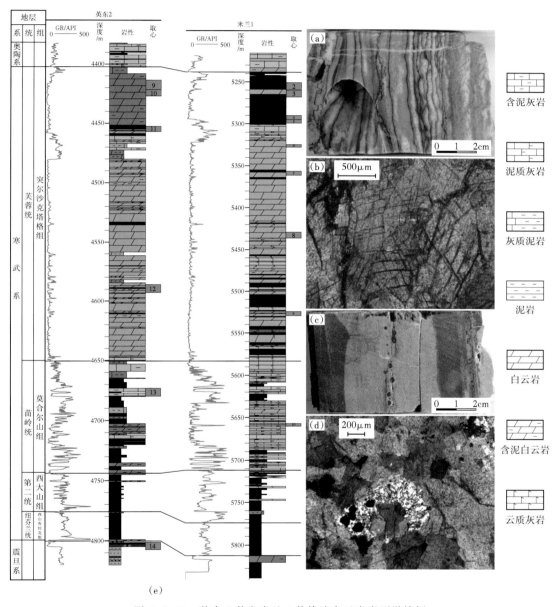

图 6-3-22　英东 2 井和米兰 1 井热液白云岩岩石学特征

（a）米兰 1 井，第 9 筒，斑马状白云岩；（b）米兰 1 井，第 9 筒，弯曲解理面，鞍形白云石；（c）英东 2 井，

第 12 筒，具有粒序层理特点，燧石颗粒呈层状分布；（d）英东 2 井，第 12 筒，4588.28m，

他形粒状白云石结构，燧石团块特征；（e）英东 2—米兰 1 井地层剖面

1. 岩性特征

英东2井、米兰1井寒武系突尔沙克塔格群主体以灰黑色斜坡相泥粉晶白云岩为主，可以见到明显的粒序层理结构；局部白云岩呈粗晶结构，以英东2井第12筒取心与米兰1井第9筒取心为代表，岩心呈斑马状或砂糖状特征，白云石呈他形粒状结构、解理面弯曲，具有典型的鞍状白云石特征；局部含球粒状具有放射状结构的燧石团块（图6-3-22），被认为是高温热液的产物（陈永权等，2010）。

2. 物性特征

英东2井第12筒岩心白云岩储层实测物性样品3件，孔隙度分别为1.6%、2.13%与4.01%，平均为2.58%；米兰1井实测物性样品3件，孔隙度为0.66%~1.98%，渗透率为0.02~0.03mD，体现了低孔特低渗特点。

3. 储集空间类型

铸体薄片分析表明，岩溶空间高温重结晶型白云岩储层结构随地域的不同而有所差别。塔东地区岩溶空间高温结晶型白云岩有效的储层空间以晶间溶孔为主（图6-3-23），晶间溶孔空间占总储层空间的94%，裂缝空间占总有效空间的6%。

(a)   (b)

图6-3-23 岩溶空间高温结晶型白云岩铸体薄片特征
(a)英东2井，4587.71m，单偏光，×80；(b)米兰1井，5524.5m，单偏光，×50

4. 控制因素、成储模式及储层分布

刘永福等（2008）报道了米兰1井芙蓉统白云石包裹体测温结果，温度有130℃与180℃两个频率峰值；英东2井芙蓉统白云石包裹体测温频率峰值在125℃。张鼐等（2009）报道英东2井中—粗晶白云岩及加大边的包裹体均一温度约130℃。陈永权等（2010）通过对白云岩中放射性结构的燧石团块硅同位素研究，证实其为热液来源。Chen等（2013）从元素与同位素方面进一步论证了英东2、米兰1井鞍形白云石为热液成因，因此热液应该是形成该储层的主要原因。

地震剖面上，英东2井热液白云岩段表现为地震同相轴杂乱、近断裂特征，根据地震剖面上断裂发育特征与地震同相轴的连续性，建立热液白云岩成储模式（图6-3-24）。埋藏热液白云岩储层主要沿构造裂缝发育，具有"纵向层位性弱、横向连续性弱"的块状、花朵状分布特点，因此其没有固定的分布区域。

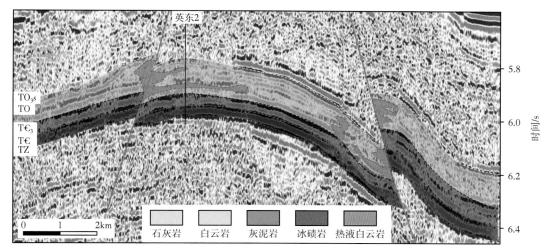

图 6-3-24　英东 2 井上寒武统热液白云岩成储模式图

参 考 文 献

曹自成，尤东华，漆立新，等，2020. 塔里木盆地塔深 1 井超深层白云岩储层成因新认识：来自原位碳氧同位素分析的证据 [J]. 天然气地球科学，31（7）：915-922.

陈景山，李忠，王振宇，等，2007. 塔里木盆地奥陶系碳酸盐岩古岩溶作用与储层分布 [J]. 沉积学报，25（6）：858-868.

陈永权，杨海军，2010. 塔里木盆地塔中地区上寒武统三种截面特征白云石的岩石地球化学特征与成因研究 [J]. 沉积学报，28（2）：209-218.

陈永权，蒋少涌，等，2010. 塔里木盆地寒武系层状硅质岩与硅化岩的元素、$\delta^{30}Si$、$\delta^{18}O$ 地球化学研究 [J]. 地球化学，39（2）：159-170.

丁茜，胡秀芳，高奇东，等，2019. 塔里木盆地奥陶系碳酸盐岩热液蚀变类型及蚀变流体的分带特征 [J]. 浙江大学学报，46（5）：600-609.

高岗，2013. 碳酸盐岩缝合线研究及油气地质意义 [J]. 天然气地球科学，24（2）：218-226.

韩剑发，王招明，潘文庆，等，2006. 轮南古隆起控油理论及其潜山准层状油气藏勘探 [J]. 石油勘探与开发，33（4）：448-453.

黄文辉，王安甲，万欢，等，2012. 塔里木盆地寒武—奥陶系碳酸盐岩储集特征与白云岩成因探讨 [J]. 古地理学报，14（2）：197-208.

焦存礼，邢秀娟，何碧竹，等，2011. 塔里木盆地下古生界白云岩储层特征与成因类型 [J]. 中国地质，38（4）：1008-1015.

李保华，邓世彪，陈永权，等，2015. 塔里木盆地柯坪地区下寒武统台缘相白云岩储层建模 [J]. 天然气地球科学，26（7）：1233-1244.

刘永福，殷军，孙雄伟，等，2008. 塔里木盆地东部寒武系沉积特征及优质白云岩储层成因 [J]. 天然气地球科学，19（1）：126-132.

倪新锋，黄理力，陈永权，等，2017. 塔中地区深层寒武系盐下白云岩储层特征及主控因素 [J]. 石油与天然气地质，38（3）：489-498.

倪新锋，张丽娟，沈安江，等，2010. 塔里木盆地英买力—哈拉哈塘地区奥陶系岩溶储集层成岩作用及孔隙演化 [J]. 古地理学报，12（4）：467-479.

潘文庆，胡秀芳，刘亚雷，等，2012. 塔里木盆地西北缘奥陶系碳酸盐岩中两种来源热流体的地质与地球

化学证据 [J]. 岩石学报, 28(8): 2515-2524.

潘文庆, 刘永福, Dickson J A D, 等, 2009. 塔里木盆地下古生界碳酸盐岩热液岩溶的特征及地质模型 [J]. 沉积学报, 27(5): 983-994.

沈安江, 陈娅娜, 蒙绍兴, 等, 2019. 中国海相碳酸盐岩储层研究进展及油气勘探意义 [J]. 海相油气地质, 24(4): 1-14.

孙崇浩, 于红枫, 王怀盛, 等, 2012. 塔里木盆地塔中地区奥陶系鹰山组碳酸盐岩孔洞发育规律研究 [J]. 天然气地球科学, 23(2): 230-236.

王珊, 曹颖辉, 张亚金, 等, 2020. 塔里木盆地古城地区上寒武统碳酸盐岩储层发育特征及主控因素 [J]. 天然气地球科学, 31(10): 1389-1403.

王晓雪, 熊益学, 陈永权, 等, 2020. 塔里木盆地塔中东部潜山区上寒武统白云岩储集层特征与主控因素 [J]. 天然气地球科学, 31(10): 1404-1414.

王招明, 杨海军, 王振宇, 等, 2010. 塔里木盆地塔中地区奥陶系礁滩体储集层地质特征 [M]. 北京: 石油工业出版社.

王招明, 张丽娟, 孙崇浩, 2015. 塔里木盆地奥陶系碳酸盐岩岩溶分类、期次及勘探思路 [J]. 古地理学报, 17(5): 635-644.

谢会文, 能源, 敬兵, 等, 2017. 塔里木盆地寒武系—奥陶系白云岩潜山勘探新发现与勘探意义 [J]. 中国石油勘探, 22(3): 1-11.

闫博, 张友, 朱可丹, 等, 2021. 塔里木盆地古城地区寒武系丘滩体储层特征与控制因素 [J]. 天然气地球科学, 32(10): 1463-1473.

严威, 杨果, 易艳, 等, 2019. 塔里木盆地柯坪地区上震旦统白云岩储层特征与成因 [J]. 石油学报, 40(3): 295-307, 321.

杨海军, 李开开, 潘文庆, 等, 2012. 塔中地区奥陶系埋藏热液溶蚀流体活动及其对深部储集层的改造作用 [J]. 岩石学报, 28(3): 783-792.

云露, 翟晓先, 2008. 塔里木盆地塔深 1 井寒武系储层与成藏特征探讨 [J]. 石油与天然气地质, 29(6): 726-732.

翟晓先, 顾忆, 钱一雄, 等, 2007. 塔里木盆地塔深 1 井寒武系油气地球化学特征 [J]. 石油实验地质, 29(4): 329-333.

张德民, 鲍志东, 郝雁, 等, 2016. 塔里木盆地牙哈—英买力寒武系潜山区优质储层形成模式 [J]. 天然气地球科学, 27(10): 1797-1807.

张君龙, 胡明毅, 冯子辉, 等, 2021a. 塔里木盆地古城地区寒武系台缘丘滩体类型及与古地貌的关系 [J]. 石油勘探与开发, 48(1): 94-105.

张君龙, 胡明毅, 汪爱云, 等, 2021b. 塔里木盆地古城台缘带寒武系丘滩体沉积构型特征及储层分布规律 [J]. 石油与天然气地质, 42(3): 557-569.

张萧, 邢永亮, 曾云, 等, 2009. 塔东地区寒武系白云岩的流体包裹体特征及生烃期次研究 [J]. 石油学报, 30(5): 692-697.

张学丰, 蔡忠贤, 李林, 等, 2011. 白云岩的残余结构及由此引发的孔隙分类问题 [J]. 沉积学报, 29(3): 475-485.

赵文智, 沈安江, 胡安平, 等, 2015. 海相碳酸盐岩储集层发育主控因素 [J]. 石油勘探与开发, 42(5): 545-554.

赵文智, 沈安江, 胡素云, 等, 2012. 塔里木盆地寒武—奥陶系白云岩储层类型与分布特征 [J]. 岩石学报, 28(3): 758-768.

赵文智, 沈安江, 乔占峰, 等, 2018. 白云岩成因类型、识别特征及储集空间成因 [J]. 石油勘探与开发, 45(6): 923-935.

赵文智, 沈安江, 郑剑锋, 等, 2014. 塔里木、四川及鄂尔多斯盆地白云岩储层孔隙成因探讨及对储层预

测的指导意义 [J]. 中国科学：D 辑 地球科学，44（9）：1925-1939.

郑剑锋，潘文庆，沈安江，等，2020. 塔里木盆地柯坪露头区寒武系肖尔布拉克组储集层地质建模及其意义 [J]. 石油勘探与开发，47（3）：1-13.

郑剑锋，沈安江，陈永权，等，2015. 塔里木盆地下古生界白云岩储集空间特征及储层分类探讨 [J]. 天然气地球科学，26（7）：1256-1267.

郑剑锋，沈安江，刘永福，等，2013. 塔里木盆地寒武系与蒸发岩相关的白云岩储层特征及主控因素 [J]. 沉积学报，31（1）：89-98.

郑剑锋，沈安江，乔占峰，等，2013. 塔里木盆地下奥陶统蓬莱坝组白云岩成因及储层主控因素分析：以巴楚大班塔格剖面为例 [J]. 岩石学报，29（9）：3223-3232.

郑剑锋，沈安江，乔占峰，等，2014. 柯坪—巴楚露头区蓬莱坝组白云岩特征及孔隙成因 [J]. 石油学报，35（4）：664-672.

朱东亚，孟庆强，胡文瑄，等，2012. 塔里木盆地深层寒武系地表岩溶型白云岩储层及后期流体改造作用 [J]. 地质论评，58（4）：691-701.

Armstrong A K，1974. Carbonate depositionalmodels，preliminary lithofacies and paleotectonic maps [J]. AAPG Bulletin，58（4）：621-645.

Chen Yongquan，Zhou Xinyuan，Jiang Shaoyong，et al，2013. Types and Origin of Dolostones in Tarim Basin，Northwest China：Petrographic and Geochemical Evidence [J]. Acta Geologica Sinica（English Edition），87（2）：801-819.

Choquette P W，Pray L C，1970. Geologic nomenclature and classification of porosity in sedimentary carbonates [J]. AAPG Bulletin，54（2）：207-250.

Davies G R，Smith L B，2006. Structurally controlled hydrothermal dolomite reservoir facies：An overview [J]. AAPG Bulletin，90：1641-1690.

Halley R B，Schmoker J W，1983. High porosity Cenozoic rocks of South Florida：progressive loss of porosity with depth [J]. AAPG Bulletin，67：191-200.

Lucia F J，Major R P，1994. Porosity evolution through hypersaline reflux dolomitization [M]//Purser B，Tucker M，Zenger D. Dolomites：A volume in honour of dolomieu. [s. l.]：International Association of Sedimentologists Special Publication 21，325-341.

Lucia F J，1983. Petrophysical parameters estimated from visual description of carbonate rocks：A field classification of pore space [J]. Journal of Petroleum Technology，35：626-637.

Lucia F J，1999. Carbonate Reservoir Characterization [M]. Berlin：Springer，226.

Lucia F J，2004. Origin and Petrophysics of Dolostone Pore Space [J]. Geological Society of London Special Publications，235：141-155.

Read J F，1985. Carbonate platform facies models [J]. AAPG Bulletin，69（1）：1-21.

第七章　盖层评价

第一节　各类盖层的封盖能力评价

一、实验样品岩石学特征

1. 样品选择

根据第二章所述，塔里木克拉通新元古代—早古生代碳酸盐岩台地主要发育四种岩石类型以及其过渡类型，分别是泥质岩、蒸发盐岩（膏岩、盐岩）、石灰岩与白云岩。样品的选择不仅要关注膏岩、盐岩、膏泥岩和膏盐岩等，还要兼顾石灰岩与白云岩。因取心未涵盖所有岩类、层系，因此除了钻孔外，一些露头剖面也纳入其中，取样钻孔或露头位置如图 7-1-1 所示。

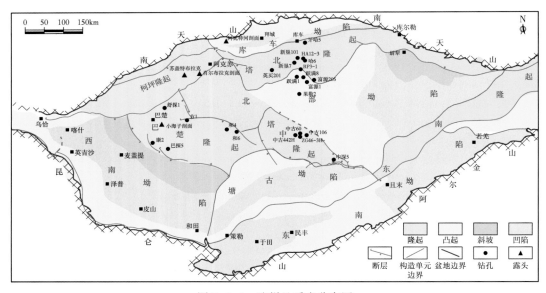

图 7-1-1　取样地质点分布图

样品的选择优先考虑岩石学类型，同时兼顾层位的代表性，样品的位置及层位见表 7-1-1。奥陶系样品来自塔北、塔中地区，有三种岩石类型，分别为颗粒灰岩、泥晶灰岩及白云质灰岩，主要钻孔包括哈 6、中古 442H 和富源 1 等井。寒武系含膏白云岩或膏质白云岩以中深 5、和 4、舒探 1、康 2 等井为代表；泥晶白云岩或泥质白云岩以牙哈 5 井、中深 5 井、肖尔布拉克露头与苏盖特布拉克露头为代表。此外，因纯膏岩与纯盐岩岩心样品已经用尽，因此用小海子野外露头石炭系膏岩与阿瓦特河露头古近系盐岩作为替代样品进行分析。

274

表 7-1-1 各岩石类型取样地质点与层位统计表

岩石类型	取样位置	层位
颗粒灰岩	HA6-1 井、新垦 101 井、新垦 7 井、HA12-3 井、中古 442H 井、富源 205 井、跃满 8 井	一间房组
泥晶灰岩	哈 6 井、RP3-1 井、新垦 101 井、新垦 7 井、HA12-3 井、中古 60 井、跃满 8 井、中古 106 井、跃满 1 井	一间房组
含膏白云岩	中深 5 井、和 4 井、舒探 1 井、康 2 井	沙依里克组、阿瓦塔格组
泥晶白云岩	牙哈 5 井、肖尔布拉克露头、苏盖特布拉克露头	沙依里克组、阿瓦塔格组
膏质白云岩	中深 5 井、和 4 井、舒探 1 井	沙依里克组、阿瓦塔格组
泥质白云岩	中深 5 井、牙哈 5 井	沙依里克组、阿瓦塔格组
膏岩	小海子露头剖面	石炭系
盐岩	阿瓦特河剖面	古近系
膏质泥岩	中深 5 井	沙依里克组、阿瓦塔格组
灰质白云岩或白云质灰岩	哈 6 井、中古 442H 井、富源 1 井	鹰山组

2. 岩石组成分析与名称校正

取到的样品需要进一步进行成分分析，以确保每类岩性选择分析的样本具有代表性，主要采用岩石薄片分析与 XRD 分析两种方法。图 7-1-2 是部分样品岩石薄片照片。表 7-1-2 是根据样品的 XRD 矿物分析重新对岩性进行定名的结果。

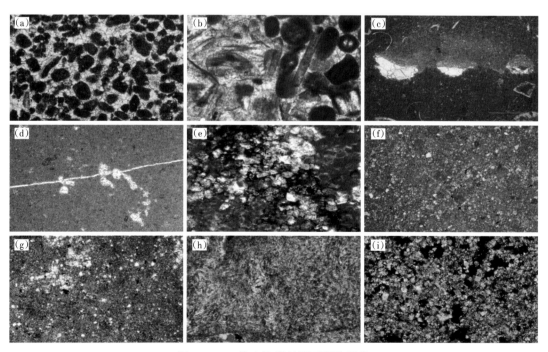

图 7-1-2 代表性样品岩石薄片照片

(a)中古 60 井，6366.09m，颗粒灰岩；(b)新垦 101 井，6765.25m，颗粒灰岩；(c)新垦 101 井，6777.13m，泥晶灰岩；(d)中古 106 井，6078.2m，生屑泥晶灰岩；(e)中古 46-H3，5573.5m，灰质云岩；(f)牙哈 5 井，5801m，泥晶白云岩；(g)牙哈 5 井，6019.1m，泥质白云岩；(h)舒探 1 井，1675m，膏质云岩；(i)和 6 井，5659.5m，盐质白云岩

表 7-1-2　样品 XRD 分析结果与岩性校正表

样品号	层位深度/m	岩石定名	矿物含量/%									
			石英	钾长石	斜长石	方解石	白云石	黄铁矿	硬石膏	赤铁矿	石盐	TCCM
YH5-1	5801.5	含泥白云岩	10.9	1.4	—	—	77.2	—	—	—	—	10.5
YH5-2	5803.6	含泥白云岩	10.2	1.4	—	—	75.2	—	—	—	—	13.2
ZHS5-3	6602.4	膏质白云岩	2.1	—	—	—	72.4	—	25.5	—	—	—
YH5-4	5820.4	含泥白云岩	10.2	1.1	—	—	79.9	—	—	—	—	8.8
H4-6	5078.5	膏质白云岩	2.6	—	—	—	69.8	—	27.6	—	—	—
H4-7	5079	膏质白云岩	1.5	—	—	—	76.5	—	22	—	—	—
ST1-8	1675	膏质白云岩	3.6	1.4	—	—	62.5	—	32.5	—	—	—
ST1-9	1675.3	膏质白云岩	3.6	0.6	—	18.5	54.6	—	22.7	—	—	—
ZHS5-10	6193.5	膏质白云岩	9.1	—	—	—	63.1	—	27.8	—	—	—
YH5-11	6019.1	含泥白云岩	6.4	5.6	—	—	80.2	—	—	—	—	7.8
YH5-12	6020.3	含泥白云岩	4.2	2.5	—	—	90.2	3.1	—	—	—	—
ZHS5-13	6177.5	膏质白云岩	4.1	—	—	—	68.6	—	27.3	—	—	—
ZHS5-14	6188	膏质白云岩	0.3	—	—	—	62.7	—	37	—	—	—
H6-15	5659.5	盐质白云岩	0.6	1.7	—	—	88.4	—	—	—	9.3	—
K2-16	5292	白云质灰岩	0.4	1	—	64.3	34.3	—	—	—	—	—
ST1-17	1673.3	含泥膏质白云岩	6.8	9.3	—	1.8	47.7	—	33.2	1.2	—	—
ST1-18	1676	含膏白云质灰岩	4.8	—	—	65.6	15.5	—	14.1	—	—	—
YH5-19	6125.1	含泥白云岩	4.3	0.5	—	—	89.6	—	5.6	—	—	—
ZHS5-20	6543.8	膏质白云岩	2.4	—	—	0.6	69.3	—	27.7	—	—	—
ZHS5-21	6547	膏质白云岩	4	0.9	—	—	65.1	0.6	29.4	—	—	—
ZHS5-22	6553.1	膏质白云岩	1.3	—	—	3	62.7	—	33	—	—	—
ZHS5-23	6559	膏质白云岩	2.9	—	—	—	60.2	—	36.9	—	—	—
ZG463-25	5597.8	含灰白云岩	—	—	—	14.3	85.7	—	—	—	—	—
ZG106-26	6078.2	泥质灰岩	6.3	0.8	3.1	75.4	4.6	1	—	—	—	8.8
YM8-27	7207.5	含泥含生屑灰岩	5	—	—	83.9	1.5	—	—	—	—	9.6
ZG60-28	6363	石灰岩	0.7	—	—	99.3	—	—	—	—	—	—
ZG60-29	6366.09	白云质灰岩	1.4	—	—	81.5	17.1	—	—	—	—	—
ZG442-30	5559.1	白云质灰岩	—	—	—	89.6	10.4	—	—	—	—	—
ZG442-31	5566	泥晶灰岩	—	—	—	100	—	—	—	—	—	—
YM1-32	7261.7	泥晶灰岩	1.4	—	—	98.6	—	—	—	—	—	—
YM1-33	7267.8	泥晶灰岩	0.7	—	—	99.3	—	—	—	—	—	—

样品号	层位深度/m	岩石定名	矿物含量/%									
			石英	钾长石	斜长石	方解石	白云石	黄铁矿	硬石膏	赤铁矿	石盐	TCCM
FY1-34	7373.5	泥晶生屑灰岩	1.5	—	—	98.5	—	—	—	—	—	—
FY1-35	7643	砂屑灰岩	0.4	—	—	89.8	9.8	—	—	—	—	—
FY1-36	7633.5	亮晶砂屑灰岩	0.6	—	—	99.4	—	—	—	—	—	—
YM8-37	7208.2	泥晶生屑灰岩	3.1	—	—	96.9	—	—	—	—	—	—
XK101-38	6765.8	亮晶生屑鲕粒灰岩	1	—	—	99	—	—	—	—	—	—
XK101-6	6776.73	条纹泥晶灰岩	2.7	0.7	—	96.6	—	—	—	—	—	—
XK101-7	6770	含泥灰岩	9.1	0.8	—	72.2	—	3.4	—	—	—	14.5
FY1-1	7657.5	白云质灰岩	1.5	—	—	88.9	9.6	—	—	—	—	—
SGT1	—	泥云岩	6	1.7	—		84.5	—	—	—	—	7.8
SGT2	—	含泥白云岩	3.3	0.8	—	2.3	93.6	—	—	—	—	—
SGT4	—	灰质泥云岩	13.6	2	—	36.6	42.1	—	—	—	—	5.7
SGT5	—	藻白云岩	1.9		—		98.1	—	—	—	—	—
SGT6	—	褐红色泥云岩	10.8	1.6	—	4.5	83.1	—	—	—	—	—
XEBL10	—	含泥白云岩	9.6	—	—	13.2	77.2	—	—	—	—	—
XEBL11	—	含泥白云岩	15.3	—	—	1.1	83.6	—	—	—	—	—
XEBL12	—	泥质白云岩	9.8	1.3	—		74.1	—	—	2.8	—	12
XEBL13	—	含泥白云岩	13.7	—	—	—	77.7	—	—	—	—	8.6
XEBL14	—	含灰白云岩	5.3	—	—	12.2	82.5	—	—	—	—	—
XEBL17	—	泥晶白云岩	—	—	—	—	100	—	—	—	—	—
ZG463-2	5594.5	灰质白云岩			—	24.8	75.2	—	—	—	—	—
ZHS5-3	6708.4	泥质白云岩	5.3	2.3	—		92.4	—	—	—	—	—

二、微观封闭能力

1. 突破压力

盖层的封闭性能是油气能否成藏并保存的重要条件之一。盖层的封闭机理主要有物性封闭、超压封闭与烃浓度封闭，其中物性封闭是盖层封闭的基础，也是最普遍的机理。在20世纪70年代，国外学者 Berg 和 Schowalter 就提出了盖层的毛细封闭阻挡了下伏油气向上运移，盖层与储层之间的物性差异引起毛细管压力的差异而造成盖层对油气的封闭作用。毛细管压力主要受到油水界面张力、最大连通孔隙半径和岩石湿润性的影响。Schowaltes（1979）研究认为当油气在岩石中饱和度达到10%以后才开始发生流动，因此把饱和度达到10%时对应的毛细阻力定义为突破压力。

1）突破压力的实验方法

突破压力的测试方法很多，包括间接法和直接法。间接法主要为压汞法，利用压汞来确定毛细管压力曲线，并取含汞饱和度为一定值时（一般取 10%）的进汞压力为突破压力；该方法可以简便、快速地测出岩样突破压，但是准确测量还需要知道原位条件下的水岩表面张力与接触角，因而精度无法保证。直接法包括分步法、连续法、驱替法和脉冲法，其中分步法、连续法和驱替法是目前我国石油行业突破压力测试的主要方法，一般测量的时间需要较长，但精度较高。不同测试方法由于其理论依据不同，测得的数据差异较大，但相同的测试方法能够反映样品对油气的封闭能力，本节实验样品的突破压力分析测试主要采用了直接法中的驱替法。实验过程中，首先将岩石样品烘干、抽真空，然后放到密闭容器中加压饱和煤油，一般饱和 24h；样品取出后，用岩心夹持器固定样品，然后在夹持器一端充注气体驱替岩样中的煤油，直到在夹持器另一端观测到有气泡冒出，记录此时气体的外界充注压力以及突破时间。通过时间校正和温度矫正来计算样品的突破压力。

突破压力测试样品主要依托于东北石油大学地球科学学院储层参数综合测量实验室与中国石油勘探开发研究院廊坊分院天然气地质所成藏实验室的仪器设备进行分析，因为采用的测试方法不同，测试得到的实验数据略有差异。

2）突破压力分析结果

实验结果表明，不同岩性突破压力值相差较大，其中膏质白云岩、泥晶白云岩、泥晶灰岩、泥质白云岩和盐岩的突破压力相对较高，突破压力大于 5MPa 的岩样基本上来自这几类岩性（突破压力≥14MPa 的岩样数据均统计为 14MPa）；含膏云岩、颗粒灰岩、膏岩和藻白云岩的突破压力相对较低，突破压力大多低于 5MPa；灰质白云岩（包括白云质灰岩）突破压力较为平均，大致分布在 5MPa 左右（图 7-1-3）。

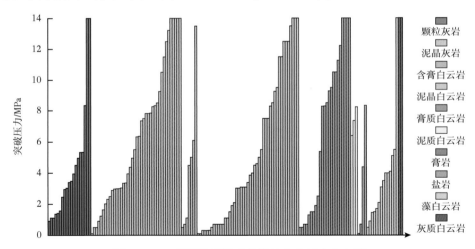

图 7-1-3　不同岩石类型单样品突破压力分布图

3）突破压力的影响因素分析

（1）泥晶白云岩。

泥晶白云岩的突破压力与岩石渗透率具有很强的负相关性。突破压力大于 10MPa 的岩样，孔隙度<0.1%，渗透率<$1×10^{-3}$mD；突破压力在 3~10MPa 之间的岩样，孔隙度范围为 0.5%~2%，渗透率范围为 $1×10^{-3}$~$1×10^{-2}$mD；突破压力小于 3MPa 的岩样，渗透率一般在 0.5mD 以上（图 7-1-4）。

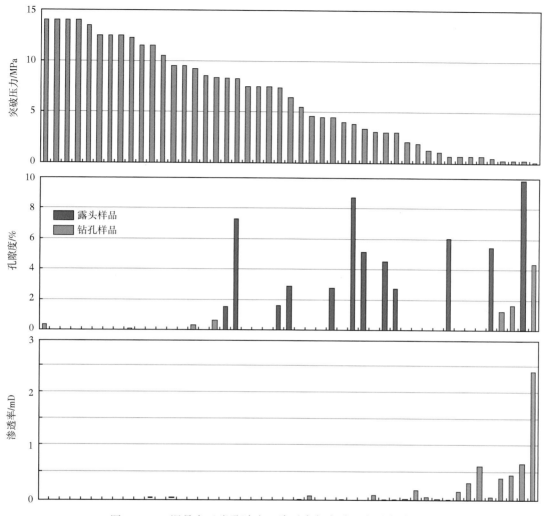

图 7-1-4　泥晶白云岩孔隙度、渗透率与突破压力对应关系图

另一方面，泥晶白云岩的突破压力也与岩石微观结构及裂缝、缝合线的发育程度有关；晶粒变粗，突破压力下降；结构不均匀，例如不等粒状结构，突破压力下降；裂缝发育，不论是否充填，突破压力均会明显下降。图 7-1-5（a）为牙哈 10 井（6175.5m）纯泥晶白云岩样品，薄片镜下观察其微观颗粒分布均匀，孔隙极不发育，14MPa 未突破。图 7-1-5（b）镜下观察发现在泥晶白云岩中粉晶白云岩呈团块状富集或呈分散状，其突破压力为12.24MPa。图 7-1-5（c）为牙哈 10 井（6175.5m）泥晶白云岩样品，不等粒结构，突破压力为12.5MPa；图 7-1-5（d）为泥—粉晶结构白云岩，粉晶呈漂浮状分布，突破压力为9.25MPa。图 7-1-5（e）为泥晶结构白云岩，其中发育多期裂缝，缝间充填白云石和方解石，实验室测试突破压力为4.5MPa。图 7-1-5（f）为舒探 1 井泥粉晶白云岩样品，镜下观察发育硬石膏充填裂缝，裂缝中硬石膏发育溶蚀孔及晶间缝，突破压力为0.7MPa。宽大贯穿裂缝尽管有充填，渗透率不高，但突破压力仍小于3MPa，表现出裂缝对泥晶白云岩的封盖能力具有极强的破坏力。

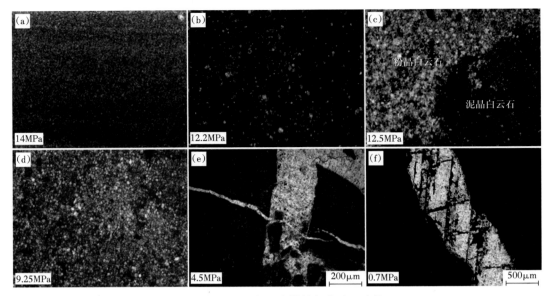

图 7-1-5　泥晶白云岩结构与突破压力值

（a）泥晶白云岩，牙哈 10 井，5820.4m，突破压力为 14MPa；（b）泥粉晶白云岩，牙哈 5 井，6175.5m，突破压力为 12.2MPa；（c）泥粉晶白云岩，牙哈 5 井，6019.1m，突破压力为 12.5MPa；（d）含泥粉晶白云岩，牙哈 5 井，5801.5m，突破压力为 9.25MPa；（e）泥晶白云岩，裂缝被白云石全充填，牙哈 10 井，6176.2m，突破压力为 4.5MPa；（f）泥粉晶白云岩，裂缝被石膏全充填，舒探 1 井，1674.1m，突破压力为 0.7MPa

（2）膏质泥晶白云岩。

膏质泥晶白云岩的结构、裂缝发育程度影响岩石的渗透率与封盖能力。按结构分类可将膏质泥晶白云岩分为分散状、斑块状、裂缝分散状和裂缝斑块状四种微观结构。渗透率与突破压力分析结果揭示，以分散状、斑块状、裂缝分散状和裂缝斑块状的顺序，渗透率呈数量级式增长，突破压力显著降低（表 7-1-3，图 7-1-6）。分散状膏质泥晶白云岩具有低孔、低渗、高突破压力的特点；斑块状膏质泥晶白云岩相比前者孔隙度明显增加，渗透率变化不大，突破压力略有降低。裂缝分散状膏质泥晶白云岩孔隙度变化不明显，渗透率增加，突破压力明显降低。裂缝斑块状膏质泥晶白云岩孔隙度、渗透率都明显增加，突破压力小于 3MPa（表 7-1-3，图 7-1-6）。

表 7-1-3　不同微观结构膏质泥晶白云岩微观特征物性与突破压力统计表

微观结构	孔隙度/%	渗透率/mD	突破压力/MPa
分散状	0.3~0.5	10^{-4}	>14
斑块状	1~1.5	10^{-4}	10~14
裂缝分散状	0.2~0.5	10^{-3}	3~10
裂缝斑块状	1.6~5	10^{-2}	<3

（3）泥晶灰岩。

微裂缝是影响泥晶灰岩突破压力的主要因素。泥晶灰岩的突破压力与渗透率呈明显的负相关，渗透率越小，突破压力越大，渗透率小于 $1×10^{-2}$mD 的样品突破压力均在 3MPa 以上。裂缝发育程度是影响岩石渗透率与突破压力的本质因素，随着裂缝发育程度的增加，突破压力降低，渗透率增大（图 7-1-7）。图 7-1-8（a）为含生屑泥晶灰岩，没有裂缝

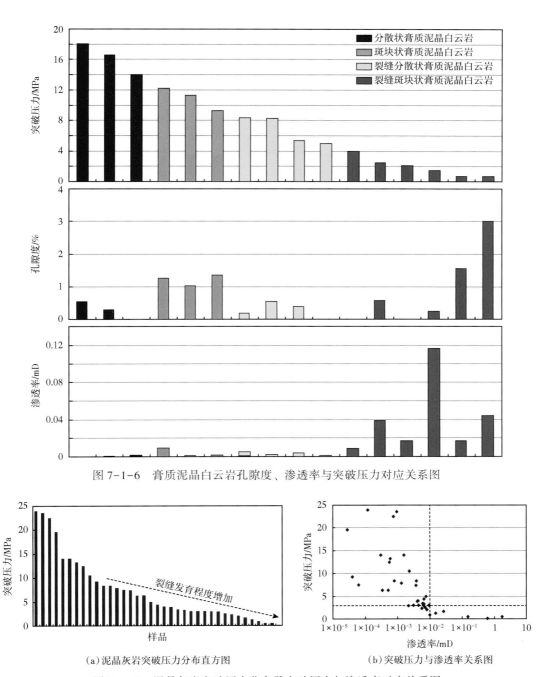

图7-1-6　膏质泥晶白云岩孔隙度、渗透率与突破压力对应关系图

（a）泥晶灰岩突破压力分布直方图　　　　（b）突破压力与渗透率关系图

图7-1-7　泥晶灰岩突破压力分布及突破压力与渗透率对应关系图

发育，突破压力为19.56MPa；图7-1-8（b）为泥—粉晶灰岩，发育泥晶方解石与粉晶白云石接触面，突破压力为9.25MPa；图7-1-8（c）为泥晶灰岩，见大量裂缝，方解石边部发育沥青质充填，突破压力为0.5MPa。

（4）盐岩。

通过实验室分析，发现盐岩孔渗均很低，但突破压力高，达到23.86MPa（阿瓦特河露头样品）。

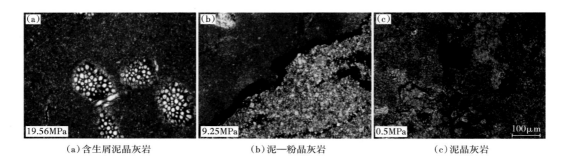

（a）含生屑泥晶灰岩　　　　　（b）泥—粉晶灰岩　　　　　（c）泥晶灰岩

图7-1-8　泥晶灰岩普通薄片与突破压力

（5）膏岩。

在塔里木盆地寒武系中，膏岩分布广泛，膏岩能否作为盖层及其封闭能力的评价对勘探选区有着至关重要的影响；实验室分析中膏岩突破压力变化较大，突破压力与渗透率呈明显的负相关（图7-1-9）。

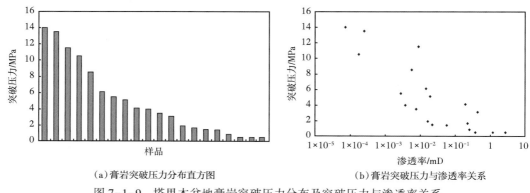

（a）膏岩突破压力分布直方图　　　　　　（b）膏岩突破压力与渗透率关系

图7-1-9　塔里木盆地膏岩突破压力分布及突破压力与渗透率关系

高孔隙度是硬石膏突破压力低的主要原因，而高孔硬石膏是由于石膏脱水增孔造成的。石膏向硬石膏转化的过程实际就是脱水的过程，在没有压实的情况下，理论上完全脱水产生的孔隙可以达到40%左右。在盐水、开放体系中，硬石膏转化所需温度为42~52℃，折合本区实际地层条件，相当于1300~1700m的埋藏深度。在镜下，可以清楚看到致密的石膏与多孔硬石膏共存，硬石膏发育大量晶间孔隙及晶间溶孔（图7-1-10a），纳米CT扫描同样可以观察到大量孔隙（图7-1-10b）。

另一方面，深埋作用可以使硬石膏孔隙度减少，突破压力增大。根据本区样品分析，硬石膏的突破压力与最大埋深有一定的相关性。最大埋深大于4400m，突破压力大于3MPa；最大埋深大于4900m，突破压力大于5MPa。

（6）其他岩类。

颗粒白云岩采集样品三块，突破压力均小于5MPa，渗透率中等，并且随着渗透率增大，突破压力降低，两者相关性较好。

颗粒灰岩样品总体孔隙度高，渗透率中等，反映存在孔隙，无明显裂缝，岩石突破压力主要与渗透率有关。突破压力大于5MPa时，孔隙度小于1%，渗透率为1×10⁻³mD量级，属于胶结程度高的颗粒灰岩，孔隙相对不发育；突破压力在3~5MPa时，孔隙度为1%~

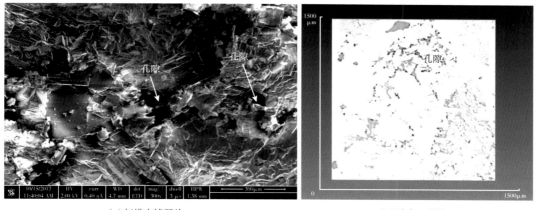

（a）扫描电镜照片　　　　　　　　　　（b）纳米CT照片

图 7-1-10　硬石膏扫描电镜与纳米 CT 照片（样品来自舒探 1 井）

2%，渗透率为 1×10^{-2} mD 量级；突破压力小于 3MPa 时，孔隙度大于 2%，渗透率处于 1×10^{-1} mD 量级（图 7-1-11）。因此，胶结致密、裂缝欠发育条件下，致密颗粒灰岩也具有一定的封盖能力。

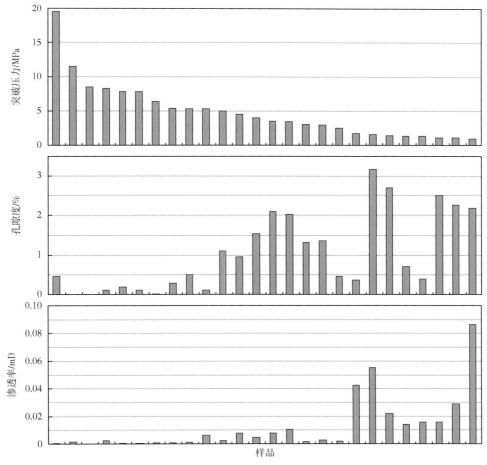

图 7-1-11　颗粒灰岩孔隙度、渗透率与突破压力对应关系图

283

2. 三轴应力

1）三轴压缩实验方法

三轴岩石力学测试在西南石油大学油气藏地质及开发工程国家重点实验室完成，样品测试仪器采用美国 GCTS 公司 RTR-1000 型静（动）三轴岩石力学测试系统，可以有效地测量地层条件下的岩石力学参数。该系统最大轴向加载为 1000kN，最大围压为 140MPa，最高加热温度为 150℃；测试变形范围参数中轴向应变为 ±2.5mm，径向应变为 ±2.5mm；测试精度和数据采集分析方法符合美国 ASTM D2664—04 标准和国际岩石力学学会（ISRM）推荐岩石三轴压缩实验所有要求。

实验基本操作：将加工好的岩心包装热缩管，并保证其密封；再放在合适高度的实验台上，分别加上轴向和径向传感器，再将其放入密封压力室内，调整完毕后对岩样施加一定的轴向载荷（小于 1kN），然后以 0.05MPa/s 的速率加载围压到预期值，待围压稳定后施加轴向载荷，直到岩样破坏，记录轴向载荷和岩样轴向、径向变形。

本次分析的样品采用统一的标准规格 2.54cm×40cm 柱塞样，样品的两端磨平，断面与柱面垂直。

2）盐岩样品三轴压缩实验结果与认识

由于盐岩在磨制过程中遇水会发生溶解，因此应用传统的磨制方法不适合于盐岩标准柱塞样的制作。本次实验过程中利用数控钢丝无水切割大块的盐岩，再利用机床对切割出来的样品进行外形打磨，形成了标准的样品。由于前期对盐岩的力学特征了解不多，因此在实验前设计了尽量大范围的围压区间（10～80MPa），在一个固定的温度条件下，围压从最小值开始实验，直到实验得出的三轴应力分布图能够看出明显的脆—塑性转化结果时结束，依据这种设计，共完成了 26 样次三轴压缩实验（表 7-1-4）。

表 7-1-4　盐岩样品三轴压缩实验不同温压条件表

温度/℃	围压/MPa						
40	10	20	30	40	50	60	80
60	10	20	30	40	50	60	
80	10	20	30	40	50	60	
100	10	20	30	40	50		

当在 40℃ 条件下开展围压为 80MPa 的三轴压缩实验时，轴向应力呈现出先减小再增大的现象（图 7-1-12），表明在该条件下岩石已经表现为蠕变的特征，因此可以停止变围压的实验。同样，在 60℃ 条件下从小围压到大围压的系列实验过程中，当围压为 60MPa 时，盐岩样品呈现出蠕变的特征。80℃ 条件下蠕变形态发生在 60MPa 附近；100℃ 条件下蠕变形态发生在 50MPa 附近。从以上的实验可以看出，随着温度的升高，盐岩的抗压能力逐渐减弱，这是因为盐岩在较高的温度条件下容易软化而表现出抗压能力变差的特征。

随着温度的增大，盐岩的抗压能力逐渐减弱，在 40℃、10MPa 的条件下盐岩的峰值强度能达到 45MPa，而在 100℃、10MPa 条件下仅为 20MPa（图 7-1-12）。当温度固定时，盐岩的抗压强度又随着围压的增大而减小（图 7-1-13），这种结果与前人对泥岩（李双建等，2013）和碳酸盐岩（潘林华等，2014）进行三轴压缩实验时得出的结果刚好相反，这说明了盐岩具有独特的抗压缩性质。

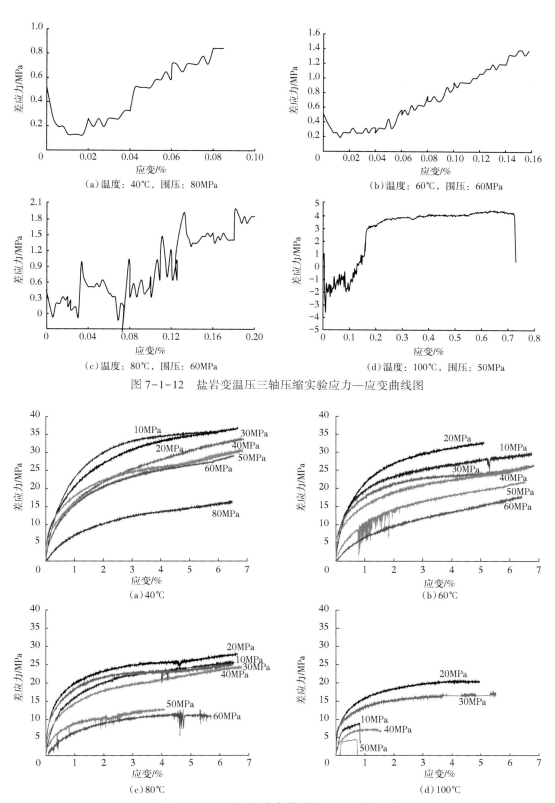

（a）温度：40℃，围压：80MPa

（b）温度：60℃，围压：60MPa

（c）温度：80℃，围压：60MPa

（d）温度：100℃，围压：50MPa

图 7-1-12　盐岩变温压三轴压缩实验应力—应变曲线图

（a）40℃

（b）60℃

（c）80℃

（d）100℃

图 7-1-13　不同温度条件盐岩和围压关系图

在上述实验过程中盐岩始终保持柔塑特征甚至是蠕变特征，并未发现盐岩从早期的脆性逐渐过渡到塑性的过程，可能前面设计的实验范围未能满足盐岩形成脆性的条件。因此，降低围压条件开展了第二次实验，设计了在常温下5MPa、8MPa和10MPa的实验条件，实验结果可以明显地看出在5MPa、8MPa以及10MPa的条件下盐岩具有清楚的脆性特征（图7-1-14）。三轴压缩实验过程中随着应力增加，盐岩应变分为三个阶段：（1）应变小于0.5%，应力—应变曲线由压密段进入线性增长，屈服强度约35MPa；（2）应力与应变都快速发展阶段，应力达到峰值55~70MPa，应变发展更为迅速，峰值应变为13%，环向应变峰值为-8.6%，相应的体积应变达到-7%以上，峰值时盐岩的轴向应变大于径向应变，说明围压对径向应变产生约束作用，控制了径向应变的快速扩张，因此体积应变也相应变小；（3）应变增加、应力降低阶段，岩样呈应变软化特性，无缺陷，透明状，可以观察到内部含一定数量的节理，为共轭斜面剪切破坏。当实验围压超过10MPa达到15MPa以后，盐岩的轴向应变曲线随轴应力的增大而增大，并没有出现像10MPa及以下围压所出现的残余峰值特征，因此可以认为盐岩从脆性向塑性转变的围压条件略大于10MPa。

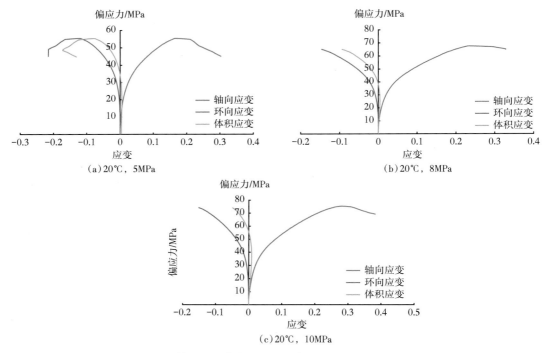

（a）20℃，5MPa （b）20℃，8MPa

（c）20℃，10MPa

图7-1-14　等温变压条件下盐岩三轴压缩实验应力—应变曲线

3）膏岩样品三轴压缩实验结果与认识

野外和井下采集的膏岩样品基本都是硬石膏（又称无水石膏），其主要成分为无水硫酸钙（$CaSO_4$），斜方晶系，晶体为板状，通常呈致密块状或粒状，白色、灰白色，玻璃光泽。

实验显示随着围压的增加，硬石膏的峰值应力、峰值应变均逐渐增大，通过峰值点后下降段表现出逐渐平缓的趋势，硬石膏的塑性不断增大（黄英华等，2008）。前人的研究主要是在室温条件下开展膏岩的三轴压缩实验，实际地层条件下温度远高于室温。以研究区寒武系膏岩层地温为例可以达到150℃，必须考虑温度对膏岩的三轴应力效应，因此本研究设计了40℃和100℃条件下膏岩的三轴压缩实验。

286

从应力—应变曲线可以看出随着温度的升高，膏岩的抗压强度逐渐减弱（图7-1-15）。5MPa围压条件下，40℃时膏岩的峰值强度为45MPa，而在100℃时峰值强度为20MPa；10MPa围压条件下，40℃时膏岩的峰值强度为50MPa，而在100℃时峰值强度为40MPa。虽然随温度的升高膏岩的抗压强度减弱，但膏岩的脆—塑性转换的围压都发生在10MPa附近，因此可以认为温度对膏岩的脆—塑性转换的界限影响较弱。

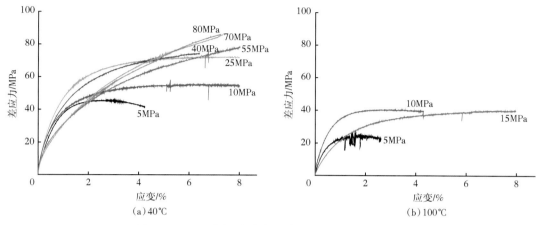

（a）40℃　　　　　　　　　　　　　　（b）100℃

图7-1-15　不同温度条件下膏岩应力—应变曲线图

4）碳酸盐岩样品三轴压缩实验结果与认识

碳酸盐岩孔隙压力动态变化对抗压强度影响明显，表现为在围压一定的条件下随着孔隙压力的增大，碳酸盐岩的抗压强度降低（潘林华等，2014）。实验结果也显示，碳酸盐岩发生脆性向塑性转换的围压值并不会随孔隙压力的变化而发生改变，碳酸盐岩的脆—塑性转换受自身岩石的性质决定（图7-1-16）。

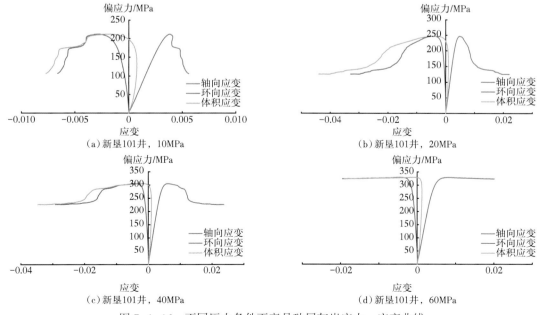

（a）新垦101井，10MPa　　　　　　　　　（b）新垦101井，20MPa

（c）新垦101井，40MPa　　　　　　　　　（d）新垦101井，60MPa

图7-1-16　不同压力条件下亮晶砂屑灰岩应力—应变曲线

（1）亮晶砂屑灰岩。

亮晶砂屑灰岩的脆—塑性转换发生在围压 80MPa 附近。当围压小于 60MPa 时轴向应变曲线始终都具有达到峰值强度后下降的趋势，从 10MPa 的断崖式下降逐渐过渡到 50MPa 条件下的平缓下降。当围压达到 60MPa 时，轴向应变曲线峰值段与残余段基本趋于水平，但仍有下降的趋势；围压为 80MPa 后峰值段与残余段呈同一水平，表示此时的碳酸盐岩呈塑性特征。因此从亮晶砂屑灰岩的三轴压缩实验可以得出砂屑灰岩的脆—塑性转换围压为 80MPa，对应塔里木盆地塔北地区地层深度为 5260m，当亮晶砂屑灰岩埋藏深度大于该值时表现为明显的塑性特征，不易产生裂缝。

实际高温高压条件下石灰岩是否具有以上的性质还需要模拟高温条件三轴压缩实验，本节也开展了变温度条件下相同围压的三轴压缩实验。结果表明，50MPa 条件下随温度的增加砂屑灰岩过峰值后下降的幅度逐渐趋于平缓，温度在 100℃ 时轴向应变基本表现为峰值以后呈一条水平线（图 7-1-17）。从本次实验可以看出温度对石灰岩的脆—塑性转换围压具有较大的影响，与常温三轴压缩实验对比，高温实验的脆—塑性转换围压可以发生在 50MPa，小于新垦 101 井的 80MPa，除了可能有样品自身的性质影响以外，更重要的是温度起到了明显的控制作用，高温可以弥补围压不足从而使石灰岩达到塑性。因比，在确定石灰岩样品的脆—塑性转换压力时必须还要考虑到温度的作用。

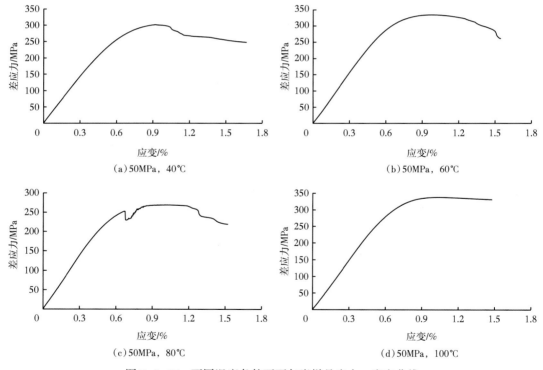

图 7-1-17　不同温度条件下石灰岩样品应力—应变曲线

（2）砾状膏质白云岩。

样品采自塔中地区中深 5 井阿瓦塔格组，深度为 6177.5~6178m，岩石类型为砾状膏质白云岩。从样品的三轴应力—应变特征图（图 7-1-18）上可以看出随轴向围压的增大，岩石的抗压强度增强，但是在围压达到 70MPa 以后仍然未见到径向曲线过峰值后呈近似水平的特征，说明在 70MPa 条件下该岩石类型仍然未达到塑性，可能在更大的围压条件下可以看到峰值强度与残余强度位于同一水平线，但是至少现有的实验证实了砾状膏质白云岩脆—塑性转换的围压大于 70MPa。这也说明了该类型的碳酸盐岩在地层条件下几乎一直表现为脆性的特征，在较高的应力条件下容易发生破裂而形成裂缝，对盖层的封闭性起到了破坏作用。

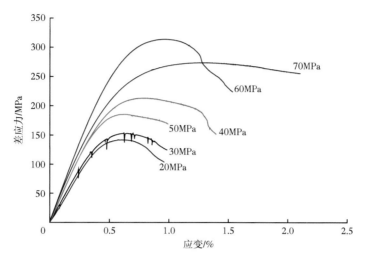

图 7-1-18　不同围压条件下砾状膏质白云岩应力—应变曲线（100℃）

（3）纹层状膏质白云岩。

样品取自中深 5 井寒武系沙依里克组（5476～6549.5m）纹层状泥粉晶膏质白云岩、云质膏岩；由于样品丰富，本次实验对该类型的碳酸盐岩开展了不同温度条件的三轴压缩实验。实验结果显示，温度的升高提高了岩石的抗压强度（图 7-1-19），这点与前面的亮晶砂屑灰岩的性质相似。从 100℃ 的系列实验来看，在围压为 60MPa 时轴向应变曲线达到峰值以后基本呈一条水平线，说明在大于 60MPa 以后纹层状膏质白云岩基本表现为塑性的

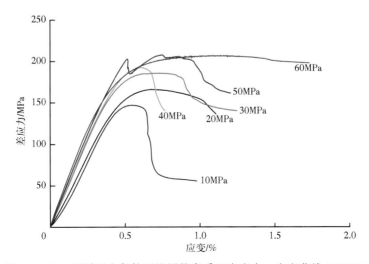

图 7-1-19　不同压力条件下纹层状膏质云岩应力—应变曲线（100℃）

特征，此时裂缝不易产生，岩石的闭合性较好。当温度为 30℃ 时即使是围压在 80MPa 和 90MPa 条件下仍未表现为塑性的特征，因此可以认为温度对该类型的碳酸盐岩脆—塑性转换影响较大，温度的升高加快了该类型岩石的脆—塑性转换，使得在埋藏过程中由于地层温度的增大形成塑性特征，从而导致该类岩石的闭合性较好，封闭能力提高。综合评价认为，纹层状膏质白云岩虽然在埋藏的早期也较容易发育裂缝，但是随着埋藏深度的加深，后期裂缝逐渐压实闭合并且柔塑性的膏质容易挤入裂缝空间形成填充而达到封闭的能力。对比砾状膏质白云岩，纹层状膏质白云岩在相同条件下封闭性更好，可以作为较好的封盖层。

三、封闭能力的宏观影响因素

1. 与地层厚度的关系

理论上，盖层厚度与能够封闭的气柱高度没有关系；但许多学者认为在实际地质条件下盖层厚度与气柱高度之间存在着一种简单的正相关线性关系（童晓光等，1989；吕延防等，2000；付广等，2003），二者可用直线方程式来表述（图 7-1-20）。苏联学者依诺泽姆采夫在研究古比雪夫地区下石炭统油藏之上厚薄不等的盖层对石油聚集的影响时提出，石油密度与油藏上覆盖层厚度呈正相关关系。随着盖层厚度变厚，石油密度下降，当盖层厚度达 25m 以后，石油密度不再变化，说明油藏得到了充分保存，不再受破坏。故他提出该区盖层厚度的有效下限标准为 25m。

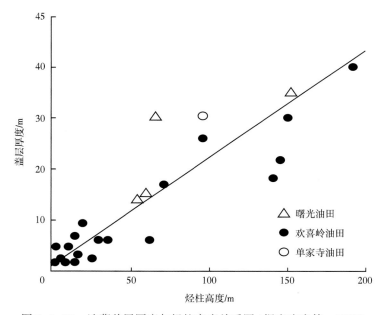

图 7-1-20　油藏盖层厚度与烃柱高度关系图（据童晓光等，1989）

关于地层厚度与盖层封堵能力影响的研究比较多，目前的研究结论主要体现在以下四个方面：(1)厚度越大，泥岩盖层的原始空间展布面积越大，只有达到一定分布范围，才可能形成有效盖层（付广等，1998）；(2)厚度越大，水体深度越大，泥岩颗粒更细，砂质含量更少，间接反映其突破压力大；(3)厚度越大，更容易形成欠压实，提高盖层的封堵能力；（4）厚度越大，在纵向上，微小裂缝连通的几率越小，这对非均质性极强的碳酸盐岩盖层尤其重要。

2. 与断裂/裂缝的关系

1）膏岩、盐岩与泥岩封盖能力与断裂的关系

对于膏盐岩这种塑性极强的岩石来讲，具有强烈的自我修复作用，断层对这类岩石没有起到明显的破坏作用。前人做了大量的研究工作，断层对这类岩石的封堵性破坏没有起到作用已经成为大家的共识。对世界最大的 25 个气田特征分析表明，所有分布在逆掩断层带内的气田，都依赖于其具有蒸发岩盖层。泥岩盖层也具有一定塑性，并可能产生断层泥，可对断层进行一定程度的修复。

2）其他岩类与断裂或裂缝的关系

岩石突破压力样品长度一般在 3~5cm 之间，即使是如此之短的样品，内部的非均质性仍然很明显，内部存在各种斑块、结核和微裂缝等；各种尺度的孔喉在样品中不均匀分布也会对封盖能力产生影响。从前述分析可知，只有当大喉道贯穿样品尺度才会明显影响样品的突破压力，也论述了微裂缝是影响致密灰岩与致密白云岩突破压力的关键因素。当微裂缝的长度大于样品的长度时，其突破压力基本上小于 3MPa，不管其基质是否致密，也不管裂缝是否充填。

图 7-1-21（a）和（b）是和 4 井阿瓦塔格组两块相邻样品（相距 1m）的岩石学照片，它们的基质特征相似，均为膏质白云岩，膏质含量均大于 25%，孔隙不发育。（a）的整个柱塞样品无明显可见裂缝，显微照片中也未见到明显的裂缝，孔隙主要表现为膏质溶孔，样品的孔隙度为 0.55%，渗透率为 0.0001mD，突破压力为 18.05MPa。（b）的整个柱塞样品可见一条贯穿整个样品的裂缝，裂缝为石膏充填（图 7-1-21c），孔隙主要表现为膏质溶孔，样品的孔隙度为 0.26%，渗透率为 0.12mD，突破压力为 1.5MPa。后者的孔隙度比前者还小，但渗透率比前者高了 3 个数量级，突破压力是前者的约 1/10。

相似的特点在中深 5 井也可以见到。中深 5 井阿瓦塔格组两块相邻样品（相距 0.5m），基质特征相似，均为角粒状膏质白云岩，膏质含量均大于 25%，孔隙不发育，孔隙类型主要为膏质溶孔（图 7-1-21d、e）。无裂缝的样品孔隙度为 0.3%，渗透率为 0.0005mD，突破压力可达 16.59MPa；有裂缝的样品孔隙度为 1.56%，渗透率为 0.017mD，突破压力仅为 0.7MPa，裂缝为沥青充填或半充填。

图 7-1-21（f）和（g）是哈 6 井奥陶系致密灰岩有裂缝与无裂缝岩样对比，两块样品基质特征相似，均为泥晶灰岩，孔隙不发育。有裂缝样品的裂缝为方解石充填，孔隙度为 1.427%，渗透率为 0.63mD，突破压力仅 0.1MPa；无裂缝的样品孔隙度为 1.647%，渗透率为 0.00096mD，尽管发育一些被方解石充填的孔洞，但由于孔洞之间没有裂缝连通，突破压力达 23.52MPa。

如果把上述微观尺寸放到几十上百米厚的地层中，影响致密碳酸盐岩封堵性的因素有局部重结晶与白云石化作用、局部溶蚀孔和局部的微裂缝等。这些因素可能会降低盖层的封堵能力，但不影响盖层整体有效性。但是如果存在贯穿整个盖层的断层，则破坏了盖层的有效性。总之，从微观尺度上，局部的溶蚀作用、白云石化作用和微裂缝等会降低样品的突破压力，但在宏观尺度上，真正影响致密碳酸盐岩盖层封闭性能的主要因素是断裂或裂缝。

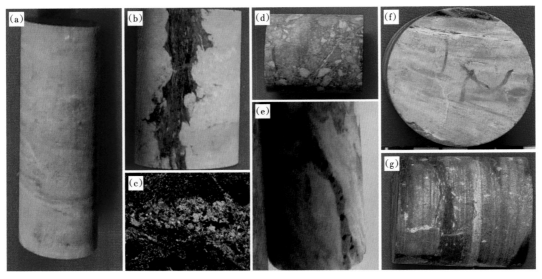

图 7-1-21　有裂缝或无裂缝的膏盐与石灰岩岩样照片

(a)和 4 井，阿瓦塔格组，膏质白云岩，无裂缝，突破压力实测值为 18.05MPa；(b)和(c)和 4 井，阿瓦塔格组，膏质白云岩，发育裂缝被石膏充填，突破压力实测为 1.5MPa；(d)中深 5 井，阿瓦塔格组，角砾状膏质白云岩，不发育裂缝，实测突破压力为 16.59MPa；(e)中深 5 井，阿瓦塔格组，角砾状膏质白云岩，裂缝发育被沥青充填，实测突破压力为 0.7MPa；(f)哈 6 井，鹰山组，发育裂缝被方解石充填，实测突破压力为 0.1MPa；(g)哈 6 井，鹰山组，致密灰岩，不发育裂缝，实测突破压力为 23.52MPa

第二节　塔里木盆地下古生界盖层分布

一、区域盖层

塔西台地区内能够对下古生界白云岩储层起到有效封盖的区域性盖层主要有两套，一套是巴楚—塔中地区多口井揭示的中寒武统塑性蒸发盐岩盖层，俗称"白被子"；另一套是上奥陶统巨厚却尔却克组/桑塔木组泥岩，俗称"黑被子"。

中寒武统蒸发盐岩是塔西台地内稳定分布的一套区域盖层，塔西台地蒸发盐岩包括两种：(1)蒸发盐湖相膏盐岩，主要分布在塔西台地内部，中寒武统蒸发盐岩在巴楚隆起内厚度稳定在 350~400m（蔡习尧等，2010；金之钧等，2010；杨海军等，2015），地震反射特征分析结果显示，该套蒸发盐岩在阿瓦提凹陷、塔北地区与满西地区普遍发育，分布面积约 $16 \times 10^4 km^2$（图 7-2-1）；(2)膏泥质白云岩，主要分布在蒸发盐湖与台缘带之间，地震剖面上表现为平行强反射特征，分布面积约 $11 \times 10^4 km^2$（图 7-2-1），该套岩性在牙哈、英买力与塔中东部被已钻井揭示。

上奥陶统却尔却克组/桑塔木组稳定发育一套巨厚泥岩，是另一套区域性盖层。中奥陶世末期，塔西台地发生构造分异，弧陆碰撞，阿尔金洋闭合（赵宗举等，2009；何登发等，2007；张月巧等，2007），导致全盆地台地淹没，取而代之的是盆地范围内大量的泥岩沉积。满加尔凹陷为构造前渊坳陷背景，大量物源快速填平补齐沉积，地层厚度可达 5000~6000m，满西地区厚度减小至 1000m 左右，向西继续减薄，在构造古梁阿满低梁带

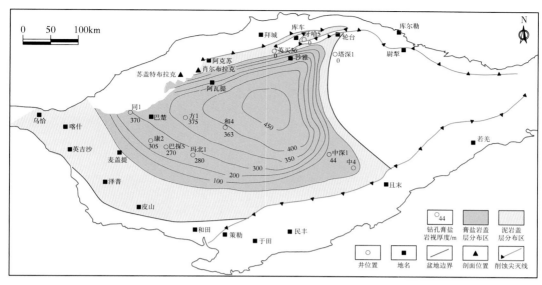

图 7-2-1　中寒武统蒸发岩相与盖层分布图

处相变，至阿瓦提凹陷内相变为其浪组与印干组(图7-2-2)。

上奥陶统泥岩主要分布在北部坳陷与塘古坳陷周缘，面积约 $25×10^4km^2$ 。西南坳陷与塔北隆起北部由于构造作用抬升，造成该套地层的削蚀尖灭；塔中隆起中央主垒带也由于冲断抬升，桑塔木组泥岩削蚀尖灭。上奥陶统泥岩的厚度与良里塔格组沉积格局有着密切关系：在良里塔格组台地区，上奥陶统泥岩为桑塔木组泥岩，厚度为 200~500m；在良里塔格组斜坡—深水陆棚相区，上奥陶统泥岩为却尔却克组，时间上相当于良里塔格组与桑塔木组，厚度较大，一般大于1000m，在满加尔凹陷可以达到5000~6000m。

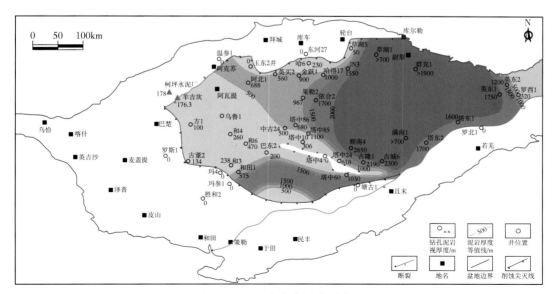

图 7-2-2　上奥陶统泥岩厚度图

二、复式盖层

通常情况下，有一些油气藏并不直接产出在区域盖层之下，而是和区域盖层有一定的间隔，充填的岩性是一套"非储非盖"层，也就是说它不是稳定的储层发育层，当裂缝发育时它又不能作为盖层，但当裂缝欠发育时可以作为有效盖层。例如古城6气藏，下奥陶统气层的直接盖层并非常规的泥岩或蒸发岩区域盖层，而是约400m厚的致密灰岩（图7-2-3a），其岩性致密，取心显示孔隙、孔洞欠发育（图7-2-3b）。致密灰岩之上为巨厚的却尔却克组泥岩（约2300m）。

（a）综合柱状图 （b）鹰一段岩心与薄片照片

图7-2-3 古城6井奥陶系综合柱状图和取心段鹰一段岩心与薄片照片

本节以古城气藏为例提出了复式盖层概念（陈永权等，2015）。当区域盖层与直接盖层之间不发育储层时，封盖能力与区域盖层相当（付广等，1994）；反之，若区域盖层与直接盖层之间发育储层，气藏将主要分布在区域盖层之下的储层中，直接盖层的封堵能力将大打折扣，只能控制小规模的气藏（刘树根等，1996；张文旗等，2011）。古城地区主力产层的区域盖层为上奥陶统却尔却克组泥岩，直接盖层为中奥陶统致密碳酸盐岩，不发育储层，是下奥陶统成为主力产层的关键因素。可将上奥陶统巨厚的却尔却克组泥岩区域盖层（2300~2500m）与中奥陶统致密灰岩直接盖层定义为复式盖层，其封盖能力与却尔却克组区域盖层相当。古城、顺南区块下奥陶统天然气的发现，证实了该套复式盖层封堵能力强，可控制规模性气藏的聚集。

寒武系盐下白云岩储层稳定发育在肖尔布拉克组中，吾松格尔组处在肖尔布拉克组储层与沙依里克组—阿瓦塔格组区域盖层之间，造成了储盖组合的复杂性。吾松格尔组是一套"非储非盖"层，当裂缝发育时，形成裂缝型储层，与区域盖层形成有效储盖组合，控制油气聚集，例如柯探1井（京能）；当构造稳定、裂缝欠发育时，吾松格尔组又非常致密，与中寒武统构成复式盖层，油气主要富集在肖尔布拉克组，例如中深 1 井与轮探 1 井。因此，对吾松格尔组储层的研究已不单纯是储层研究，还是对肖尔布拉克组盖层的研究，也是成藏层位的研究。

以塔中地区为例，中深 1、中深 5 与中寒 1 井均在吾松格尔组取心，实测孔隙度样品 24 件，孔隙度>1.8% 的样品 1 件，占比 4.2%；渗透率测试样品 33 件，主要集中 0.01～0.1mD 区间内（图 7-2-4）。表明吾松格尔组不发育储层，在构造稳定、裂缝不发育的条件下，可以与沙依里克组区域盖层构成复式盖层，控制肖尔布拉克组储层内油气聚集。

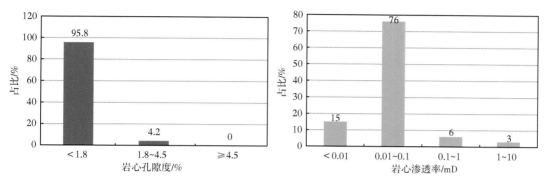

图 7-2-4　塔中地区吾松格尔组孔渗统计图

参 考 文 献

蔡习尧，李越，钱一雄，等，2010. 塔里木板块巴楚隆起区寒武系盐下勘探潜力分析 [J]. 地层学杂志，34（3）：283-288.

陈永权，关宝珠，熊益学，等，2015. 复式盖层—走滑断裂带控储控藏作用：以塔里木盆地满西—古城地区下奥陶统白云岩勘探为例 [J]. 天然气地球科学，26（7）：1268-1276.

付广，姜振学，1994. 上覆盖层对天然气通过直接盖层扩散的屏蔽作用分析 [J]. 天然气地球科学，2：16-20.

付广，许凤鸣，2003. 盖层厚度对封闭能力控制作用分析 [J]. 天然气地球科学，14（3）：186-190.

付广，张发强，吕延防，1998. 厚度在泥岩盖层封盖油气中的作用 [J]. 天然气地球科学，9（6）：20-25.

何登发，张朝军，等，2007. 塔里木地区奥陶纪原型盆地类型及其演化 [J]. 科学通报，52，126-135.

黄英华，潘懿，唐绍辉，2008. 硬石膏常规三轴压缩性能试验研究 [J]. 中国非金属矿工业导刊，6：34-36.

金之钧，周雁，云金表，等，2010. 我国海相地层膏盐岩盖层分布与近期油气勘探方向 [J]. 石油与天然气地质，31（6）：715-724.

李双建，周雁，孙冬胜，2013. 评价盖层有效性的岩石力学实验研究 [J]. 石油实验地质，35（5）：574-578，586.

刘树根，徐国盛，梁卫，等，1996. 川东石炭系气藏的封盖条件研究 [J]. 成都理工学院学报，23（3）：69-78.

潘林华，张士诚，程礼军，等，2014. 围压—孔隙压力作用下碳酸盐岩力学特征实验 [J]. 西安石油大学学报，29（5）：17-20.

童晓光，牛嘉玉，1989. 区域盖层在油气聚集中的作用 [J]. 石油勘探与开发 16（4）：1-6.

杨海军，2015. 塔里木盆地下古生界内幕白云岩勘探认识与勘探方向 [J]. 天然气地球科学，26（7）：1213-1223.

张文旗, 王志章, 侯秀林, 等, 2011. 盖层封盖能力对天然气聚集的影响: 以鄂尔多斯盆地大牛地气田大12井区为例 [J]. 石油与天然气地质, 32 (54): 82-89.

张月巧, 贾进斗, 靳久强, 等, 2007. 塔东地区寒武—奥陶系沉积相与沉积演化模式 [J]. 天然气地球科学, 02: 229-234.

赵宗举, 吴兴宁, 潘文庆, 等, 2009. 塔里木盆地奥陶纪层序岩相古地理 [J]. 沉积学报, 27 (5): 939-955.

Schowalter T T, 1979. Mechanics of secondary hydrocarbon migration and entrapment [J]. AAPG Bulletin, 63 (5): 723-760.

第八章 成藏规律与勘探领域分析

第一节 台盆区油气分布规律与影响因素

一、台盆区油气发现情况

塔里木盆地台盆区目前发现油气田 30 余个，主要分布在塔北、塔中、麦盖提斜坡等地区（图 8-1-1）。截至 2021 年底，台盆区海相油气累计上报三级储量石油 $36.27×10^8t$，天然气 $1.51×10^{12}m^3$，已发现油气呈现两个特点：（1）多层系含油气特点，震旦系—新近系均获得发现（二叠系英买 461 井获得发现，巴什托普油田东河砂岩为泥盆系；图 8-1-2a），以奥陶系储量规模最大，塔北—塔中地区奥陶系碳酸盐岩缝洞型油气藏累计探明石油储量约 $8.45×10^8t$，天然气储量约 $5600×10^8m^3$，平均埋深为 6200m（仅中国石油数据）；（2）探明油气藏以超深层为主，4500m 以内探明石油储量约 $0.4×10^8t$，天然气储量约 $900×10^8m^3$，4500～6000m 埋深探明石油储量约 $5.0×10^8t$，天然气储量约 $4300×10^8m^3$，6000～8000m 埋深探明石油储量约 $5.75×10^8t$，天然气储量约 $1600×10^8m^3$（仅中国石油数据；图 8-1-2b）。

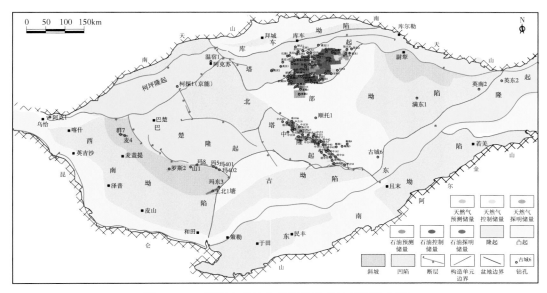

图 8-1-1 塔里木盆地台盆区已发现油气藏分布图

塔里木盆地多期构造运动、烃源岩多期生排烃、多套储盖组合纵向叠置以及古油藏多期调整，决定了台盆区油气复式聚集特点（何治亮等，2000；孙龙德等，2007；杨海军等，2007）；超深层下古生界碳酸盐岩以原生油气藏为主，深层与中浅层碎屑岩以次生调整油气藏为主（图 8-1-3）。中深 1、轮探 1 等寒武系盐下油气藏的发现证实了塔里木盆地台盆区复式成藏的特点，沿走滑断裂油气输导至奥陶系，如此巨大的油气规模，寒武系盐下能

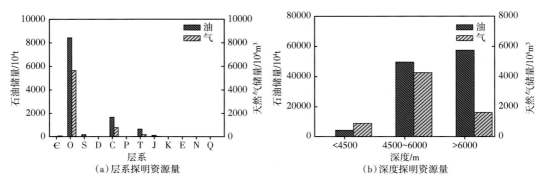

图 8-1-2　台盆区探明储量统计图

否规模富集成藏是盐下勘探需要回答的首要问题。因烃源岩主要来自寒武系盐下（王招明等，2014），寒武系盐下白云岩与奥陶系缝洞型碳酸盐岩为一个含油气系统的两个运聚单元，甚至后者可能是经前者调整而来，因此可以"将浅论深"，即通过奥陶系—石炭系油气藏孔隙自由烃地球化学特征、烃源岩生烃演化、成藏期次与断裂活动期次匹配等手段恢复奥陶系成藏过程，间接性探讨盐下成藏问题。

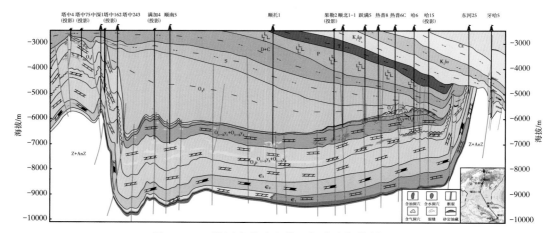

图 8-1-3　塔里木盆地台盆区复式油气藏剖面图

二、台盆区油气分布特征

本节共收集整理了台盆区海相油气系统 64 个主要油气田或油气藏原油与天然气代表性地球化学数据，包括塔中隆起 17 个、塔北隆起 14 个、阿满过渡带 13 个、古城低凸起 2个、麦盖提斜坡 9 个、满加尔凹陷 5 个、阿瓦提凹陷 4 个；收集整理的实验分析项目包括生产气油比、原油族组分、全油色谱、饱和烃色谱—质谱、芳香烃色谱—质谱、全油碳同位素与组分碳同位素，代表性数据见表 8-1-1。

1. 平面分布特征

塔里木台盆区油气藏主要分布在塔北—阿满—塔中地区、麦盖提斜坡及巴楚南缘边界断裂构造带，阿瓦提凹陷西北缘与满加尔凹陷内也有零星出油气井。总体来看围绕控制构造单元的一级断裂发育的油气藏以天然气为主，包括塔中 I 号带、巴楚南缘边界断裂构造带、沙井子断裂带等；塔北—塔中油气藏呈现"隆起油、凹陷气"的规律性变化特点（图 8-1-4）。

表 8-1-1 台盆区油气藏物理和化学性质分析数据归类统计表

构造单元	名称	产层	类型	气油比	密度/g·cm⁻³	Pr/Ph	MPR	δ¹³C/‰	C₂₈/(C₂₇+C₂₉)	γ蜡烷/C₃₀霍烷	含烃总量/%	干燥系数	CO₂/%	H₂S/μg·g⁻¹	N₂/%	δ¹³C₁/‰	δ¹³C₂/‰
塔中隆起	塔中1—塔中6	D_3d	凝析气藏	7626	0.81	1.19	1.14	-30.1	0.24	0.16	89.20	0.97	1.40	26.5	9.30	-42.6	-41.1
	塔中4	D_3d	油藏	224	0.86	1.07	0.72	-32.7	0.12	0.165	83.30	0.86	0.90	0.8	16.50	-43.5	-42.1
		C_1b_3	凝析气藏	766	0.83	1.09	0.98	-32.7	0.15	0.21	82.88	0.90	0.59	0	16.53	-44.5	-39.9
	中古58	$Є_3xq$	凝析气藏	5144	0.75	1.03	0.86	-31.9	0.19	0.24	85.41	0.89	0.3436	2500	13.86	—	—
	中古10	D_3d	油藏	7626	0.86	1.18	1.07	-32.6	0.15	0.25	6.60	0.79	2.46	—	90.94	-42.3	—
	中古11	S_1k	油藏	0	0.89	0.85	0.76	-33.1	0.10	0.32	80.53	0.82	0.26	—	17.71	-40	-38.8
	中古16S	S_1k	油藏	0	0.85	0.79	0.68	-32.5	0.15	0.13	89.66	0.90	1.83	—	8.52	-41.8	-31
	中古12S	S_1k	油藏	0	0.93	0.87	0.86	-32.2	0.11	0.34	86.66	0.95	0.94	—	12.3	-35.5	-39.4
	塔中24-26	O_3l	凝析气藏	3109	0.81	1.49	0.80	-32.3	0.13	0.64	86.70	0.97	2.10	8	11.19	-38.5	-35.2
	塔中45-86	O_3l	凝析气藏	1085	0.80	1.36	0.63	-32.4	0.61	0.98	89.77	0.89	3.93	1200	6.31	-50.6	-35.9
	塔中62-82	O_3l	凝析气藏	2938	0.81	1.04	0.57	-32.7	0.13	0.28	93.07	0.98	3.01	1630	3.91	-38.7	-33.5
	中古29-162	O_2y	油藏	525	0.81	1.37	0.51	-31.6	0.18	0.53	90.67	0.72	2.40	3600	6.19	-51	-36.5
	中古8井区	O_2y	凝析气藏	1215	0.78	1.68	0.81	-29.8	0.20	0.55	92.62	0.91	2.60	10300	3.55	-46.4	-36.5
	中古43井区	O_2y	凝析气藏	2065	0.80	1.86	0.56	-30.6	0.22	0.50	92.02	0.93	2.58	25600	2.67	-45.8	-36.7
	中古70	$O_{1-2}y$	气藏	—	—	—	—	—	—	—	94.10	0.99	4.16	0	1.39	-42.3	-38.8
	中深1—中深5	$Є_2$	挥发油藏	668	0.79	1.36	2.36	-33.1	0.23	0.32	88.48	0.78	10.80	25	0.78	-44.7	-35.5
		$Є_1$	气藏	—	—	—	—	—	—	—	70.09	0.99	25.70	78600	3.93	-42.1	-35

299

构造单元	油气藏				原油								天然气				
	名称	产层	类型	气油比	密度/ g·cm^{-3}	Pr/Ph	MPR	$\delta^{13}C/$ ‰	$C_{28}/(C_{27}+C_{29})$	γ蜡烷/ C_{30}藿烷	含蜡总量/%	干燥系数	$CO_2/$ %	$H_2S/$ $\mu g·g^{-1}$	$N_2/\%$	$\delta^{13}C_1/$ ‰	$\delta^{13}C_2/$ ‰
塔北隆起	轮南 2	T	油藏	151	0.85	1.09	0.70	-31.7	0.19	0.30	91.47	0.88	1.36	—	7.17	-37.7	-36.9
	桑塔木	T	油藏	239	0.88	1.10	0.44	-32.1	0.10	0.29	95.79	0.94	0.55	—	3.67	-36.3	-35.7
	东河	D_3d	油藏	—	0.86	1.11	0.68	-32.4	0.19	0.37	53.67	0.78	20.49	58	25.84	-41.6	-38.2
	轮南 59	D_3d	凝析气藏	9267	0.80	1.10	0.84	-31.1	0.19	1.14	96.18	0.99	0.53	0.5	3.29	-33.9	-33.5
	英买 2 井区	O_2y	油藏	14	0.88	0.65	0.52	-32.8	0.17	0.23	80.55	0.65	2.04	21	17.40	-45.1	-40.4
	哈 15—塔河 12 区	O_2y	油藏	105	0.88	1.59	0.68	-32.3	0.13	0.24	83.28	0.62	9.77	20000	5.89	-48.3	-39.6
	哈 7—艾丁 4 井区	O_2y	油藏	62	0.90	1.01	0.64	-32.6	0.09	0.55	86.49	0.64	4.51	36200	5.68	-50.7	-40
	热普 3 井区	O_2y	油藏	416	0.81	1.16	0.95	-32.2	0.05	0.09	94.09	0.83	1.05	70	4.29	-48.1	-34.3
	金跃 1 井区	O_2y	油藏	311	0.83	0.94	0.49	-31.1	0.12	0.37	90.61	0.81	1.94	3	6.72	-47.6	-35.6
	轮古西	O_2	油藏	—	0.89	0.96	0.87	-31.3	0.13	0.44	89.67	0.77	4.77	480	5.57	-41.4	-39.6
	轮古 7	O_2	油藏	75	0.93	1.17	0.48	-32.2	0.15	0.34	94.30	0.88	1.41	1.5	4.32	-37.9	-34.6
	轮古 100 井区	O_2	气顶油藏	932	0.85	1.56	0.56	-31.6	0.15	0.35	97.21	0.95	1.44	13	1.33	-35.9	-34.6
	轮南东斜坡	O_2	凝析气藏	8485	0.81	1.26	0.95	-31.8	0.19	0.59	96.53	0.97	1.50	0	1.92	-35.9	-36.6
	轮探 1	∈_1x	挥发油藏	419	0.82	0.72	0.76	-33.1	0.19	0.26	90.37	0.81	6.41	1060	2.95	-42.2	-34.8

构造单元	油气藏			原油							天然气						
	名称	产层	类型	气油比	密度/g·cm⁻³	Pr/Ph	MPR	δ¹³C/‰	C₂₈/(C₂₇+C₂₈+C₂₉)	γ蜡烷/C₃₀藿烷	含烃总量/%	干燥系数	CO₂/%	H₂S/μg·g⁻¹	N₂/%	δ¹³C₁/‰	δ¹³C₂/‰
阿满过渡带	哈得逊	D_3d	油藏	155	0.83	0.87	0.56	−31.9	0.37	0.33	72.55	0.64	1.35	0	25.56	−41.4	−36.9
	顺9	S_1k	油藏	—	—	0.84	—	−32.3	0.18	0.18	—	—	—	—	—	—	—
	顺北1井区	O_2y	挥发油藏	—	—	0.77	1.06	—	0.12	0.13	—	—	—	—	—	—	—
	顺北5井区	O_2y	油藏	—	—	—	—	—	—	—	—	—	—	—	—	—	—
	跃满	O_2y	油藏	424	0.81	0.94	0.69	−32.6	0.17	0.27	92.66	0.78	1.03	2000	6.35	−51.4	−38.2
	哈得23井区	O_2y	油藏	155	0.84	0.87	0.68	−31.9	0.25	0.25	92.55	0.80	1.48	45	5.60	−44.7	−36.0
	富源2井区	O_2y	油藏	157	0.83	1.04	0.38	−32.1	0.20	0.27	92.77	0.71	1.47	36	5.22	—	—
	富源210	O_2y	油藏	149	0.82	1.00	0.75	−31.8	0.26	0.67	90.85	0.76	1.26	220	7.34	−45.6	—
	满深1（F₁17带）	O_2y	挥发油藏	611	0.79	1.04	1.49	−32.8	0.07	0.27	94.30	0.86	2.83	3000	2.26	−44.8	−34.2
	满深7	O_2y	挥发油藏	274	0.81	—	—	—	—	—	82.52	0.81	13.89	2000	3.13	—	—
	玉科	O_2y	气藏	—	—	—	—	—	—	—	94.27	0.95	1.66	200	3.52	−38.5	−31.7
	顺北4	O_2y	凝析气藏	3000	0.81	1.00	—	−29.4	0.21	0.16	88.86	0.97	8.96	18000	1.93	−44.2	−29.9
古城低凸起	顺南4-5	O_2	气藏	—	—	—	—	—	—	—	85.70	0.95	12.00	—	1.68	−37.8	−32.6
	古城6井区	$O_{1-2}y_3$	气藏	—	—	—	—	—	—	—	91.46	0.997	4.40	—	4.14	−33.6	−37.6

构造单元	油气藏				原油						天然气						
	名称	产层	类型	气油比	密度/g·cm^{-3}	Pr/Ph	MPR	$\delta^{13}C$/‰	C$_{28}$/(C$_{27}$+C$_{29}$)	γ蜡烷/C$_{30}$藿烷	含烃总量/%	干燥系数	CO$_2$/%	H$_2$S/μg·g^{-1}	N$_2$/%	$\delta^{13}C_1$/‰	$\delta^{13}C_2$/‰
麦盖提斜坡	玛8—玛2	多层系	气藏	—	—	—	—	—	—	—	84.95	0.99	2.61	—	12.45	-34.39	-37.96
	玛4—玛5	多层系	气藏	—	—	—	—	—	—	—	86.73	0.98	2.96	—	10.30	-38.20	-37.00
	山1	O$_1$p	气藏	—	—	—	—	—	—	—	80.90	0.99	9.99	—	9.11	-35.80	-37.00
	罗斯2	O$_1$p	凝析气藏	—	—	—	—	—	—	—	69.56	0.99	20.05	20000	6.83	-33.70	-30.60
	巴什托普油气田	C$_1$b$_3$	油藏	261	0.81	1.16	0.36	-33.8	0.22	0.45	74.95	0.91	6.42	0	18.63	-40.70	-29.80
		D$_3$d	油藏	—	0.80	1.73	0.56	-34.3	0.10	0.34	86.49	0.80	4.21	—	9.30	-41.10	-34.10
		潜山	油藏	—	0.79	0.63	0.62	-31.5	0.19	0.50	57.90	0.67	3.42	—	38.70	-41.90	-40.90
	玉北1—玛东3	潜山	油藏	52	0.83	—	—	-31.6	—	—	—	—	—	—	—	—	—
	皮山北新1	K	气藏	—	—	—	—	—	—	—	89.16	0.86	8.93	—	1.91	-39.90	-28.60
满加尔坳陷	满东1	S$_1$k	气藏	—	—	—	—	—	—	—	78.75	0.84	0.69	—	20.55	-38.18	-37.74
	塔东2	AnЄ	油藏	0	0.96	1.32	0.38	-28.5	0.22	1.59	—	—	—	—	—	—	—
	龙口1	S$_1$k	油藏	1	0.90	0.97	—	-31.0	0.10	0.99	96.98	0.85	0.08	—	2.94	-40.20	-39.40
	华英参1	J	油藏	0	0.88	0.85	0.52	-31.5	0.24	0.49	90.87	0.96	—	—	8.95	-38.60	-25.30
	英南2	S$_1$k	气藏	—	—	—	—	—	—	—	83.24	0.87	0.20	—	16.56	-35.60	-32.80
	沙南2	T	油藏	0	0.88	1.34	0.32	-30.7	0.24	0.25	—	—	—	—	—	—	—
阿瓦提坳陷	柯探1（京能）	Є$_1$w	气藏	—	—	—	—	—	—	—	82.21	1.00	0.14	—	15.63	-34.30	-34.30
	新苏地1	S$_1$k	气藏	—	—	—	—	—	—	—	93.80	0.99	0.11	—	6.19	—	—
	王东1	奥陶系潜山	稠油油藏	0	1.00	1.11	2.12	-33.20	0.23	0.29	—	—	—	—	—	—	—

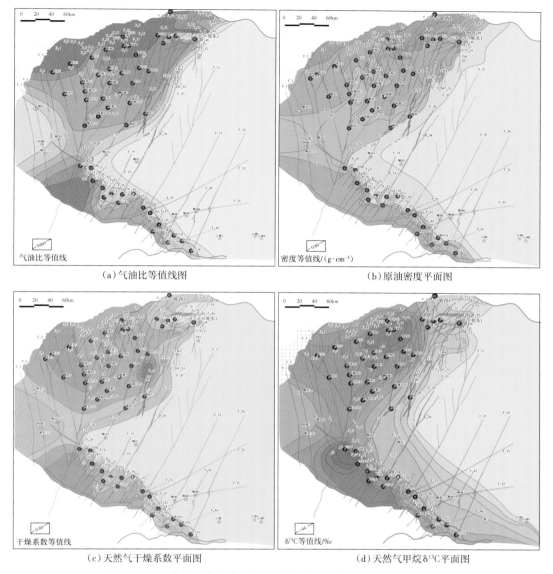

（a）气油比等值线图　　　　　　　　　　　　　（b）原油密度平面图

（c）天然气干燥系数平面图　　　　　　　　　（d）天然气甲烷δ¹³C平面图

图8-1-4　塔北—塔中富油气区油气物理和化学性质平面分布图

塔北隆起奥陶系以油藏为主，西起英买2井东至轮古9井区气油比均在300以下，原油密度为 $0.83\sim0.93g/cm^3$ ，原油化学组成具有高芳香烃含量、低饱芳比和高 Pr/Ph 特点，溶解气干燥系数为 $0.6\sim0.8$ ，稠油区具有高 H_2S 含量的特点，甲烷 $\delta^{13}C$ 在−48‰左右。从轮西断裂向东，天然气逐渐增多，流体相态由油藏过渡到气顶油藏（轮古100井区）、凝析气藏（轮东2井区），天然气干燥系数变高，甲烷 $\delta^{13}C$ 值向东由−42‰增至−35‰左右。

塔中隆起既有油也有气，但也表现出一定的分布规律。三区中古29井—中古162井区气油比约500，原油表现为高饱和烃、低 MPR 的特点，原油伴生气表现为低干燥系数、轻 $\delta^{13}C$ 的特点（约−50‰），表现出早期成藏特征。二区中古8井区、中古43井区奥陶系为凝析气藏，气油比为 $1200\sim2000$ ，原油具有高饱和烃含量、中等 MPR 的特点，天然气甲烷 $\delta^{13}C$ 为−47‰～−45‰，体现其成藏晚于三区。一区表现为纵向多层系含油气、复式成藏的特点，油气主要富集在奥陶系礁滩体、寒武系—奥陶系碳酸盐岩潜山以及志留系—石炭系碎屑岩中，流体相态既有油藏（塔中4），也有干气藏（中深1肖尔布拉克组），还有凝析气藏（塔中1—塔中6、中古58、塔中24—塔中26良里塔格组礁滩体等）；一区油藏表现为高芳香烃、高非烃含量的特点，Pr/Ph均大于1，MPR在1.0左右，溶解气甲烷$\delta^{13}C$在$-44‰$左右；天然气藏具有高干燥系数、高H_2S含量和高CO_2含量的特点，甲烷$\delta^{13}C$在$-42‰$左右。

阿满过渡带表现为"鞍形"的构造特征。南北方向上，从塔北隆起、塔中隆起向中部阿满过渡带构造变低，油气藏气油比升高，原油密度降低，呈现出由重质油向正常油、挥发油、凝析气和干气藏过渡的特点；从隆起向凹陷天然气干燥系数具有增加趋势、天然气甲烷碳同位素具有变重趋势。东西方向上，阿满过渡带表现为古梁特点，两侧分别为满加尔凹陷与阿瓦提凹陷，油气藏表现为由古梁向两侧气油比升高、原油密度降低、干燥系数增高以及甲烷碳同位素变重。古城低凸起与阿满过渡带相接，目前仅奥陶系获得发现，以干气藏为主，具有高干燥系数、重碳同位素的特点。

阿瓦提凹陷内发现的油气藏仅在沙南构造带沙南2井三叠系取心见可动油，原油密度为$0.88g/cm^3$，油藏具有高芳香烃、高沥青含量的特点，MPR仅0.32。阿瓦提凹陷边界构造带内发现了稠油藏（玉东2）与干气气藏（京能柯探1、新苏地1），玉东2井奥陶系潜山测试获得$12.75m^3$密度为$1.03g/cm^3$的稠油，柯探1井（京能）钻揭下寒武统干气藏，具有高干燥系数、高N_2含量和重碳同位素的特点。

满加尔凹陷内只见到零星的油气发现，塔东2井测试获得52L密度为$0.96g/cm^3$原油，原油化学组成表现为高芳香烃、非烃与沥青质特点，Pr/Ph值为1.34，MPR值为1.71，全油$\delta^{13}C$为$-28‰$。满东1和英南2井志留系碎屑岩中获得高产天然气流，干燥系数为$0.84\sim0.87$，N_2含量为$16\%\sim20\%$，甲烷碳同位素为$-38‰\sim-35‰$。

麦盖提斜坡及周缘已发现油气田或油气藏9个。麦盖提斜坡区以油藏为主，包括巴什托普油田、玉北—玛东油藏等，巴什托普油田东河塘组与石炭系巴楚组生屑灰岩段以油藏为主，原油密度为$0.8g/cm^3$，饱芳比为$7\sim9$，Pr/Ph值为$1.16\sim1.73$，全油$\delta^{13}C$为$-34‰$左右；溶解天然气干燥系数为$0.7\sim0.8$，甲烷$\delta^{13}C$在$-41‰$左右。玉北1—玛东3构造带为油藏，原油密度为$0.79g/cm^3$，原油饱和烃组分仅43.4%，表现为高芳香烃、非烃与沥青质特点；Pr/Ph与MPR均小于1.0，全油$\delta^{13}C$为$-31.5‰$。罗斯2前石炭系潜山为气藏，天然气干燥系数为0.99，CO_2含量为20%，甲烷碳同位素为$-33‰$；含少量原油，密度为$0.82g/cm^3$，具有高饱和烃、高芳香烃特点，Pr/Ph值为1.11，MPR值为2.42。巴楚南缘边界断裂构造带以气藏为主，从西向东依次发现亚松迪气田（石炭系）、巴探5气藏、山1气藏、和田河气田，后两者为干气田，干燥系数为0.99，甲烷碳同位素为$-38‰\sim-34‰$；产少量墨绿色原油，原油密度为$0.77g/cm^3$，主要由饱和烃构成。

2. 油气纵向分布特征

因古老烃源岩复式成藏基本特点，台盆区同一区块油气纵向差异既可表现为"上油下气"，也可呈现"下油上气"特点，更存在"上下一致"的特点，主要取决于油气充注时间，以及垂向调整是否达到平衡。多数区块表现为"上油下气"的特点，例如中深1井区、轮探1井区、中古70井区等；有的区块表现为"下油上气"特点，例如塔中4石炭系油田、巴什托普油田等；还有表现为"上下一致"特点的区块，例如轮古东气田、和田河气田等。

中深1井区下寒武统肖尔布拉克组为干气藏，产少量原油，中寒武统为挥发油藏。原油对比方面，下寒武统原油密度为 $0.93g/cm^3$，芳香烃含量占 51%，Pr/Ph 值为 0.78，MPR 值为 0.35，全油 $\delta^{13}C$ 为 $-29.5‰$；而中寒武统原油密度为 $0.79g/cm^3$，组分以饱和烃为主，占 83%，Pr/Ph 值为 1.36，MPR 值为 2.36，全油 $\delta^{13}C$ 为 $-33.1‰$。天然气对比方面，下寒武统天然气组分具有高 CO_2、高 H_2S 含量特点，CO_2 含量约 25%，H_2S 含量为 $7.8×10^4\mu g/g$，干燥系数为 0.99，甲烷碳同位素为 $-42‰$；中寒武统原油伴生气烃类含量为 88%，CO_2 含量约 10%，干燥系数为 0.78，甲烷碳同位素为 $-44‰$（图 8-1-5a）。轮探 1 井区震旦系表现为干气藏，干燥系数为 0.98，甲烷碳同位素为 $-41.6‰$；下寒武统为挥发油藏，原油密度为 $0.82g/cm^3$，组分以饱和烃与芳香烃为主，分别占 75% 与 12%，Pr/Ph 值为 0.72，MPR 值为 0.76，全油 $\delta^{13}C$ 为 $-31.9‰$；下寒武统挥发油藏伴生气烃类占比为 90%，干燥系数为 0.81，甲烷碳同位素为 $-42.2‰$（图 8-1-5b）。中古 70 井区下奥陶统鹰四段为干气，干燥系数为 1.0，甲烷碳同位素为 $-42.3‰$；而其上中古 501 井上奥陶统良里塔格组凝析气田天然气干燥系数为 0.85，甲烷碳同位素为 $-47.6‰$（图 8-1-5c）。从以上三个实例可以看出，"上油下气"型是两期成藏的产物，上部油藏成藏早，表现为低成熟度、正常原油、天然气干燥系数低和碳同位素轻的特点；下部天然气藏成藏晚，表现为高干燥系数和重碳同位素的特点。

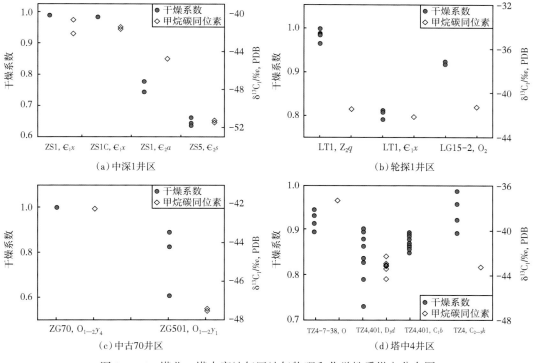

图 8-1-5　塔北—塔中富油气区油气物理和化学性质纵向分布图

　　塔中 4 石炭系油田与巴什托普石炭系油田表现为"上气下油"特点。塔中 4 石炭系油藏自下而上发育东河塘组（CⅢ）、巴楚组生屑灰岩段（CⅡ）与卡拉沙依组砂泥岩段（CⅠ）等 3 个油组，CⅢ油组表现为带气顶的油藏特点，CⅡ油组为凝析气藏，明显表现为天然气干燥系数自下而上升高的特点（图 8-1-5d）。巴什托普石炭系油田有东河塘组、巴楚组生屑灰岩段与小海子组 3 个产层，3 层天然气表现出干燥系数向上升高的特点，东河塘组油藏伴生气干燥系数为 0.68，巴楚组生屑灰岩油藏天然气干燥系数为 0.84，小海子组凝析气藏天然气干燥系数为 0.86；溶解气甲烷 $\delta^{13}C$ 值表现为向上变重的特点，东河塘组 $\delta^{13}C$ 为 -41.9‰，生屑灰岩层位 $\delta^{13}C$ 为 -40.9‰，小海子组 $\delta^{13}C$ 为 -40.7‰。该纵向特点主要发育在同一区块相邻层位中，因油气重力分异比较完善而表现为这种特征。

还有一种"上下多层油气一致"特点的类型，例如轮古东斜坡、和田河气田等。轮南地区分为轮古西斜坡、轮古中斜坡与轮古东斜坡，前两个单元的分界是轮西断裂，轮西断裂以东发育轮古中斜坡与轮古东斜坡的凝析气藏，而轮西断裂以西则发育奥陶系潜山稠油油藏（图 8-1-6）。而在轮古中斜坡与轮古东斜坡内纵向发育多个含油气层系，在轮古中斜坡与东斜坡内，奥陶系、石炭系和三叠系等均具有相似的流体地球化学性质，表明纵向良好的连通性。和田河气田产层有奥陶系潜山、石炭系东河砂岩、生屑灰岩和卡拉沙依组砂泥岩段等，因喜马拉雅期断裂构造带形成丰富的高角度断层，纵向连通效果好，均是干气藏。

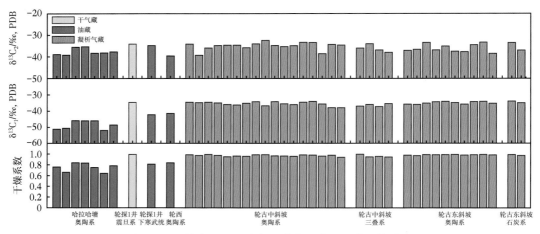

图 8-1-6　轮南地区天然气地球化学分区和分层统计图

三、油气分布受控因素探讨

1. 烃源岩分布与油气平面分布的关系

在中深 1 井发现以前，关于塔里木盆地台盆区海相油气源问题主要存在两种观点：一种观点认为寒武系—下奥陶统是塔里木盆地主力海相烃源岩（赵孟军等，1997）；另一种观点则认为是中—上奥陶统（张水昌等，2012；Zhang et al.，2000，2014）。中深 1 井发现后，提出了寒武系主力烃源岩的论断（王招明等，2014），轮探 1 发现了下寒武统端元油之后，证实了下寒武统原油与哈拉哈塘奥陶系原油有一致的地球化学特征，更加证实了下寒武统主力烃源岩的结论（杨海军等，2020）。通过野外与钻孔落实的下寒武统烃源岩发育在玉尔吐斯组，被认为是台盆区主力烃源岩（朱光有等，2016）。从玉尔吐斯组烃源岩分布图与已发现油气田或油气藏叠合图上可以见到，台盆区海相油气系统已发现的油气田或油气藏均位于源上或近源分布（图 8-1-7），而缺少烃源岩或远离烃源岩的构造区没有油气发现，例如巴楚隆起内部—玛东地区，表明烃源岩分布直接控制油气平面分布特征。

玉尔吐斯组烃源岩可以分成四个分离的生烃中心，最大的是北部坳陷生烃中心，面积为 $19×10^4km^2$，麦盖提生烃中心面积为 $2.5×10^4km^2$，昆仑山生烃中心面积为 $2.3×10^4km^2$，乌什西生烃中心面积为 $0.6×10^4km^2$。这四个生烃中心的落实程度也不一样，北部坳陷生烃中心最为落实，烃源岩最厚区约200m，TOC含量最高达20%；麦盖提生烃中心虽没有钻孔发现烃源岩，但已发现了巴什托普油田、和田河气田等，生烃中心基本落实，但生烃潜力需要钻揭取到烃源岩实际资料方能评价；乌什西生烃中心是根据萨瓦普齐剖面发现的玉尔吐斯组烃源岩推测的，存在是肯定的，但是展布方向不确定；昆仑山生烃中心是根据寒武系之下楔形反射体推测的，没有地质证据，展布方向确定，但是烃源岩是否发育不确定。另一方面，四个生烃中心成烃环境与生烃潜力可能有较大的差别，已发现油气田或油气藏主要围绕北部坳陷生烃中心与麦盖提生烃中心分布；两个生烃中心内已发现的原油或天然气地球化学特征有着显著的区别，塔中、塔北油气藏中的原油具有显著亲缘性，与麦盖提斜坡含油气系统明显不同（图8-1-8a）；在相似的成熟度情况下，麦盖提斜坡区甲烷碳同位素比塔北、塔中地区偏重（图8-1-8b）。

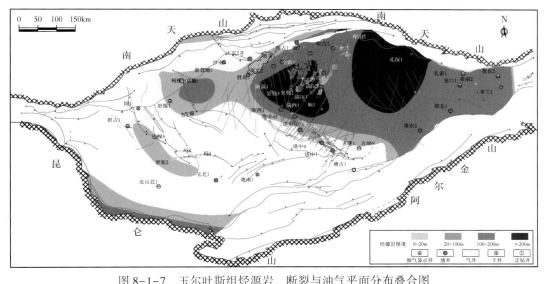

图8-1-7　玉尔吐斯组烃源岩、断裂与油气平面分布叠合图

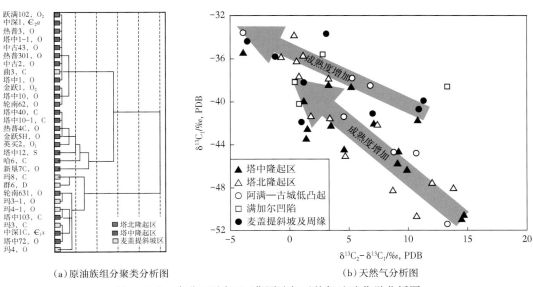

（a）原油族组分聚类分析图　　　　　　（b）天然气分析图

图8-1-8　台盆区油气田/藏原油与天然气地球化学分析图

四个分离的生烃中心控制台盆区油气不连续的平面分布特点,各生烃中心烃源岩不同的发育环境、不同的 TOC 含量与不同的厚度决定了台盆区海相含油气系统具有平面不连续、不同成藏区带丰度差异较大的特点。

2. 储层与油气藏类型的关系

储层在含油气系统中的作用有三个方面,分别是提供储集场所、担当输导路径与控制油藏类型;油气聚集场所描述与成储机理研究是大多数储层研究的核心,而担当输导路径与控制油气成藏这两个作用研究程度比较低。一般来说,常规储层具备担当输导路径的条件,由于高孔渗特点形成具有边底水的构造型油气藏,而致密储层不具备担当油气输导路径的能力,也不具备边底水推进的构造型油气藏的形成条件,只能是岩性油气藏。

油气的运移比较复杂,储层对于油气输导的作用主要体现在二次运移方面。油气二次运移的动力来自浮力、毛细管压力和水动力;按达西定律流量公式,储层的油气运移输导能力与渗透率、压差、横截面积和运移长度有关。一方面,储集岩物性是评价其担当输导路径能力与对油气藏类型控制程度的重要依据。以台盆区石炭系、志留系碎屑岩,奥陶系石灰岩与震旦系—寒武系白云岩为例,哈得逊东河塘组砂岩具有高孔高渗特征,孔隙度中值为 14.3%,渗透率中值为 4.3mD(N=237),孔渗正相关关系明显(图 8-1-9),沉积控储、高结构成熟度与高成分成熟度控制东河塘组砂岩高孔隙度与高渗透率特征,具有高的油气输导能力,控制形成具有边底水的构造型油气藏。塔中隆起志留系柯坪塔格组储层较哈得逊东河塘组砂岩稍差,以孔隙度 8% 作为储层下限,孔隙度中值为 11%,渗透率中值为 5.7mD(N=124),孔渗正相关关系明显(图 8-1-9),储层高渗透率特征决定了高油气输导能力,可以形成构造型油气藏。奥陶系石灰岩基质孔隙度中值为 0.6%,渗透率中值为 0.03mD(N=71),孔渗不具有正相关关系(图 8-1-9),局部岩溶和断裂破碎带控制形成准层状、非均质储层特点,是成岩控储,而非沉积控储,石灰岩基质不是有效储层,不具备稳定的横向输导能力,只能形成岩性油气藏。寒武系白云岩孔隙度中值为 1.2%,渗透率中值为 0.05mD(N=134),孔隙优于石灰岩,但远低于砂岩,低孔渗区相关关系具有石灰岩的特点,高孔渗区具有砂岩的特点(图 8-1-9),因此既可能形成岩性油气藏,也可能形成构造油气藏。

另一方面,排驱压力是实现油气二次运移所需的最小驱动力,是研究油气二次运移和评价封堵能力的主要指标(刘刚等,2015;周波等,2016)。哈得逊东河塘组砂岩排驱压力平均值为 0.39MPa、中值为 0.074MPa(N=182);塔中隆起志留系柯坪塔格组排驱压力平均值为 0.4MPa、中值为 0.29MPa(N=57);塔中隆起上奥陶统良里塔格组石灰岩排驱压力平均值为 35.5MPa、中值为 38MPa(N=16);寒武系白云岩排驱压力平均值为 4.5MPa、中值为 1.3MPa(N=29)。从排驱压力来看,东河塘组砂岩与志留系柯坪塔格组砂岩可以作为输导层,可以形成构造油气藏;石灰岩不能作为输导层,只能形成岩性油气藏;白云岩介于二者之间,部分可以作为输导层,部分为致密层。从白云岩渗透率—突破压力交会图上可以看到,渗透率与排驱压力呈负相关关系,一般在渗透率>0.1mD 的区间内,排驱压力小于 1MPa(图 8-1-10)。实测白云岩物性的渗透率中值 0.05mD 代表了绝大多数白云岩储层特征,表明白云岩储层绝大多数是不具备横向输导能力的。在白云岩储层渗透率>0.1mD 的样品中,部分孔隙度与渗透率呈正相关关系,可能是因为高孔隙度与高渗透率均受裂缝发育程度控制。因此笔者推断,白云岩储层整体呈准层状、非均质性特点,不具备远距离横向输导能力,形成的油气藏整体呈准层状,局部裂缝发育区可能受构造控制,具有边底水统一的特点。

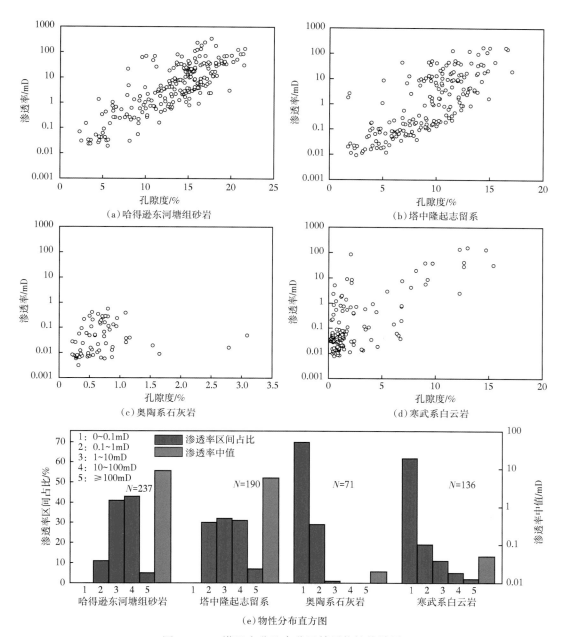

图 8-1-9　塔里木盆地台盆区储层物性统计图

3. 盖层对油气分布的影响

盖层的主要作用在于阻碍地质流体的纵向运移，综合已发现油气藏实例，盖层特别是区域盖层主控规模成藏的层位分布，油气藏主要分布在紧邻盖层之下的储层中。如第七章所述，台盆区发育"一黑一白"两套区域盖层，志留系—石炭系内部发育多套泥质岩局部盖层。中国石油探区已发现的台盆区海相油气系统油藏中以志留系—侏罗系泥岩为盖层的石油探明储量为 $3.6 \times 10^8 t$，天然气探明储量为 $400 \times 10^8 m^3$，包括以塔中 4 为代表的塔中志留系—石炭系碎屑岩油藏群、哈得 1—哈得 4 石炭系油田、东河油田石炭系、轮古油田奥陶系潜山和轮古中斜坡三叠系—侏罗系油田等，以奥陶系桑塔木组为盖层的石油探明储量

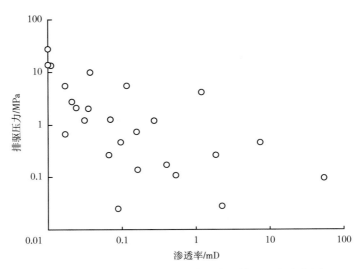

图 8-1-10　下寒武统白云岩渗透率—排驱压力交会图

为 $5.7×10^8t$，天然气探明储量为 $4020×10^8m^3$，包括哈拉哈塘油田、富满油田、英买力油田和塔中凝析气田等。以中寒武统膏盐岩为盖层发现了 3 个油气藏，包括中深 1 气藏、轮探 1 油藏与柯探 1（京能）气藏。

第七章中提到复式盖层，即区域盖层与致密层组合，可以形成对油气藏的有效盖层。古城 6 井下奥陶统气层的直接盖层并非常规的泥岩或蒸发岩区域盖层，而是约 400m 厚的致密灰岩，岩性致密，取心孔隙孔洞欠发育；致密灰岩之上为巨厚的却尔却克组泥岩（约 2300m）。塔中地区中古 70 井奥陶系鹰四段气藏的盖层为上覆近 600m 厚的致密灰岩。复式盖层的封盖能力有限，在构造运动发生时，断裂甚至微裂缝都可能破坏这类盖层的封盖能力，因此只有在构造特别稳定的区域，才可能有规模性油气成藏。

4. 断裂与油气分布的关系

断裂与台盆区油气藏的分布有着非常密切的关系。走滑断裂对塔北、塔中奥陶系缝洞型碳酸盐岩油气成藏有着决定性控制作用已被广泛报道（邬光辉等，2011；王清华等，2021；汪如军等，2021），塔北—塔中地区已发现的油气藏均以走滑断裂为核心，这种类型的已发现油气藏规模超过 $30×10^8t$（图 8-1-7）。除塔北—塔中地区与走滑断裂相关的油气藏外，台盆区还存在与逆冲断裂有关的油气藏，麦盖提斜坡及其周缘、沙井子构造带是这种类型的典型代表（图 8-1-7）。麦盖提斜坡及其周缘已发现的亚松迪气田沿色力布亚断裂分布，和田河气田沿玛扎塔格断裂分布；巴什托普油田沿群苦恰克断裂分布，罗斯 2 油藏分布在断控单面山潜山上；玉北—玛东油藏分布在玛东冲断带第一排断控单面山潜山之上。阿瓦提凹陷西北缘发现的柯探 1 寒武系盐下干气藏与新苏地 1 发现的志留系干气藏与沙井子逆冲断裂有关。满加尔地区满东 1 井打在断裂上，获得志留系湿气藏的发现，而满东 2 井虽然构造背景更好，但缺少断裂，志留系为水层（图 8-1-11）。

源藏远距特点决定了奥陶系及上覆地层已发现的油气藏均与断裂有关这一现象。已发现的油气藏中，距离玉尔吐斯组烃源岩最近的是奥陶系缝洞型碳酸盐岩油气藏，从"源"到"藏"至少需要运移 2000m 以上，而且需要突破中寒武统膏盐岩、上寒武统—中下奥陶统致密碳酸盐岩，油气只能沿断裂垂向运移。

断裂的类型与活动期次控制油气藏的成藏期与流体相态。台盆区寒武系—第四系发育多个能干层与塑性层的组合，塑性层在构造活动后可"自愈"；对于未完全错断塑性层的断裂来说，断裂活动期是油气调整的时间，后构造运动期则"自愈"封闭不能向上输导，表现为脉冲调整成藏特点，断层末次活动期的深层油气相态决定了中浅层油气藏的相态。对于将塑性层完全错断的断层来说，断层可以连续输导油气，表现为连续成藏特点，下盘或深层烃源岩的现今成熟度决定了中浅层油气藏的相态。以塔中地区为例，塔中隆起期存在三期油气藏，Ⅲ区走滑断裂定型时间在桑塔木组沉积前，已发现的油气藏以油藏为主，例如中古29、中古162井区，表现为气油比低，甲烷$\delta^{13}C$轻的特点（<-50‰）。塔中Ⅲ区发育塔中Ⅰ号断裂，塔中45井区断距大于中寒武统膏盐层厚度，晚期天然气充注，奥陶系为凝析气藏；Ⅱ区走滑断裂末次活动时间为前石炭纪（东河塘组砂岩沉积前），所以Ⅱ区主要发育海西期充注的凝析气藏，表现为高气油比、甲烷$\delta^{13}C$值在-47‰～-42‰区间的特点（图8-1-12）；Ⅰ区断裂在加里东期、海西期均有活动，可见三期成藏特点，喜马拉雅期气藏或凝析气藏主要发育在塔中东部Ⅰ号断裂带附近，气油比高，甲烷$\delta^{13}C$值在-42‰～-37‰区间。柯探1井（京能）天然气甲烷碳同位素为-34.3‰、乙烷碳同位素为-34.3‰，计算R_o为3.34%，本地烃源岩R_o仅1.6%，因此柯探1井（京能）天然气来自沙井子断裂下盘。

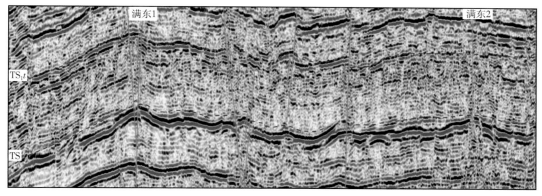

图8-1-11　过满东1—满东2井地震剖面图

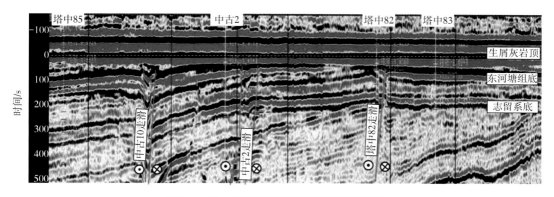

图8-1-12　塔中Ⅱ区走滑断裂地震剖面图

受储层特征控制，与断裂相关的油气藏可以分为断控岩性油气藏与断控构造油气藏两种。断控岩性油气藏典型代表就是台盆区已发现的缝洞型碳酸盐岩油气藏，表现为以断裂为核心的准层状油气藏，主控因素是断裂、脆性碳酸盐岩与巨厚的泥岩区域盖层，断裂是寒武系盐下油气藏次生调整的唯一途径，断裂的横向分段性与碳酸盐岩储层的横向非均质性、区域盖层阻断油气纵向调整形成准层状油气藏。断控构造油气藏是个广义的概念，即包括简单的背斜/断背斜型油气藏，也包括地层尖灭型油气藏和侧向遮挡型油气藏等，这种类型储层以碎屑岩为主，也有白云岩潜山储层或裂缝特别发育的石灰岩储层，该类油气藏典型特征是具有统一的边水或底水，形成前提是储层横向渗透率高，储层内部连通性好。

四、小结

含油气系统是在空间与时间四维内，源、储、盖、断四要素持续演化，形成了生烃、运移、成藏、调整不断循环的复杂体系。塔里木盆地台盆区超深古老烃源岩多期生排烃、多套储盖组合纵向叠置、古油藏多期调整，决定了台盆区复杂、复式的油气聚集特点；将四要素嵌入在三维空间之内并随时间维度演化进行成藏模拟，不断改变古温度梯度等边界条件设置反复迭代，使模拟结果不断与已发现的油气藏匹配，预测出来的未发现的油气藏就是重要的勘探方向。

第二节　盐下成藏解剖

寒武系盐下目前发现的油气藏仅有中深 1、中深 5、轮探 1、柯探 1（京能）井，中深 1、中深 5 井中寒武统见可动油，塔深 5 井震旦系获得低产天然气。因发现的钻孔少，而且地质条件差异大，目前讨论寒武系盐下油气藏类型或成藏模式缺乏直接证据，只能通过成藏特征探讨成藏过程，重点探讨从"源"到"藏"的过程和成藏调整演化的过程。

一、中深 1 井区成藏解剖

1. 中深 1 井区油气藏基本特征

中深 1 井位于塔中隆起中央主垒带东部下寒武统中深 1 号构造上（图 8-2-1a）。中深 1 井钻揭寒武系—奥陶系相对连续的地层序列，缺失震旦系及以下地层，下寒武统超覆在 1900Ma 变质花岗岩基底之上。钻揭的寒武系并不完整，缺失了玉尔吐斯组（图 8-2-1b）。

邻区的主要油气藏包括塔中 4 石炭系油藏、塔中 16 志留系油藏、塔中 6 石炭系凝析气藏、中古 58 白云岩潜山凝析气藏（图 8-2-1a）以及塔中 24—塔中 26 奥陶系良里塔格组礁滩体凝析气藏。各油藏或凝析气藏流体地球化学参数见表 8-1-1。

中深 1 井寒武系有两个产层，中寒武统阿瓦塔格组获低产油流，下寒武统肖尔布拉克组获高产气流。下寒武统肖尔布拉克组天然气以烃类气体为主，甲烷占 78.3%，非烃气体中 CO_2 含量较高，达 14.4%，N_2 含量占 2.55%。烃类气体干燥系数为 99.0%，属于干气藏。中寒武统为挥发油藏，原油密度为 0.7870g/cm^3，黏度为 1.213mPa·s，含蜡量为 4.5%，沥青质为 0.49%，胶质为 1.04%，属低密度、低黏度、低含蜡原油。邻井中深 5 井也在中寒武统获得低产油流，流体性质与中深 1 井中寒武统一致。除此之外，中深 1 井肖尔布拉克组岩屑薄片上见到大量沥青，沿原生鲕粒铸模孔分布，在塔中 4 油藏之下的肖尔布拉克组中也见到规模性沥青（图 8-2-2），代表了早期成藏、晚期破坏的产物。

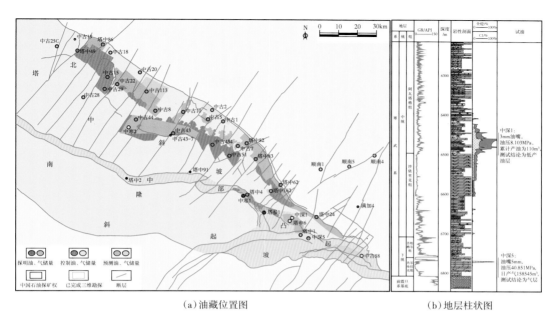

（a）油藏位置图 （b）地层柱状图

图 8-2-1 中深 1 井区油气藏位置与地层柱状图

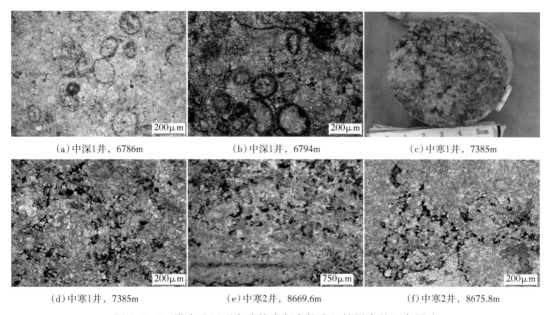

（a）中深1井，6786m （b）中深1井，6794m （c）中寒1井，7385m

（d）中寒1井，7385m （e）中寒2井，8669.6m （f）中寒2井，8675.8m

图 8-2-2 塔中地区下寒武统肖尔布拉克组储层中的沥青照片

2. 中深 1 井区油气充注过程

中深 1 井实钻揭示不发育烃源岩，根据从中深 1 井向塔中 I 号断裂下盘地震剖面可以见到，从 I 号断裂下盘向满西地区下寒武统加厚，寒武系底地震反射明显变强（图 8-2-3），根据第四章论述，寒武系底强反射—下寒武统空白反射代表了玉尔吐斯组泥质烃源岩的发育。因此中深 1 井区油气藏来自断裂下盘的供烃，中深 1 井距离烃源岩边界约 14km。

张鼐等（2010，2011）通过塔中地区奥陶系含烃包裹体研究发现，塔中地区主要发育三期成藏，第一期发生在 383Ma 的加里东末期，以低熟油为主；第二期发生在 260—240Ma

313

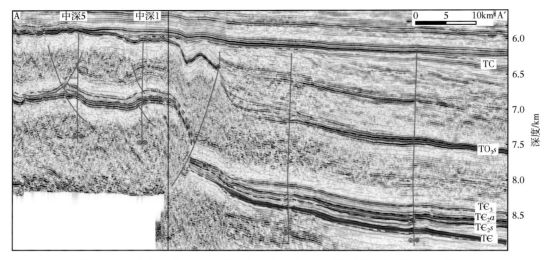

图 8-2-3　中深 1 井寒武系源储空间关系地震剖面图（导线如图 8-2-6 所示）

的晚海西期，以高熟油为主；第三期发生在喜马拉雅期，以天然气为主。油气藏的归类也是研究成藏期次的重要手段，从天然气（或原油伴生气）同位素分析结果来看，可以分为塔中 4—塔中 6 与塔中 24 两个端元，前者碳同位素较轻，$\delta^{13}C_1$ 在 $-42‰$ 左右，而后者碳同位素较重，$\delta^{13}C_1$ 在 $-39‰\sim-37‰$ 之间（图 8-2-4）。中深 1 井肖尔布拉克组天然气乙烷、丙烷碳同位素落在了塔中 24—塔中 26 端元区，而甲烷同位素确落在了塔中 4—塔中 6 端元区（图 8-2-4），表明中深 1 井气藏为两种来源的混合气藏，其中一种是与塔中 24—塔中 26 相似的喜马拉雅期天然气充注，还有一种与塔中 6 有亲缘关系的天然气，可能来自古油藏裂解气，一部分调整到塔中 6 成藏，一部分保留在盐下肖尔布拉克组中。中深 1 井肖尔布拉克组至少经历了两期油气充注与多期调整，加里东—海西期以原油充注成藏为主，喜马拉雅期以天然气充注为主。

油气自下盘烃源岩生成后，需要横向、纵向输导才能在中深 1 井区聚集成藏，横向输导距离为 14km；纵向输导距离取决于塔中 Ⅰ 号断裂断距。横向输导层是肖尔布拉克组白

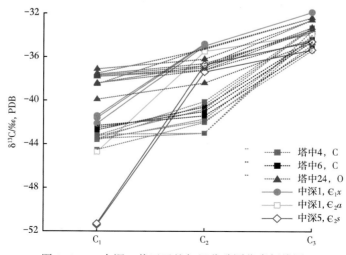

图 8-2-4　中深 1 井区天然气组分碳同位素折线图

314

云岩储层，还是另有他层？通过统计塔里木盆地肖尔布拉克组取心实测渗透率，垂向渗透率普遍在1mD以下，水平渗透率普遍在0.1mD以下，表明肖尔布拉克组白云岩储层在没有次生裂缝改造渗透率的条件下无法担当有效渗透层。研究发现，中深1井底的变质岩基底潜山发育大量的烃类包裹体（图8-2-5），证实变质岩基底潜山面是油气横向输导的主要通道。

图8-2-5　中深1井变质花岗岩风化壳天然气包裹体照片

断裂是油气纵向输导的主要途径。对塔中东部Ⅰ号断裂的断距统计分析表明，塔中东部Ⅰ号断裂自西向东断距加大，最大达1200m；断距的4个正态分布特点表示塔中Ⅰ号断裂被分为四段，调节断裂为北东向走滑断裂（图8-2-6）。在h点以东，塔中Ⅰ号逆冲断裂可以输导油气；在h点以西，油气输导依靠走滑断裂的幕次式活动。

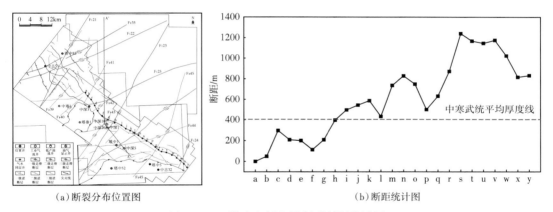

（a）断裂分布位置图　　　　　　　　（b）断距统计图

图8-2-6　塔中东部Ⅰ号断裂断距统计图

3. 中深 1 井区油气藏调整

中深1井区中—下寒武统油气藏调整主要表现为垂向调整与原油裂解。中深1井阿瓦塔格组挥发油藏中的甲烷碳同位素与塔中4石炭系油藏、塔中6石炭系凝析气藏一致（图8-2-7a），是垂向调整的直接证据；另一方面，垂向调整具有以中寒武统石膏层为界垂向分层的特点，盐上具有低 CO_2 含量、低 H_2S 含量的特点，而盐下具有高 CO_2 含量、高 H_2S 含量的特点（图8-2-7b）。

油气垂向调整主要沿断裂发生。以中深1井为例，中深1井直井眼阿瓦塔格组断裂发育，气测显示活跃，全烃占比高达99%，完井试油为挥发油藏；但中深1井在阿瓦塔格组下部距离直井150m，未见任何油气显示（图8-2-8），表明中深1井阿瓦塔格组油藏沿断裂自下而上调整成藏，主要赋存在断裂破碎带之中。中深1直井阿瓦塔格组经两次酸化压裂测试，累计产油110m³，酸压停泵压降小，开井后油压快速落零，表明阿瓦塔格组石膏

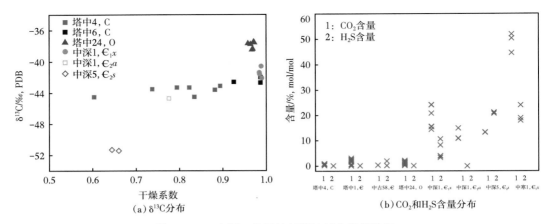

(a) δ¹³C分布   (b) CO_2和H_2S含量分布

图 8-2-7 中深 1 井区油气藏地球化学统计图

的塑性强，在压力释放情况下很快充填压裂缝导致油气无法有效产出，这种塑性特点也是油气调整纵向分层的重要条件。无独有偶，中深 5 井沙依里克组下盘的膏盐岩段因大量的构造缝，油气显示活跃，与中深 1 井一致，经历两次酸化压裂，累计产油 75m³。

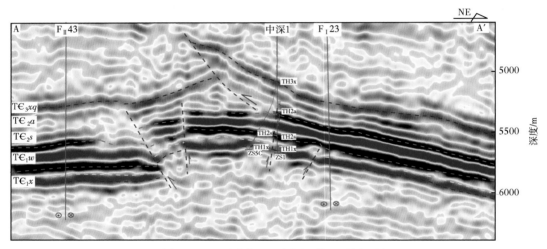

图 8-2-8 过中深 5—中深 1 井地震剖面图

古油藏的裂解是第二类主要的调整作用。中深 1 井、中寒 1 井和中寒 2 井肖尔布拉克组普遍见沥青（图 8-2-2），具有典型的 TSR（Thermochemical Sulfate Reduction）作用导致原油裂解的特点。TSR 作用导致原油裂解的发生必备五个条件，即古油藏、膏岩、地层水、高温与碳酸盐岩储层。古油藏、膏岩与地层水是裂解的物质基础，地层水溶解膏岩为 TSR 提供硫酸根，与古油藏在油水界面处发生反应；高温与碳酸盐岩储层是 TSR 反应发生的必要条件，TSR 在 120℃（R_o 约为 1.0%）时开始，但反应速率很慢；在大约 160℃ 时，TSR 才比较剧烈，TSR 通常发生于碳酸盐岩层系中，而不是碎屑岩中，而且以孔隙型白云岩为主，而不是裂缝性石灰岩或致密灰岩（袁玉松等，2021）。这五个条件在塔中寒武系肖尔布拉克组中均具备，加里东—海西期古油藏、中寒武统膏盐岩层、肖尔布拉克组中地层水、温度均在 160℃ 以上以及肖尔布拉克组裂缝—孔洞型白云岩储层发育；这是导致肖尔布拉克组普遍发生原油裂解的重要因素。中寒武统阿瓦塔格组石膏层中即便存在古油藏与石膏岩，因储层局限，地层水不发育也没有发生古油藏裂解现象，现今仍以挥发油藏为主。

塔中肖尔布拉克组 TSR 原油裂解还有三个证据：（1）肖尔布拉克组气藏表现为高干燥系数特点，普遍在 0.99 以上；（2）肖尔布拉克组天然气具有高 CO_2 含量、高 H_2S 含量的特点，中深 1 井肖尔布拉克组 CO_2 含量为 25.4%，H_2S 含量为 12%（图 8-2-7b）；（3）气藏中 CO_2 与储层充填方解石具有极低的 $\delta^{13}C$ 特点，可以指示其有机来源。例如中深 1 井直井眼未经过酸化压裂改造，直接取样测试 CO_2 的 $\delta^{13}C$ 为 -30.2‰；中寒 1 井取心中基质白云石 $\delta^{13}C$ 为 -2‰~0，而裂缝充填方解石 $\delta^{13}C$ 为 -16‰~-14‰，$\delta^{18}O$ 为 -14‰~-12‰，体现了高温有机质来源沉淀的特点（图 8-2-9）。

（a）基质白云石与充填方解石镜下图

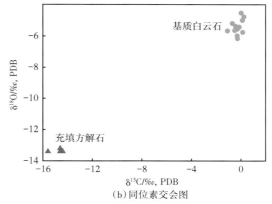

（b）同位素交会图

图 8-2-9　中寒 1 井基质白云石与充填方解石的同位素交会图

4. 小结

中深 1 井区中—下寒武统发生两期油气充注与两类油气藏调整过程：（1）加里东期—海西期原油充注，并沿垂向裂缝一部分调整到中寒武统石膏层中成藏，一部分调整至上覆石炭系碎屑岩中成藏；（2）赋存在肖尔布拉克组中的原油后期在 TSR 作用下发生裂解，原油裂解气垂向调整至阿瓦塔格组与石炭系碎屑岩中；（3）喜马拉雅期来自塔中Ⅰ号断裂下盘的干气充注，在塔中 24—塔中 26 良里塔格组台缘带与早期原油混合为凝析气藏，在中深 1 井肖尔布拉克组中与原油裂解气混合为干气。

二、轮探 1 井区成藏解剖

1. 轮探 1 油气藏基本特征

轮探 1 井是部署在塔北隆起轮南低凸起的风险探井（图 8-2-10），钻探目的是探索轮南下寒武统白云岩与震旦系储盖组合的有效性及含油气性，突破寒武系盐下丘滩体白云岩新类型，开辟轮南油气勘探新领域。轮探 1 井完钻井深为 8882m，完钻层位为震旦系。

轮探 1 井在震旦系与下寒武统肖尔布拉克组分别进行了测试。轮探 1 井震旦系产气微量，点火可燃，焰高 0.5m。地表取气样分析 20 件，主要以酸化生成的 CO_2 气体为主，占 18.55%~77.29%；甲烷气体占 21.07%~72.22%，干燥系数（C_1/C_{1-5}）约 0.988，甲烷 $\delta^{13}C$ 为 -41.6‰，属于干气藏。肖尔布拉克组试油获得高产油流，油压为 11.714MPa，日产油 134m³，日产气 45917m³，累计产油 1045.57m³，气油比为 340。地表取样天然气干燥系数（C_1/C_{1-5}）约 0.8，非烃气体中 N_2 含量占 2.6%~3.0%，H_2S 质量浓度约 1590~1730mg/m³；原油 20℃密度为 0.8192g/cm³，50℃密度为 0.7952g/cm³，黏度为 2.158mPa·s，含蜡量

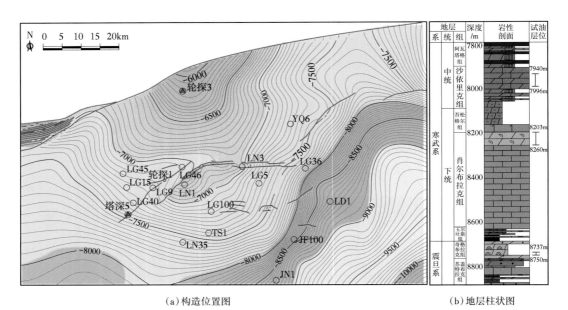

地层			深度/m	岩性剖面	试油层位
系	统	组			
寒武系	中统	阿瓦格塔组	7800		
		沙依里克组	8000		7940m 7996m
	下统	吾松格尔组	8200		8203m 8260m
		肖尔布拉克组	8400		
			8600		
		玉尔吐斯组			
震旦系		奇格布拉克组			8737m
		苏盖特拉克组	8800		8750m

(a) 构造位置图　　　　　　　　　　　　　　　　　　　　　　(b) 地层柱状图

图 8-2-10　轮探 1 井构造位置与地层柱状图

11.2%~11.6%，含硫量 0.25%~0.27%，属于正常轻质原油。PVT 分析结果显示临界压力为 19.03MPa、临界温度为 358.2℃；临界凝析压力为 38.76MPa，临界凝析温度为 388.4℃；油藏温度小于临界温度，为原油流体特征；C_1+N_2 为 61.16%，$C_2~C_6+CO_2$ 为 14.55%，C_{7+} 为 24.29%，三角相图中落于挥发油范围（图 8-2-11）；全油 $\delta^{13}C$ 为 -33‰，天然气甲烷 $\delta^{13}C$ 为 -44‰~-42‰（表 8-1-1）。

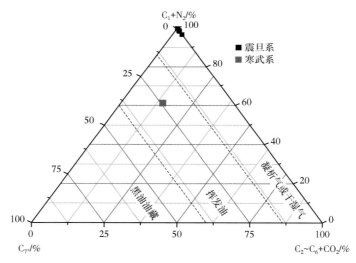

图 8-2-11　轮探 1 井流体识别三角图

轮探 1 井上覆奥陶系为重质稠油藏。轮古 9 奥陶系产重质稠油藏，原油密度为 1.03g/cm³，掺稀后的轮古 901、轮古 902、轮古 903 与轮古 9c 等井产正常原油，原油密度为 0.88~0.89g/cm³。邻区轮古 15 井区中轮古 15 为重质稠油藏，原油密度为 0.93g/cm³，评价井与开发井掺稀产正常原油，原油密度为 0.87~0.90g/cm³。轮古 40 井石炭系以正常原油为主，原油密度为 0.86~0.92g/cm³。

2. 油气成藏过程

轮探 1 井烃源岩为玉尔吐斯组，与肖尔布拉克组储层为下生上储垂向关系，源储之间为肖尔布拉克组石灰岩层，厚 430m（图 8-2-12）；玉尔吐斯组烃源岩生烃后需要突破 430m 的致密灰岩层在肖尔布拉克组中成藏。玉尔吐斯组与震旦系风化壳储层之间为直接接触、上生下储的关系，烃源岩生烃后可以在供烃窗口内充注。

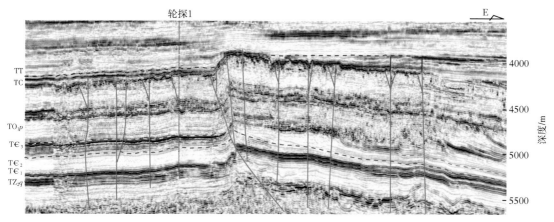

图 8-2-12　过轮探 1 井地震剖面图

埋藏史与热史模拟结果表明，轮探 1 井玉尔吐斯组于早奥陶世进入生油窗（R_o = 0.5%），于白垩纪进入凝析窗口（R_o = 1.3%），新近纪初 R_o 达到 1.5%，现今 R_o 为 1.7%，温度为 170℃（图 8-2-13）。玉尔吐斯组 8690m 测井实测温度为 168℃，实测轮探 1 井高有机碳含量段烃源岩等效镜质组反射率为 1.53%~1.69%，与模拟结果吻合。轮探 1 井下寒武统挥发油藏在天然气干燥系数与甲烷碳同位素交会图上与哈拉哈塘油田奥陶系原油伴生气特征一致（图 8-2-14），表明轮探 1 井下寒武统挥发油藏与哈拉哈塘主力成藏期一致，均为海西期。

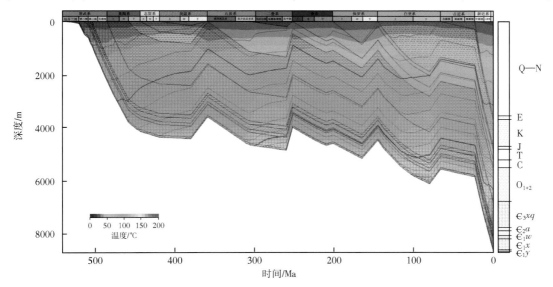

图 8-2-13　轮探 1 井埋藏史与热史模拟成果图

朱光有等（2021）认为轮探1井下寒武统挥发油藏是在 R_o 为0.9%时生成并充注的，这一结论与模拟结果一致，与地球化学特征吻合。轮探1井震旦系干气藏在天然气干燥系数与甲烷碳同位素交会图上与轮古东气田特征相似（图8-2-14），表明其为喜马拉雅期成藏。

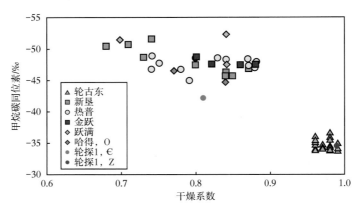

图8-2-14 塔北隆起及其周缘原油伴生气和天然气干燥系数—甲烷碳同位素交会图

3. 油藏类型

对轮探1井8200~8260m出油层进行了试采与试井，证实该油藏为局部储集体控制的岩性油藏。轮探1井于2020年2月29日开始试采，截至2021年底，间歇开井，累计产油3157t，累计产水1319t，含水率平均为21%。在2020年3月至7月关井期间，油压持续攀升至33MPa后趋于稳定，7月至11月连续开井期间油压持续下降至4MPa，自2020年11月10日低压关井。在后四个月期间累计产油2337t，累计产水1051t，累计产气 $102\times10^4m^3$，压力下降了29MPa，体现出储集体比较局限的特点（图8-2-15）。2020年11月10日进行了压力恢复测试，试井解释钻遇储集空间小，物性差，压力恢复资料边界特征明显，解释边界距离为213m，渗透率为0.7mD。表明轮探1井下寒武统油藏为岩性油藏。

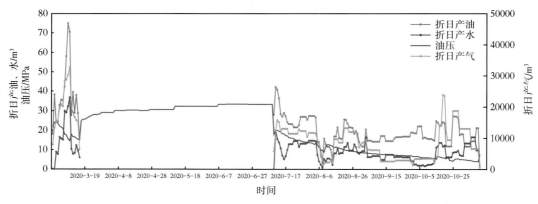

图8-2-15 轮探1井试采曲线图

4. 小结

轮探1井成藏过程远比中深1井区简单，海西期玉尔吐斯组烃源岩排烃沿走滑断裂运移到肖尔布拉克组中形成岩性油藏，一直保存至今；喜马拉雅期烃源岩进入生气阶段，产生的天然气在震旦系中富集成藏。

第三节　盐下成藏模式与勘探领域分析

如第六章论述，塔里木盆地台盆区震旦系—下寒武统发育三种类型的规模白云岩储层：（1）以中深1井为代表的围绕中央隆起分布的下寒武统肖尔布拉克组潮缘丘滩型白云岩储层；（2）以轮探1井为代表的发育在轮南—古城地区的台缘丘滩型白云岩储层；（3）发育在塔北隆起的震旦系白云岩风化壳储层。这三套规模白云岩储层代表了震旦系—下寒武统的三个勘探领域，由于不同的源储盖断配置，每个领域都有独特的成藏模式，是勘探区带精细评价中必须重视的问题。

一、下寒武统潮缘丘滩白云岩勘探领域

1. 成藏要素配置特点

1）源储空间异位

下寒武统潮缘丘滩白云岩勘探领域主要发育前寒武纪柯坪—巴楚—塔中—古城斜坡背景内。勘探实践结果表明，古隆起控制下寒武统沉积结构与源储分布，根据成烃与成储模式，烃源岩在低部位发育，而储层在高部位发育，造成下寒武统丘滩白云岩勘探领域在大多数区域源储不配套。例如，巴楚隆起肖尔布拉克组储层发育，但烃源岩不发育，而在塔北隆起及北部坳陷内玉尔吐斯组烃源岩发育，但肖尔布拉克组相变为石灰岩，不发育白云岩储层。

古地貌坡度控制源储横向距离，在邻近生烃坳陷的陡坡处源储配置有利。塔中隆起上，自南北主垒带下寒武统尖灭区至北部生烃坳陷仅28km，均处于生烃坳陷油气成藏辐射区范围内（图8-3-1a）；而巴楚隆起—麦盖提斜坡东部下寒武统玉尔吐斯组超覆尖灭，源储配置差，有效的源储配置发育在吐木休克断裂带北早寒武世地貌陡坡区（图8-3-1b）。

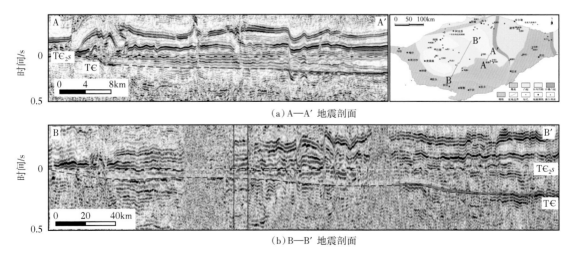

(a) A—A′地震剖面

(b) B—B′地震剖面

图8-3-1　下寒武统潮缘丘滩白云岩勘探领域源储配置模式图

2）吾松格尔组造成有效储盖组合的变化

下寒武统潮缘丘滩白云岩勘探领域规模储层发育在肖尔布拉克组，而区域膏盐岩盖层发育在沙依里克组，两者之间夹吾松格尔组。巴楚—塔中地区，吾松格尔组岩性以白云质

泥岩、泥质白云岩为主，含大量陆缘碎屑，局部含膏，整体储层不发育（图8-3-2）。吾松格尔组既不是储层，也不是盖层，但既可以作储层，也可以作盖层，关键在于裂缝的发育程度。在裂缝不发育条件下，中寒武统膏盐岩区域盖层与吾松格尔组直接盖层构成复式盖层，与肖尔布拉克组规模储层构成有效储盖组合；在裂缝发育条件下，可以发育局部储层；而在高角度裂缝发育条件下，吾松格尔组裂缝型储层与肖尔布拉克组孔洞型储层纵向连通，导致储盖组合上移。

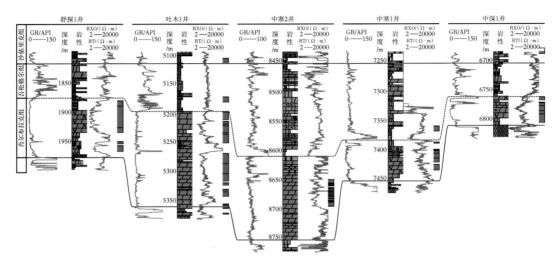

图 8-3-2 巴楚—塔中地区下寒武统储层对比图

3）断层对油气成藏层位有着决定性影响

裂缝，特别是高角度裂缝的发育程度，直接决定了储盖组合的迁移，间接决定了主力成藏层位的变化。在裂缝发育条件下，主力成藏层位在吾松格尔组，例如柯探1（京能）吾松格尔组发育高角度裂缝储层，是主力产层；中寒2井高角度裂缝发育条件下，肖尔布拉克组出水，吾松格尔组为低产气层。反之，在裂缝不发育情况下，主力成藏层位在肖尔布拉克组，例如中深1井。

2. 成藏模式构思

成藏模式构思是找油找气的灵魂，"油气在勘探家的脑海中，脑中有油气才能找到油气"这并不是唯心论，这里的"脑海中的油气"就是在勘探家的思想中建立油气成藏模式；而成藏模式的建立，需要对源储盖断的静态要素配置、充注与调整的成藏动态过程有个宏观的把握。基于对下寒武统潮缘丘滩白云岩勘探领域的成藏要素配置特点，本节构思了两种成藏模式。

1）构造型油气藏

构造型油气藏是常规碎屑岩油气藏的主要类型，主要特点是具有边水或底水，形成构造型油气藏的前提是储层的均质性、高渗透性特点。准层状白云岩储层在局部构造区高角度共轭裂缝发育，形成局部相对均质的储层，储集体内部流体可以快速分异，在局部构造圈闭内成藏，直接的证据就是同一个构造圈闭内探井与评价井具有同一的油—水、气—水界面。中深1评价井中深101比中深1C低72m，比中深1气层底低28m，测井解释肖尔布拉克组为水层，证实为构造型气藏；柯探1（京能）构造低部位上钻坪探1、博源1两口井，证实其也是构造型气藏。

2)"街巷式输导"岩性油气藏模式

如果只有构造油气藏，那么柯坪—巴楚—塔中—古城地区大规模发育的下寒武统白云岩储层的勘探潜力就十分有限了。巴楚北缘的构造都钻探证实没有规模成藏，塔中地区中寒1井、中寒2井也没有规模成藏，古城地区又是构造斜坡背景，剩下的构造已经很少了。但是，勘探不言败，关键要在失利中寻找有利，认识的误区就是勘探的新区，需要不断解放思想。那么，除了构造油气藏，有没有其他成藏模式可以大面积成藏，例如岩性油气藏？

大面积岩性油气藏形成的前提条件是储层的横向非均质性、储层整体非均质以及局部甜点富集油气。一般情况下，大面积岩性油气藏是下源上储的配置，原地生烃、垂向输导、非均质性准层状储层控制岩性油气藏大面积准层状分布。例如塔北—塔中缝洞型碳酸盐岩，轮探1井肖尔布拉克组挥发油藏也是这种类型。根据下寒武统潮缘丘滩白云岩勘探领域源储异位的独特配置特点，规模成藏需要油气的侧向运移，担当侧向运移的主力层位如果是下寒武统白云岩的话，既要横向输导，又要斜坡区储层甜点控藏，显然这是矛盾的，只能在产层之下找到稳定的侧向输导层。通过本章第二节对中深1气藏的解剖，可以发现两个现象：(1)肖尔布拉克组储层基质水平渗透率很低，而垂向渗透率相对高；(2)基底潜山具有大量的含气包裹体，可作为横向输导层。基于这两个现象，本节提出"街巷式输导"岩性油气藏模式，主旨思想是玉尔吐斯组烃源岩异地生烃，沿前寒武系潜山顶面横向输导，依靠裂缝与储层的垂向渗透性垂向输导，储层基质的低横向渗透率控制局部甜点成藏，具有准层状大面积成藏特点。稳定的横向渗透层就像街道，油气运移相对较快，垂向输导如巷道，末端通向油气藏(图8-3-3)。

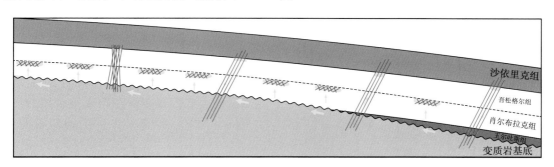

图8-3-3 "街巷式输导"岩性油气藏模式图

因规模储层与区域盖层之间为吾松格尔组，在裂缝发育与欠发育情况下又有两种情况(图8-3-3)。在高角度裂缝发育条件下，油气富集在吾松格尔组裂缝型储层中，例如中寒2井；在裂缝不发育条件下，油气富集在肖尔布拉克组孔洞型白云岩储层中，例如中深1井。

3. 有利区带

根据源储分布，下寒武统潮缘丘滩白云岩勘探领域有利区主要分布在五个区带(图8-3-4)，分别是塔中北斜坡、古城北斜坡、阿满古梁、麦盖提斜坡与柯坪冲断带。比较而言，麦盖提斜坡生烃坳陷边界不落实，生烃潜力不明确；柯坪冲断带喜马拉雅期构造复杂，岩性气藏的可能性较小；阿满古梁、塔中北斜坡与古城北斜坡源储落实，构造平缓，具备大面积准层状成藏条件。塔中北斜坡—古城北斜坡9000m埋深内面积约

$7500km^2$，具备万亿立方米资源前景，是该领域勘探的最现实区带。阿满古梁该领域埋深普遍超过万米，是在工程技术进步后的潜力区带。

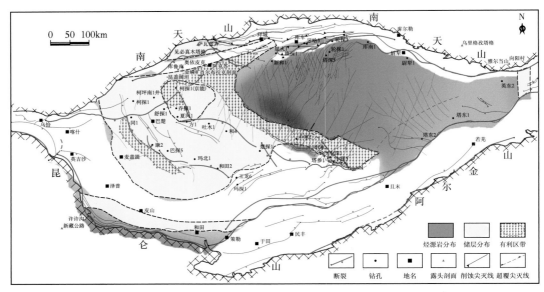

图 8-3-4　下寒武统潮缘丘滩白云岩勘探领域有利区分布图

二、震旦系风化壳白云岩勘探领域

1. "新生古储、源盖一体"配置特点

尽管南华系也发育烃源岩，但是一般南华系烃源岩发育在裂陷—坳陷中心，而裂陷—坳陷持续继承至震旦纪，导致南华系的烃源岩之上震旦系为斜坡—陆棚相；而上震旦统奇格布拉克组白云岩发育在台地相，因此南华系烃源岩很难为震旦系奇格布拉克组供烃。以塔北地区为例，旗探 1 井、星火 1 井钻揭震旦系奇格布拉克组优质储层，下震旦统苏盖特布拉克组很薄，不超过 50m，之下为阿克苏群变质岩。因此，在奇格布拉克组台地相区，烃源岩以上覆寒武系玉尔吐斯组为主，表现为"新生古储、源盖一体"的源储盖配置特点。

2. 成藏模式构思

新生古储的储盖组合，油气成藏需要供烃窗口；供烃窗口有两种类型，一种是断裂型供烃窗口，另一种是潜山周缘旁生侧储型供烃窗口。

1）"下盘供烃、断裂输导"成藏模式

坳陷边缘逆冲断裂是优质的油气输导通道，塔里木盆地已发现的构造带气田大多数是这种输导类型，例如轮台断裂上盘的雅克拉凝析气田、沙井子断裂上盘的柯探 1（京能）气藏与新苏地 1 气藏、巴楚南缘边界断裂上盘的和田河气田与亚松迪气田，塔中Ⅰ号断裂上盘多目的层复式成藏也是这种类型（图 8-1-7），主要成藏模式是下盘供烃、逆冲断裂输导，油气藏类型受控于储层的特征，均质储层形成构造型气藏，非均质储层形成岩性油气藏。以喀拉玉尔衮断裂为例，下盘为玉尔吐斯组烃源岩，上盘为震旦系白云岩风化壳储层，喀拉玉尔衮断裂作为输导通道，最大供烃窗口可达 1200m（图 8-3-5）。

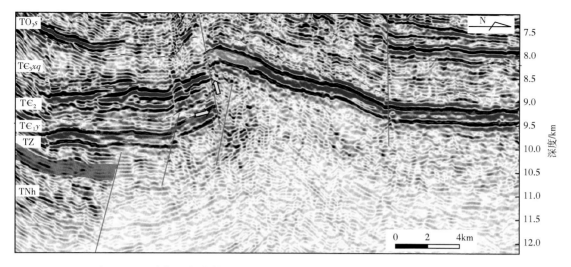

图 8-3-5 喀拉玉尔衮构造带震旦系"下盘供烃、断裂输导"成藏模式图

2）"原地供烃、膨胀增压、下行输导"岩性油气藏

塔里木盆地震旦系奇格布拉克台地面积约 $19×10^4km^2$，如果仅有沿边界构造带上盘的勘探领域，潜力是极其有限的；绝大多数奇格布拉克组白云岩风化壳储层处于构造平缓区。构造平缓区仍然是新生古储，成藏的最大难点是下行输导，什么条件下具有下行输导的可能？

假设上覆地层排驱压力小，烃源岩生烃后则向上运移；如果上覆地层排驱压力大，烃源岩生烃后无法向上运移，只能在内部憋压，当压力达到一定的程度只能向下运移进入奇格布拉克组白云岩风化壳储层；因此下寒武统肖尔布拉克组—吾松格尔组为致密层是在平缓区奇格布拉克组—玉尔吐斯组成藏的必要条件。

新和 1 井、旗探 1 井实钻证实塔北隆起肖尔布拉克组—吾松格尔组以石灰岩为主，肖尔布拉克组厚度约 450~600m，岩性致密，没有发生暴露岩溶作用，与玉尔吐斯组共同构成奇格布拉克组的盖层。因此，本节以哈拉哈塘北部平缓区为例建立"原地供烃、膨胀增压、下行输导"岩性油气藏模式；其核心思想是在肖尔布拉克组—吾松格尔组致密碳酸盐岩封盖下，玉尔吐斯组原地生烃、源内憋压、下行输导，奇格布拉克组白云岩风化壳准层状非均质储层控制准层状大面积成藏（图 8-3-6）。

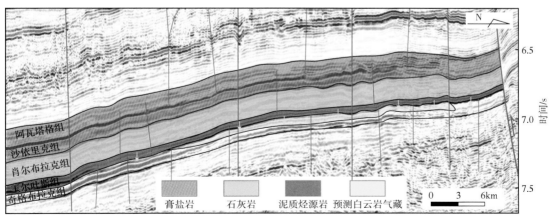

图 8-3-6 哈拉哈塘区块震旦系"原地供烃、膨胀增压、下行输导"岩性油气藏模式图

3. 有利区带

根据上述两种成藏模式，震旦系白云岩风化壳有两种勘探类型，一是构造平缓区岩性油气藏，二是边界断裂上盘构造油气藏（图8-3-7）。深大断裂上盘有利区主要分布在轮台断裂、沙井子断裂、喀拉玉尔衮断裂、牙哈断裂及羊塔克断裂，有利面积约 3000km²，天然气资源潜力为 $3000 \times 10^8 m^3$。构造平缓区、万米埋深内主要有利区带在哈拉哈塘油田深层，万米埋深内有利面积为 4400km²，天然气资源潜力为 $8000 \times 10^8 m^3$。哈拉哈塘南部 10000~11000m 埋深还有 12000km² 有利区，具备 $2 \times 10^{12} m^3$ 勘探前景。

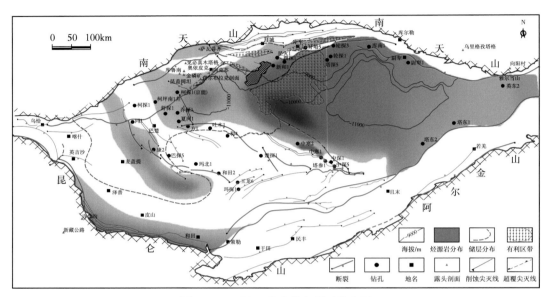

图 8-3-7　震旦系成藏有利区分布图

三、台缘带叠置迁移型丘滩白云岩勘探领域

1. 成藏要素配置特点

1）沉积层序控制源储盖层配置

根据第四章论述，台缘带附近发育两类烃源岩，一类是玉尔吐斯组广泛分布的烃源岩，另一类是每个沉积层序的斜坡区烃源岩。根据第五章论述，台缘带的储层与岩溶作用有关，SQ3—SQ8 储层受同生岩溶作用控制，储层主要发育在每个层序的海侵体系域顶部—高位体系域；而 SQ9—SQ10 储层主要受奥陶系沉积前潜山岩溶作用控制，丘滩体叠加潜山岩溶控储。盖层评价是台缘带评价的主要难点，本节基于碳酸盐岩非储即盖特点来论述，盖层有效性主要取决于裂缝的发育程度。

根据源储盖的分布特点，主要发育三种源储盖配置类型（图8-3-8）。第一类以轮探1井为代表，玉尔吐斯组烃源岩、肖尔布拉克组顶部 SQ3 礁后滩白云岩与吾松格尔组礁后潟湖相构成源储盖配置，SQ4 台缘带也是这种类型。第二类发育在 SQ5—SQ8，玉尔吐斯组与斜坡相为烃源岩，本层序藻丘与砂屑滩顶部为储层，下个层序礁后潮坪—潟湖相为盖层。第三类发育在 SQ9—SQ11，SQ9 本身是优质烃源岩，丘滩体叠加风化壳成储，蓬莱坝组斜坡相石灰岩为盖层。

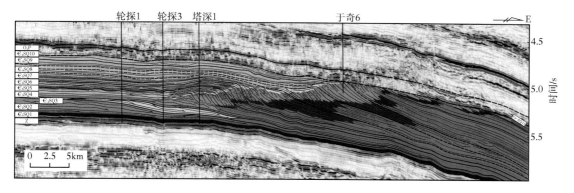

图 8-3-8　台缘带层序结构与源储配置图

2）走滑断层从西向东逐渐变弱，断开层位变老

塔北—塔中地区走滑断裂自富满油田向东断裂活动逐渐变弱，断开层位逐渐变老。以轮古东—草湖三维区为例，走滑断裂表现出两个特点：（1）西强东弱，良里塔格组台缘带以西断裂特征明显，在奥陶系和寒武系相干图上均能见到，而良里塔格组台缘带以东，奥陶系石灰岩顶面明显断裂不发育（图 8-3-9）；（2）良里塔格组台缘带以西走滑断裂断开了

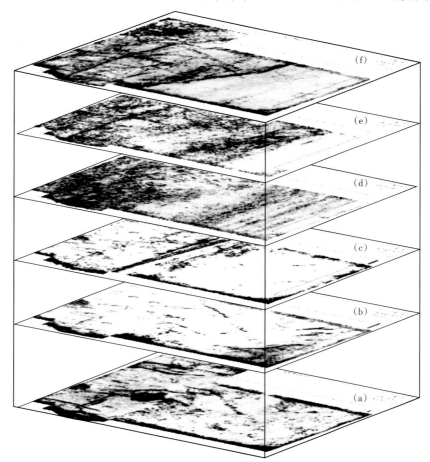

图 8-3-9　轮古东地区各层相干图

（a）寒武系底部；（b）中寒武统底部；（c）上寒武统底部；（d）鹰山组底部；（e）鹰二段底部；（f）一间房组顶部

寒武系—奥陶系，而良里塔格组台缘带以东走滑断裂在寒武系内部消亡，寒武系底部及中寒武统断裂特征清楚（图8-3-9a、b），但奥陶系断裂欠发育（图8-3-9d—f）。

2. 成藏模式构思

基于轮南—富满地区叠置迁移台缘带的源储盖断配置，本节提出三个成藏模式（图8-3-10）：（1）"下生上储、膏岩封盖、走滑输导"岩性油气藏，代表井为轮探1井，在本章第二节已经做了详细论述，适用于SQ3—SQ4；（2）"旁生侧储、致密碳酸盐岩封盖"岩性油气藏，核心思想是斜坡相供烃，侧向输导，上倾方向的丘滩体陡坡边缘油气富集，适用于SQ5—SQ8；（3）SQ9海泛控源、丘滩体叠加风化壳控储、奥陶系斜坡相泥灰岩封盖，丘滩体横向不连续性控制岩性油气藏，适用于SQ9—SQ10。

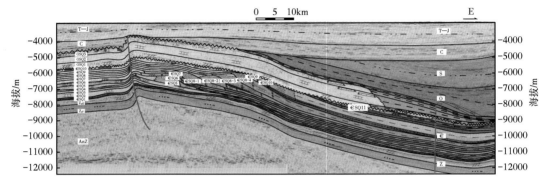

图8-3-10　台缘带成藏模式图

3. 有利区带

轮南—古城叠置迁移型台缘带具备规模成藏的两个基本石油地质条件，一是玉尔吐斯组烃源岩与斜坡相烃源岩规模发育，二是多期叠置迁移型台缘带白云岩储层规模发育。轮南—古城台缘带南北分为轮南段、富满段与古城段（图8-3-11），台缘带储层发

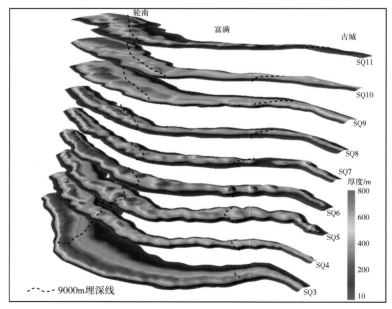

图8-3-11　轮南—古城台缘带勘探有利区分布图

328

育面积近 $6 \times 10^4 km^2$，其中埋深 9000m 以浅面积近 $3 \times 10^4 km^2$，具备规模资源勘探前景。

比较而言，轮南段—富满段石油地质条件优于古城段，一是古城南部早寒武世为隆起背景，玉尔吐斯组烃源岩不发育；二是自北向南，台缘带逐渐变窄，轮南段、富满段以进积为主，台缘带迁移距离远，导致储盖组合发育条件更好；而古城段多期台缘带侧向叠置，迁移距离短，储盖配置相对变差。轮南段—富满段寒武系 9 期丘滩体有利滩体叠合面积约 $15000km^2$，具有万亿立方米资源前景。

参 考 文 献

何治亮，毛洪斌，周晓芬，等，2000. 塔里木多旋回盆地与复式油气系统 [J]. 石油与天然气地质，21（3）：207-213.

刘刚，张义杰，姜林，2015. 断层疏导下储集层排驱压力对油气成藏影响作用 [J]. 地质科技情报，34（1）：118-122.

孙龙德，李曰俊，江同文，等，2007. 塔里木盆地塔中低凸起：一个典型的复式油气聚集区 [J]. 地质科学，42（3）：602-620.

汪如军，王轩，邓兴梁，等，2021. 走滑断裂对碳酸盐岩储层和油气藏的控制作用 [J]. 天然气工业，41（3）：10-20.

王清华，杨海军，汪如军，等，2021. 塔里木盆地超深层走滑断裂断控大油气田的勘探发现与技术创新 [J]. 中国石油勘探，26（4）：58-71.

王招明，谢会文，陈永权，等，2014. 塔里木盆地中深 1 井寒武系盐下白云岩原生油气藏的发现与勘探意义 [J]. 中国石油勘探，19（2）：1-13.

王招明，杨海军，齐英敏，等，2014. 塔里木盆地古城地区奥陶系天然气勘探重大突破及其启示 [J]. 天然气工业，34（1）：1-9.

邬光辉，成丽芳，刘玉魁，等，2011. 塔里木盆地寒武—奥陶系走滑断裂系统特征及其控油作用 [J]. 新疆石油地质，32（3）：239-243.

杨海军，陈永权，田军，等，2020. 塔里木盆地轮探 1 井超深层油气勘探重大发现与意义 [J]. 中国石油勘探，25（2）：62-72.

杨海军，韩剑发，2007. 塔里木盆地轮南复式油气聚集区成藏特点与主控因素 [J]. 中国科学（地球科学），37（增刊Ⅱ）：53-62.

袁玉松，郝运轻，刘全有，等，2021. TSR 烃类化学损耗评价：Ⅱ 四川盆地含硫化氢天然气藏 TSR 烃类损耗程度 [J]. 海相油气地质，26（3）：193-199.

张鼐，田隆，邢永亮，等，2011. 塔中地区奥陶系储层烃包裹体特征与成藏分析 [J]. 岩石学报，27（5）：1548-1556.

张鼐，赵宗举，肖中尧，等，2010. 塔中Ⅰ号坡折带奥陶系裂缝方解石烃包裹体特征与成藏 [J]. 天然气地球科学，21（3）：389-396.

张水昌，高志勇，李建军，等，2012. 塔里木盆地寒武系—奥陶系海相烃源岩识别与分布预测 [J]. 石油勘探与开发，39（3）：285-294.

赵孟军，廖志勤，黄第藩，等，1997. 从原油地球化学特征浅谈奥陶系原油生成的几个问题 [J]. 沉积学报，15（4）：72-77.

周波，金之钧，云金表，等，2016. 碳酸盐岩油气二次运移距离与成藏 [J]. 石油与天然气地质，37（4）：457-463.

朱光有，陈菲然，陈志勇，等，2016. 塔里木盆地寒武系玉尔吐斯组优质烃源岩的发现及其基本特征 [J]. 天然气地球科学，27（1）：8-21.

Zhang S C, Huang H P, Su J, et al, 2014. Geochemistry of Paleozoic marine oils from the Tarim Basin, NW China. Part 4: Paleobiodegradation and oil charge mixing [J]. Organic Geochemistry, 67: 41-57.

Zhang S C, Hanson A D, Moldowan J M, et al, 2000. Paleozoic oil-source rock correlations in the Tarim Basin, NW China [J]. Organic Geochemistry, 31: 273-286.

Zhu G, Milkov A V, Li J, et al, 2021. Deepest oil in Asia: Characteristics of petroleum system in the Tarim Basin, China [J]. Journal of Petroleum Science and Engineering, 199: 1-13.

第九章　勘探实践

第一节　勘探历程与勘探成果

塔里木盆地内最早钻揭前寒武系—寒武系的钻孔是沙参 2 井，于 1984 年在白垩系覆盖下的震旦系白云岩潜山中获得高产油气流；1989 年，库南 1 井钻揭寒武系斜坡相碳酸盐岩；以前寒武系—寒武系为主要勘探目的层的钻孔是 1995 年钻探的和 4 井。截至 2022 年底，塔里木盆地钻揭前寒武系—下寒武统的钻孔有 40 余个（图 9-1-1），其中柯坪—巴楚隆起内钻穿寒武系钻孔 22 个，塔中隆起内钻穿寒武系钻孔 6 个，塔北隆起内钻揭下寒武统钻孔 11 个，塔东盆地区钻揭寒武系钻孔 8 个；此外，古城地区城探 1、城探 2、城探 3 井以台缘带勘探为目标的钻孔也比较深，城探 3 井钻揭最老的地层是下丘里塔格组 SQ7 丘滩体。这些钻孔中，真正以盐下内幕白云岩为目标层系的钻孔有 31 个，其中柯坪—巴楚隆起 20 个、塔中隆起 5 个、塔北隆起 6 个（轮探 1、新和 1、旗探 1、轮探 3、塔深 5、塔深 1 井，其余以潜山或礁滩体为目的层，非盐下内幕白云岩），取得中深 1、轮探 1、柯探 1（京能）、塔深 5 井 4 个油气发现。

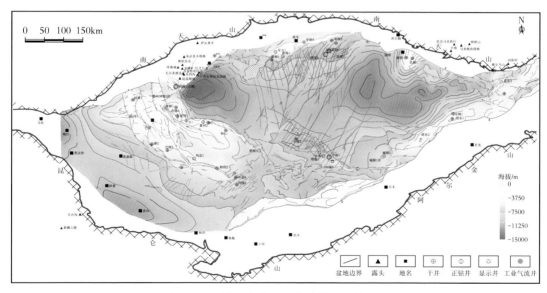

图 9-1-1　塔里木盆地下寒武统顶面构造图

钻孔的钻探时间是勘探思路与阶段的直观体现（图 9-1-2）。以盐下内幕白云岩为目标层系的 31 个钻孔按上钻时间大致可以分为初期探索阶段（1995—2011 年）、中深 1 井突破后勘探阶段（2012—2019 年）、轮探 1 与柯探 1（京能）突破后勘探阶段（2020 年至今）等 3 个阶段。初期探索阶段可以分为两个亚阶段，一是领域发现阶段（1995—1998 年），以中国石油钻探的 4 个钻孔为代表；二是甩开探索阶段（2004—2012 年），中国石化上钻 6 口探井（和田 1 未钻揭下寒武统）。2011 年，在四川安岳气田高石 1 井风险勘探重大突破的带动下中国石油上钻了中深 1 井，开启了第二个阶段，中深 1 井于 2013 年获得高产气流；在中深 1 井的带动下，2014—2015 年相继上钻了 5 口探井；2016 年一些企业进入塔里木油气市场，寒武系盐下勘探掀起一轮小高潮，2017—2019 年上钻了 8 口探井。在 2019 年底至 2020 年初迎来了轮探 1、柯探 1 井（京能）两个重要发现，为寒武系盐下勘探重新注入新的动力，开启了第三个勘探阶段。2020—2022 年，中国石油、中国石化与其他企业上钻探井 14 口，只有中国石化塔深 5 井获得低产气流（图 9-1-2）。

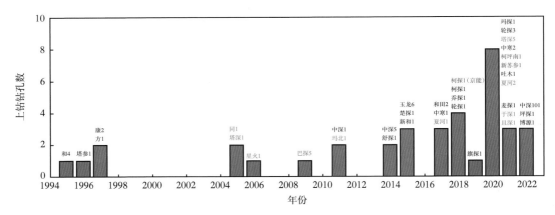

图 9-1-2　盐下内幕白云岩勘探年份上钻钻孔数统计图

一、一度兴奋、一度困惑

1. 新领域发现的兴奋（1995—1998 年）

1）和 4 井钻探成果

和 4 井首次揭开塔里木盆地寒武系盐下白云岩。在"一手抓 500 万，一手抓大场面"的指导思想下，1992—1994 年提出叠合、复合型盆地以及三种类型古隆起控制油气富集的认识，认为巴楚隆起南北两侧可能有"大场面"，部署了二维测线 2551km，完成 8km×8km 的测网。1995 年，在巴楚隆起新的二维资料上发现了和 3、4、5、6 号构造，上钻和 4 井。和 4 井初始设计井深 5700m，目的层为下二叠统砂岩、火山岩，石炭系东河塘组砂岩、生屑灰岩及上下层位砂岩夹层，下奥陶统顶部白云岩与前震旦系潜山。后加深设计至 6100m，目的层为寒武系、震旦系。和 4 井于 1995 年 7 月 15 日开钻，1997 年 6 月 9 日钻至井深 5973m 完钻，井底岩性为前寒武系中酸性喷发岩。和 4 井寒武系共见气测显示 75m/6 层，测井解释差气层 2.5m/1 层，含气水层 72.5m/5 层。寒武系取心 10 筒，获得含气岩心 21.87m。和 4 井寒武系盐下完井试油见微弱气泡，结论为低产不定性。

和 4 井钻探取得四点重要地质成果：（1）首次发现中寒武统盐层，和 4 井钻揭中寒武统蒸发盐岩 2 段共 356m，发现了继古近系、石炭系之后的第三套膏盐层，主要分布在巴楚隆起和塔中、塔北隆起的西部，面积达 20 多万平方千米，是一套良好的区域盖层；（2）首次钻井发现寒武系盐下潟湖相烃源岩，14 个样品总有机碳含量平均为 1.04%，有一半样品大于 1%，最高达 2.07%，镜质组反射率为 1.6%；（3）发现盐下白云岩新领域，和

4 井下寒武统白云岩储层厚 79m，其中 I 类储层 26m/1 层，II 类储层 53m/8 层，厚度加权平均孔隙度为 2.64%；（4）提出巴楚与塔中地区是勘探有利区的认识，类比俄罗斯东西伯利亚地台，其在下寒武统发育一套平面分布广、厚 1000 多米的盐层，在盐层之下的震旦系白云岩中发现了库尤塔等大油气田，提出巴楚—塔中地区寒武系盐下储盖组合是寻找寒武系大型原生油气藏的有利领域。在这四点成果的指导下，同批次部署上钻了方 1 井、康 2 井和塔参 1 井。

2）方 1 井、康 2 井和塔参 1 井钻探成果

方 1 井是部署在塔里木盆地巴楚隆起北部断阶最高部位的卡北构造高点上的一口预探井。钻探目的是钻探卡北构造含油气特征，了解阿瓦提凹陷的生油能力，明确震旦系的分布特征。方 1 井于 1996 年 7 月 19 日开钻，1997 年 11 月 21 日钻至井深 4859m 完钻，完钻层位为震旦系。方 1 井寒武系见气测显示 2m/1 层，综合解释为含气水层，方 1 井寒武系和震旦系试油产水。

康 2 井是部署在塔里木盆地巴楚隆起康塔库木构造带康 2 号构造寒武系盐底背斜高点上的一口预探井，钻探目的是探索康塔库木地区下古生界尤其是寒武系盐下的含油气情况，开辟勘探新领域。康 2 井于 1997 年 2 月 20 日开钻，1998 年 7 月 22 日钻至井深 5634.50m 完钻，完钻层位为寒武系（未穿）。康 2 井寒武系见气测显示 18m/1 层，测井解释为水层，完井未试油。

塔参 1 井是部署在塔里木盆地沙漠腹地塔中隆起下古生界大型复式台背斜西北翼塔中 4 号背斜高点上的一口参数井。钻探目的是探索塔中震旦系—下古生界大型复式台背斜的储盖组合及油气性。塔参 1 井于 1996 年 4 月 26 日开钻，1998 年 2 月 6 日钻至 7200m 完钻，完钻层位为前南华系花岗岩基底。塔参 1 井寒武系见气测显示 50m/4 层，塔参 1 井完井试油沙依里克组为干层，阿瓦塔格组为水层。

3）阶段性成果认识

通过和 4、方 1、康 2 和塔参 1 等 4 口井的钻探，明确了塔里木盆地寒武系的地层结构，发现了中—下寒武统有利的源储盖组合（图 9-1-3），多口井见气测或取得含气岩心，进一步证实了塔里木盆地下古生界深层具备规模油气成藏条件，提出了寒武系盐下白云岩领域性基础认识。这些认识产生了较深远的影响，一直持续到 2014 年前后才有重大变化。

1998 年是塔里木油田丰收的一年，当年有 4 个重大勘探成果，油田勘探重心转移，盐下勘探就此搁置。库车前陆盆地勘探获得重大突破，发现了一个大型天然气聚集带（克拉 2、依南 2）；玛扎塔克构造带勘探评价取得重要成果，探明了和田河气田；哈得逊地区石炭系获得突破，发现了一个黑油勘探接替区带（哈得 1、哈得 2、哈得 4）；轮南潜山勘探技术逐步成熟，开辟 50×10^4t 产能试验区（轮古 1、轮古 2）。

2. 甩开探索失利（2004—2010 年）

中国石化在轮南之外甩开预探寒武系盐下，并于 2004—2007 年钻探了同 1、和田 1、星火 1 和塔深 1 井，2009—2011 年钻探了巴探 5、玛北 1 井。虽然这 6 口井没有获得工业油气流，但对于提升盆地寒武系地质认识意义重大，一是星火 1 井首次钻揭玉尔吐斯组烃源岩，TOC 含量为 1%～9.43%，均值为 5.5%，首次在沙漠覆盖区发现玉尔吐斯组优质烃源岩（朱传玲等，2014）；二是塔深 1 井在 8408m 取心见优质白云岩储层（云露等，2008；曹自成等，2020），证实储层深度无极限，增强了向超深层勘探的信心。

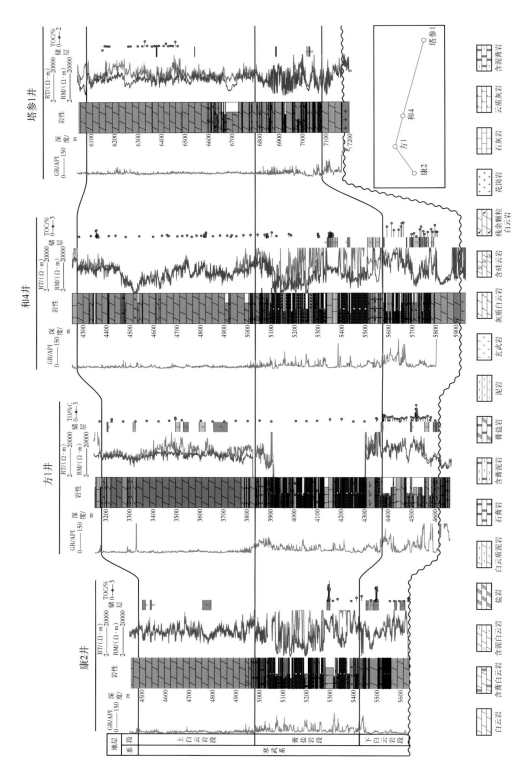

图 9-1-3　康2—方1—和4—塔参1井寒武系对比图（20世纪90年代末对比方案）

334

二、二度兴奋、二度困惑

1. 坚定信念、再上塔中，取得中深 1 战略发现（2011—2013 年）

1）基于四个重新认识，推动中深 1 风险目标上钻

2011 年，在四川盆地高石 1 井灯影组战略发现的带动下，开启了塔里木盆地寒武系盐下白云岩勘探新阶段。2010 年前后，塔北、塔中古隆起及斜坡奥陶系碳酸盐岩油气勘探开发取得较好成效，呈规模上产增储的良好态势，随着塔北轮南—英买力、哈拉哈塘、塔中Ⅰ号断裂奥陶系碳酸盐岩主力油气田的发现和落实（杨海军等，2011；张水昌等，2011；张丽娟等，2013），在下古生界和深层寻找战略接替层系和领域逐渐引起重视（孙龙德等，2013）。在这样的背景下，基于四个重新认识，再上塔中，推动中深 1 风险目标上钻。

（1）重新认识古隆起构造与成藏演化，锁定塔中继承性古隆起深层寒武系。

前人研究成果认为，巴楚隆起为活动性古隆起，塔中隆起与塔北隆起南斜坡为继承性古隆起（贾承造等，1995；张水昌等，2011）。古隆起油气藏分布与钻探显示情况统计分析结果表明，继承性古隆起成藏条件优于活动性古隆起。加里东期和海西期是塔北、塔中隆起古生界两个最重要的成藏时期，在继承性古隆起背景上的圈闭具有持续充注和持续俘获油气的特点；塔北、塔中古隆起及其斜坡奥陶系碳酸盐岩油气藏的规模发现与探明充分证实了继承性古隆起具备优越的成藏地质条件。巴楚隆起在加里东期和海西期处于塔西南古隆起的斜坡甚至凹陷部位，仅仅燕山期和喜马拉雅晚期才逐渐演变成现今的巴楚隆起，至少在早期对油气成藏不利。

对比塔中、塔北两个继承性古隆起寒武系构造特点，塔中继承性古隆起自石炭纪以来构造运动相对较弱，塔中继承性古隆起大型台背斜构造保存完整（杨海军等，2007；韩剑发等，2007），对早期油气成藏破坏作用较小且埋深相对较浅，是寒武系盐下白云岩优先突破的区带。

通过塔中地区大面积三维地震资料古隆起构造演化精细研究认为，塔中古隆起在震旦系沉积前已初现雏形，后经三次大型构造运动改造，于前石炭纪基本定型，为一个长期继承性发育的古隆起（图 9-1-4）。前震旦纪"东高西低"的古地貌背景控制了震旦纪—寒武纪的早期沉积，中—下寒武统由西部向东部超覆减薄（图 9-1-5）；晚奥陶世塔中Ⅰ号断裂构造带形成，古隆起由东高西低的格架演化为北西走向的断裂褶皱构造带；前志留纪是塔中古隆起重要活动时期，中央主垒带与塔中北斜坡 10 号构造带活动，形成两排断裂构造带。前石炭纪是塔中古隆起另一个重要活动时期，塔中主垒带再次隆升，形成大量的石炭系披覆下的碳酸盐岩潜山。石炭纪以后，塔中古隆起持续深埋，构造活动弱。因此，塔中古隆起形成时间早，是油气运聚的长期有利指向区，同时晚期构造活动弱，利于油气的长期保存，成藏地质条件优越。

（2）重新认识塔参 1 井失利原因。

塔参 1 井位于塔中继承性古隆起的高部位，处于长期以来油气运聚成藏的有利区，但是塔参 1 井钻探最终失利，因此准确认识塔参 1 井的失利原因，对于塔中继承性古隆起的进一步勘探至关重要。

首先，塔参 1 井未钻揭下寒武统优质储层，测井分析结果显示，塔参 1 井中—下寒武统仅发育Ⅲ类储层 17.5m/4 层，测井解释最高孔隙度仅 1.2%。其次，塔参 1 井钻揭累计

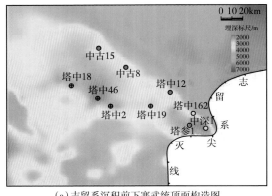

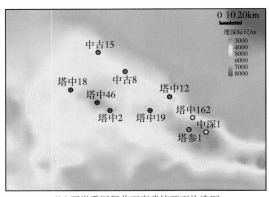

(a) 志留系沉积前下寒武统顶面构造图　　　　　　　(b) 石炭系沉积前下寒武统顶面构造图

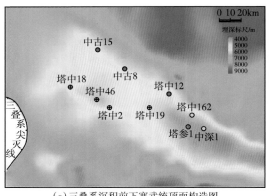

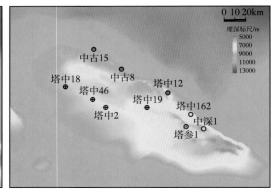

(c) 三叠系沉积前下寒武统顶面构造图　　　　　　　(d) 下寒武统顶面现今构造图

图 9-1-4　塔中继承性古隆起下寒武统顶面古构造演化平面图

约 40m 厚的中寒武统蒸发膏岩层，表明中寒武统的封盖能力强。另外，在中—下寒武统储层欠发育的条件下仍见到良好的油气显示，最高气测全烃值达 22.45%，并且在寒武系顶部裂缝白云岩储层中取心见可动油，表明塔中地区成藏条件好。

综合判断认为，塔参 1 井中—下寒武统减薄造成储层欠发育是塔参 1 井失利的直接原因。与邻区探井对比，塔参 1 井中—下寒武统表现为明显减薄的特点，塔参 1 井中—下寒武统厚度为 385m；巴楚隆起方 1 井与和 4 井中—下寒武统厚度变化在 820~860m 之间；位于塔参 1 井东部仅 67km 的中 4 井虽未钻穿中—下寒武统，但中 4 井仅阿瓦塔格组与沙依里克组厚度就超过了 550m。地层减薄可能造成下寒武统肖尔布拉克组白云岩储层相变或超覆缺失。

（3）重新认识中—下寒武统蒸发岩与白云岩储盖组合展布，坚定勘探信心。

基于塔参 1 井中—下寒武统储层不发育是主要失利原因这一认识，塔中隆起是否发育中—下寒武统优质储盖组合是勘探目标评价与优选的关键。经过多角度综合判断，中—下寒武统蒸发岩与盐下白云岩储盖组合在巴楚—塔中地区分布稳定，坚定了塔中寒武系盐下勘探的信心。

从寒武系沉积演化的角度考虑，塔里木盆地寒武纪为"西台东盆"的沉积格局，西部台地内资料点揭示下寒武统肖尔布拉克组主力储层段广泛分布，位于塔西台地中部的塔中地区具备下寒武统广泛沉积的条件，塔参 1 井下寒武统白云岩储层不发育可能是塔中地区的一个特例。根据航磁资料，塔参 1 井附近出现强磁异常，认为存在局部古地貌高点，导致下寒武统肖尔布拉克组沉积时围绕塔参 1 井区古地貌高点发生相变或超覆缺失。因此，从沉积背景分析塔中地区下寒武统白云岩储层具有大面积分布的特点。

经三维地震资料精细解释证实，塔中地区中寒武统具有明显塑性变形特征，表明膏盐地层发育并大面积分布，下寒武统表现为向西、向北加厚的特点（图 9-1-5），基本可以确定下寒武统白云岩储层大面积分布。通过地震储层反演，推测塔中地区下寒武统白云岩储层在塔中东部地层减薄区也有数十米，向西变厚的区域超过 100m。因此，塔中地区寒武系盐下优质储盖组合区域稳定分布，坚定了勘探信心。

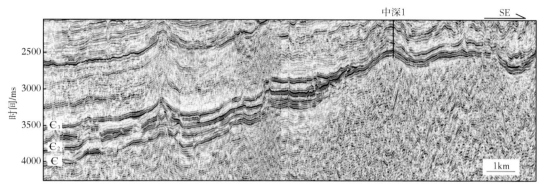

图 9-1-5　塔中西部—塔中东部中—下寒武统地震剖面图

（4）重新落实塔中东部寒武系大背斜断裂构造特征，确定钻探靶区。

塔中地区二、三维地震联合成图结果显示，塔中地区寒武系盐下表现为完整的大型台背斜形态，具有"中部高、南北低，东部高、西部低"的构造形态；埋深 7500m 以浅面积达 1600km²，埋深 8500m 以浅面积达 5500km²。塔中东部大背斜内发育多个局部背斜圈闭，局部圈闭总面积近 200km²；其中中深 1 号构造圈闭面积最大，埋藏浅，落实程度高（图 9-1-4d），被确定为优先的钻探圈闭。

2）中深 1 气藏的发现

（1）中深 1 井的基本情况。

中深 1 井是塔里木盆地塔中隆起东部中深 1 号构造上的一口风险预探井，钻探目的是为了探索寒武系新层系、白云岩新类型的含油气性，为塔中大油气区提供勘探新目标。中深 1 井于 2011 年 8 月 28 日开钻，2012 年 5 月 19 日钻至井深 6835m 完钻，完钻层位为前震旦系（未穿），中深 1 井钻遇寒武系肖尔布拉克组优质储层且见良好油气显示。中深 1 井完井测试，肖尔布拉克组深度为 6597.63 ~ 6835m，5mm 油嘴裸眼敞放，油压为 15.996MPa，日产气 30702m³，日产水 34.5m³，累计产水 93.16m³，累计产气 81763m³，结论为气水同层。阿瓦塔格组获低产油流，累计产油 110m³。

2012 年 11 月，为了寻求工业性发现，查明寒武系盐下储层特征，评价其产能情况，实施了中深 1 侧钻井——中深 1C 井，于 2012 年 11 月 9 日自 6075m 深度开窗侧钻，2013 年 5 月 20 日钻至井深 6944m 完钻，完钻层位为肖尔布拉克组。中深 1C 井在寒武系显示 85m/54 层，根据测井解释成果，寒武系阿瓦塔格组Ⅲ类储层 53m/6 层，肖尔布拉克组Ⅱ类储层 27m/2 层，Ⅲ类储层 11m/1 层；中深 1C 井完井试油肖尔布拉克组经小型酸洗后，油压约40.851MPa，最高折日产气达216677m³，最终定产158545m³，经过侧钻井的实施，中深1井寒武系盐下白云岩由发现苗头升级为战略性突破（图9-1-6）。

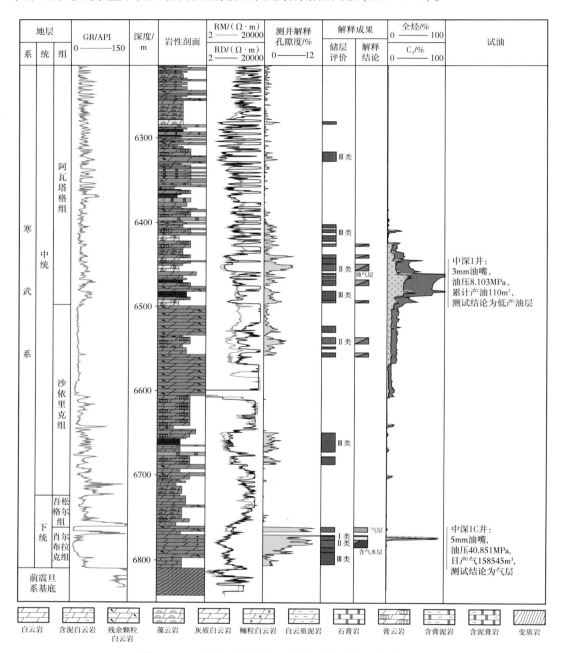

图 9-1-6　中深 1 与中深 1C 井中下寒武统四性关系图

（2）油气藏地质特征。

与巴楚地区已钻井相比，中深1井中—下寒武统序列相近（图9-1-6）。中深1井肖尔布拉克组披覆于前震旦系基底之上，缺失了玉尔吐斯组与震旦系；下寒武统由肖尔布拉克组与吾松格尔组构成，吾松格尔组岩性以膏质泥晶白云岩为主；肖尔布拉克组以高 GR 段为分隔分为上、下两段，上段以含膏泥粉晶白云岩为主，下段以砂质砂屑鲕粒白云岩为主。中寒武统与野外露头剖面一致，沙依里克组与阿瓦塔格组发育完整；沙依里克组以砂屑/细晶白云岩为主；阿瓦塔格组分为上、下两段，上段以含膏白云岩与藻白云岩互层状沉积为主，下段以膏质泥晶白云岩为主。中深 1 井产层有两套，一套是中寒武统阿瓦塔格组下段，另一套是下寒武统肖尔布拉克组下段，阿瓦塔格组下段温度为 160℃、压力恢复慢，无法测量；肖尔布拉克组下段温度在 165℃左右，压力为 74~75MPa。

中深 1 井下寒武统天然气以烃类气体为主，甲烷气占 78.3%，非烃气体中 CO_2 含量较高，达 14.4%，N_2 含量占 2.55%。烃类气体干燥系数为 0.99，属于干气藏。中深 1 井中寒武统既有油又有气，为挥发油藏，原油密度为 $0.7870g/cm^3$，黏度为 $1.213mPa \cdot s$，含蜡量为 4.5%，沥青质含量为 0.49%，胶质含量为 1.04%，属低密度、低黏度、低含蜡原油。化学性质方面，饱和烃含量为 83.03%，饱和烃/芳香烃比值为 15.23，非烃+沥青质含量中等，占 9.3%；全油色谱基线平直，正构烷烃呈前峰型分布，主峰碳数 nC_8，轻组分保留完整。天然气以烃类气体为主，甲烷占 68.6%，烃类气体干燥系数平均为 0.778，属于湿气。非烃气体中 CO_2 含量较高，达 10.9%，N_2 含量平均为 0.795%。

中深 1 井钻揭中—下寒武统两套储层，第一套储层为中寒武统阿瓦塔格组下段，岩性以泥粉晶白云岩、含膏泥粉晶白云岩、膏岩和含膏泥云岩等为主，成像测井见溶蚀孔洞，发育少量裂缝（图 9-1-7a）；测井解释 II 类储层 28m/6 层，平均孔隙度为 4.52%，试井解释渗透率约 0.04mD，中深 1C 距中深 1 直井 150m，中深 1C 该段储层欠发育，表明该层段储层横向连续性差，储层横向变化大。第二套储层发育在下寒武统肖尔布拉克组下段，岩性主要包括鲕粒白云岩、砂屑白云岩和砂质白云岩，成像测井见大量裂缝与溶蚀孔洞（图 9-1-7b），中深 1 直井测井解释 I 类储层 1m/1 层，孔隙度为 12.6%，II 类储层 19m/3 层，

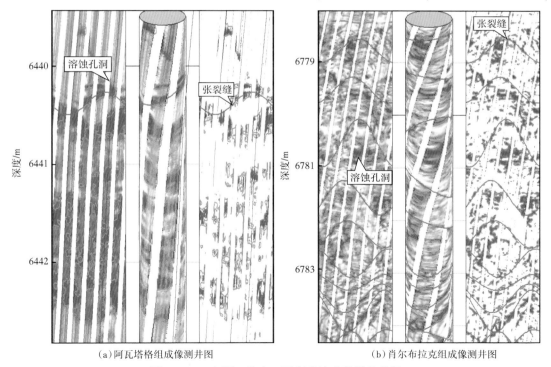

(a) 阿瓦塔格组成像测井图　　　　　　(b) 肖尔布拉克组成像测井图

图 9-1-7　中深 1 井中—下寒武统成像测井特征

孔隙度为 8.36%；中深 1C 测井解释 Ⅱ 类储层 17m/2 层，孔隙度为 4.1%~6.5%，Ⅲ 类储层 7m/1 层，孔隙度为 2.4%，试井解释渗透率为 2.8~3.3mD，表明该段储层物性较好、横向分布相对稳定。

3）发现意义

首次在寒武系盐下获得工业油气流，发现了一个新层系、新领域。中深 1 井的发现是塔里木盆地寒武系盐下白云岩原生油气藏首次获得战略性突破，初步印证了塔里木几代勘探家对于寒武系盐下大油气田的构想，揭开了寒武系深层油气藏的神秘面纱。中深 1 井的发现是新层系、新领域的突破，初步展示了塔里木盆地寒武系盐下广阔的勘探领域和巨大的勘探潜力，塔里木盆地寒武系盐下储盖组合分布范围近 $30×10^4km^2$，7000m 埋深内面积约 $4×10^4km^2$，8000m 埋深内面积约 $5.2×10^4km^2$，资源潜力巨大。

发现了寒武系油气，证实了深层仍具备液态烃赋存条件。从地质背景分析来看，由于中寒武统蒸发盐岩层的遮挡作用，上部奥陶系油气不可能"倒灌"到寒武系储层里面，因此中深 1 井寒武系盐下油气藏只可能接受下部来源的油气，而下部仅存在下寒武统烃源岩。所以，中深 1 井中寒武统原生油藏的发现，可能标志着塔里木盆地寒武系发现一种端元油气，这对于重新认识塔里木盆地台盆区海相油气来源、确定海相油气主力烃源岩具有重大的地质和勘探意义。

2. 高潮之后陷入低谷（2014—2015 年）

中深 1C 井获得突破以后，借鉴安岳气田的成功经验，开始开展四古研究，并于 2014 年 7 月召开第一届白云岩勘探理论与技术研讨会，会议取得了四个成果认识：（1）坳陷控源，明确了寒武系盐下烃源岩的主力地位，前寒武系与下寒武统为两套烃源岩，北部坳陷与西南坳陷为两个生油气坳陷；（2）隆起控滩，建立"小礁大滩"缓坡模式，从塔南基底古隆起到塔东盆地区的"四阶地貌"，古丘滩主要发育在围绕隆起的二阶地貌内；（3）台洼控盖，建立牛眼蒸发盐湖模式，膏盐岩大面积分布；（4）建立"原地生烃、盐下横向运移、垂向调整、准层状成藏、近源古隆起富集"模式（陈永权等，2015；潘文庆等，2015；倪新峰等，2015；郑剑锋等，2015；李保华等，2015）。中深 1 井发现后实施了风险/预探/矿保井 5 口（中深 5 井、舒探 1 井、玉龙 6 井、楚探 1 井、新和 1 井），均失利。

三、三度兴奋、三度困惑

1. 轮探 1 井的发现与意义

中深 1 井突破后钻探的 5 口探井效果不理想，2016 年没有新钻孔上钻，主要在消化上一轮 5 口井的钻探成果认识；适值国土资源部组织的盆地级 35 条格架地震剖面与塔里木油田组织处理的 42 条格架剖面出来阶段性处理成果，油田组织中国石油勘探开发研究院、东方地球物理公司、中山大学、浙江大学等多家战略联盟在 2016 年 10 月开展一轮攻关解释研究，形成一批基础图件。2016 年 11 月塔里木油田在杭州组织召开第二届白云岩研讨会，会议取得三点创新认识：（1）通过对前寒武系—寒武系不整合面的地质与地震研究，落实柯坪运动在塔里木盆地广泛发育，在柯坪运动影响下，构造沉积体系由前寒武系北东向裂坳沉积体系转换为寒武系东西分异的台盆沉积体系，柯坪运动导致塔西台地周边"马蹄形"构造隆升，形成塔南隆起、柯坪—温宿—轮南低凸起与轮南—古城被动古梁带，直接导致塔里木盆地进入台盆演化阶段；（2）在柯坪运动影响下，塔里木台盆区分为北部坳陷前寒武系—寒武系油气系统与麦盖提斜坡前寒武系油气系统，白云岩围绕隆起或凸起发育，滩相叠加准同生岩溶控储，早期成藏有效保护储层，潮坪相泥质白云岩盖层与蒸发台地相膏盐岩盖层广泛发育；（3）受柯坪运动影响，塔里木台盆区寒武系盐下白云岩古油藏呈"马蹄形"分布，提出盐下马蹄形勘探，战略展开塔中，战略突破塔北（轮南、喀拉玉尔衮构造带），按矿保节奏探索柯坪—巴楚隆起（杜金虎等，2016；严威等，2017；陈永权等，2019）。这批认识指导部署了 2017—2019 年度的 8 口预探/风险井上钻，分别是夏河 2（中国石化）、和田 2、中寒 1、柯探 1（京能）、柯探 1、乔探 1、轮探 1、旗探 1 等井。

1）轮探 1 井的确定

（1）源储盖有利配置，继承稳定古隆起，锁定轮南区带。

轮南下寒武统缓坡型台缘礁滩位于玉尔吐斯组优质烃源岩之上，毗邻南华系—下震旦统裂陷槽烃源岩，属于近源，油气源充足。野外露头（肖尔布拉克剖面、苏盖特布拉克剖面、昆盖阔坦剖面）与钻孔资料（星火 1、新柯地 1 井）揭示下寒武统玉尔吐斯组是西部台地内一套重要烃源岩。前人针对野外剖面的玉尔吐斯组进行总有机碳含量测定，其含量可达 7%～14%，局部区域可高达 22.39%；新柯地 1 井钻揭玉尔吐斯组烃源岩 26m，TOC 含量为 2%～29%，钻揭震旦系泥岩 60m，TOC 含量为 0.3%～1.0%（朱光有等，2016）。

下寒武统为缓坡碳酸盐岩台地沉积模式，表现为"小礁大滩"的特点，储层受岩性与暴露溶蚀双重作用控制，发育优质白云岩储层。围绕满西台内洼地大面积分布颗粒白云岩，塔中—巴楚一线代表中缓坡台内丘滩亚相，塔北地区代表中缓坡台内丘滩和中—下缓坡亚相，轮南地区主要处于中缓坡潮缘滩分布范围。通过对苏盖特布拉克露头群 7 条剖面建模研究，发现下寒武统台缘礁盖及礁前、礁后滩皆发育良好储层。储层岩性以结晶白云岩、藻白云岩及颗粒白云岩为主；储集空间类型以藻格架孔、晶间溶孔、溶蚀孔洞等原生孔隙为主；储层孔隙度平均值为 5.5%（测试样品数 $N = 55$）。连井储层对比表明下寒武统储层在巴楚隆起—塔中隆起横向上表现出稳定分布特征，受岩溶暴露影响。震旦系奇格布拉克组可能发育优质的白云岩储层，受控于风化壳岩溶作用，储层大面积发育。

中寒武统膏盐湖、膏云坪、泥云坪亚相均可作为优质盖层，泥质白云岩、膏质白云岩、石膏岩封able能力强。塔西台地内中寒武统阿瓦塔格组下部发育一套蒸发岩，沙依里克组下部发育一套蒸发岩，共同构成了下寒武统白云岩储层的优质盖层。

轮南低凸起为继承性古隆起，是油气运聚的有利指向区。轮南低凸起形成于寒武纪，构造平台形成于海西期，长期接受油气充注。下寒武统烃源岩于加里东、海西末期生油，喜马拉雅期"西油东气"，轮南寒武系存在"早油晚气"多期充注，成藏与保存条件有利（图 9-1-8）。

（2）建立礁滩体模型，重新认识塔深 1 井失利原因，锁定轮南西部中寒武统膏岩盖层之下的白云岩丘滩体，落实轮探 1 风险目标。

塔深 1 井钻至下寒武统吾松格尔组，通过地震合成记录标定，利用资料品质好的OGS-800 二维测线，把下寒武统顶界、中寒武统顶界、上寒武统顶界引至三维工区，识别出哈拉哈塘—塔河于奇地区下寒武统吾松格尔组—上寒武统发育 6 期垂向加积型为主的礁丘建隆，即下寒武统肖尔布拉克组 I 期、吾松格尔组 II 期礁滩体，中寒武统 III、IV 期礁滩体，上寒武统 V、VI 期礁滩体形态特征（图 9-1-9；倪新峰等，2015）。对于台内滩相解释方案重点参考美国二叠盆地和古城地区沉积模式来完成。塔深 1 井钻井揭示寒武系—奥

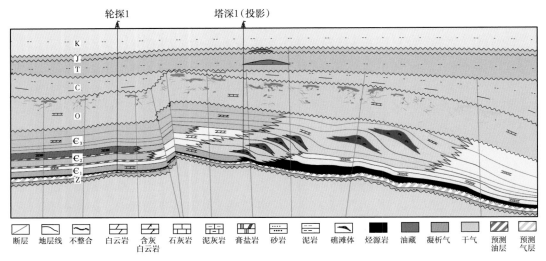

图 9-1-8 轮南地区构思的油气藏剖面图

陶系以白云岩为主，发育多套储层，盖层欠发育，多层油气显示，表明基本成藏条件有利，缺乏优质盖层是未规模油气聚集的主要原因。以塔深 1 井失利原因为启示，通过地震相分析认为轮南西部发育阿瓦塔格组膏岩层，可构成有利区域盖层，锁定轮南西部有利区（图 9-1-9）。

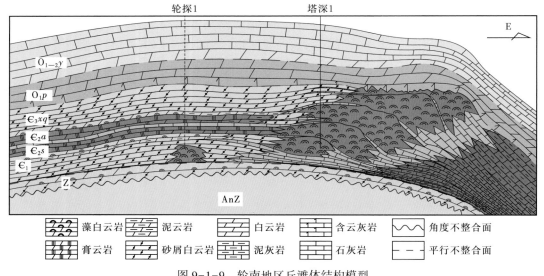

图 9-1-9 轮南地区丘滩体结构模型

2015 年塔里木油田优选轮西—轮南地区 350km² 三维工区对寒武系盐下礁滩体进行针对性处理，主要由 2000 年采集的轮南 11 三维工区、2008 年采集的轮南 2 三维工区以及 1998 年采集的轮南 8 三维工区组成，处理资料品质得到较好提升，礁滩体成像更加清楚，满足轮探 1 井位部署的要求。以丘滩体模型为指导对三维工区进行地震解释、断裂刻画与储层反演工作，优选有局部构造背景、反演储层有利区和中寒武统石膏分布区，部署轮探 1 风险探井，钻探目的是探索轮南下寒武统白云岩与震旦系储盖组合的有效性及含油气性，突破寒武系盐下丘滩体白云岩新类型，开辟轮南油气勘探新领域。轮探1井完钻井深为8882m，完钻层位为震旦系（未穿）。

2）轮探1油藏地质特征

（1）震旦系—中寒武统地层特征。

轮探1井震旦系与寒武系呈小角度不整合接触关系。震旦系由苏盖特布拉克组与奇格布拉克组组成；苏盖特布拉克组钻揭105m（未穿），表现为两套碎屑岩夹一套石灰岩的特点，下碎屑岩段由10m厚的辉绿岩与31m厚的褐色泥岩组成，碳酸盐岩段以44m厚的灰色石灰岩组成，上碎屑岩段由22m厚的钙质砂岩组成。奇格布拉克组顶部为不整合面，上部地层被剥蚀，仅残留约87m厚的白云岩地层。中—下寒武统地层结构与柯坪露头区一致，下寒武统由玉尔吐斯组、肖尔布拉克组和吾松格尔组构成，总厚度为524m；中寒武统由沙依里克组与阿瓦塔格组构成，厚500m。下寒武统玉尔吐斯组分为上、下两段，下段以黑色页岩为主，上段以泥质灰岩为主，夹灰黑色泥岩；肖尔布拉克组与新和1、星火1等井一致，以含泥灰岩为主；吾松格尔组以残余砂屑白云岩为主。中寒武统沙依里克组以泥晶白云岩为主，夹泥质白云岩与含泥白云岩；阿瓦塔格组主要以石膏为主，夹膏泥岩、泥质白云岩与膏质白云岩。必须要说的是，当年轮探1井发现的时候，把主要产层划到了吾松格尔组；本书第二章中将其划至肖尔布拉克组，截至目前仍没有确凿的证据，因此本段仍然用杨海军等（2020）报道成果。

（2）生储盖组合特征。

轮探1井钻揭寒武系盐下一套烃源岩与两套储盖组合。下寒武统玉尔吐斯组厚度为81m，下段灰黑色页岩厚18m，TOC变化在2.43%~18.48%之间（$N=22$），平均为10.1%；R_o变化在1.5%~1.8%之间，为一套优质烃源岩；上段泥灰岩段厚63m，TOC变化在0.02%~3.7%之间，平均为1.45%，达到中等烃源岩标准。

震旦系—中寒武统发育两套储盖组合，沙依里克组—吾松格尔组白云岩与上覆阿瓦塔格组膏岩构成的储盖组合，含石膏层段厚230m，单层石膏厚度约10~15m；另一套是震旦系奇格布拉克组白云岩风化壳岩溶储层与上覆玉尔吐斯组泥岩构成的储盖组合。

沙依里克组储层段岩性以泥晶白云岩、含泥白云岩为主，成像测井见高角度裂缝，测井解释储层56m/13层，其中Ⅱ类储层19m/6层，厚度加权平均孔隙度为4.4%。吾松格尔组储层段岩性以残余砂屑白云岩为主（图9-1-10a），成像测井见大量高角度裂缝与沿裂缝发育的溶蚀孔洞（图9-1-10c），以裂缝孔洞型为主；测井解释储层51m/5层，其中Ⅱ类储层11m/2层，厚度加权平均孔隙度为3.3%。震旦系奇格布拉克组白云岩风化壳储层段岩性以藻凝块白云岩为主（图9-1-10b），成像测井见岩溶角砾状构造（图9-1-10d），以孔洞型储层为主，测井解释储层28.5m/4层，其中Ⅱ类储层9m/2层，厚度加权平均孔隙度为4.0%。

根据酸化压裂储层改造效果分析，震旦系储层与沙依里克组储层停泵压力高、压降小，储层偏致密；吾松格尔组停泵压力低、压降快，储层好。

（3）录井与测井含油气性。

轮探1井在钻进过程中震旦系—中寒武统见良好油气显示共发现气测异常65.0m/29层，主要集中在4个层段，分别是震旦系奇格布拉克组上部、下寒武统吾松格尔组、玉尔吐斯组与中寒武统沙依里克组。沙依里克组见气测异常10m/6层，钻井液密度为1.4g/cm³，最大全烃含量由0.48%上涨至5.64%，其中C_1含量由0.24%上涨至2.86%，组分齐全，录井综合解释为油层；测井解释差油气层19m/4层。吾松格尔组见气测异常5m/2层，钻

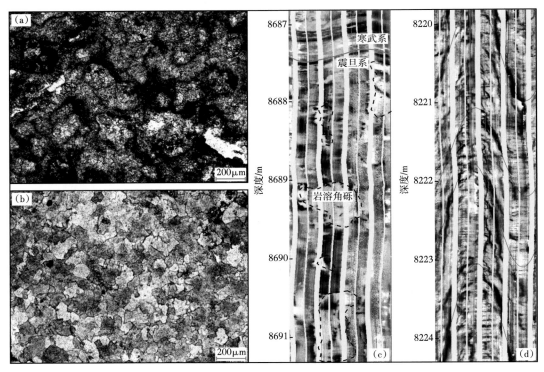

图 9-1-10　震旦系奇格布拉克组与寒武系吾松格尔组储层段岩性与成像测井特征图

（a）下寒武统吾松格尔组，8220m，残余颗粒细晶白云岩；（b）震旦系奇格布拉克组，8772m，藻凝块白云岩；

（c）吾松格尔组成像裂缝与沿裂缝发育的溶蚀孔洞；（d）震旦系奇格布拉克组顶面风化壳岩溶角砾构造

井液密度为 $1.44g/cm^3$，最大全烃含量由 0.42% 上涨至 2.84%，其中 C_1 含量由 0.26% 上涨至 1.58%，组分齐全，录井综合解释为油层；测井解释差油气层 5m/2 层。玉尔吐斯组见气测异常 22m/5 层，钻井液密度为 $1.44\ g/cm^3$，最大全烃含量由 4.03% 上涨至 14.59%，其中 C_1 含量由 2.87% 上涨至 10.83%，组分齐全，录井综合解释为气层；测井解释认为是高含铀的烃源岩层。震旦系奇格布拉克组见气测异常 12m/6 层，钻井液密度为 $1.44g/cm^3$，最大全烃含量由 2.58% 上涨至 15.23%，其中 C_1 含量由 1.68% 上涨至 12.95%，组分齐全，录井综合解释为差气层；测井解释差气层 9m/2 层。

（4）测试情况。

轮探 1 井分两次三段进行完井试油。第一次对震旦系奇格布拉克组单段射孔、酸化压裂；第二次对沙依里克组与吾松格尔组合试，但分段酸化压裂改造（图 9-1-11）。

对震旦系奇格布拉克组单段射孔、酸化压裂改造与联合放喷求产，深度段为 8737~8750m。酸化压裂挤入地层总液量 $473.1m^3$，最高泵压为 122.9MPa，停泵测压降缓慢，开井求产后油压快速由 70MPa 降至 0；气举敞放，举深 3000m，油压快速落零，气微量，点火可燃，焰高 0.5m；由于产出天然气较少，测试结论为不定性。地表取气样分析 20 件，主要以酸化生成的 CO_2 气体为主，占 $18.55\%\sim77.29\%$ 不等；甲烷气体占 $21.07\%\sim72.22\%$ 不等，干燥系数约 0.988，属于干气藏。

对沙依里克组—吾松格尔组分段射孔、酸化压裂改造与联合放喷求产，联合放喷井段为 7940~8260m。沙依里克组射孔与酸压井段为 7940~7996m，酸化压裂注入井筒总液量

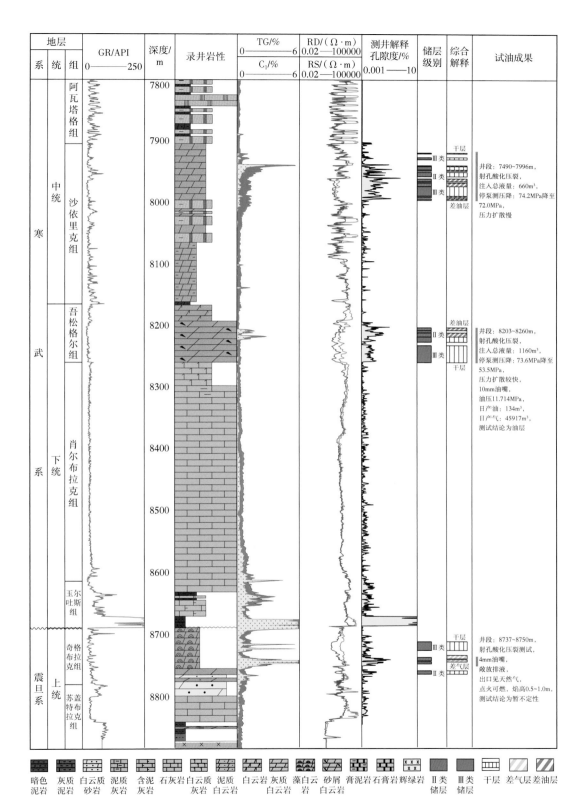

图 9-1-11　轮探 1 井寒武系—震旦系综合柱状图

为 660m³，泵压为 125MPa，停泵测压降 15min 仅从 74.2MPa 下降至 72MPa，表明压力扩散缓慢，储层偏致密。吾松格尔组射孔与酸压井段为 8203～8260m，注入井筒总液量 1160m³，泵压为 122.1MPa，停泵测压降 30min，油压由 73.6MPa 下降至 53.5MPa，表明压力扩散快，储层物性好。10mm 油嘴，油压 11.714MPa，日产油 134m³，日产气 45917m³。

3）轮探 1 油藏发现意义

（1）坚定盐下勘探信心。

轮探 1 井的工业发现坚定了寒武系盐下勘探信心，寒武系盐下近 30 年来钻孔 20 余口，绝大多数失利，中深 1 井发现后再钻探的 10 余口井相继失利，寒武系之下到底有没有成藏条件已经受到质疑，轮探 1 井适时发现，打破质疑，坚定这一战略方向。其次，轮探 1 井钻揭良好烃源岩，围绕生烃中心是下步勘探的战略方向。最后，轮探 1 井带来两个战术启示，一是紧邻膏盐岩之下的储层值得重视；二是轮探 1 井震旦系发现苗头，可能有更广阔的勘探领域。

（2）刷新了亚洲与世界克拉通盆地超深油藏深度纪录。

轮探 1 井完钻井深 8882m 刷新了亚洲井深纪录。世界超深井—特深井钻井技术始于 20 世纪 90 年代，俄罗斯于 1992 年创造了 12262m 的特深井世界纪录，德国于 1994 年钻成一口 9107m 特深井。亚洲深井记录一直在塔里木盆地被刷新，中国石化西北油田分公司塔深 1 井于 2006 年成功钻至井深 8408m，当年被誉为亚洲陆上第一深井；2018 年顺北蓬 1 井完钻井深达 8450m 打破亚洲纪录；2020 年中国石油轮探 1 井 8882m 再次打破了亚洲井深纪录，创造了新的亚洲之最。

轮探 1 井下寒武统油层深度为 8200～8260m，是全球最深的克拉通油藏。全球范围内超深油气勘探工作集中在被动陆缘、前陆、克拉通和裂谷盆地四大领域；被动陆缘最深的是墨西哥湾盆地深水区 K2 油田，埋深达 8713m；前陆盆地最深的为巴布亚盆地 Agogo 油气田，埋深为 8591m；克拉通盆地最深的油田为意大利 PedealpineHomocline 的 Villafortuna/Trecate 油田，埋深达 7846m，最深的气田为四川盆地川东北气矿，埋深为 8060m；裂谷盆地世界最深的为奥地利维也纳盆地 Zistersdorf Ubertief 1 气田，深度为 8566m。塔里木盆地温度梯度相对较小，喜马拉雅晚期快速深埋，原油裂解时间不够，是 8200m 超深层依然能够保存液态烃的主要原因。

2. 柯探1井（京能）气藏的发现

京能柯探 1 井位于柯坪县城东北方向约 20km 处，目的层为寒武系肖尔布拉克组，完钻井深为 3990.62m，完钻层位为震旦系奇格布拉克组。

2019 年 9 月 9 日，现场施工人员完成了 3686～3698m 第三层射孔作业，十几米高的熊熊火焰从井口喷薄而出，照亮了戈壁荒漠深沉的夜空，现场所有人都激动兴奋不已。"日产天然气 114×10⁴m³，无阻流量 220×10⁴m³/d"，这是近年来中国天然气探井中为数不多的高产气井。对此，石油地质学家、中国工程院院士表示："柯探 1 井的成功是塔里木边缘地表隆起油气勘探新区域、新层系的首次重大突破，具有里程碑意义，为我们展示了 2 万多平方千米的柯坪断隆带油气勘探的前景"（本段内容来自网络）。

3. 短暂高潮后进入第三次低谷（2020—2021 年）

继 2019 年 10 月京能柯探 1 井获得高产天然气、2020 年 1 月轮探 1 井获得高产油流后，极大地鼓舞了寒武系盐下勘探信心，于 2020—2022 年相继上钻探井 14 口（图 9-1-2），但仅塔深 5 井获得低产气流，震旦系日产气 4.5×10⁴m³，下寒武统产气量较低，其他 13 口探井全部失利。寒武系盐下勘探再次陷入了低谷，勘探方向在哪里？寒武系盐下有没有规模成藏？第三次陷入迷茫。

第二节　勘探回头看与前景展望

一、钻探成效回头看

塔里木盆地真正以盐下内幕白云岩为目标层系的钻孔有 31 个，取得中深 1、轮探 1、京能柯探 1 与塔深 5 四个发现，大批钻孔失利，勘探成功率 13%，值得深思与总结。"勘探无失利、探井无空井"，勘探不言败，关键要从失利中寻找希望、从不利中寻找有利，指导下一步勘探实践。因此，勘探需要以史为鉴，经常回头看。

钻孔回头看需要从三个方面开展工作：（1）从钻前的认识与实钻结果的对比，审视钻前分析中落实的要素是否正确，是否存在其他要素被忽略；（2）以当前的地质认识审视钻孔成功与失利原因，开展领域区带的再评价、再认识；（3）经验与教训的总结与反思。

1. 钻前钻后的对比

对比发现，钻前认为落实的一些要素出了问题。烃源岩方面，钻前认为楚探 1 井发育玉尔吐斯组烃源岩实钻揭示不存在，主要原因在于用区域二维地震做出来的中—下寒武统加厚区主要是中寒武统盐层加厚，而不是下寒武统加厚；麦探 1 井钻前认为发育玉尔吐斯组然而实钻不存在，主要原因是寒武系底解释低了，导致下寒武统加厚。储层方面，新和 1 井原认识的肖尔布拉克组丘滩体不存在、原认识的奇格布拉克组丘滩体加厚实钻为火成岩；轮探 3、于深 1 井原认识的奇格布拉克组丘滩体加厚，实钻为盆地相，因汉格尔乔克组冰碛岩及帽白云岩的存在导致地层加厚；玉龙 6、玛探 1 井原认识的肖尔布拉克组白云岩储层，实钻为古元古界潜山，下寒武统缺失。

成藏要素分析中有一些存在两面性，研究过程中更多相信了有利面。中寒 1 井成藏分析中，以塔中 4 石炭系"上气下油"特点，提出该区喜马拉雅期有天然气充注而石炭系主要为油藏，更多的天然气保存在盐下的认识，实钻证实深大走滑断裂沟通盐上盐下，喜马拉雅期天然气充注并不具有规模。中寒 2 井钻前认为肖尔布拉克组为主力目的层，吾松格尔组为兼探目的层，为上下两个气藏；实钻证实吾松格尔组发育火成岩及高角度裂缝，肖尔布拉克组出水，吾松格尔组火成岩储层致密为低产气层。

2. 成功与失利原因

成功与失利井是按"生储盖圈运保"六个方面分析，会发现"幸福的家庭总是相似的，不幸的家庭各有各的不幸"。成功的案例成藏六要素均具备，例如轮探 1、柯探 1、塔深 5，中深 1 井尽管不发育烃源岩，但其紧邻塔中 I 号断裂油源断裂。失败的案例则是六要素中缺少一种或几种（表 9-2-1）。

柯坪隆起皮羌凸起—巴楚隆起内的大部分钻孔远离生烃坳陷，或者处于油气运聚的背烃面，是勘探主要失利的原因。事实上，京能柯探 1 井是个特例，原本吾松格尔组泥晶白云岩与肖尔布拉克组含泥灰岩不应该发育储层，但因喜马拉雅期构造抬升、挠曲产生了大量的高角度裂缝才形成储层；对比而言，乔探 1 井构造平缓，裂缝欠发育，储层不发育。玛东构造带前寒武系潜山导致下寒武统超覆尖灭，烃源岩与盐下白云岩均不发育，导致玉龙 6、玛探 1 井失利。

表 9-2-1　探井失利原因简表

项目	塔中隆起					塔北隆起					柯坪—巴楚隆起			
	中深1	中深5	塔参1	中寒1	中寒2	新和1	旗探1	轮探1	轮探3	塔深1	柯探1—和田2	玉龙6—玛北1	舒探1—楚探1	京能柯探1
生	×	×	×	√	/	√	√	√	√	√	×	×	×	√
储	√	√	×	√	√	√	√	√	×	√	√	√	√	√
盖	√	√	√	√	√	√	√	√	√	×	√	√	√	√
圈	√	√	√	√	√	√	√	√	√	√	√	√	√	√
运	√	√	√	√	√	√	√	√	√	√	√	×	×	√
保	√	√	√	×	√	/	√	√	/	√	√	√	/	√

注：√表示落实；×表示没有；/表示无法判断。

塔中隆起的失利原因主要在于成藏与调整的复杂性。中深 1、中深 5 与塔参 1 等三口井中均见到良好气测异常，中深 1 井还获得工业发现，说明烃源岩不是塔中隆起盐下勘探的主要考虑因素。中寒 1 井比较有代表性，生、储、盖、成藏都被证实了，但因为走滑断裂破坏，盐下油气藏调整到了石炭系成藏，导致失利。中寒 2 井肖尔布拉克组处于构造溢出线之下，为含气水层，吾松格尔组顶部的侵入岩获得低产气流。成藏模拟揭示，塔中地区烃源岩在海西期 R_o 已达到 2.0%，喜马拉雅期油气充注有限，盐下油气藏在海西期以后处于不断调整的状态，注定油气水分布比较复杂。

塔北隆起下寒武统不发育规模储层是主要矛盾。新和 1 井、塔深 5 井肖尔布拉克组为石灰岩，不发育储层。虽然肖尔布拉克组为巨厚石灰岩，不发育储层，但是它可以作为盖层，可能奇格布拉克组才是塔北隆起的主要勘探目的层。

轮南—古城台缘带内，南北的成藏要素配置具有差异性：(1) 轮南—富满地区盖层的有效性是钻孔失利的主要原因，致密碳酸盐岩在走滑断裂区基本没有封盖能力，例如塔深 1 与于奇 6 井，而轮探 1 井中寒武统发育潟湖相膏岩盖层，由于走滑断裂终止时间早（前石炭纪），下寒武统获得油气发现；(2) 古城地区城探 1、城探 2、城探 3 井区下寒武统玉尔吐斯组烃源岩欠发育，可能是失利原因之一，盖层的有效性同样存在问题，可能是另一个失利原因。

3. 经验与教训反思

1) 层位解释的准确性是认识的基础

中—下寒武统地震层位的早期认识是以巴楚隆起和 4、方 1 等钻孔标定认识的，当时提出中—下寒武统三套强反射，分别代表盐顶、盐底和寒武系底。2013 年在寒武系区域解释的时候在北部坳陷发现了 4 套强轴，反复认识以后，提出阿瓦塔格组、沙依里克组、吾松格尔组+肖尔布拉克组增厚区中—下寒武统由 4 套强反射构成，顶部强反射波谷代表代表阿瓦塔格组顶，上 2 强反射代表沙依里克组顶部石灰岩段顶部，上 3 强反射代表沙依里克组底部，底部强反射代表寒武系底部，这样的认识带来中—下寒武统厚度图与构造沉积演化认识的巨大变化（陈永权等，2015，2019），解释成果认识也被新和 1、轮探 1 等井证实。麦盖提斜坡区前寒武系多次波干扰严重，寒武系底部反射轴难以准确识别，导致了麦探 1 井钻前钻后出现较大差异。

上震旦统奇格布拉克组顶底也是比较难解释的层位，在轮探 3 井区寒武系底反射轴并不是奇格布拉克组顶，而是汉格尔乔克组顶；导致在拉平奇格布拉克组底时，看上去奇格布拉克组加厚，得到奇格布拉克组为丘滩相的错误结论。

2）烃源岩有没有与好不好是有区别的

在目标评价中，需要评价烃源岩发育情况，但是有没有和好不好是有重要区别的。巴楚西部发育玉尔吐斯组，而且烃源岩评价也存在达标的情况，例如舒探 1 井玉尔吐斯组发育 4m 的暗色泥岩，乔探 1 井玉尔吐斯组发育 9m 的烃源岩，但处于近岸浅水相，烃源岩的质量比较差，所以巴楚西部没有取得规模性发现。

如第四章所论述，轮南—古城坡折带东西两侧是烃源岩发育最好的区域，既发育玉尔吐斯组烃源岩，也发育斜坡相烃源岩，这是轮探 1、塔深 5、中深 1 等井突破的物质基础。阿满古梁以西玉尔吐斯组烃源岩薄，有机碳含量低，可能肖尔布拉克组潟湖相烃源岩才是该区的主力烃源岩。麦盖提斜坡内也肯定存在烃源岩，但分布范围和质量目前还不落实。

3）层序地层研究薄弱导致对源储盖分布的认识误区

缓坡型碳酸盐岩台地地层的显著加厚不是丘滩体的响应。新和 1 井下寒武统加厚，钻前认为是碳酸盐岩丘滩体，实钻为滑塌体泥质灰岩；上震旦统加厚，原认为是奇格布拉克组丘滩体，实钻揭示为侵入岩。轮探 3 震旦系加厚，原认为是丘滩体，实钻证实为斜坡相，因上覆多了汉格尔乔克组而加厚。实际上，在野外只能看到震旦系、下寒武统米级尺度的丘滩体（李保华等，2015），地震反射上达到 100ms 加厚异常体，一定不是丘滩体，可能是层位解释错了，也可能有火成岩。同样，拉平寒武系底部来看下寒武统碳酸盐岩的厚度，可以看到最厚值区位于满西凹陷，这当然不是丘滩体的反映，而是多期碳酸盐岩前积体在此处累积的结果；而研究早期确实有研究者怀疑早寒武世满西是古地貌高部位，发育丘滩体，这样认识就错得太远了。

层序地层研究认识薄弱导致叠置迁移型台缘带的区带评价困难。海平面变化、沉积层序结构与沉积模式对叠置迁移型台缘带储盖组合评价有着重要的制约作用。根据第六章论述，"无岩溶、不储层"，受海平面升降控制的同生岩溶储层主要发育在高位体系域海平面下降期，而低位体系域与海侵体系域则储层可能并不发育；这个认识对构造平缓区储盖组合的评价有着重要意义，找准"两面"（最大海泛面与层序界面）是叠置迁移型台缘带评价的核心要素。

4）成藏过程与油气藏类型研究是短板

当论证吐木 1 井的时候，本地没有烃源岩是确定的，当时提出"吐木休克断裂带下盘生烃，经走滑断裂向吐木休克断裂构造带侧向运聚，构造控藏"的模式，同一个构造同期上钻的中国石化夏河 2 井以走滑断裂为目标。两口井气测显示均比较差，证实走滑断裂侧向输导的认识不可靠。

截至目前，主要研究力量放在了源储盖断静态要素论证上，对盐下白云岩油气藏类型研究仍不系统，甚至没有得到广泛关注。油气藏类型问题是关系到勘探选区的关键问题，它决定了圈闭类型与有利区分布；岩性油气藏主要分布在构造平缓区，而构造油气藏主要分布在构造带。

事实上，油气勘探"生、储、盖、圈、运、保"六字中"运"与"保"就是成藏过程与调整的要素。"生、储、盖"是静态要素，三要素的有利配置是油气成藏的物质基础。"圈、运、保"又是需要统一看待的问题，核心在"运"；"运"又分为两个过程，正确理解这两个过程，才能理解台盆区复式油气聚集。第一个过程是从"源"到"藏"，即盐下的成藏过程，烃源岩生烃经有效输导路径被圈闭俘获成藏，这里将"运"和"圈"建立了联系；第二个过程是从"藏"到"藏"，既是盐下油气藏的调整过程，也是盐上油气藏的成藏过程，又将"运"和"保"联系在一起。处理好"运"和"圈"的关系，是盐下勘探的基础，决定了勘探思路问题；处理好"运"的过程和盐下油气藏"保"的关系，是理解复式油气聚集的关键。

二、勘探前景展望

1. 盐下勘探大方向没问题，必须坚持

在中深 1 发现之前，关于塔里木台盆区主力烃源岩一直还存在寒武系或奥陶系的争议，在中深 1 井发现后仍然存在这个争议，一方面，中深 1 中寒武统挥发油藏与肖尔布拉克组气藏中的少量黑油地球化学特征明显不同，地球化学研究学者认为中寒武统油气藏来自上奥陶统；另一方面，地质勘探学者认为不可能是奥陶系烃源岩倒灌到寒武系盐下成藏，中—下寒武统油气均来自寒武系烃源岩。轮探 1 井发现后，证实轮探 1 井下寒武统原油与哈拉哈塘奥陶系油田的原油地球化学特征十分接近，证实了同一个来源，只能来自寒武系盐下烃源岩，从而进一步证实了寒武系盐下主力烃源岩的论断。既然主力烃源岩在寒武系盐下，那么寒武系盐下白云岩作为近源的第一套储盖组合作为重要勘探接替层系应该没有问题，因为逼近烃源岩寻找原生油气藏的合理性已被多个勘探实例证实。中深 1、轮探 1、柯探 1 井（京能）的发现，证实寒武系盐下具备成藏条件。寒武系盐下白云岩这一勘探方向是塔里木台盆区向着更深、更古老层系勘探的大势所趋，这一勘探方向绝对没有问题。

2. 岩性油气藏勘探潜力巨大

1）构造勘探潜力有限

盐下如果只有构造富油气，则没有大场面，至少作为库车天然气的接替是不够的。巴楚隆起周缘发育规模性喜马拉雅期构造，然而围绕巴楚隆起周缘已经钻探了 22 口井，只有京能柯探 1 井获得发现，未钻探的构造主要发育在柯坪冲断带，但是该类型柯探 1、柯坪南 1 井已经失利，难道剩下的构造都能成藏？

塔中隆起东部中深 1 井探索构造成功、中深 5 构造肖尔布拉克组没有试油，中寒 1 井局部构造失利、中寒 2 井局部构造也失利。不同于巴楚隆起，塔中隆起 4 个钻孔气测显示都比较好，说明塔中隆起整体成藏条件是比较好的；但是，由于吾松格尔组的存在，在 150m 以下幅度的构造，对于肖尔布拉克组规模储层来说，就基本处于构造溢出海拔之下了。

塔北隆起南斜坡本就为构造斜坡背景，有限的构造圈闭主要发育在沙井子断裂—喀拉玉尔衮构造带、西秋构造带盐下和轮南主垒带上盘背斜；即便全部含油气，资源规模也很有限。

2）具备形成规模岩性油气藏的地质条件

盐下白云岩具备形成岩性油气藏的基本条件。盐下烃源岩是台盆区主力烃源岩，具有规模生烃潜力，是形成岩性油气藏的物质基础；白云岩储层横向渗透率低，储层整体呈准层状非均质性，是形成岩性油气藏的基本条件。大面积稳定、平缓的构造背景是形成岩性油气藏的重要保障。轮探 1 井肖尔布拉克组出油层为岩性油藏，塔深 5 井震旦系气层是否为岩性气藏还有待评价；位于构造平缓区的塔深 5、轮探 1、轮探 3 井玉尔吐斯组均见活跃的气测显示，而位于构造区的星火 1、旗探 1 井气测显示差，表明构造平缓区玉尔吐斯

组烃源岩内部形成一定的压力，是邻近烃源岩的有利储层甜点形成岩性油气藏的重要证据。邻源储层是连续油气成藏的场所，能否规模成藏取决于油气的充注量与调整散失量的关系。油气的充注量取决于烃源岩的质量，而油气的调整与散失取决于构造稳定性、储层渗透性和散失时间。构造越稳定，断裂越不发育，次生调整的通道越少，保存下来的越多；储层的渗透性越高，散失速度越快，散失范围更大，高渗透储层中能够保存下来的只有局部构造油气藏；烃源岩现今仍在生排烃，可以有效弥补烃类散失。因此，烃源岩富集、构造稳定、准层状非均质储层规模性发育、烃源岩现今仍在生排烃是原生连续油气藏规模性聚集的重要条件。

3）岩相油气藏勘探有利区与潜力

根据规模烃源岩、非均质准层状白云岩储层、构造平缓区三要素，厘定岩性成藏有利区（图9-2-1），总面积达 $6.3 \times 10^4 km^2$。

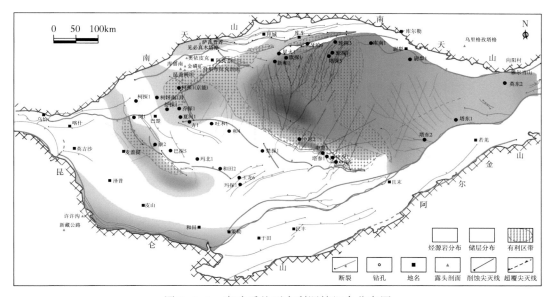

图9-2-1　寒武系盐下有利源储组合分布图

塔北哈拉哈塘油田—富满油田深层是震旦系风化壳白云岩岩性气藏勘探有利区。优质烃源岩与优质储层叠合有利面积为 $1.6 \times 10^4 km^2$，主体埋深在 $9000 \sim 11000m$ 之间，天然气资源量约 $2 \times 10^{12} m^3$。其中 $10000m$ 埋深内面积为 $4400km^2$，天然气资源规模为 $8000 \times 10^8 m^3$。成藏方面，该区玉尔吐斯组已经进入生干气阶段，轮台断裂上盘雅克拉凝析气田已经见到喜马拉雅期天然气，但哈拉哈塘奥陶系以油为主，表明喜马拉雅期天然气主要封盖在震旦系奇格布拉克组白云岩风化壳中。

轮南—古城坡折带是叠置迁移型台缘带岩性气藏勘探有利区。两类烃源岩广覆式发育、多期叠置迁移型规模白云岩储层叠置面积为 $3 \times 10^4 km^2$，具备万亿立方米规模勘探前景。轮古东、古城地区奥陶系以天然气为主，表明致密碳酸盐岩盖层封盖能力、断裂的活动性与油气保存条件是主要风险。然而，最有利的烃源岩条件与现今发现的油气规模极不匹配，更多的资源应该在近源的叠置迁移型台缘带中，尽管复杂，但也值得精细做工作，不断地探索。

塔中—古城地区是下寒武统肖尔布拉克组潮缘丘滩型白云岩（SQ2）岩性油气藏的有利

勘探区。塔中北斜坡—古城北斜坡 9000m 埋深内面积约 7500km²，具备万亿立方米资源前景，是该领域勘探的最现实区带。阿满古梁带埋深普遍超过万米，是在工程技术进步后的潜力区带；麦盖提斜坡北部上倾方向也具有肖尔布拉克组岩性油气藏的勘探潜力，由于烃源岩分布不清楚，该区带尚需持续认识。

4）关键问题与攻关方向

三类岩性油气藏勘探领域主体埋深在 9000~11000m 之间，盐下勘探形成大场面必须突破到万米埋深，理论技术的持续深化、工程技术的完善配套是盐下岩性勘探面临的主要问题：（1）针对塔里木台盆区盐下白云岩油气成藏地质理论需要持续深化；（2）针对超深孔洞型白云岩储层的地球物理识别、预测与圈闭描述技术需要攻关；（3）针对特深、超压、高温目标的钻井、测井、完井、试油一体化工程技术需要配套。

高潮与低谷、兴奋与困惑一直是新区勘探的孪生兄弟，认识无止境，勘探无禁区，正是新区勘探魅力之所在；持续理论研究、技术攻关，盐下勘探未来可期！

参 考 文 献

曹自成，尤东华，漆立新，等，2020. 塔里木盆地塔深 1 井超深层白云岩储层成因新认识：来自原位碳氧同位素分析的证据 [J]. 天然气地球科学，31(7)：915-922.

陈永权，严威，韩长伟，等，2015. 塔里木盆地寒武纪—早奥陶世构造古地理与岩相古地理格局再厘定：基于地震地层证据的新认识 [J]. 天然气地球科学，26(10)：1831-1843.

陈永权，严威，韩长伟，等，2019. 塔里木盆地寒武纪/前寒武纪构造—沉积转换及其勘探意义 [J]. 天然气地球科学，30(1)：39-50.

杜金虎，潘文庆，2016. 塔里木盆地寒武系盐下白云岩油气成藏条件与勘探方向 [J]. 石油勘探与开发，43(3)：327-339.

韩剑发，孙崇浩，于红枫，等，2011. 塔中Ⅰ号坡折带奥陶系礁滩复合体发育动力学及其控储机制 [J]. 岩石学报，27(3)：845-856.

韩剑发，于红枫，张海祖，等，2008. 塔中地区北部斜坡带下奥陶统碳酸盐岩风化壳油气富集特征 [J]. 石油与天然气地质，29(2)：167-173.

韩剑发，梅廉夫，杨海军，等，2007. 塔里木盆地塔中地区奥陶系碳酸盐岩礁滩复合体油气来源与运聚成藏研究 [J]. 天然气地球科学，18(3)：426-435.

李保华，邓世彪，陈永权，等，2015. 塔里木盆地柯坪地区下寒武统台缘相白云岩储层建模 [J]. 天然气地球科学，26(7)：1233-1244.

倪新锋，沈安江，陈永权，等，2015. 塔里木盆地寒武系碳酸盐岩台地类型、台缘分段特征及勘探启示 [J]. 天然气地球科学，26(7)：1245-1255.

潘文庆，陈永权，熊益学，等，2015. 塔里木盆地下寒武统烃源岩沉积相研究及其油气勘探指导意义 [J]. 天然气地球科学，26(7)：1224-1232.

孙龙德，邹才能，朱如凯，等，2013. 中国深层油气形成、分布与潜力分析 [J]. 石油勘探与开发，40(6)：641-649.

王招明，谢会文，陈永权，等，2014. 塔里木盆地中深 1 井寒武系盐下白云岩原生油气藏的发现与勘探意义 [J]. 中国石油勘探，19(2)：1-13.

熊益学，陈永权，关宝珠，等，2015. 塔里木盆地下寒武统肖尔布拉克组北部台缘带展布及其油气勘探意义 [J]. 沉积学报，33(2)：408-415.

严威，郑剑锋，陈永权，等，2017. 塔里木盆地下寒武统肖尔布拉克组白云岩储层特征及成因 [J]. 海相油气地质，22(4)：35-43.

杨海军，韩剑发，陈利新，等，2007. 塔中古隆起下古生界碳酸盐岩油气复式成藏特征及模式 [J]. 石油实验地质，28(6)：784-790.

杨海军，朱光有，韩剑发，等，2011. 塔里木盆地塔中礁滩体大油气成藏条件与成藏机制研究 [J]. 岩石学报，27(6)：1865-1885.

云露，翟晓先，2008. 塔里木盆地塔深1井寒武系储层与成藏特征探讨 [J]. 石油与天然气地质，29(6)：726-732.

张丽娟，范秋海，朱永峰，等，2013. 塔北哈6区块奥陶系油藏地质与成藏特征 [J]. 中国石油勘探，18(2)：7-12.

张水昌，朱光有，杨海军，等，2011. 塔里木盆地北部奥陶系油气相态及其成因机制 [J]. 岩石学报，27(8)：2447-2460.

赵文智，朱光有，张水昌，等，2009. 天然气晚期强充注与塔中奥陶系深部碳酸盐岩储集性能改善关系研究 [J]. 科学通报，54(20)：3218-3230.

朱传玲，闫华，云露，等，2014. 塔里木盆地沙雅隆起星火1寒武系烃源岩特征 [J]. 石油实验地质，36(5)：626-632.

朱光有，陈斐然，陈志勇，等，2016. 塔里木盆地寒武系玉尔吐斯组优质烃源岩的发现及其基本特征 [J]. 天然气地球科学，27(1)：8-21.